专家咨询委员会

重大领域
交叉前沿方向
2022

浙江大学中国科教战略研究院
科技战略研究项目组 编著

ZHEJIANG UNIVERSITY PRESS
浙江大学出版社
·杭州·

图书在版编目（CIP）数据

重大领域交叉前沿方向 . 2022 / 浙江大学中国科教战略研究院
科技战略研究项目组编著 . — 杭州：浙江大学出版社，2023.6
ISBN 978-7-308-23902-8

Ⅰ . ①重… Ⅱ . ①浙… Ⅲ . ①科学技术—文集 Ⅳ . ① N53

中国国家版本馆 CIP 数据核字（2023）第 105384 号

重大领域交叉前沿方向 2022

浙江大学中国科教战略研究院科技战略研究项目组　编著

责任编辑	李海燕
责任校对	朱梦琳
责任印制	范洪法
装帧设计	雷建军
出版发行	浙江大学出版社
	（杭州市天目山路 148 号　邮政编码 310007）
	（网址：http://www.zjupress.com）
排　　版	杭州棱智广告有限公司
印　　刷	浙江海虹彩色印务有限公司
开　　本	710mm×1000 mm　1/16
印　　张	28.25
字　　数	600 千
版 印 次	2023 年 6 月第 1 版　2023 年 6 月第 1 次印刷
书　　号	ISBN 978-7-308-23902-8
定　　价	150.00 元

序　言

当前，人类正迎来全面创新时代，创新无处不在。科技创新已成为决定未来全球格局变化的关键变量，科技进步带动社会全方位变革，直接决定百年变局走向与民族复兴全局成色。政府、大学、科研机构、企业等创新主体间的互动不断深化，数据、设施、人才等创新要素的联通日渐频繁；经济全球化、社会信息化等促成了全球开放的创新网络，让创新网络节点可以即时汇集全球创新资源；交叉研究、协同创新、集成攻关等方式不断推动全链条创新格局实现，带来大量颠覆性科技成果。学科交叉会聚成为新一轮科技革命和产业变革的主旋律，生命、信息、能源、制造等领域之间的协同创新日益深化，自然科学、工程技术与人文社会科学之间的知识大融通更趋普遍。如今，跨学科对话与合作已不再是偶然为之的应时之需，而是内在发展的长久之计。

学科交叉的核心是打破原有学科建制，应对重大创新挑战和推动颠覆性创新，具体表现为不同学科间的思想交融、概念移植、理论渗透、方法工具借用等。它是解决综合性和复杂性问题的一种思路、一套方法、一种科研行为。学科交叉研究能够产生具有原创性的新知识与新学科增长点，为重大前沿问题提供新的综合解决方案。如目前热门的人工智能学科就是计算机科学、数学、生物学、心理学、脑科学、哲学等众多学科交叉结出的硕果。

纵观历史，学科发展大致呈现出从统一到分化再到交叉融合的趋势。古希腊时期，哲学与自然科学交织混合发展，到后来产生了文、法、神、医的分野。随着人类对自然认知的纵深推进，自然科学研究逐渐从哲学中分离，尤其近代以来的学科分化及其建制为认识和改造客观世界提供了重要方法，各学科知识体系逐步开始构建。工业革命以来尤其是第二次工业革命以来，学科发展逐步专业化与精细化，形成了较为稳定的知识体系，但也造成了学科边界固化。随着创新需求的快速变化和日益复杂化，学科间壁垒开始被打破，各学科相互借鉴、共同合作的局面不断形成。

20 世纪七八十年代，在世界范围内掀起了一股学科交叉的热潮。以生物信息学的发展为例，它逐步成为生命科学研究的重要工具，发达国家顺势布局建立了三大数据库：美国国立生物技术信息中心数据库（NCBI）、欧洲生物信息学研究所数据库（EBI）和日本DNA数据库（DDBJ）。后来，"人类基因组计划"的开展，引发了基因组、转录组、表观遗传组、蛋白质组、代谢组等生命科学组学数据的急剧增长，推动了信息技术在生命科学领域的大规模应用，驱动生命科学研究进入"数据密集型科学发现"（Data-Intensive Scientific Discovery）的第四范式时代。由此，生物技术实现了信息化、工程化、系统化的发展，为"设计—构建—验证"（Design-Build-Test）循环模式的建立奠定了坚实基础，并朝着可定量、可计算、可调控和可预测的方向跃升。

进入21世纪后，学科交叉又迎来了新的历史发展机遇。一是移动互联网、大数据、人工智能、云计算等新兴技术手段打破时空限制，推动知识爆炸式增长及科技创新快速迭代，加快了科学研究范式转变；二是"会聚观"日益深入人心，即高水平整合众多领域的思想、方法和技术，解决复杂性问题逐步成为当代科技发展的新模式；三是人类社会面临的健康、气候、能源、安全等重大挑战加剧，交叉学科研究的迫切性日益凸显。当前，科学研究范式已进入融合式的新演进阶段，促进了一大批具有革命性的重大科学突破的产生。其中，基于兴趣、应用、数据及算法的混合驱动型研究范式具有根本性意义，它已经带来并将继续带来创新的革命性变化与系统性重组。新范式涌现新方法、新方法产生新知识体系、新知识体系将构成新学科体系，当然新学科体系还需要新的创新结构。如融合式的研究范式催生"计算＋实验"等新方法，新增关于文理渗透、理工交融的新知识，进而有望形成艺术技术学等新学科，伴随着建立开放共享的文科未来实验室等新结构。

事实证明，科学研究新的增长点和爆发点将出现在学科交叉领域，如数据表明诺贝尔奖百余年来约一半成果属于交叉学科，尤其是21世纪以来跨学科成果比例更趋增加。因此，世界各国竞相将学科交叉作为未来科技发展的战略方向和科技政策支持的战略重点。20世纪80年代开始，我国学界出现了关于学科交叉和交叉学科的系统专门研究，甚至出现了"交叉学科学"（跨学科学）的新学科。1986年，中国科学技术协会成立了"促进自然科学与社会科学联盟工作委员会"；1987年，部分高校发起并成立了"全国高等学校交叉科学联络中心"等。此后，全国上下开展了不少学科交叉探索，部分高校院所专门成立了交叉研究机构。

近年来，在国家各种发展规划及创新体系构建中，学科交叉不断受到重视，也成为"双一流"建设的核心命题。2018年教育部印发《高等学校人工智能创新行动计划》，要求高校以交叉前沿突破和国家区域发展等重大需求为导向，建设新型科研组织机构，开展跨学科研究。2020 年 11 月，国家自然科学基金委员会成立交叉科学部，旨在健全学科交叉融合资助机制，促进复杂科学技术问题的多学科协同攻关，推动形成新的学科增长点和科技突破口。2021 年出台的第十四个五年规划和 2035 年远景目标纲要要求"加强前沿技术多路径探索、交叉融合和颠覆性技术供给"。2022 年 9 月，国务院学位委员会、教育部印发新版《研究生教育学科专业目录（2022 年）》，交叉学科正式成为第 14 个学科门类。

本书瞄准创新引领作用强、发展潜力大的重大科技领域，分析其交叉前沿方向、全球发展态势与国别竞争格局。作为一项以"交叉"为核心特色的科技战略研究成果，我们希望能为政府科技创新前沿布局、院校学科发展规划提供参考，为营造学科交叉社会氛围贡献力量。

本书按照领域划分为智慧海洋、未来食品、空天科技、仿生工程、科技考古五章。每章涵盖三个内容板块：交叉前沿方向、文献计量分析和发展速览。其中，交叉前沿方向部分呈现了此领域最具潜力和布局价值的十大交叉前沿方向，并对每个方向的技术内涵、发展现状、实现瓶颈及未来趋势进行了简练描述；文献计量分析部分针对每个交叉前沿方向，通过主题检索 Scopus 数据库获得相关论文，并通过 SciVal 平台进行分析，呈现了论文发表趋势、研究主题、重点国家和机构等信息；发展速览部分概要反映了各领域整体面貌，包括全球发展态势、我国战略布局和未来发展规划，其与交叉前沿方向部分内容是"整体性"内容与"典型性"内容的关系。为确保科学性，本书在编写过程中充分依托相关领域专家与数据分析团队力量，采用专家咨询和文献计量相结合的方法，二者相互补充、多轮迭代，较好地保障了分析结果的可靠性。

具体来看，第一章为智慧海洋领域。该领域学科交叉特征明显，是海洋信息化深度发展的必然趋势，是融合了信息与物理前沿技术的海洋智慧化高级形态。智慧海洋将新一代信息技术与海洋环境、海洋装备、人类多样化活动进行充分链接，进而实现互联互通、智能化挖掘与服务，是实施海洋强国战略的关键抓手，其交叉前沿方向包括：大数据、云计算、物联网、区块链等赋能的海洋平台技术；以遥感、人工智能、海洋工程装备制造等牵引的海洋场景应用技术。

第二章为未来食品领域。该领域研究正从关注食品组成转变为聚焦食品载体，从重视食品工艺技术提升转变为对食品科学重要问题探究，从聚焦食品材料转变为强调对人生理、心理的影响。具体来看，未来食品聚焦食品的生产、收获、贮藏、加工、包装、配送、消费等各个环节，融合食品技术、生物技术、信息技术、新材料技术等前沿科技，实现食品贮藏与物流技术、食品靶向设计、食品智能制造以及食品文化等方向重要突破。

第三章为空天科技领域。该领域涉及航空宇航、力学、机械、电子信息等学科，前沿方向涵盖资源利用、平台建设、器械制造等方面。在空天应用领域，我国已逐步形成了气象、海洋、陆地和灾害与环境监测体系，建立了较为全面的地面系统和行业、领域应用系统。此外，"临界空间"目前备受关注，在空天安全、信息通信、物流运输、军事打击等方面都有广泛的应用需求。

第四章为仿生工程领域。该领域的发展基于生命科学、物质科学、信息科学、工程技术等多学科的交叉与融合，通过形态仿生、功能仿生和结构仿生，在医疗健康、工业制造、国防军工等领域应用日渐多元化、丰富化。目前，仿生工程在集成度、功能化以及智能化等多个层面与全真生物系统还相距甚远。未来，仿生工程研究将在创新研究范式变革下向更加系统化、协同化、智能化和精细化的方向发展。

第五章为科技考古领域。科技考古是依据考古学的研究思路，借用自然科学领域的技术、方法和理论分析和研究古代物质遗存，获取古代人类活动信息并进行深入解读和探讨，发掘古代遗物遗迹中的"潜信息"，是探索人与自然关系、厘清古代人类发展进程的关键技术手段。当前科技考古在实践中不断呈现出多元综合趋势，多技术集成成为主流，专为考古设计的新型设备也开始崭露头角，并在考古勘探发掘、科技监测分析、实验室考古等方面发挥着重要作用。

《重大领域交叉前沿方向2022》是在浙江大学原校长吴朝晖院士的指导和推动下完成的，具体由浙江大学中国科教战略研究院牵头实施，浙江大学图书馆负责提供文献计量分析支持，同时大量吸纳了校内多部门工作力量和校内外一大批高水平专家参与。未来，我们将继续以服务科教兴国战略为己任，持续开展科技战略研究和学科交叉会聚研究，不断凝练交叉前沿方向、提出重大领域发展建议，为政府科技创新布局和院校科技创新规划提供决策参考。

浙江大学中国科教战略研究院科技战略研究项目组
2023年1月

目录　CONTENTS

未来食品领域重大交叉前沿方向 75

空天科技领域重大交叉前沿方向 149

仿生工程领域重大交叉前沿方向 — 221

智慧海洋领域
重大交叉前沿方向

一、智慧海洋领域十大交叉前沿方向

21世纪以来，以物联网、云计算、大数据等为代表的新一代信息技术不断塑造海洋科技整体面貌，使"关心海洋、认识海洋、经略海洋"效率得到极大提升，进而形成"智慧海洋"这一新兴领域。智慧海洋具有显著的学科交叉特征，涉及能源、材料、机械、电子、控制等多个学科，其核心是以新一代信息技术牵引海洋科学与技术发展。智慧海洋领域交叉前沿方向很大程度上代表了海洋科技的总体发展趋势，具体包括深入认识海洋、开发海洋资源、打造高能级平台等多个板块。

1 海洋环境立体监测

海洋环境立体监测系统是一套由空基—岸基—海基构成，可长期定点立体监测海洋环境的多平台系统。空基以海洋无人机为主，岸基由固定的海洋环境监测站与地波雷达站组成，海基由潜标、浮标、漂流浮标、水下观测站构成。海洋环境立体监测旨在综合运用水下传感器、潜水器、浮标、无人机等智能化设备，集海洋环境在线监测、数据采集、智能处理、远程操控等功能于一体，实现海洋生态全方位、全时空在线监测和大数据分析，为海洋环境实时评价、预警报警提供数据支撑。

当前，卫星遥感、海上浮标、自动验潮仪、水质自动监测站、高清视频监控等技术设备被广泛应用于海洋环境监测，大幅提高了管理部门获取海洋环境信息的能力。但在实现海洋环境信息智能化监测与利用上仍存在问题：空间信息获取手段智能化程度和获取效率不高；水下信息智能化获取手段缺失；常规作业船只无法靠近部分海域，监测信息难以获取；海上应急监测数据获取不及时；海洋灾害预报信息准度、精度有待提高等。

未来，需构建"空天地海"一体化的立体感知网络体系，通过卫星遥感监测与无人机遥感监测的有机结合，提高海洋环境空间信息的获取能力；利用海床基观测平台实现对水下观测数据的长期、连续自动监测；利用超视距雷达监测技术

本领域咨询专家：王迪峰、王德麟、朱嵘华、刘一锋、孙栋、肖溪、吴涛、张大海、陈戈、林霄沛、国振、贺治国、徐文、徐敬、傅维琦。

提高海洋灾害预报信息的准度和精度；通过无人船搭载相应测量设备方式对常规作业船只无法靠近的近海潮间带区域、复杂危险海域等实施海洋信息监测以及海上应急监测，为实现近海海域的全域监测提供技术支撑。

2 跨介质立体通信组网

海洋跨介质立体通信网络在水文探测、渔业服务、海上救援、海洋数据采集，以及监测海洋环境、气候变化、海底异常活动（地震、火山）与远距离图像传输等方面具有重要作用。构建覆盖水面和水下的通信网络，提供多领域信息保障迫在眉睫。

目前主流的水面及水下通信技术有长波/超长波（VLF/SLF）通信系统、卫星通信、潜载浮标通信、水声网络通信等。由于水下目标多变、空气—水界面的通信反射存在损耗，现行的几种跨介质通信手段无法同时满足通信系统在有效性、覆盖范围、隐蔽性等方面的要求。

为满足现代化海洋通信能力，需重点研发海洋卫星相控阵列通信、跨介质多层级组网通信等技术；突破基于水面移动平台（无人船）、固定平台（浮标）、空投潜标跨介质无线通信等技术瓶颈；开展蓝绿激光通信、中微子通信、激光声的跨介质下行通信等技术研究，进而建立有效、可靠、实时的空中/水面/水下跨介质无线通信链路，满足海陆空天一体化通信网络数据的传输要求。

3 海洋防灾减灾关键技术

海洋灾害包括海洋生态灾害和海洋地质灾害，前者聚焦其形成机制、监测和预警预报技术、应急处理等内容，后者研究主要集中在遥感技术、声学与光学探测技术等方面。我国是世界上海洋灾害最严重的国家之一，尽管经过几十年的发展，我国海洋观测能力、数值预报水平及范围已经有了较大提高，但尚未形成自主的精准预测系统。因此，急需加强以海洋灾害过程研究、准实时海洋监测、海洋数值模拟以及以计算机大数据挖掘为基础的交叉学科研究，提升海洋灾害预测预报能力。

未来海洋防灾减灾重要研发方向包括：风暴潮、海浪、海冰等海洋灾害的发生机理和发展规律研究，包括不同海洋灾害之间的相互作用机理；基于非线性方法的人工神经网络赤潮预报系统研发；探测遥感（卫星、无人机、地物光谱测定）、浮标、雷达、无人船等快速高精度监测技术，以及数值模拟与准实时资料同化技术提升；海底中深部地层长期监测技术、海底滑坡风险预测关键技术、海洋地震模型构建及海水入侵与土壤盐渍化一体化监测预警技术优化；海洋灾害近海、近岸精细化数值预报系统研发、建设与应用；基于生物标志物的生态修复及灾害应急处理技术的应用，如将宏基因组学、代谢组学、蛋白质组学等分子生物学手段综合应用于海洋生态灾害、溢油污染修复管理等。

4 海洋大数据挖掘与智能存储技术

海洋大数据蕴含着难以估量的巨大价值，能够为气候、生态、灾害预警等研究提供可靠依据，为海洋信息咨询、海洋目标监测、远洋渔业保护、海洋生态环境保护、海洋维权指挥、海洋防灾减灾、海洋资源开发等提供丰富信息，是开发海洋资源、拉动海洋经济、维护国家海洋权益的重要基础。大数据技术赋能海洋发展，可通过数据呈现出更客观的地理属性、空间属性和时间属性。同时，通过建设数据存储管理、数据共享交换、数据分析挖掘及监控展示等分析模块，实现海洋信息资源的标准化、集成化管理。

当前，此方向关键技术包括大数据挖掘和智能存储两个方面。数据挖掘方面，传统计算架构已无法满足实时性、自动化智能和高维多变量等需求，将生物集群智能算法引入遥感影像聚类领域，创新快速计算架构，提升数据算法的适应性是未来发展趋势。智能存储方面，可扩展性存储需求、异构性存储需求和适应性的存储管理架构需求代表了全新的大数据存储与管理模式。未来，要进一步研究分布式集群化存储与基于云计算的分布式遥感数据存储模型技术，建立基于空间位置为主导的存储架构，提高数据挖掘的精确度和可靠性；采用 GFS、BigTable、HDFS、HBase 等半结构化数据及非结构化数据的管理技术，满足新的海洋大数据存储与管理需求。

5 海洋绿色能源智能化开发

开发使用绿色能源、降低化石能源使用是保障我国能源安全、应对全球能源危机和实现碳达峰与碳中和的重要途径。我国是海洋大国，拥有漫长的海岸线、广阔的海域和大量的海岛资源，海洋绿色能源开发潜力巨大。

当前，海洋绿色能源开发已逐渐由近海走向远海，由浅水走向深水，工程装备与设施呈现大型化、智能化发展趋势，涉及技术包括：巨型风机智慧控制技术、漂浮式风机抗台技术、深海可燃冰开采工艺和工程技术、远海风光储氢、波浪能发电、海流能发电等。随着人工智能、智慧电网系统以及复合材料等技术的发展，海洋绿色能源开发变得触手可及。

未来，海上巨型风机面临更大的海洋荷载和更高的发电效率要求，需通过海洋环境感知、AI大数据学习等，使大型叶片可在较低风速切入发电、较高风速切出降载；通过智能偏航调控叶轮朝向，实现巨型风机风能高效捕捉，进而确保安全运行。漂浮式风机适用于 50 米以上的水深环境，能够抵御深远海台风侵袭，实现抗台锚泊定位，克服固定式风电建造成本过高、地点固定、优化空间有限等问题，为深远海长期环境监测提供中低功率能源供给。相关研究方向还包括：利用深海可燃冰开采伴生永久碳封存技术，有效"降解"全球碳含量；"远海风光＋天然气/氢能发电"，重点攻克光伏发电技术；多自由度和阵列化发电、多能互补耦合发电、多功能综合波浪能发电等平台开发，尤其要攻克波浪能转换器核心技术；浮筒水下风车、水下发电风筝、浮动水车发电等关键海流能发电技术优化提升。

6 深海战略性矿产资源智能化开发

目前，我国多种战略性矿产资源的对外依存度极高，而陆地关键资源区的地缘政治风险上升、矿区资源量衰退等因素又加大了部分战略性矿产资源保障风险。我国国际海底区域战略性矿产资源丰富、矿区数量最多，多金属结核、富钴结壳、热液硫化物、深海稀土、天然气水合物、石油天然气等资源储量巨大。充分开发利用深海战略性矿产资源，满足重要资源需求是实现可持续发展的必然选择。

深海矿产输送系统穿越不同水深，面临复杂的风、浪、流、深海内波等外部载荷作用，全系统动力学响应过程极为复杂，实现安全控制和智能化监测整个作业流程困难重重。当前，主流的智能勘探装备主要包括大洋科学钻探船、深海潜水器、地质地球物理调查与勘探设备等。未来，智能系统和仪器研发方向包括多功能深海拖曳探测系统、水面智能探测系统、深海可视并可移动探测系统、高分辨光纤地震垂直缆海多要素监测系统、新型海底重力仪、新型高精度海洋磁力仪等。

此外，还要重点研究大水深通信技术、大距离管道输送技术、管线布放回收技术、声光电磁技术、输送和提升系统等技术，以及开发采矿船与采矿车、取样钻机、ROV/AUV等高端海洋工程装备。同时，还需突破数字孪生矿区、深海绿色集矿、高效提升输送和水面智能平台技术及海上试验验证、智能化分布式深海环境监测系统等技术瓶颈，构建深海矿产资源勘探开发智能化、产业化、绿色化发展体系，进而辐射带动海洋环保、电子信息、新材料、高端制造等战略性新兴产业发展。

7 极地大洋生物资源开发

极地大洋海洋生物资源的研究与开发利用，是我国积极参与国际海洋与极地治理的重要抓手，也是推动建设"海洋命运共同体"的重要指向。当前，化学环境与生物环境数据大多来自科考船的海洋调查，部分实验数据还需人工带回分析。开发新型化学传感器和生物传感器是极地大洋生物资源开发的关键。此外，还要强化分子生物学、基因技术和图像技术的应用，加快海洋生物芯片的研制，把新型传感技术与生物技术、信息技术相结合，实现高可靠、高精度、长周期、可原位观测。

此方向最终目标是建立极地、大洋、深渊海洋生物资源科学监测评估网络及大数据分析平台，使海洋生物产物资源挖掘与研究能力达到世界先进水平，形成较大规模的海洋生物资源开发产业链和具有较强竞争力的海洋经济体系。重要创新前沿包括：研发极地、大洋生物资源精准探查监测与信息化技术，综合利用海洋生物资源产业升级所需的重大（生物）反应器工程技术与设备，开展极端环境海洋生物产物资源挖掘。未来，在具体技术方向上需完善深海建模（孪生）与大数据系统，数字化赋能极地大洋生物资源开发探测；推进海底基因资源与生物物种研究，运用"AI+化学"发掘海洋天然活性小分子，建立深海微生物培养基地、深海微生物资源库、菌种库、细胞工厂等；研发基于"AI+组学"（基因组学、转录组学、蛋白质组学、代谢组学等）的海洋药物及生物活性化合物高通量筛选和开发技术等。

8 智慧海洋运载系统

海洋交通运输是人类生产生活不可或缺的重要基础，也是有效参与全球资源配置的重要手段。信息和新兴科技赋能海洋交通系统的智能化转型已成为海洋运输业重大前沿方向。此方向的核心目标是为我国海上智慧交通以及新时期海上丝绸之路建设提供"高位优势"。

智慧海洋运载系统可分为海面上和海面下。海面上的重要方向包括 5G 智能港口、跨海大桥智能建造、水上卫星通信运输、海洋交通物联网、江海联运等；海面下的重要方向包括沉管隧道、悬浮隧道、海底光缆等。

未来，"海面上"智慧海洋运载系统要提升 5G 智能港口的设备自动化、调度智能化和信息可视化程度；构建自主可控的全球卫星通信网络及与之匹配的设备和应用系统，重点研发海上安全或热点信息播发、全球集装箱多式联运物流跟踪、航行数据信息服务、安全应急通信、北极航道通信等技术，保障全球深远海航行通信。此外，还要实现卫星网络与 5G 网络以及 GEO 卫星和非地球同步轨道星座网络的融合；加快虚拟港口概念建设、构建江海联运一站式全场景服务等。

"海面下"智慧海洋运载系统聚焦长跨度悬浮结构流固耦合机理、深水环境下悬浮隧道结构稳定性、恶劣海况下结构支撑系统稳定性等重大技术难题；开展对高韧性高强度特殊结构新材料、环境载荷下超大跨度大长径比结构的动力响应特性研究；开展高平均应力和周期荷载下锚索的力学行为和腐蚀疲劳行为研究，研发水中耐久性多层复合筒型结构的设计及其水下分段安装与密封工艺等技术；突破真空条件下结构抗渗技术，隧道沉降控制和克服水动力影响技术等瓶颈。

9 海洋核动力平台开发

当前，受距离和装备技术制约，我国岛礁建设、海洋权益保护、深远海海洋资源开发等方面的远海能源供给能力受限较大。海洋核动力平台是一种具有复杂系统工程特征、对外持续提供电力能源保障的海洋供能设施，其类型包括海上浮动核电站、水下小型核充电桩以及微型核动力装置。该平台具有机动性好、功率密度大、运行成本低、节能环保等特点，在海洋油气开采、矿产资源开发、偏远岛礁建设、深海空间站能源供给等若干能源保障方面中具有明显优势，并为海洋核动力移动设备提供技术储备，是维护国家能源安全和建设海洋强国的重要技术载体。目前来看，我国有望在 3—5 年内将其中的压水堆技术成果落地。

未来，海洋核动力平台构建需紧扣高可靠性船用模块化设计理念，不断优化紧凑型反应堆技术。在核反应冷却系统方面，要重点突破一回路海水非能动冷却系统、安全壳非能动冷却系统、非能动安注系统和堆芯冷却系统等核心技术瓶颈，以应对温度、湿度、冲击、摇摆、盐雾等极端海洋环境，提高海洋核动力平台的安全性。同时，还需重点对核动力平台以及船舶动力（如柴油机）进行系统性设计，研发平台网源直连系统接地保护方法，克服海上工作环境恶劣、故障形式复杂、设备维修困难、电能中断敏感等供电问题，保护海洋核动力平台电力系统的正常运行。

10 深海空间站集成技术

深海是对科学研究和资源开发均具有战略意义的处女地，深海生物、地质、物理海洋等诸多方向均存在大量科学问题和技术问题亟待探索和解决。随着新材料、新能源以及信息技术的快速发展，完善深海原位载人实验技术及装备体系、开展长期原位观测与实验研究已成为必然趋势。

深海空间站与太空空间站类似，旨在打造长时间、全天候、立体式驻留工作平台，执行水下观察与探测、水下信息交互与中继、深海搜索与打捞、水下指控与供能、海底取样与研究、水下施工与维修、水下监视与侦察等多种任务。深海空间站具有大范围、大功率、载员多、不受洋面风浪条件影响等优势，高度结合了"有人装备"与"智能无人技术"前沿。

20 世纪 60 年代以来，世界海洋强国探索建设了各种类型的海底实验室系统，累计已有超过 65 座海底原位实验室系统在建或已运行。目前，中国已启动大型深海空间站技术研究与建设工作，着力攻克安全高效执行海底各项实验研究的技术难题，构建深海有人 / 无人高度有机融合的智能协同技术体系。

针对超大潜深大型耐压结构的安全问题，集中开展基于高强度钢、钛合金的超大潜深结构强度、稳定性、低周疲劳的理论、数值计算和模型试验研究，建立超大潜深耐压结构设计计算方法和加工工艺，研制耐压结构实物；攻克逃逸舱应急解脱、应急上浮姿态稳定性、深海实验室电力管理与信息控制、人员生活与健康保障、实验室状态监测与预警等系列深海实验室安全运行保障技术；突破海底环境下搭载与收放载人 / 无人移动平台的关键技术，并集中攻关缆控潜器的搭载、对接、探测等关键技术；开展高压环境下样品干湿压力梯度转换进出舱、实验室与载人平台间人员进出舱、海底环境原位观测取样及培养、实验室舱内集约高效实验分析平台等技术研发。

二、智慧海洋领域文献计量分析

聚焦"智慧海洋"领域十大交叉前沿研究方向，选取 Scopus 数据库收录的论文数据，通过相关检索获得各方向相关论文；并结合 SciVal 科研分析平台及可视化工具，对十大交叉前沿方向的研究现状及发展趋势进行文献计量学分析。（检索时间为 2022 年 9 月）

经检索，"智慧海洋"领域十大交叉前沿方向 2017 年至今发表的文献数量为 245—8965 篇，其结果如图 0.1 所示。其中，文献数量最多的是方向 1，即海洋环境立体监测；文献数量最少的是方向 10，即深海空间站集成技术。

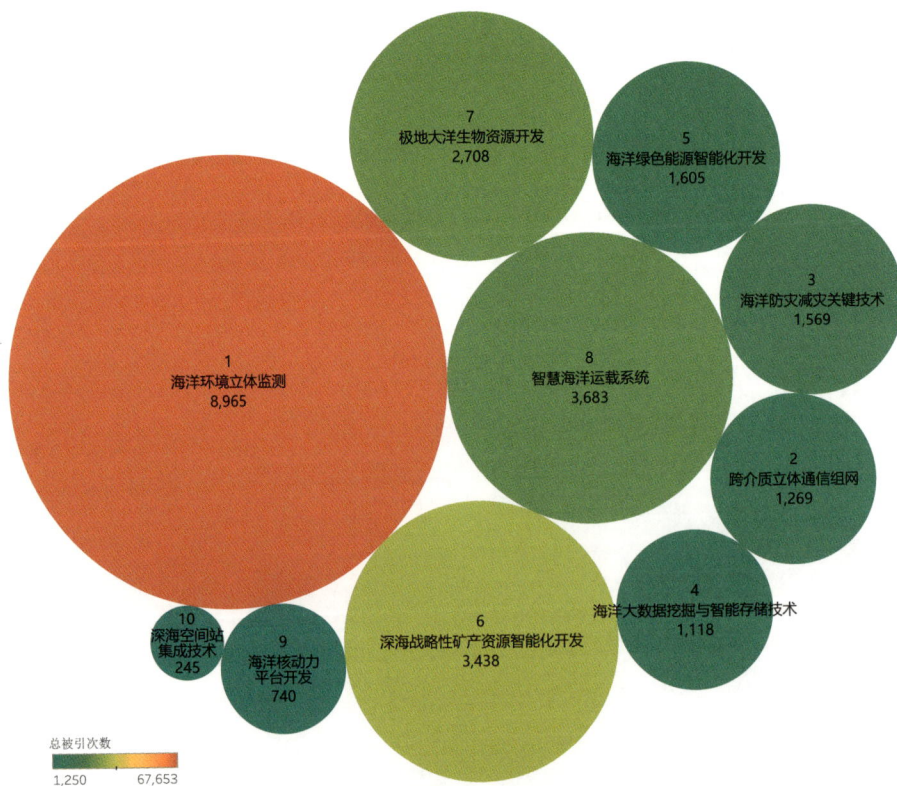

图 0.1 十大交叉前沿方向发文分布

1 海洋环境立体监测

1.1 总体概况

通过 Scopus 数据库检索 2017 年至今发表的"海洋环境立体监测"相关论文，并将其导入 SciVal 平台，最终共有文献 8965 篇，整体情况如图 1.1 所示。

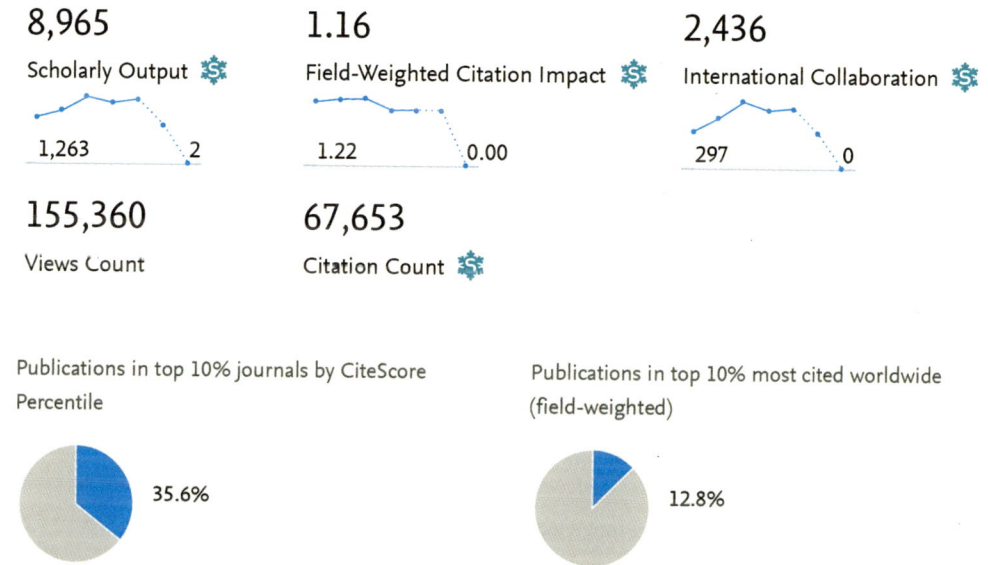

8,965
Scholarly Output

1,263   2

1.16
Field-Weighted Citation Impact

1.22   0.00

2,436
International Collaboration

297   0

155,360
Views Count

67,653
Citation Count

Publications in top 10% journals by CiteScore Percentile

35.6%

Publications in top 10% most cited worldwide (field-weighted)

12.8%

图 1.1 方向文献整体概况

2017 年至今发表的"海洋环境立体监测"相关文献的学科分布情况，如图 1.2 所示。在 Scopus 全学科期刊分类系统（ASJC）划分的 27 个学科中，该研究方向文献涉及的学科较为广泛，学科交叉特性较为明显。其中，较多的文献分布于 Engineering（工程学）、Earth and Planetary Sciences（地球与行星科学）、Computer Science（计算机科学）、Environmental Science（环境科学）、Physics and Astronomy（物理学与天文学）等学科。

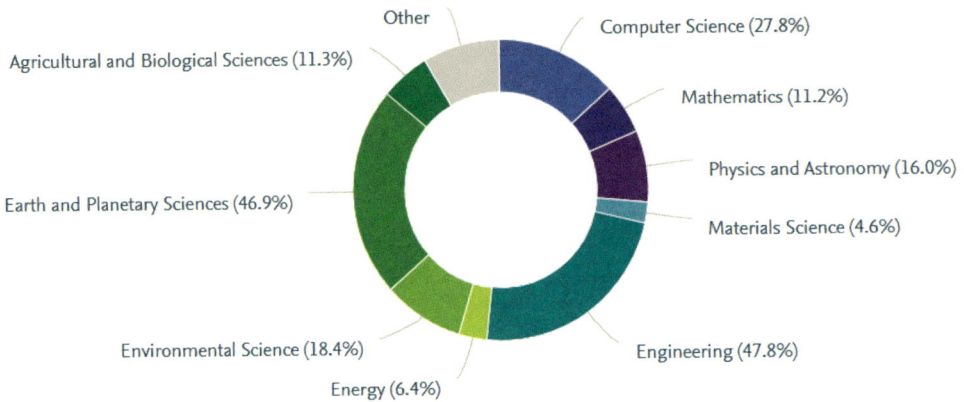

图1.2 方向文献学科分布

1.2 研究热点与前沿

1.2.1 高频关键词

2017年至今发表的"海洋环境立体监测"相关文献的TOP 50高频关键词，如图1.3所示。其中，Autonomous Underwater Vehicle（AUV）（自主水下航行器）、Underwater（水下）、ARGO（Array for Real-time Geostrophic Oceanography）（ARGO全球海洋观测网）、Unmanned Aerial Vehicle（无人飞行器）、Oceans and Seas（海洋）、Buoys（浮标）等是该方向出现频率最高的高频词。

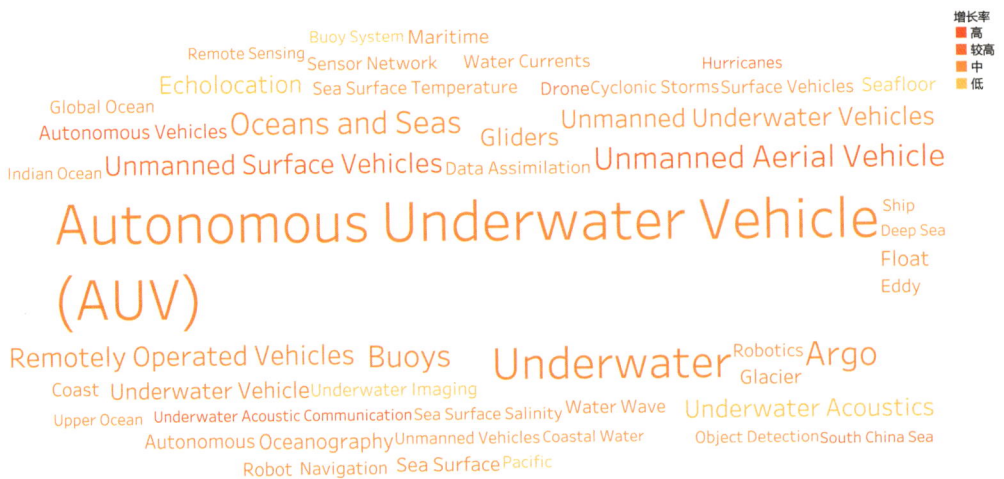

图1.3 2017年至今方向TOP 50高频关键词词云图

从 2017 年至今方向 TOP 50 高频关键词的增长率情况看（如图 1.4 所示），该方向增长较快的关键词有 Underwater Acoustic Communication（水声通信）、Autonomous Vehicles（自动航行器）、Drone（无人机）、South China Sea（中国南海）、Unmanned Surface Vehicles（水面无人艇）等。

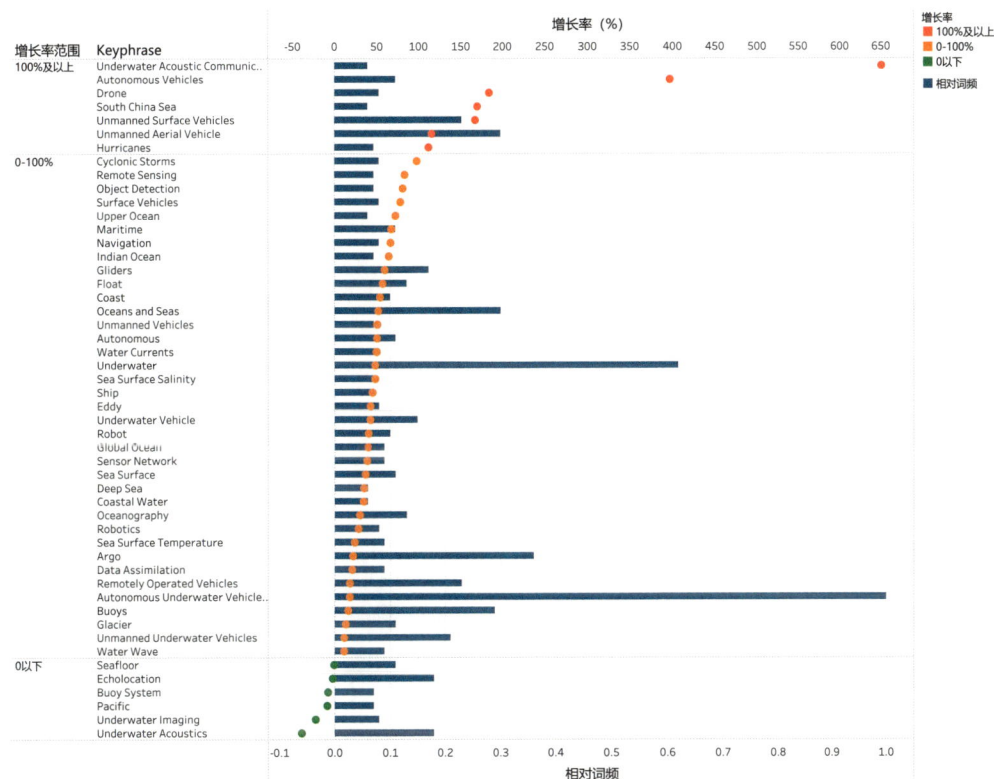

图 1.4 2017 年至今方向 TOP 50 高频关键词的增长率分布

1.2.2 方向相关热点主题（TOPIC）[1]

从 2017 年至今该方向发表的相关文献涉及的主要研究主题看（如图 1.5 所示），该方向文献量最大的主题是 T.2132，"Unmanned Surface Vehicles; Controller; Autonomous Underwater Vehicle (AUV)"（水面无人艇；控制器；自主水下航行器），其显著性百分位[2] 达到 99.293，

---

[1] 研究主题（Topic）是 SciVal 平台自带的基于 Scopus 数据库文献的直接引用关系聚类而成的文献簇，每个主题代表了一组具有相同研究兴趣或知识基础的论文集合。目前 SciVal 平台共有约 9.6 万个研究主题。

[2] 显著性百分位体现了主题的显著度，它通过文章的被引用次数、浏览数和期刊的 CiteScore 指标计算得出，可以体现该主题的受关注度和发展势头。

在全球具有高关注度。显著性百分位最高的主题是 T.4338，"Object Detection; Deep Learning; IOU"（目标检测；深度学习；交并比），达到 99.997，在全球具有高关注度和发展势头；同时，该主题的 FWCI[1] 为 1.73，具有高引文影响力。五个热点主题中该方向论文在主题论文中的占比[2] 最高的主题是 T.13413，"Autonomous Underwater Vehicle (AUV); Integrated Navigation; Navigation"（自主水下航行器；综合导航；导航），占比达到 25.24%，在该方向热点主题中最具相关性。该方向五个热点主题均呈现出较高的显著性百分位（均在 92 以上），表明该方向整体上具有较高的全球关注度和较大的研究发展潜力。

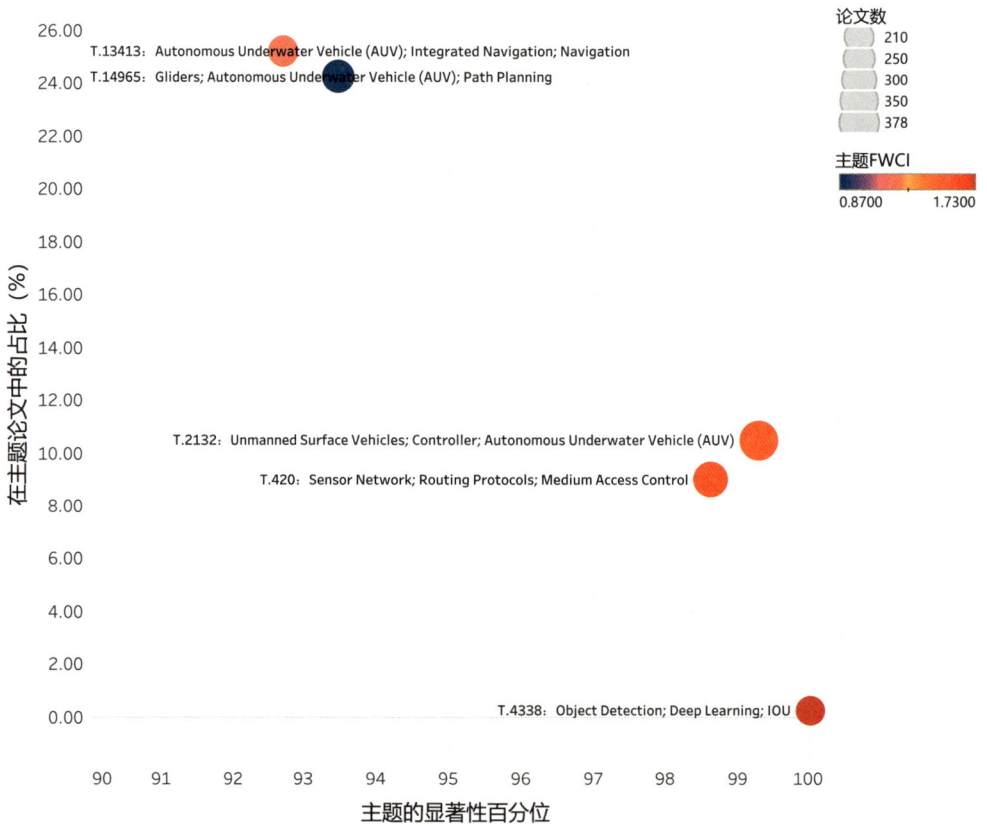

图1.5 2017年至今方向论文数最多的五个热点主题

---

[1] 学科规范化的引文影响力是主题论文的被引用次数与相同学科、相同年份、相同类型论文平均被引次数的比值，可以体现该主题的影响力。

[2] 在主题论文中的占比是指该方向下某个主题的论文数量占 SciVal 平台上该主题论文总数的比重，体现了研究主题与该研究方向的相关度，占比越高说明该主题与方向的相关度越高。

1.3 高产国家 / 地区和机构

从 2017 年至今发表的方向相关文献主要的发文国家 / 地区看（如表 1.1 所示），该方向最主要的研究国家 / 地区有 China（中国）、United States（美国）、United Kingdom（英国）、France（法国）和 Italy（意大利）等；从主要机构看

（如图 1.6 所示），高产的机构包括 CNRS（法国国家科学研究中心）、Chinese Academy of Sciences（中国科学院）、National Oceanic and Atmospheric Administration（美国国家海洋和大气管理局）等。

表 1.1 2017 年至今方向前十位高产国家 / 地区

序号	国家 / 地区	发文量	点击量	FWCI	被引次数
1	China	2625	37526	0.96	17528
2	United States	2244	38971	1.4	25620
3	United Kingdom	729	19260	1.74	11514
4	France	693	16936	1.61	10454
5	Italy	571	18858	1.74	6972
6	Germany	535	13444	1.64	7624
7	Japan	521	11289	1.22	4963
8	Australia	464	14568	1.75	7656
9	India	425	5591	1.01	2438
10	Canada	412	8600	1.43	5039

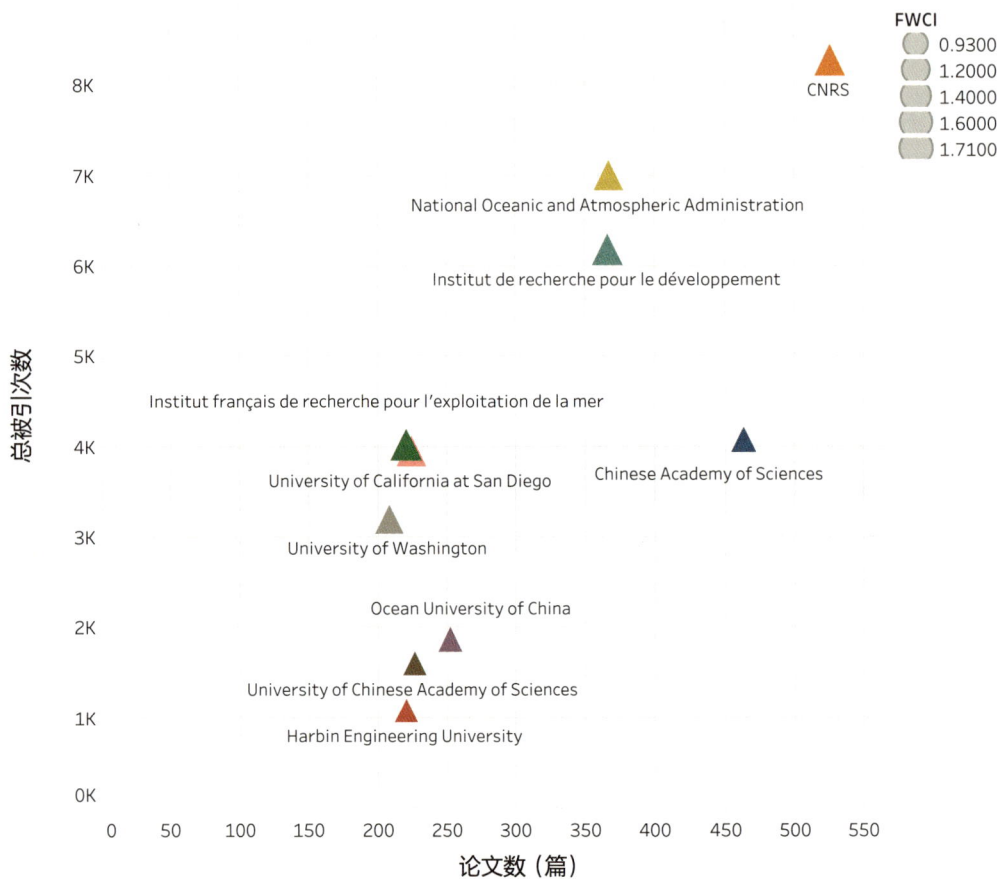

图 1.6 2017 年至今方向前十位高产机构

2 跨介质立体通信组网

2.1 总体概况

通过 Scopus 数据库检索 2017 年至今发表的"跨介质立体通信组网"相关论文，并将其导入 SciVal 平台，最终共有文献 1269 篇，整体情况如图 2.1 所示。

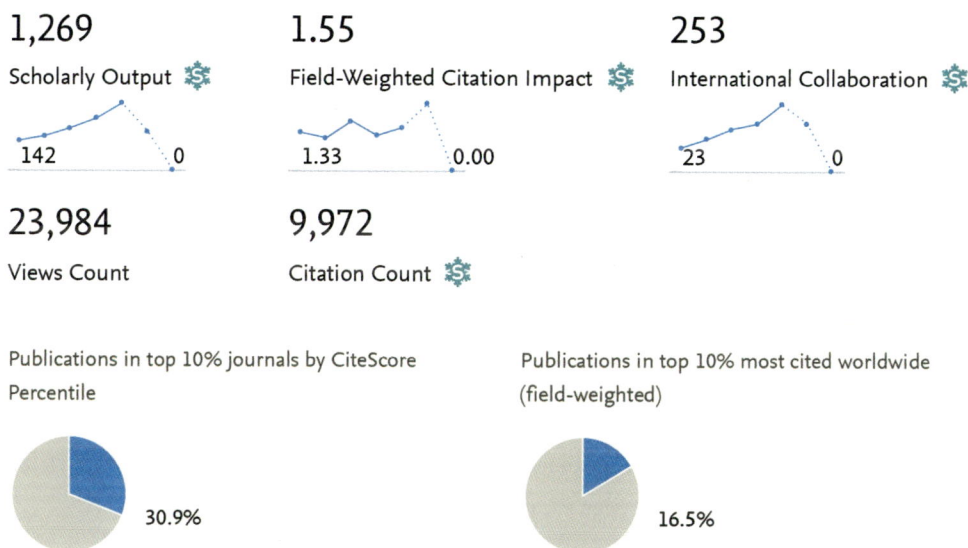

1,269
Scholarly Output
142　　0

1.55
Field-Weighted Citation Impact
1.33　　0.00

253
International Collaboration
23　　0

23,984
Views Count

9,972
Citation Count

Publications in top 10% journals by CiteScore Percentile

30.9%

Publications in top 10% most cited worldwide (field-weighted)

16.5%

图 2.1 方向文献整体概况

2017 年至今发表的"跨介质立体通信组网"相关文献的学科分布情况，如图 2.2 所示。在 Scopus 全学科期刊分类系统（ASJC）划分的 27 个学科中，该研究方向文献涉及的学科较为广泛、学科交叉特性较为明显。其中，较多的文献分布于 Engineering（工程学）、Computer Science（计算机科学）、Physics and Astronomy（物理学和天文学）、Materials Science（材料科学）、Mathematics（数学）等学科。

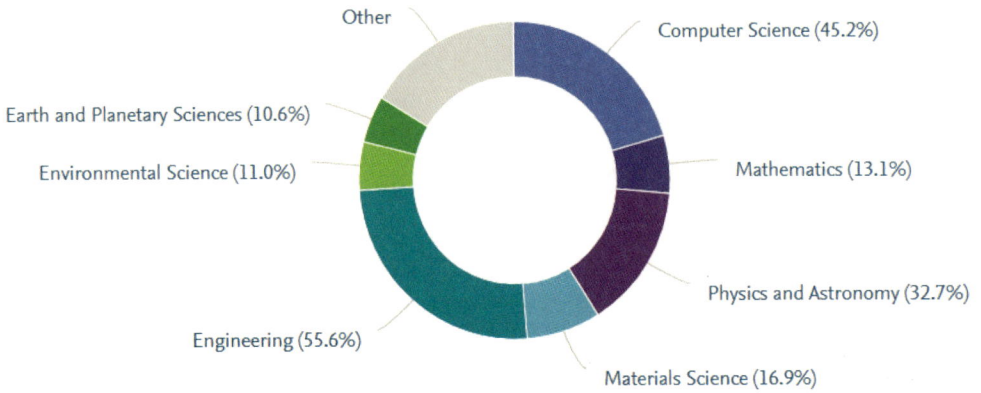

图 2.2 方向文献学科分布

2.2 研究热点与前沿

2.2.1 高频关键词

2017 年至今发表的"跨介质立体通信组网"相关文献的 TOP 50 高频关键词，如图 2.3 所示。其中，Underwater（水下）、Unmanned Aerial Vehicle（无人飞行器）、Marine Communication（海上通信）、Underwater Acoustic Communication（水声通信）、Underwater Optical Wireless Communication（水下无线光通信）等是该方向出现频率最高的高频词。

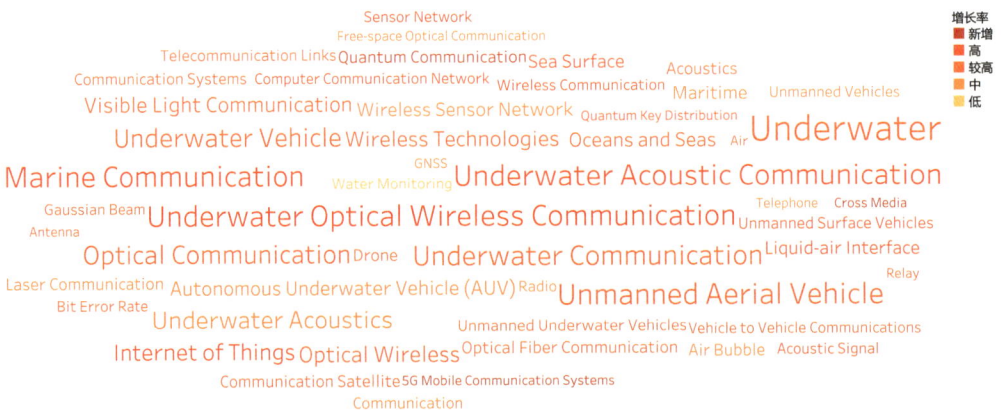

图 2.3 2017 年至今方向 TOP 50 高频关键词词云图

从 2017 年至今方向 TOP 50 高频关键词的增长率情况看（如图 2.4 所示），该方向增长较快的关键词有 Acoustic Signal（声学信号）、Marine Communication（海上通信）、Wireless Communication（无线通信）、Underwater Acoustic Communication（水声通信）、Unmanned Surface Vehicles（水面无人艇）等。此外，2017 年以来新增的高频关键词有 Quantum Communication（量子通信）、Cross Media（跨介质）和 5G Mobile Communication Systems（5G 移动通信系统）。

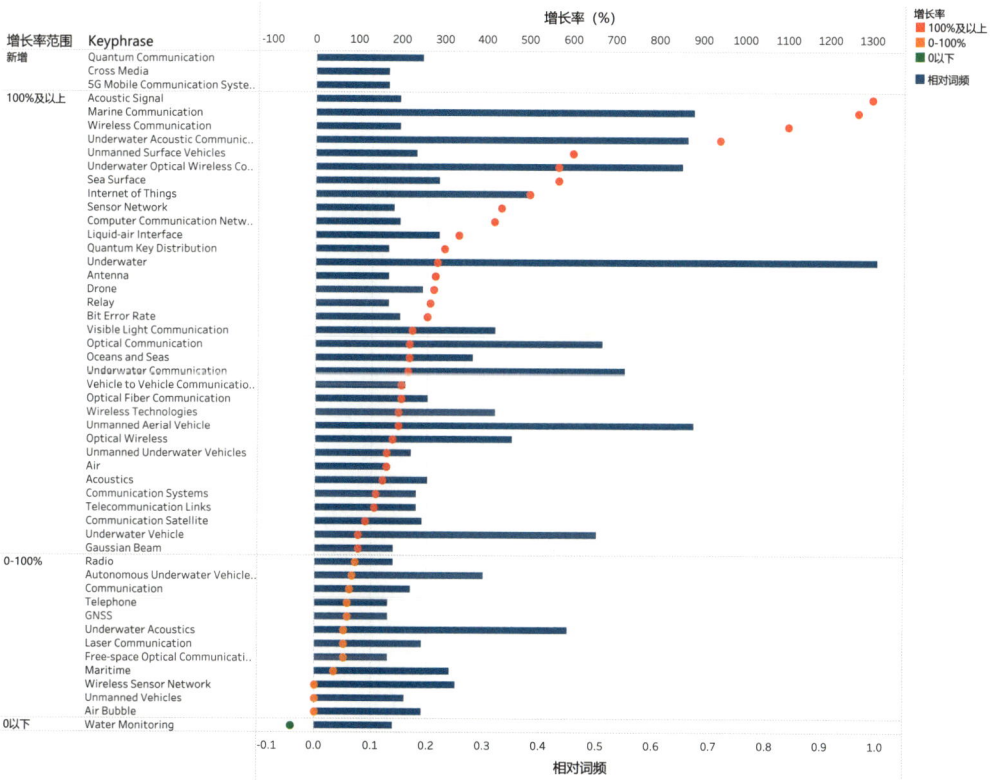

图 2.4 2017 年至今方向 TOP 50 高频关键词的增长率分布

2.2.2 方向相关热点主题（TOPIC）

从 2017 年至今该方向发表的相关文献涉及的主要研究主题看（如图 2.5 所示），显著性百分位最高的主题是 T.21868，"Drone; Unmanned Aerial Vehicles; Base Stations"（无人机；无人飞行器；基站），达到 99.849，在全球具有高关注度和发展势头；同时，该主题的 FWCI 为 2.28，具有高引文影响力。五个热点主题中该方向论文在主题论文中占比最高的主题是 T.39877，

"Underwater Vehicles; Unmanned Aerial Vehicle; Seaplanes"（水下航行器；无人飞行器；水上飞机），占比达到35.24%，在该方向热点主题中最具相关性。该方向五个热点主题中，有四个热点主题呈现出较高的显著性百分位（大于92），表明该方向整体上具有较高的全球关注度和较大的研究发展潜力。

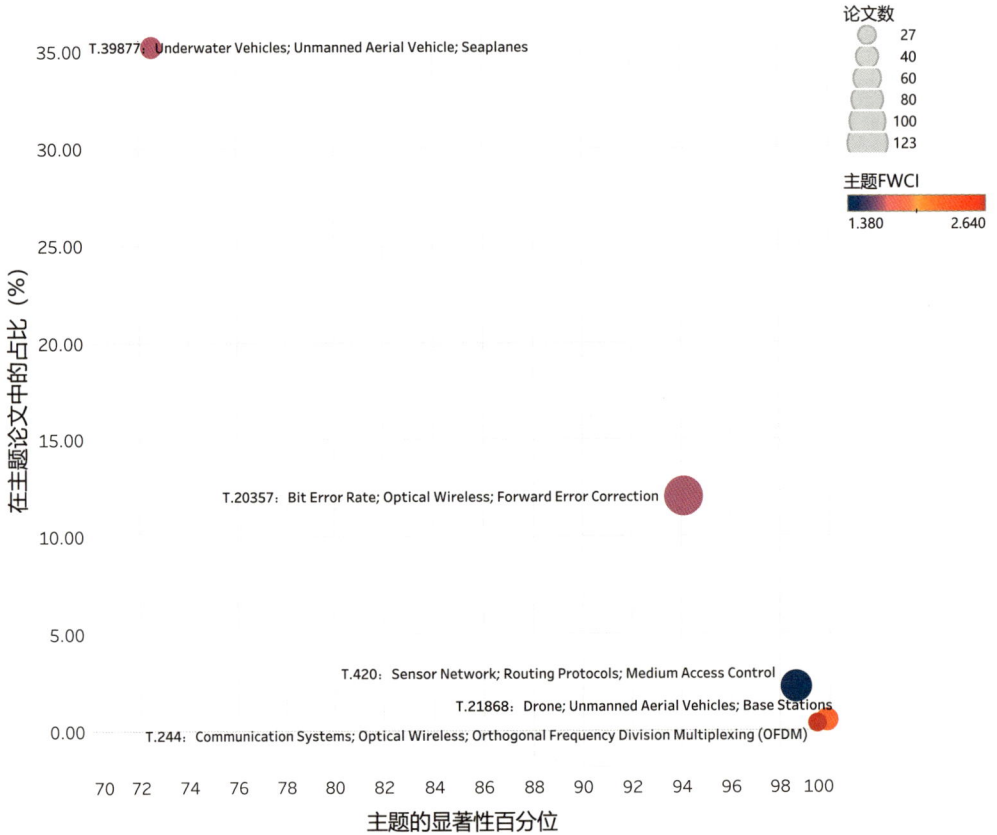

图2.5 2017年至今方向论文数最多的五个热点主题

2.3 高产国家 / 地区和机构

从 2017 年至今发表的方向相关文献主要的发文国家 / 地区看（如表 2.1 所示），该方向最主要的研究国家 / 地区有 China（中国）、United States（美国）、India（印度）、United Kingdom（英国）和 Germany（德国）等；从主要的机构看（如图 2.6 所示），高产的机构包括 Chinese Academy of Sciences（中国科学院）、Shanghai Jiao Tong University（上海交通大学）、Zhejiang University（浙江大学）、CNRS（法国国家科学研究中心）等。

表 2.1 2017 年至今方向前十位高产国家 / 地区

序号	国家 / 地区	发文量	点击量	FWCI	被引次数
1	China	447	6506	1.97	4172
2	United States	249	5139	2.05	2451
3	India	117	2082	1.27	662
4	United Kingdom	70	2874	3.86	2071
5	Germany	45	1813	2.53	855
6	Japan	44	1007	4.75	359
7	Canada	41	1634	5.14	1131
8	Republic of Korea	36	629	1.52	358
9	Italy	35	1264	1.85	419
10	Saudi Arabia	34	829	2.3	448

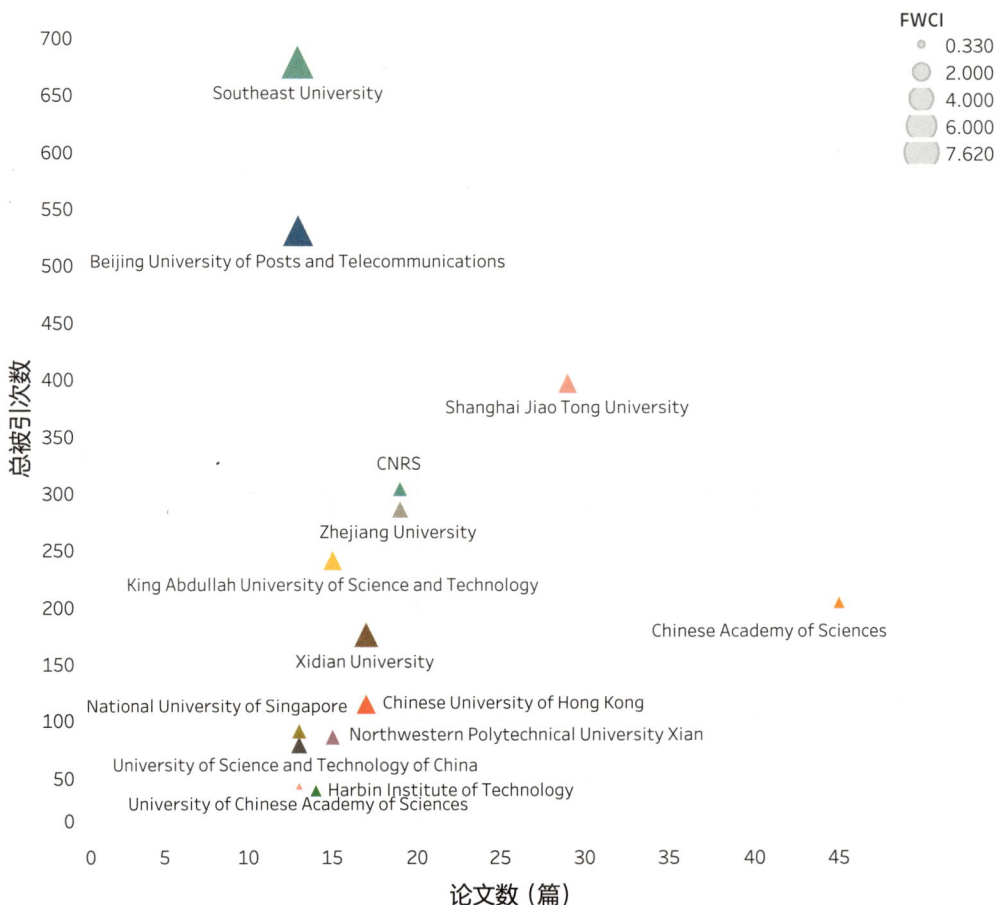

图 2.6 2017 年至今方向前十位高产机构

3 海洋防灾减灾关键技术

3.1 总体概况

通过 Scopus 数据库检索 2017 年至今发表的"海洋防灾减灾关键技术"相关论文，并将其导入 SciVal 平台，最终共有文献 1569 篇，整体情况如图 3.1 所示。

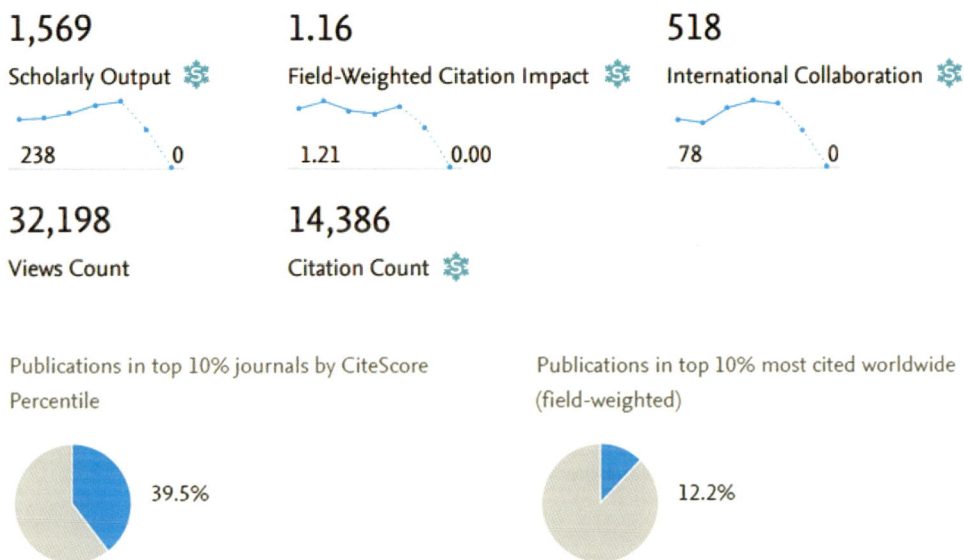

1,569
Scholarly Output
238   0

1.16
Field-Weighted Citation Impact
1.21   0.00

518
International Collaboration
78   0

32,198
Views Count

14,386
Citation Count

Publications in top 10% journals by CiteScore Percentile
39.5%

Publications in top 10% most cited worldwide (field-weighted)
12.2%

图 3.1 方向文献整体概况

2017 年至今发表的"海洋防灾减灾关键技术"相关文献的学科分布情况，如图 3.2 所示。在 Scopus 全学科期刊分类系统（ASJC）划分的 27 个学科中，该研究方向文献涉及的学科较为广泛、学科交叉特性较为明显。其中，较多的文献分布于 Earth and Planetary Sciences（地球与行星科学）、Environmental Science（环境科学）、Engineering（工程学）、Agricultural and Biological Sciences（农业与生物科学）等学科。

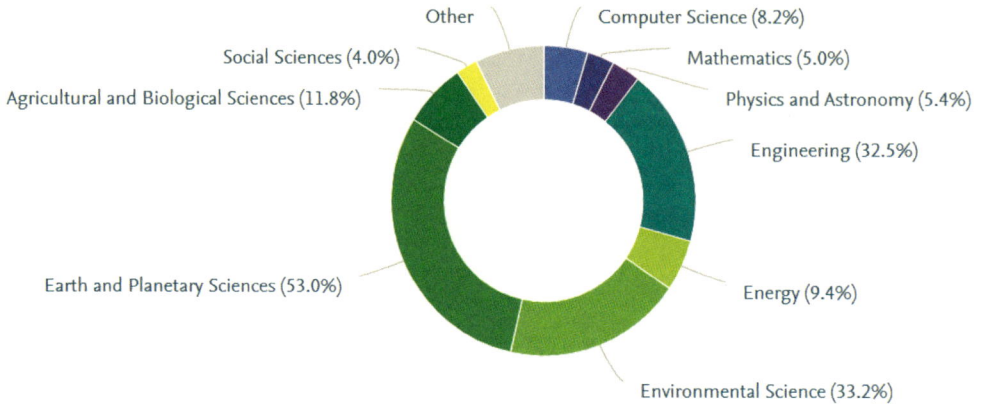

图 3.2　方向文献学科分布

3.2 研究热点与前沿

3.2.1 高频关键词

2017 年至今发表的"海洋防灾减灾关键技术"相关文献的 TOP 50 高频关键词，如图 3.3 所示。其中，Glacier（冰川）、Water Wave（水

波）、Storm Surge（风暴潮）、Tsunami（海啸）、Forecast（预测）、Cyclonic Storms（气旋风暴）等是该方向出现频率最高的高频词。

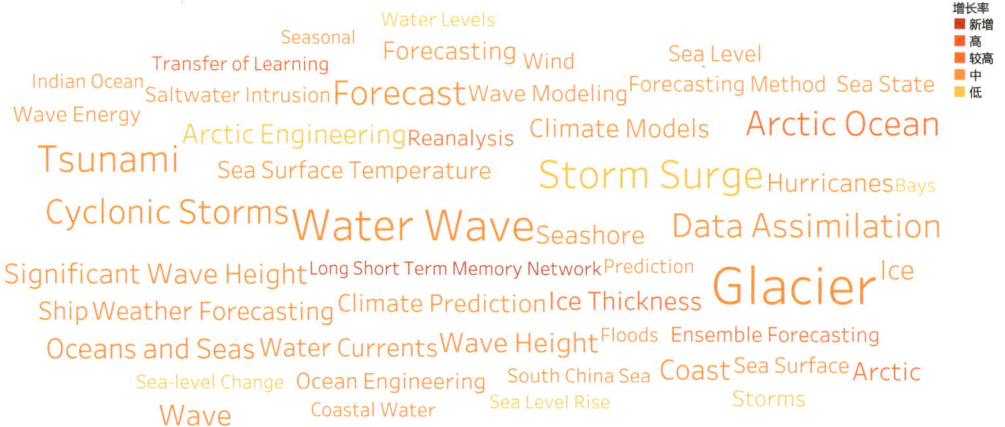

图 3.3　2017 年至今方向 TOP 50 高频关键词词云图

从 2017 年至今方向 TOP 50 高频关键词的增长率情况看（如图 3.4 所示），该方向增长较快的关键词有 Transfer of Learning（学习迁移）、Ensemble Forecasting（集成预测）、Arctic Ocean（北冰洋）、Ice Thickness（冰层厚度）、Arctic（北极）和 Reanalysis（再分析）等，近五年的词频增长率均超过 100%。此外，2017 年以来新增了高频关键词 Long Short-Term Memory Network（长短期记忆网络）。

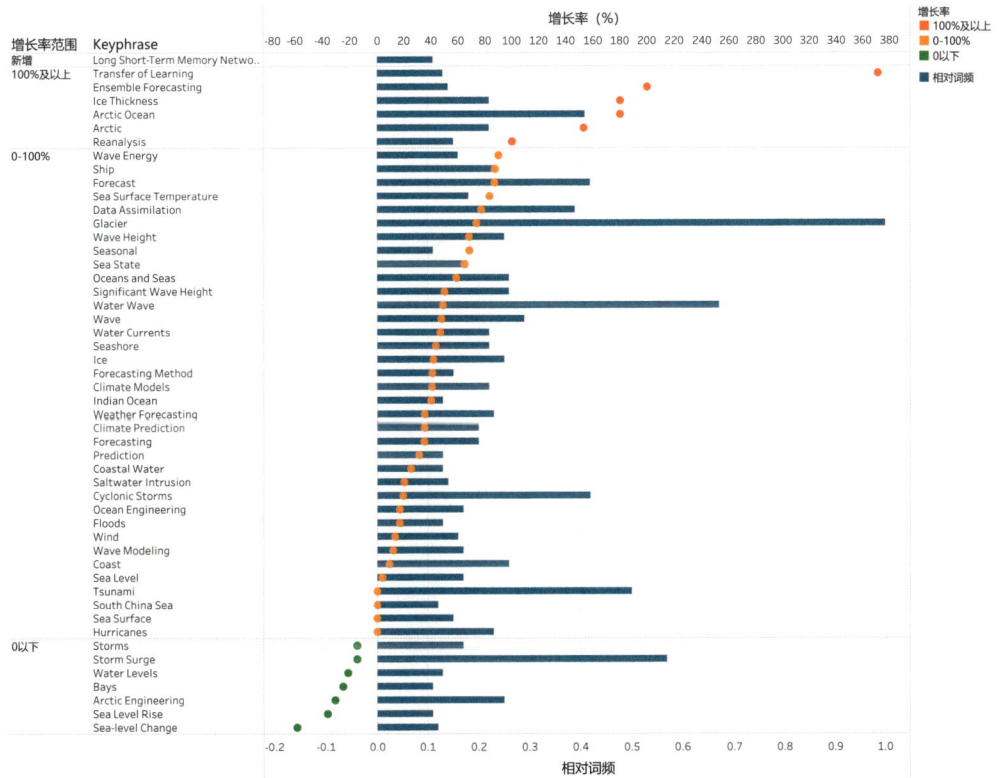

图3.4 2017 年至今方向 TOP 50 高频关键词的增长率分布

3.2.2 方向相关热点主题（TOPIC）

从 2017 年至今该方向发表的相关文献涉及的主要研究主题看（如图 3.5 所示），该方向文献量最大的主题是 T.752 "Ice Thickness; Ice; Arctic Ocean"（冰层厚度；冰；北冰洋），显著性百分位接近 98，在全球具有较高关注度和较好的发展势头。五个热点主题中该方向论文在主题论文中占比最高的主题是 T.29668，"Artificial Neural Network; Wave Energy; Data

Buoy"（人工神经网络；波浪能；数据浮标），占比达到 18.29%，在该方向热点主题中最具相关性；同时，该主题的显著性百分位为 91.488，发展势头较好。该方向的五个热点主题均呈现出较高的显著性百分位（均在 90 以上），表明该方向整体上具有较高的全球关注度和较大的研究发展潜力。

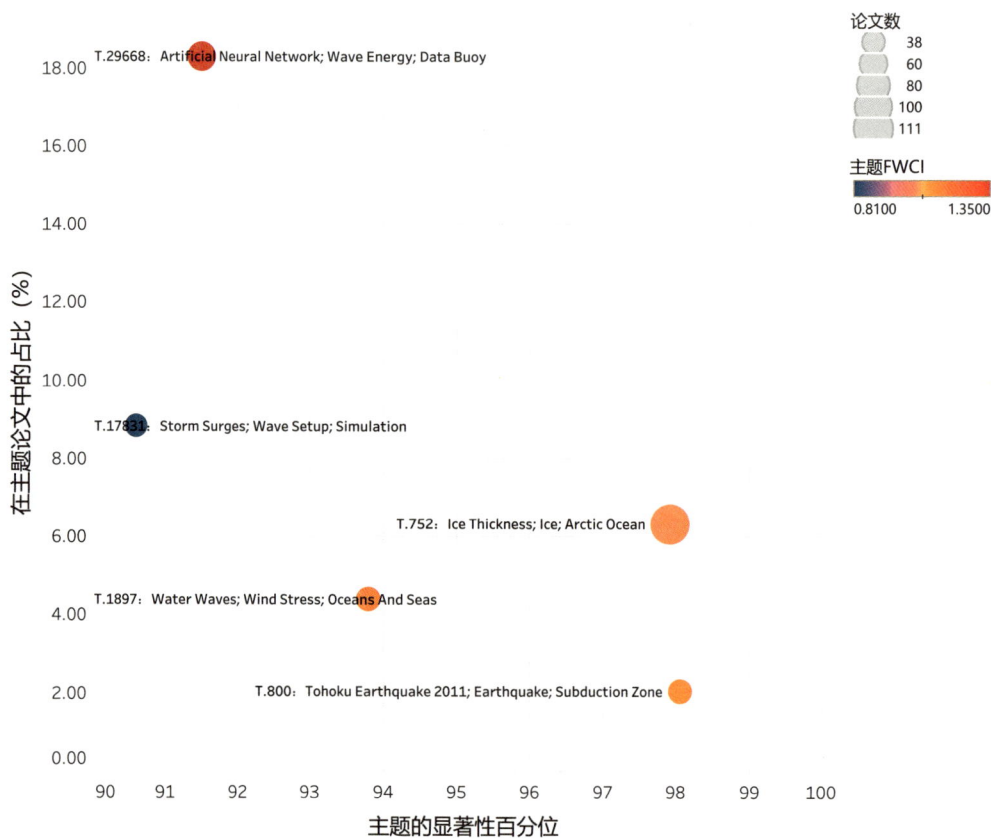

图3.5 2017年至今方向论文数最多的五个热点主题

3.3 高产国家 / 地区和机构

从 2017 年至今发表的方向相关文献主要的发文国家 / 地区看（如表 3.1 所示），该方向最主要的研究国家 / 地区有 United States（美国）、China（中国）、United Kingdom（英国）、Japan（日本）、Norway（挪威）和 Germany（德国）等；从主要的机构看（如图 3.6 所示），高产的机构包括 CNRS（法国国家科学研究中心）、National Oceanic and Atmospheric Administration（美国国家海洋和大气管理局）、Chinese Academy of Sciences（中国科学院）以及 Institut de Recherche pour le Développement（法国发展研究所）等。

表 3.1 2017 年至今方向前十位高产国家 / 地区

序号	国家 / 地区	发文量	点击量	FWCI	被引次数
1	United States	415	9042	1.5	5448
2	China	367	6167	1	3066
3	United Kingdom	198	4697	1.73	2826
4	Japan	111	2423	1.33	1418
5	Germany	100	2294	1.41	1044
5	Norway	100	2053	1.83	1192
7	France	98	2806	2.35	2054
8	Canada	93	1993	1.83	1591
9	Australia	92	2675	1.62	1413
10	Italy	89	3087	1.74	1324

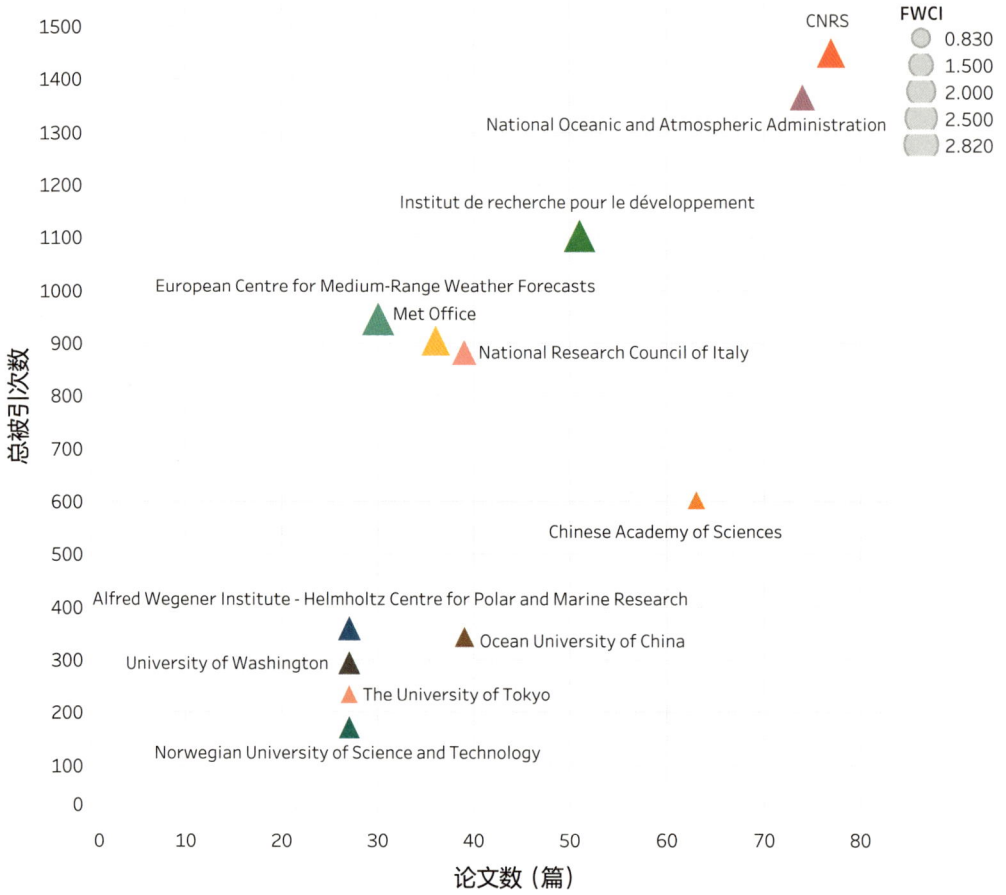

图3.6 2017年至今方向前十位高产机构

4 海洋大数据挖掘与智能存储技术

4.1 总体概况

通过 Scopus 数据库检索 2017 年至今发表的"海洋大数据挖掘与智能存储技术"相关论文，并将其导入 SciVal 平台，最终共有文献 1118 篇，整体情况如图 4.1 所示。

1,118
Scholarly Output

127 ———— 0

1.20
Field-Weighted Citation Impact

1.12 ———— 0.00

196
International Collaboration

19 ———— 0

27,365
Views Count

7,251
Citation Count

Publications in top 10% journals by CiteScore Percentile

22.4%

Publications in top 10% most cited worldwide (field-weighted)

14.5%

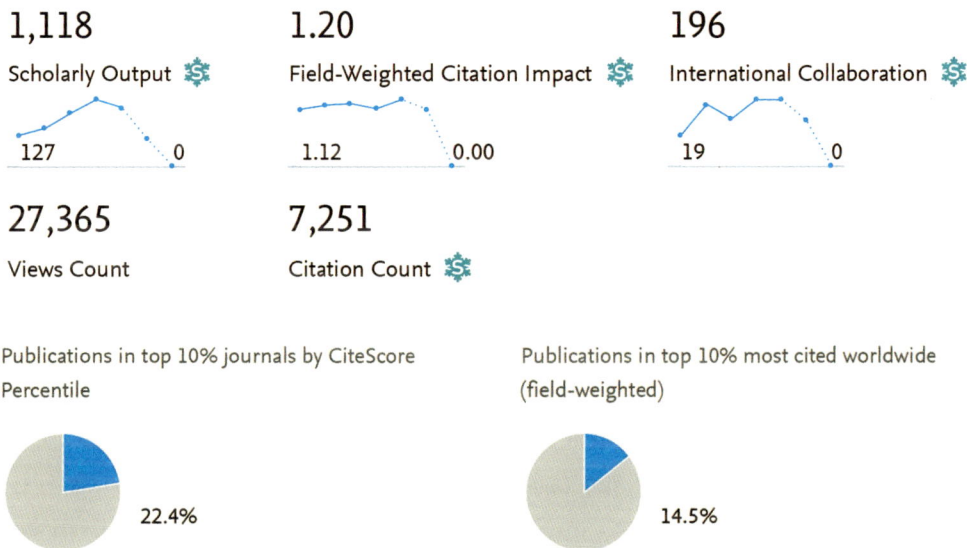

图 4.1 方向文献整体概况

2017 年至今发表的"海洋大数据挖掘与智能存储技术"相关文献的学科分布情况，如图 4.2 所示。在 Scopus 全学科期刊分类系统（ASJC）划分的 27 个学科中，该研究方向文献涉及的学科较为广泛、学科交叉特性较为明显。其中，较多的文献分布于 Engineering（工程学）、Computer Science（计算机科学）、Earth and Planetary Sciences（地球与行星科学）、Environmental Science（环境科学）、Decision Sciences（决策科学）等学科。

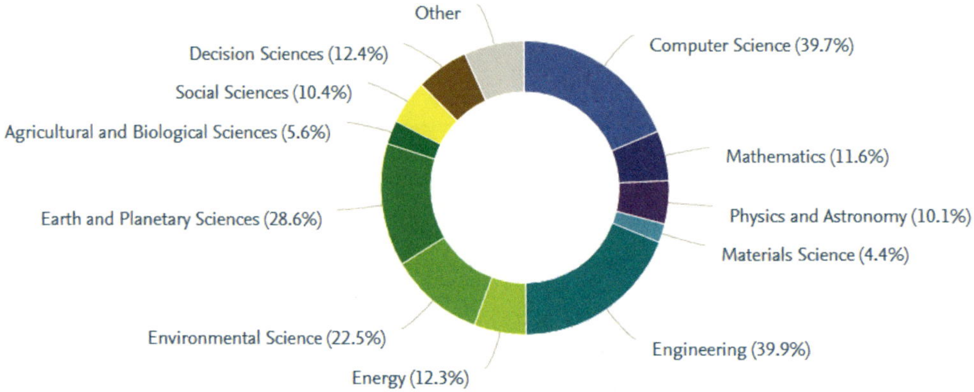

图 4.2 方向文献学科分布

4.2 研究热点与前沿

4.2.1 高频关键词

2017 年至今发表的"海洋大数据挖掘与智能存储技术"相关文献的 TOP 50 高频关键词，如图 4.3 所示。其中，Big Data（大数据）、Maritime（海上）、Ship（船）、Automatic Identification（自动识别）、Oceans and Seas（海洋）等是该方向出现频率最高的高频词。

图 4.3 2017 年至今方向 TOP 50 高频关键词词云图

从 2017 年至今方向 TOP 50 高频关键词的增长率情况看（如图 4.4 所示），该方向增长较快的关键词有 Coastal Water（沿海水域）、Glacier（冰川）、Sea Transportation（海上运输）、Waterway Transportation（水路交通运输）、Transfer of Learning（学习迁移）等。此外，2017 年以来新增的高频关键词有 Silk Road（丝路）、Maritime Transport（海上运输）、Marine Communication（海上通信）。

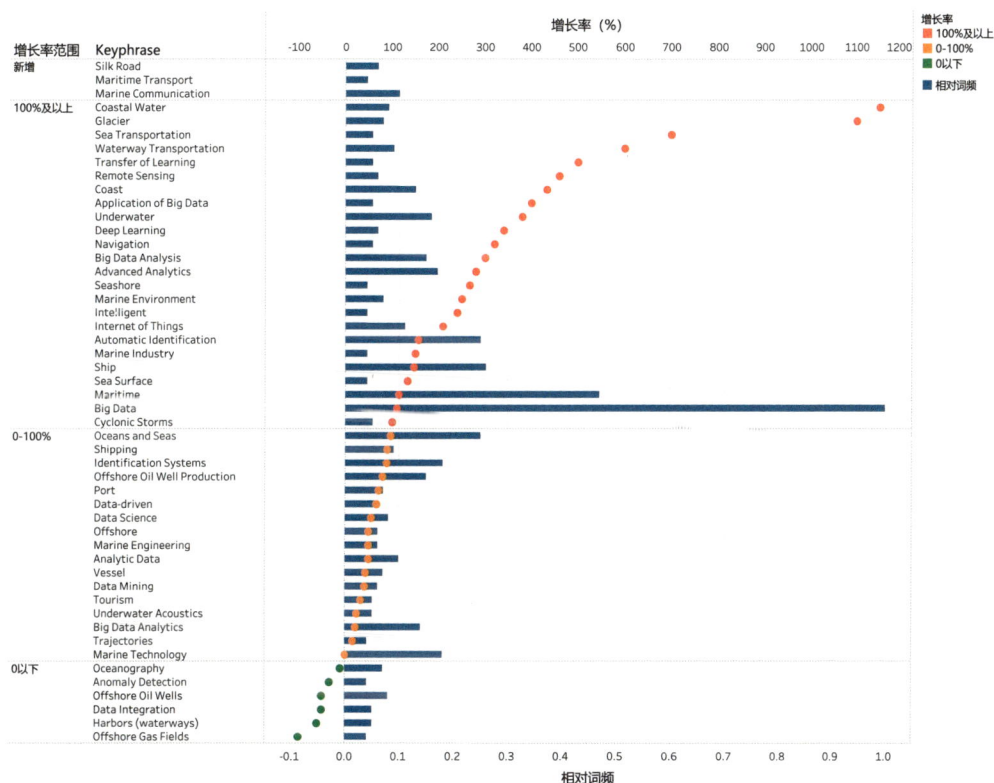

图 4.4 2017 年至今方向 TOP 50 高频关键词的增长率分布

4.2.2 方向相关热点主题（TOPIC）

从 2017 年至今该方向发表的相关文献涉及的主要研究主题看（如图 4.5 所示），显著性百分位最高的主题是 T.1629，"Container Port; Short Sea Shipping; Harbors（Waterways）"［集装箱港口；近海航运；港口（水路）］，达到 98.963，在全球具有高关注度和发展势头。五个热点主题中该方向论文在主题论文中占比最高的主题是 T.25757，"Automatic Identification; Maritime; Anomaly Detection"（自动识别；海上；异常检测），占比为 6.3%，在该方向热点主题中最具相关性；同时，该主题的显著性百分位为 93.371，发展势头较好。该方向五个热点主题均呈现出较高的显著性百分位（均在 93 以上），表明该方向整体上具备较高的全球关注度和较大的研究发展潜力。

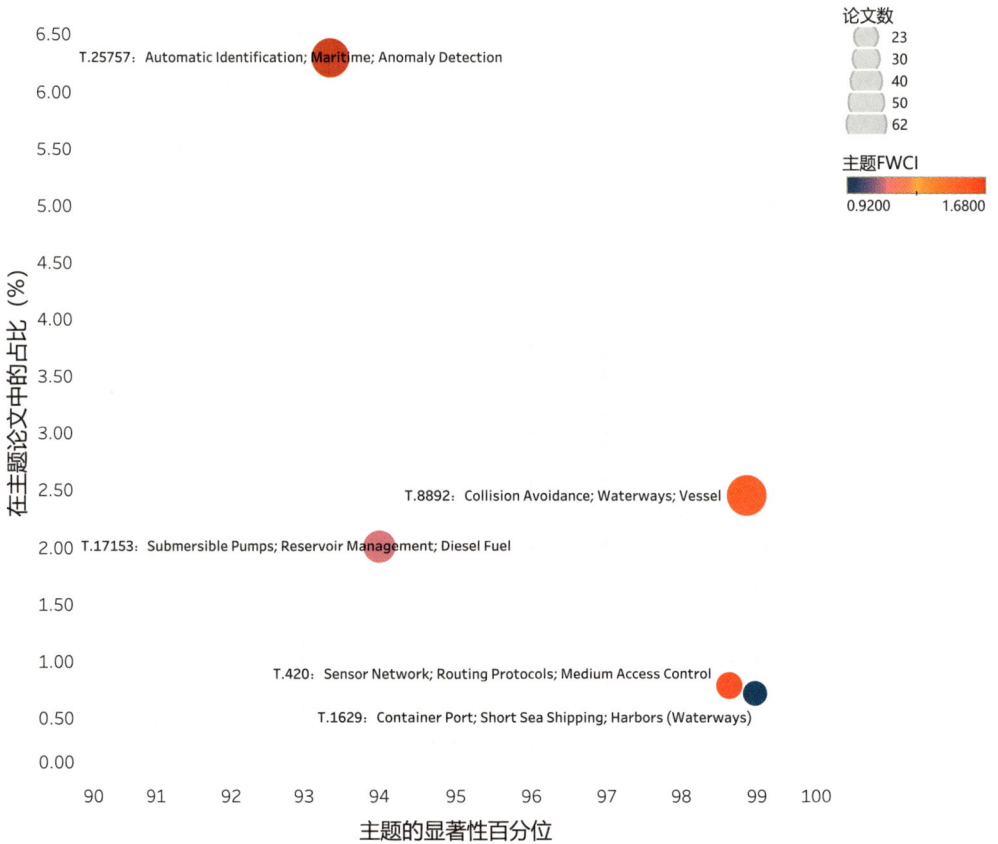

图4.5 2017年至今方向论文数最多的五个热点主题

4.3 高产国家 / 地区和机构

从 2017 年至今发表的方向相关文献主要的发文国家 / 地区看（如表 4.1 所示），该方向最主要的研究国家 / 地区有 China（中国）、United States（美国）、United Kingdom（英国）、Italy（意大利）和 France（法国）等；从主要的机构看（如图 4.6 所示），高产的机构包括 Chinese Academy of Sciences（中国科学院）、Wuhan University of Technology（武汉理工大学）、University of Chinese Academy of Sciences（中国科学院大学）等。

表 4.1 2017 年至今方向前十位高产国家 / 地区

序号	国家 / 地区	发文量	点击量	FWCI	被引次数
1	China	530	9846	1.07	3203
2	United States	157	5578	1.96	2037
3	United Kingdom	76	3984	2.49	1483
4	Italy	47	1102	1.83	333
5	France	46	1514	1.39	512
6	Republic of Korea	40	1356	1.26	320
7	Australia	37	2696	3.44	1164
8	India	36	1223	0.97	178
9	Greece	35	892	1.65	241
10	Germany	33	1461	3.27	708
10	Spain	33	2180	1.28	416

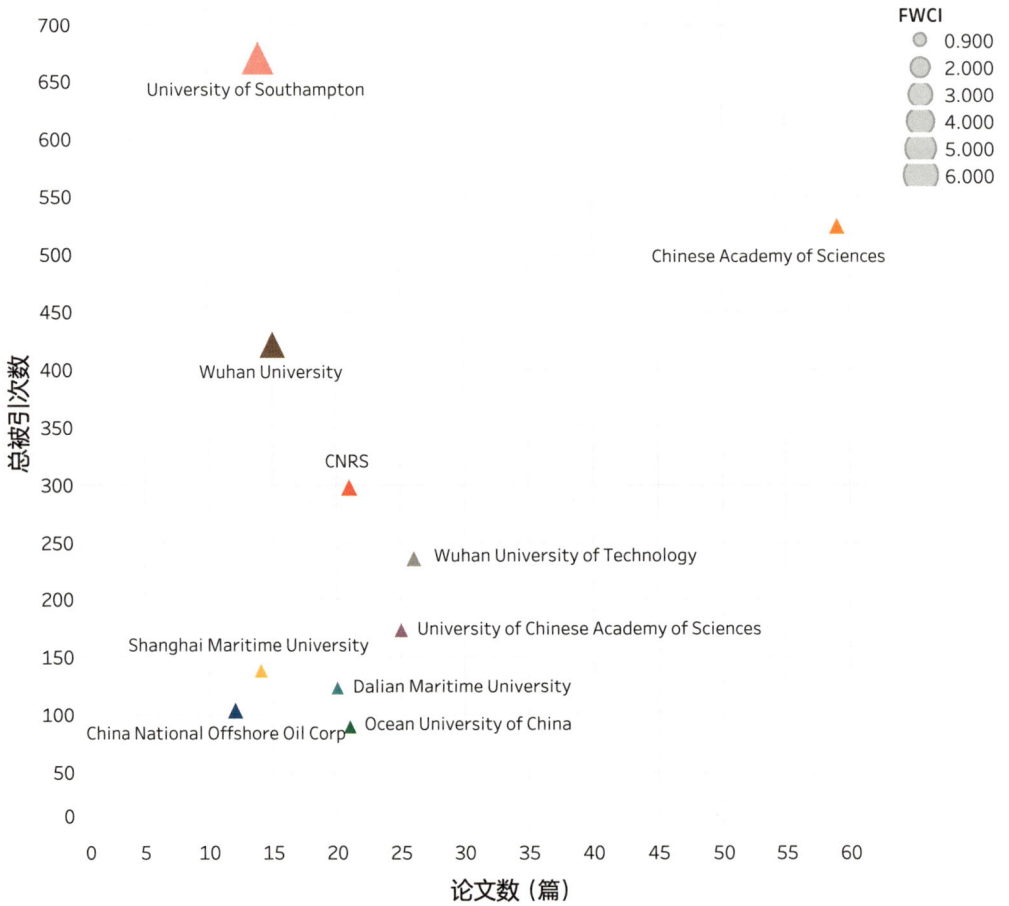

图 4.6 2017 年至今方向前十位高产机构

5 海洋绿色能源智能化开发

5.1 总体概况

通过 Scopus 数据库检索 2017 年至今发表的"海洋绿色能源智能化开发"相关论文，并将其导入 SciVal 平台，最终共有文献 1605 篇，整体情况如图 5.1 所示。

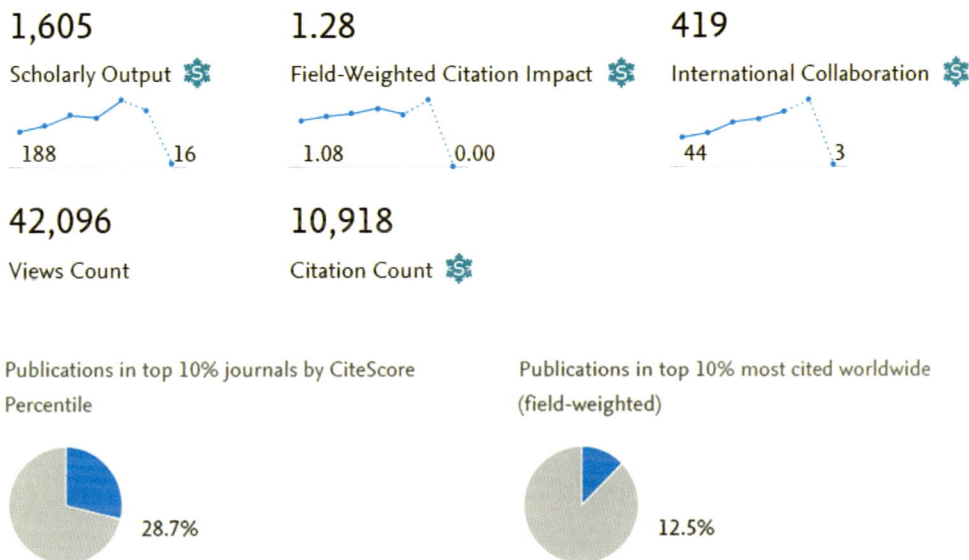

1,605
Scholarly Output

188　16

1.28
Field-Weighted Citation Impact

1.08　0.00

419
International Collaboration

44　3

42,096
Views Count

10,918
Citation Count

Publications in top 10% journals by CiteScore Percentile

28.7%

Publications in top 10% most cited worldwide (field-weighted)

12.5%

图 5.1 方向文献整体概况

2017 年至今发表的"海洋绿色能源智能化开发"相关文献的学科分布情况，如图 5.2 所示。在 Scopus 全学科期刊分类系统（ASJC）划分的 27 个学科中，该研究方向文献涉及的学科较为广泛、学科交叉特性较为明显。其中，较多的文献分布于 Engineering（工程学）、Energy（能源）、Environmental Science（环境科学）、Computer Science（计算机科学）、Earth and Planetary Sciences（地球与行星科学）等学科。

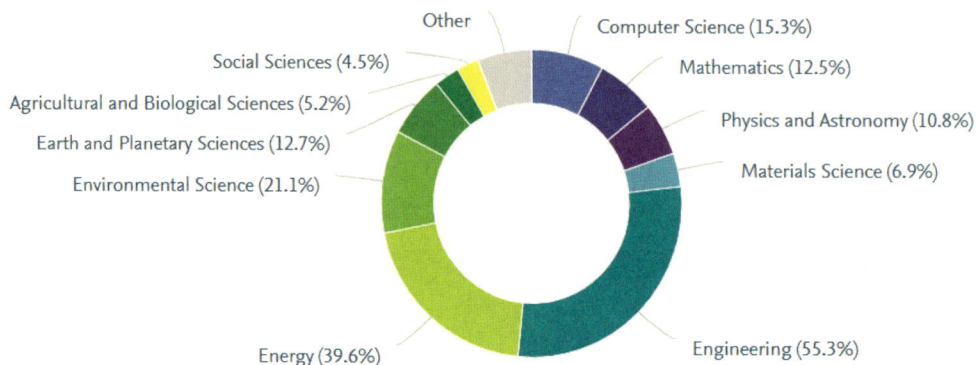

图 5.2 方向文献学科分布

5.2 研究热点与前沿

5.2.1 高频关键词

2017 年至今发表的"海洋绿色能源智能化开发"相关文献的 TOP 50 高频关键词,如图 5.3 所示。其中,Offshore Wind Turbines(海上风力机)、Offshore Wind Farms(海上风电场)、

Wind Power(风力发电)、Wind Turbine(风力涡轮机)、Offshore(海上的)等是该方向出现频率最高的高频词。

图 5.3 2017 年至今方向 TOP 50 高频关键词词云图

从 2017 年至今方向 TOP 50 高频关键词的增长率情况看（如图 5.4 所示），该方向增长较快的关键词有 Offshore Oil Well Production（海上油井生产）、Offshore Power Plants（海上电站）、Data-driven（数据驱动）、Marine Technology（海洋科技）、Microgrid（微电网）等。此外，2017 年以来新增了高频关键词 Long Short-Term Memory（长短期记忆网络）。

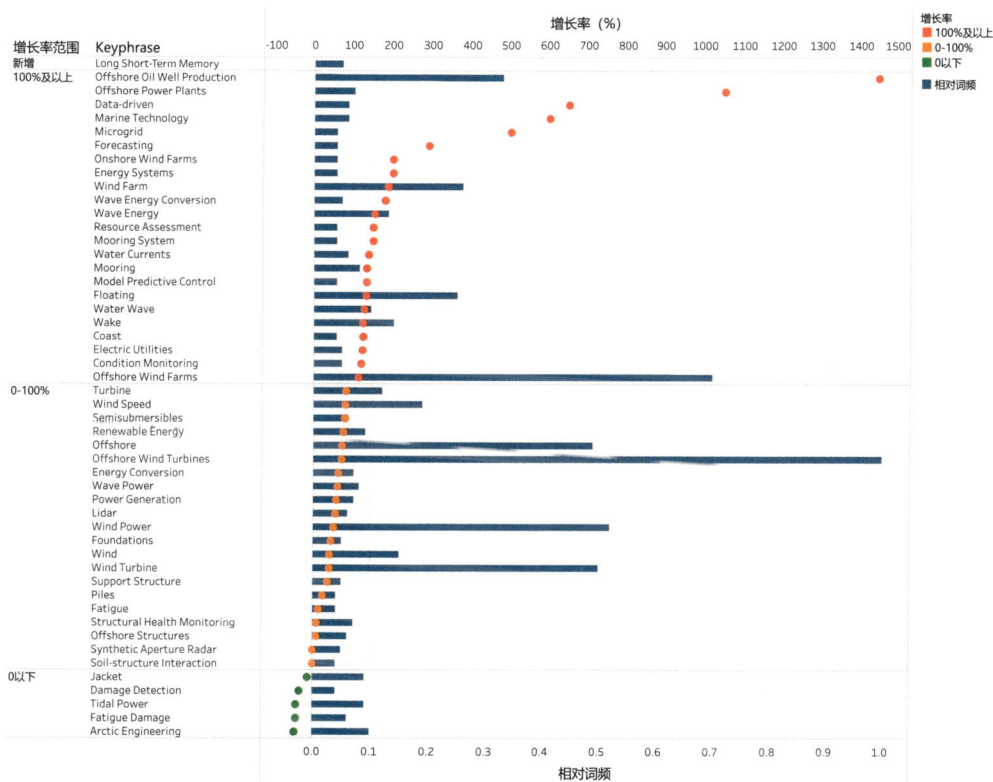

图 5.4 2017 年至今方向 TOP 50 高频关键词的增长率分布

5.2.2 方向相关热点主题（TOPIC）

从 2017 年至今该方向发表的相关文献涉及的主要研究主题看（如图 5.5 所示），显著性百分位最高的主题是 T.2377，"Wind Speed; Neural Networks; Prediction Interval"（风速；神经网络；预测区间），达到 99.647，在全球具有高关注度和发展势头；同时，该主题的 FWCI 为 1.9，具有高引文影响力。五个热点主题中该方向论文在主题论文中占比最高的主题是 T.14933，"Offshore Wind Turbines; Semisubmersibles; Floating"（海上风力机；半潜式；漂浮），占比为 7.02%，在该方向热点主题中最具相关性；同时，该主题的显著性百分位为 96.89，发展势头较好。该方向五个热点主题均呈现较高的显著性百分位（均在 96 以上），表明该方向整体上具有较高的全球关注度和较大的研究发展潜力。

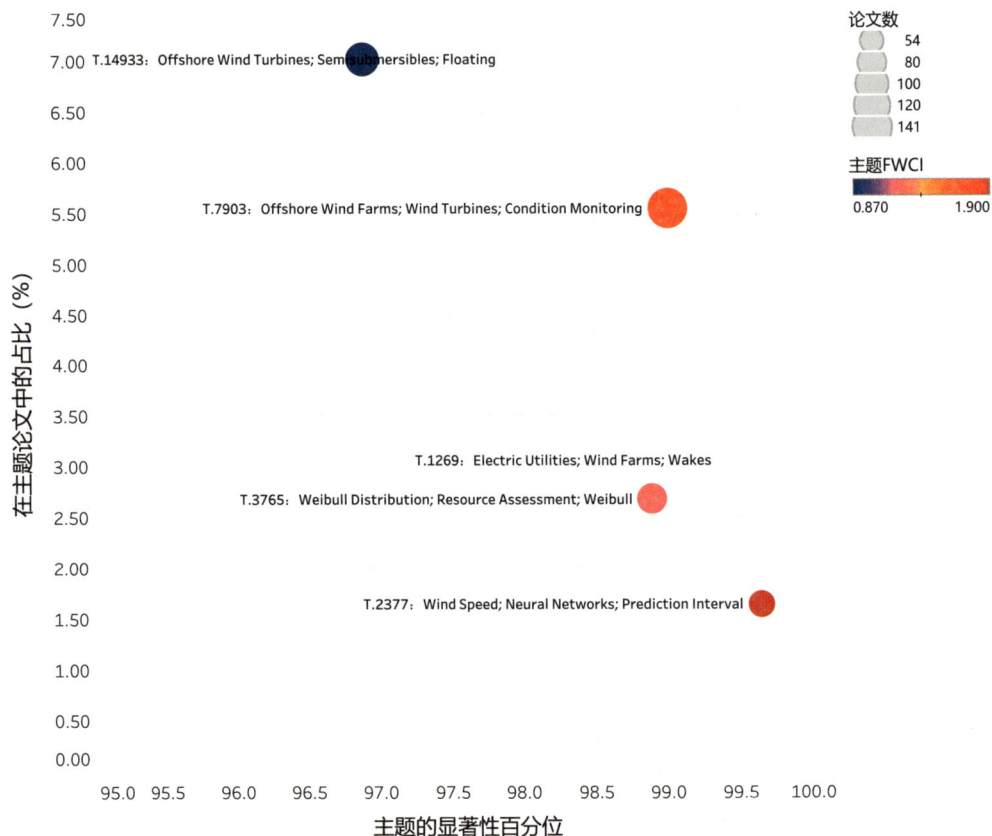

图5.5 2017年至今方向论文数最多的五个热点主题

5.3 高产国家 / 地区和机构

从 2017 年至今发表的方向相关文献主要的发文国家 / 地区看（如表 5.1 所示），该方向最主要的研究国家 / 地区有 China（中国）、United Kingdom（英国）、United States（美国）、Germany（德国）和 Denmark（丹麦）等；从

主要的机构看（如图 5.6 所示），高产的机构包括 University of Strathclyde（英国思克莱德大学）、Technical University of Denmark（丹麦技术大学）、Norwegian University of Science and Technology（挪威科技大学）等。

表 5.1 2017 年至今方向前十位高产国家 / 地区

序号	国家 / 地区	发文量	点击量	FWCI	被引次数
1	China	327	7656	1.2	2611
2	United Kingdom	261	9734	2	2593
3	United States	216	5665	1.19	1802
4	Germany	125	3463	1.33	933
5	Denmark	83	1974	1.44	682
6	Norway	72	1781	1.59	503
7	Spain	71	2390	1.24	535
8	Republic of Korea	69	1565	1.14	418
9	Netherlands	59	1733	1.34	378
10	India	56	1379	1.4	246

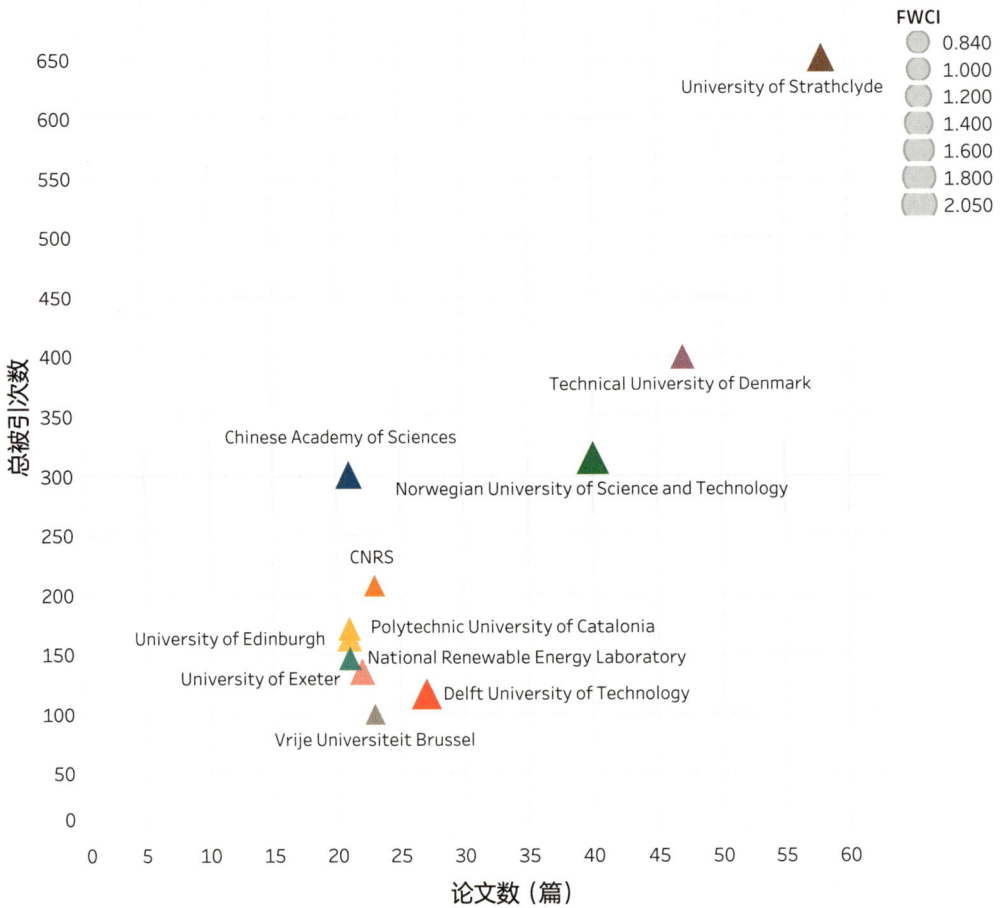

图 5.6 2017 年至今方向前十位高产机构

6 深海战略性矿产资源智能化开发

6.1 总体概况

通过 Scopus 数据库检索 2017 年至今发表的"深海战略性矿产资源智能化开发"相关论文，并将其导入 SciVal 平台，最终共有文献 3438 篇，整体情况如图 6.1 所示。

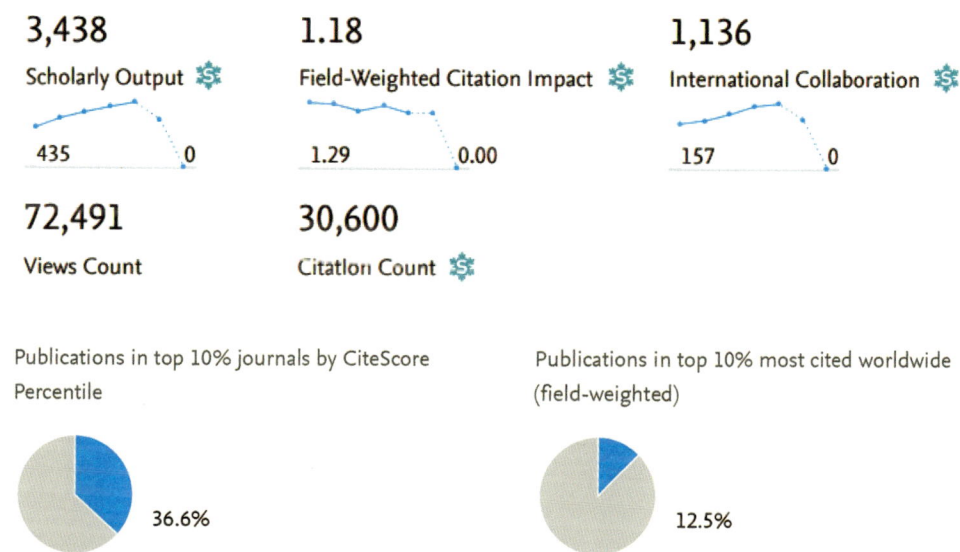

3,438
Scholarly Output 🌐

435 ——— 0

1.18
Field-Weighted Citation Impact 🌐

1.29 ——— 0.00

1,136
International Collaboration 🌐

157 ——— 0

72,491
Views Count

30,600
Citation Count 🌐

Publications in top 10% journals by CiteScore Percentile

36.6%

Publications in top 10% most cited worldwide (field-weighted)

12.5%

图 6.1 方向文献整体概况

2017 年至今发表的"深海战略性矿产资源智能化开发"相关文献的学科分布情况，如图 6.2 所示。在 Scopus 全学科期刊分类系统（ASJC）划分的 27 个学科中，该研究方向文献涉及的学科较为广泛、学科交叉特性较为明显。其中，较多的文献分布于 Earth and Planetary Sciences（地球与行星科学）、Environmental Science（环境科学）、Engineering（工程学）、Energy（能源）、Agricultural and Biological Sciences（农业和生物科学）等学科。

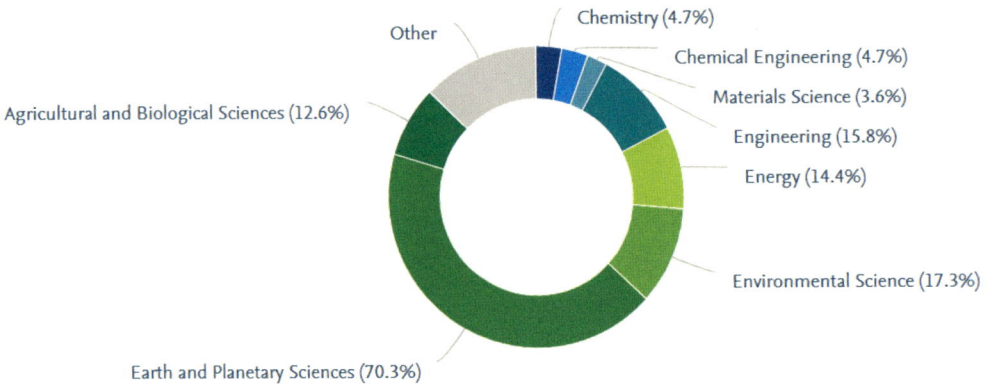

图 6.2　方向文献学科分布

6.2 研究热点与前沿

6.2.1 高频关键词

　　2017 年至今发表的"深海战略性矿产资源智能化开发"相关文献的 TOP 50 高频关键词，如图 6.3 所示。其中，Gas Hydrate（气体水合物）、Lanthanoid Atom（镧原子）、Hydrate（水合物）、Natural Gas（天然气）、Manganese Nodules（锰结核）等是该方向出现频率最高的高频词。

图 6.3　2017 年至今方向 TOP 50 高频关键词词云图

从 2017 年至今方向 TOP 50 高频关键词的增长率情况看（如图 6.4 所示），该方向增长较快的关键词有 Tethys（特提斯海）、Deep-sea Sediment（深海沉积物）、Ophiolite（蛇绿岩）、Deep Sea Mining（深海采矿）、Subduction (geology)［俯冲（地质）］、Mid-ocean Ridge Basalt（大洋中脊玄武岩）、Natural Gas（天然气）、Gas Hydrate（气体水合物）以及 Hydrate（水合物）等。

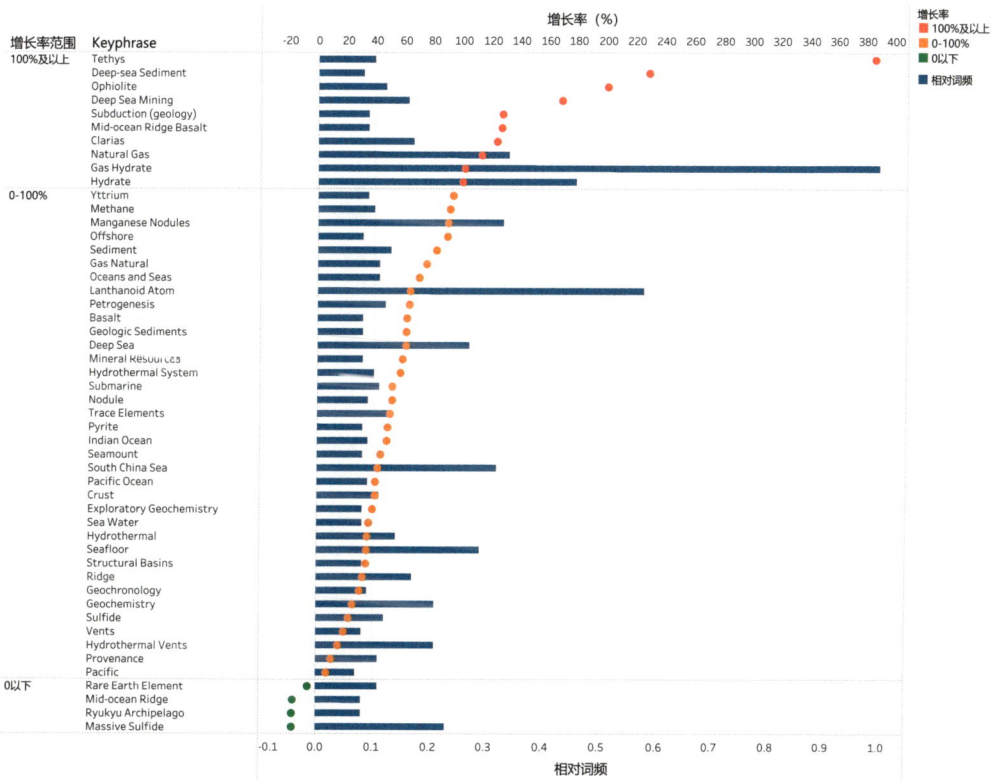

图 6.4 2017 年至今方向 TOP 50 高频关键词的增长率分布

6.2.2 方向相关热点主题（TOPIC）

从 2017 年至今该方向发表的相关文献涉及的主要研究主题看（如图 6.5 所示），显著性百分位最高的主题是 T.382，"Methane Hydrate; Energy Resource; Recovery"（甲烷水合物；能源资源；恢复），达到 99.21，在全球具有高关注度和发展势头。五个热点主题中该方向论文在主题论文中占比最高的主题是 T.14622，"Manganese Nodules; Deep Sea; Clarias"（锰结核；深海；克拉里亚斯），占比达到 45.93%，在该方向热点主题中最具相关性；同时，该主题的显著性百分位为 86.756，有一定的研究关注度。该方向五个热点主题中有四个主题的显著性百分位较高（均在 90 以上），表明该方向整体上具有较高的全球关注度和较大的研究发展潜力。

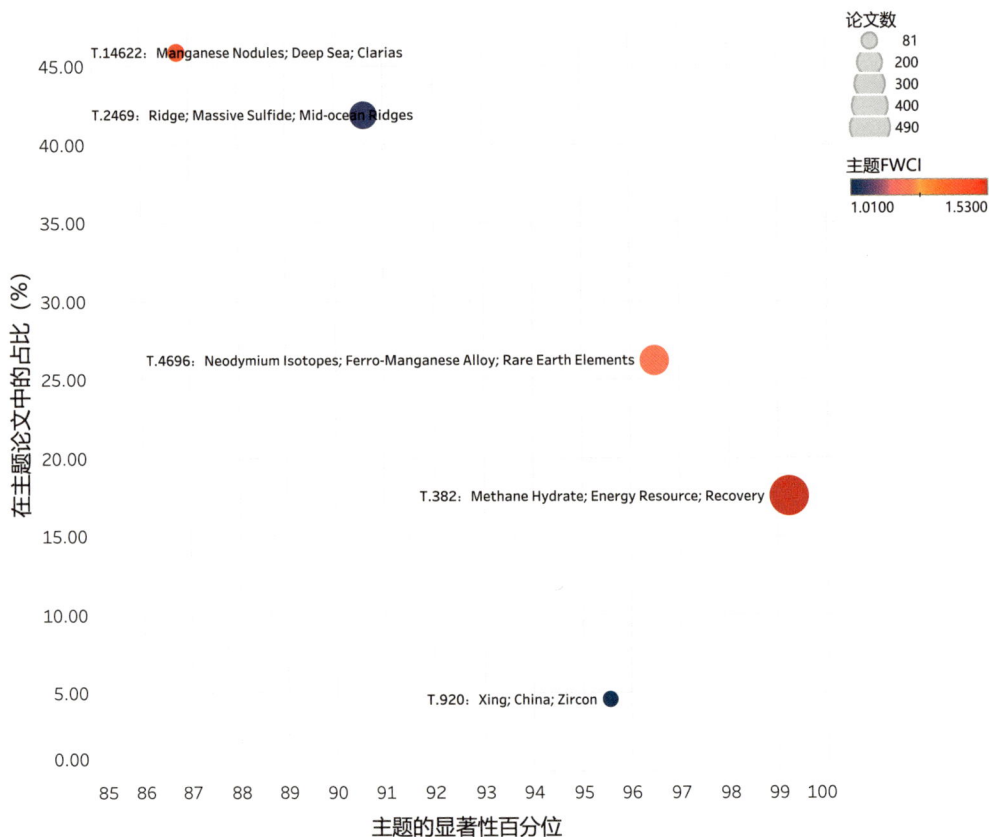

图6.5 2017年至今方向论文数最多的五个热点主题

6.3 高产国家 / 地区和机构

从 2017 年至今发表的方向相关文献主要的发文国家 / 地区看（如表 6.1 所示），该方向最主要的研究国家 / 地区有 China（中国）、United States（美国）、Germany（德国）、United Kingdom（英国）和 Japan（日本）等；从主要的机构看（如图 6.6 所示），高产的机构包括 Chinese Academy of Sciences（中国科学院）、CNRS（法国国家科学研究中心）、China Geological Survey（中国地质调查局）、China University of Geosciences, Beijing（中国地质大学，北京）等。

表 6.1 2017 年至今方向前十位高产国家 / 地区

序号	国家 / 地区	发文量	点击量	FWCI	被引次数
1	China	1559	25794	1.19	13431
2	United States	574	14063	1.54	7515
3	Germany	334	8786	1.6	4591
4	United Kingdom	251	7183	1.91	3854
5	Japan	234	5583	1.18	2079
6	Russian Federation	222	6248	1.09	1488
7	Australia	196	5154	1.71	2396
8	France	188	5591	1.45	2391
9	Canada	167	4110	1.56	1534
10	India	139	2433	1.04	1094

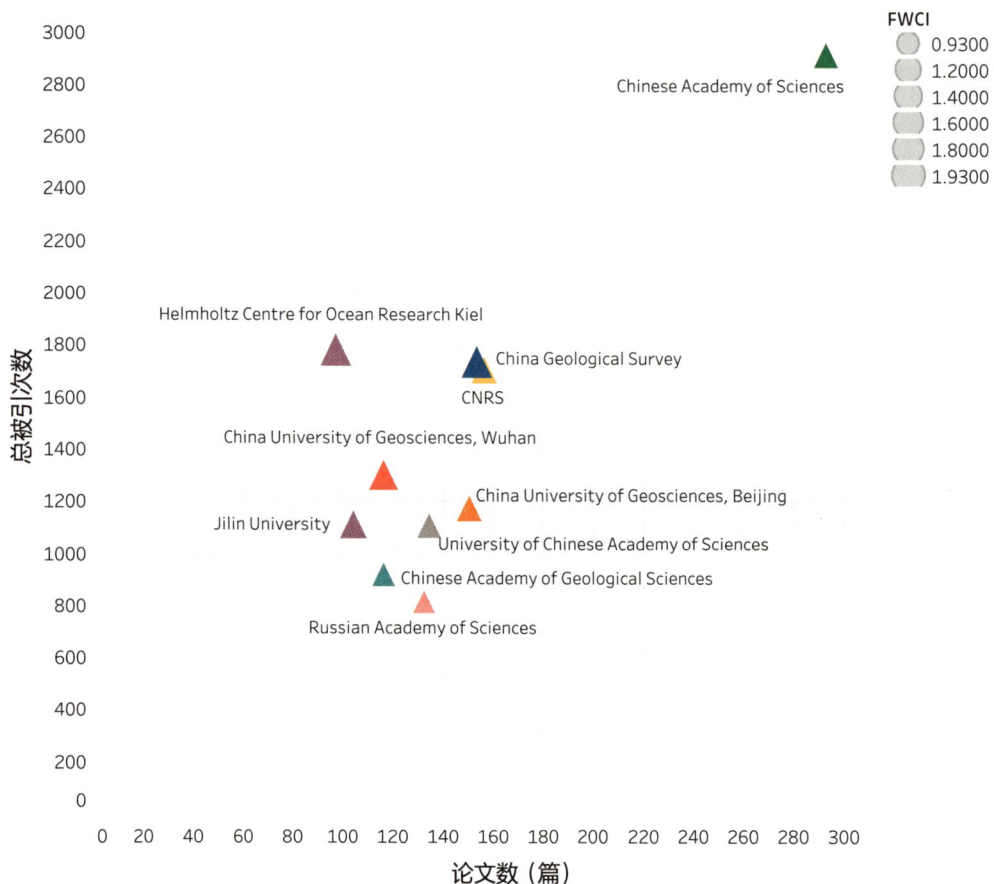

图 6.6 2017 年至今方向前十位高产机构

7 极地大洋生物资源开发

7.1 总体概况

通过 Scopus 数据库检索 2017 年至今发表的"极地大洋生物资源开发"相关论文，并将其导入 SciVal 平台，最终共有文献 2708 篇，整体情况如图 7.1 所示。

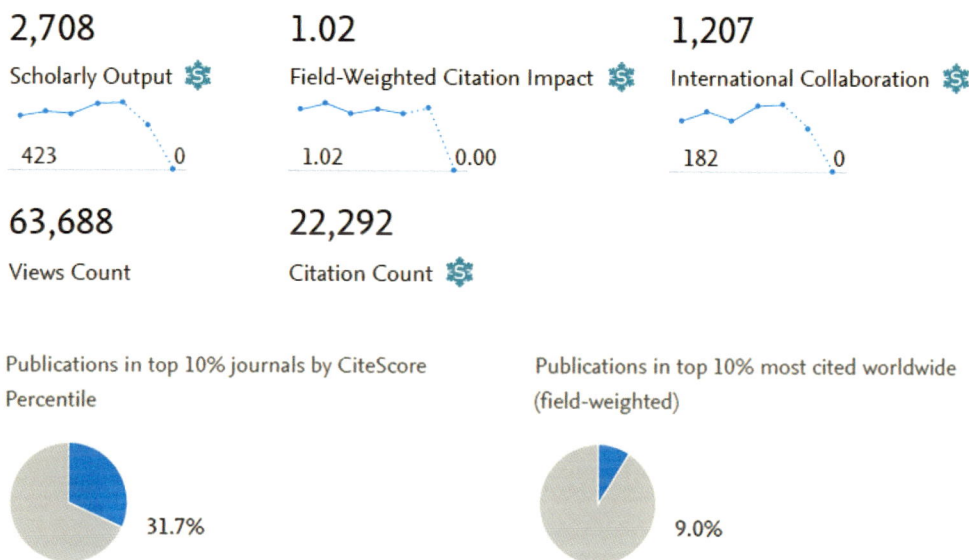

2,708
Scholarly Output

423   0

1.02
Field-Weighted Citation Impact

1.02   0.00

1,207
International Collaboration

182   0

63,688
Views Count

22,292
Citation Count

Publications in top 10% journals by CiteScore Percentile

31.7%

Publications in top 10% most cited worldwide (field-weighted)

9.0%

图 7.1 方向文献整体概况

2017 年至今发表的"极地大洋生物资源开发"相关文献的学科分布情况，如图 7.2 所示。在 Scopus 全学科期刊分类系统（ASJC）划分的 27 个学科中，该研究方向文献涉及的学科较为广泛、学科交叉特性较为明显。其中，较多的文献分布于 Agricultural and Biological Sciences（农业与生物科学）、Environmental Science（环境科学）、Biochemistry, Genetics and Molecular Biology（生物化学、遗传学与分子生物学）、Earth and Planetary Sciences（地球与行星科学）、Immunology and Microbiology（免疫学和微生物学）等学科。

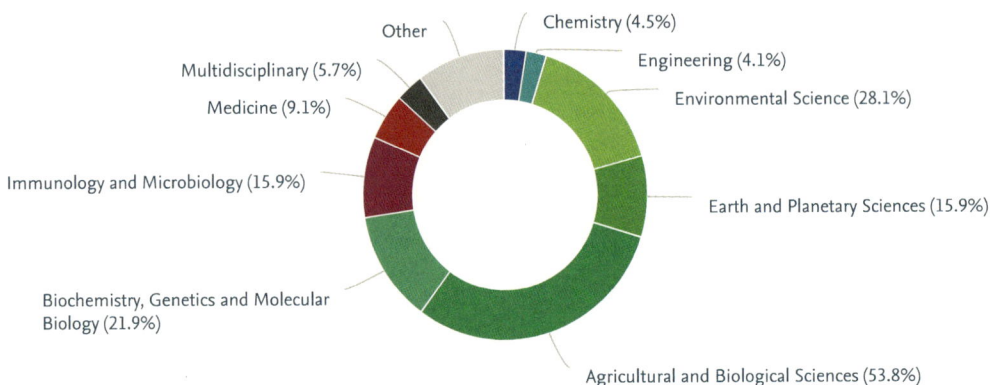

图 7.2 方向文献学科分布

7.2 研究热点与前沿

7.2.1 高频关键词

2017 年至今发表的"极地大洋生物资源开发"相关文献的 TOP 50 高频关键词，如图 7.3 所示。其中，Antarctic Regions（南极地区）、Arctic（北极）、Glacier（冰川）、Euphausia Superba（南极磷虾）、Arctic Regions（北极地区）等是该方向出现频率最高的高频词。

图 7.3 2017 年至今方向 TOP 50 高频关键词词云图

从 2017 年至今方向 TOP 50 高频关键词的增长率情况看（如图 7.4 所示），该方向增长较快的关键词有 Barents Sea（巴伦支海）、Porifera（海绵动物）、Greenland（格陵兰）、Metagenomics（宏基因组学）、Metagenome（宏基因组）等。

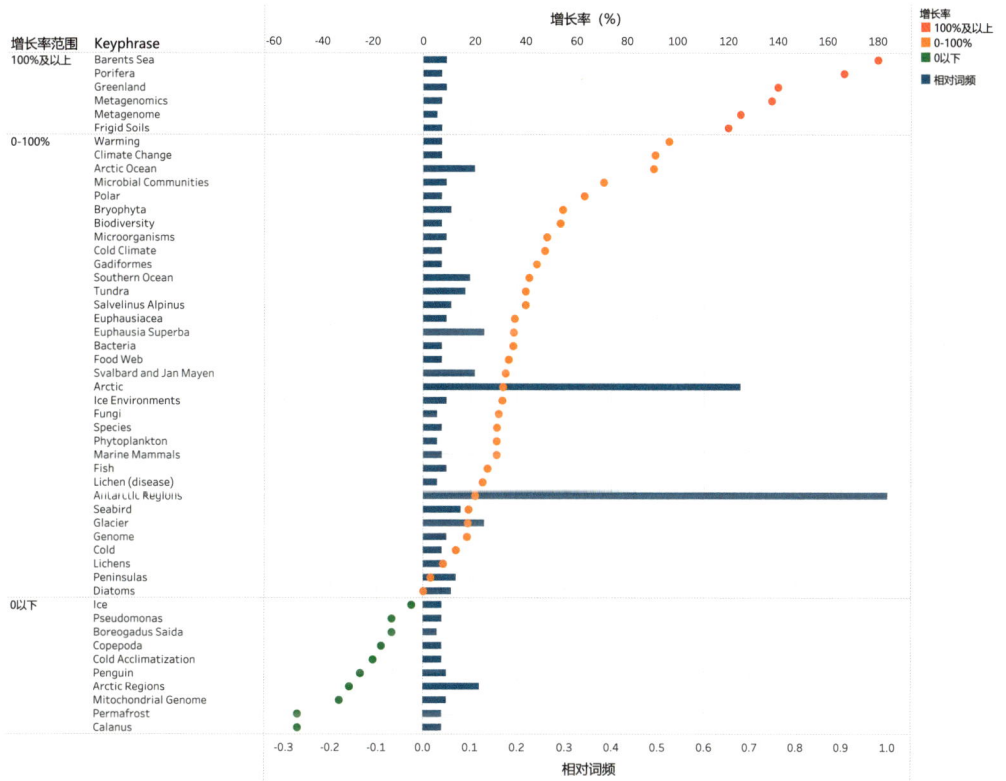

图7.4 2017年至今方向TOP 50高频关键词的增长率分布

7.2.2 方向相关热点主题（TOPIC）

从 2017 年至今该方向发表的相关文献涉及的主要研究主题看（如图 7.5 所示），显著性百分位最高的主题是 T.1359，"Thermokarst；Arctic；Thaw"（热岩溶；北极地区；解冻），达到 99.455，在全球具有高关注度和发展势头。

五个热点主题中该方向论文在主题论文中占比最高的主题是 T.6762，"Colobanthus Quitensis；Poa Annua；Bryophyta"（南极漆姑草；早熟禾；苔藓植物门），占比达到 23.21%，在该方向热点主题中最具相关性；同时，该主题也是该方向文献量最大的主题，显著性百分位为 90.909，发展势头较好。该方向五个热点主题中有两个主题的显著性百分位分别为 78.288、86.431，其余三个主题的显著性百分位都在 90 以上，表明该方向整体上具有一定的全球关注度和研究发展潜力。

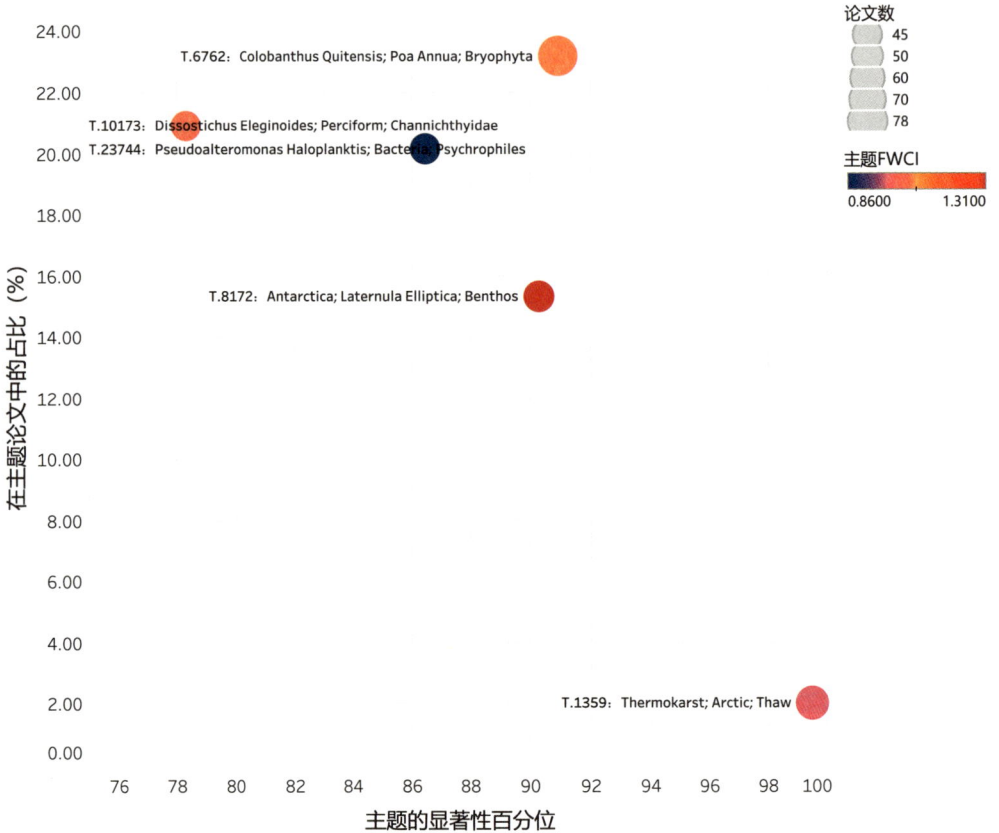

图 7.5 2017 年至今方向论文数最多的五个热点主题

7.3 高产国家 / 地区和机构

从 2017 年至今发表的方向相关文献主要的发文国家 / 地区看（如表 7.1 所示），该方向最主要的研究国家 / 地区有 United States（美国）、Canada（加拿大）、Norway（挪威）、United Kingdom（英国）和 China（中国）等；从主要的机构看（如图 7.6 所示），高产的机构包括 Russian Academy of Sciences（俄罗斯科学院）、CNRS（法国国家科学研究中心）、British Antarctic Survey（英国南极调查局）等。

表 7.1 2017 年至今方向前十位高产国家 / 地区

序号	国家 / 地区	发文量	点击量	FWCI	被引次数
1	United States	592	15285	1.29	6235
2	Canada	365	9690	1.33	3824
3	Norway	318	8640	1.41	3382
4	United Kingdom	316	9713	1.55	3494
5	China	313	6082	0.91	2020
6	Russian Federation	276	6060	0.87	1723
7	Germany	274	7575	1.38	2990
8	Italy	171	6542	1.13	1776
9	Chile	167	4883	1.03	1442
10	Denmark	162	4092	1.33	1506

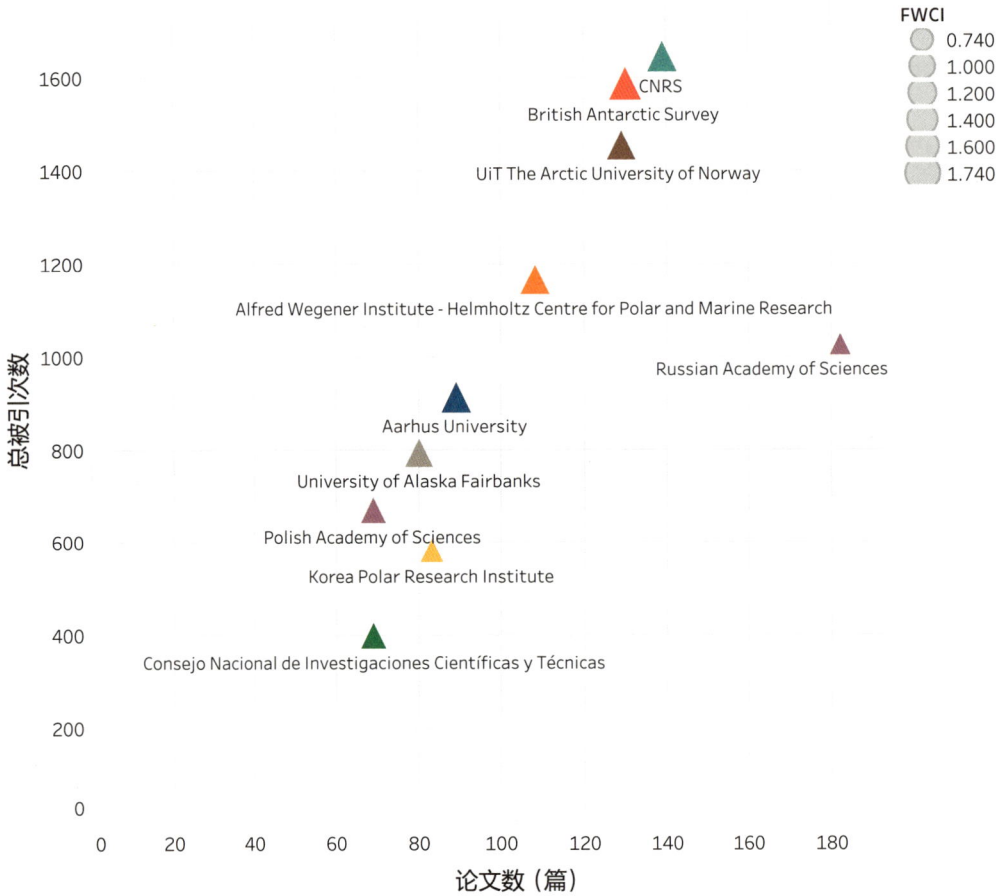

图 7.6 2017 年至今方向前十位高产机构

8 智慧海洋运载系统

8.1 总体概况

通过 Scopus 数据库检索 2017 年至今发表的"智慧海洋运载系统"相关论文，并将其导入 SciVal 平台，最终共有文献 3683 篇，整体情况如图 8.1 所示。

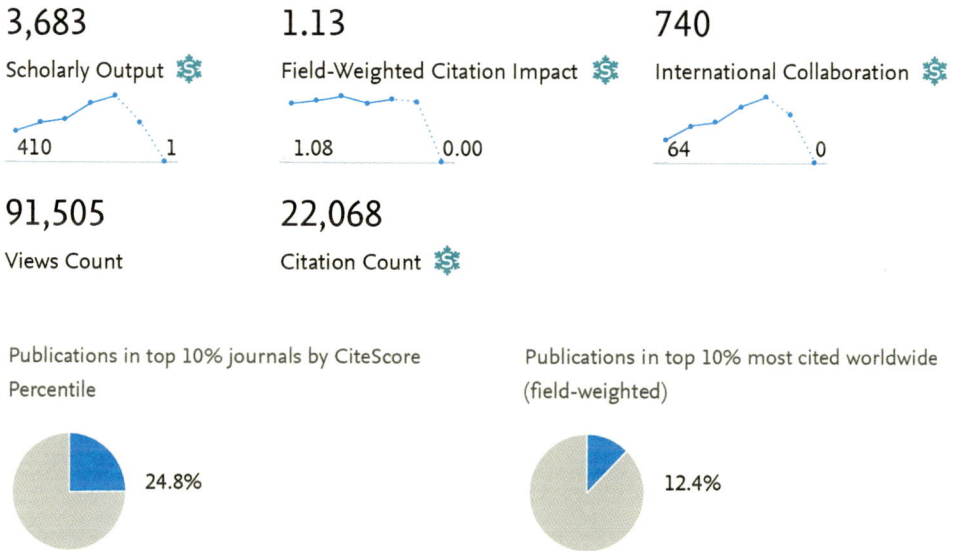

3,683
Scholarly Output Ⓢ

410 ——— 1

1.13
Field-Weighted Citation Impact Ⓢ

1.08 ——— 0.00

740
International Collaboration Ⓢ

64 ——— 0

91,505
Views Count

22,068
Citation Count Ⓢ

Publications in top 10% journals by CiteScore Percentile

24.8%

Publications in top 10% most cited worldwide (field-weighted)

12.4%

图 8.1 方向文献整体概况

2017 年至今发表的"智慧海洋运载系统"相关文献的学科分布情况，如图 8.2 所示。在 Scopus 全学科期刊分类系统（ASJC）划分的 27 个学科中，该研究方向文献涉及的学科较为广泛、学科交叉特性较为明显。其中，较多的文献分布于 Engineering（工程学）、Computer Science（计算机科学）、Earth and Planetary Sciences（地球和行星科学）、Environmental Science（环境科学）、Social Sciences（社会科学）等学科。

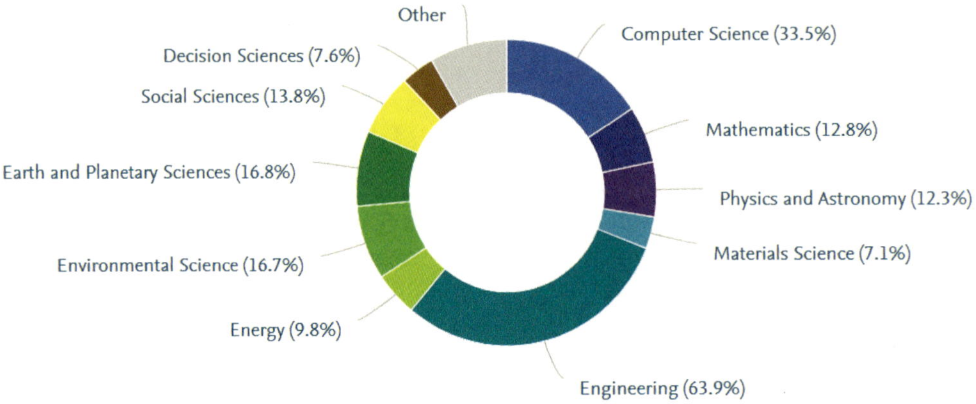

图 8.2 方向文献学科分布

8.2 研究热点与前沿

8.2.1 高频关键词

2017 年至今发表的"智慧海洋运载系统"相关文献的 TOP 50 高频关键词，如图 8.3 所示。其中，Ship（船舶）、Maritime（海上）、Automatic Identification（自动识别）、Tunnel（隧道）、Port（港口）等是该方向出现频率最高的高频词。

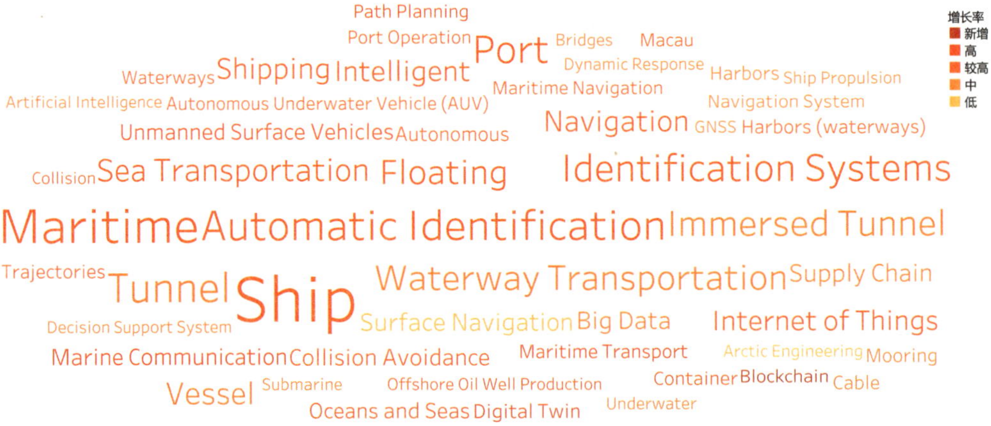

图 8.3 2017 年至今方向 TOP 50 高频关键词词云图

从 2017 年至今方向 TOP 50 高频关键词的增长率情况看（如图 8.4 所示），该方向增长较快的关键词有 Digital Twin（数字孪生）、Marine Communication（海上通信）、Path Planning（路径规划）、Maritime Transport（海上运输）、Unmanned Surface Vehicles（水面无人艇）等。此外，2017 年以来新增了高频关键词 Blockchain（区块链）。

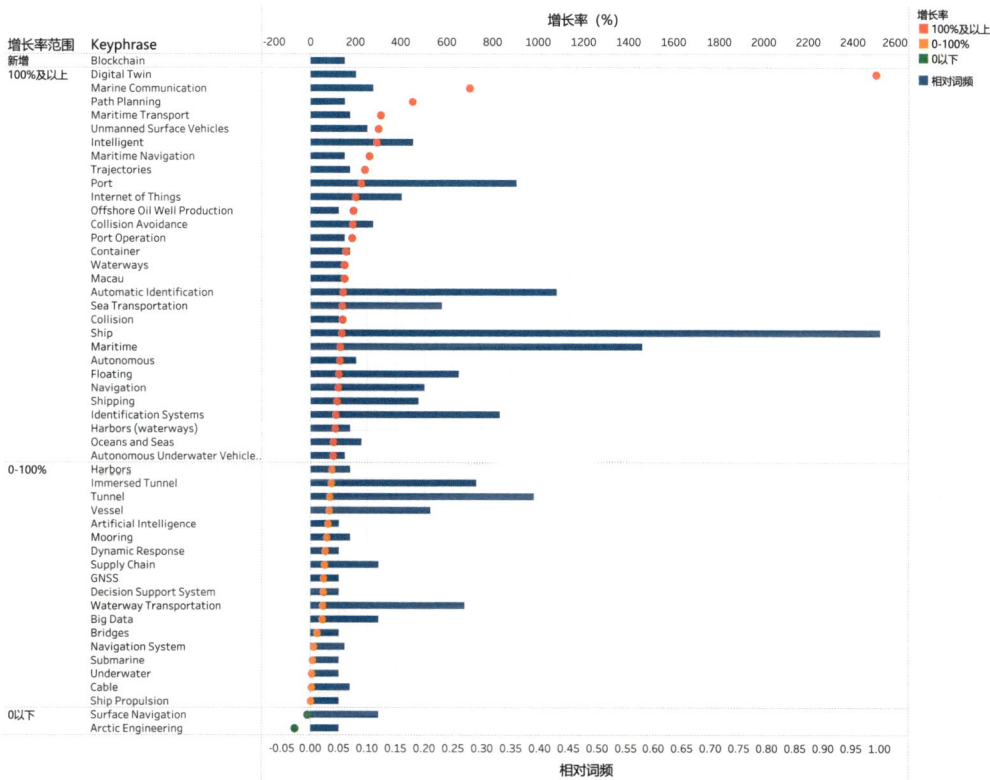

图 8.4 2017 年至今方向 TOP 50 高频关键词的增长率分布

8.2.2 方向相关热点主题（TOPIC）

从 2017 年至今该方向发表的相关文献涉及的主要研究主题看（如图 8.5 所示），显著性百分位最高的主题是 T.1629，"Container Port; Short Sea Shipping; Harbors（Waterways）"（集装箱港口；近海航运；港口（水路）），达到 98.963，在全球具有高关注度和发展势头。五个热点主题中该方向论文在主题论文中占比最高的主题是 T.39165，"Tunnels; Mooring; Floating tunnel"（隧道；下锚；悬浮隧道），占比达到 73.83%，在该方向热点主题中最具相关性；同时，该主题的显著性百分位为 81.79，具有一定的关注度。该方向文献量最大的主题是 T.8892，"Collision

Avoidance; Waterways; Vessel"（避碰；水路；船舶），发文量达到 422 篇，主题显著性百分位达到 98.859，在全球具有高关注度和发展势头。该方向的五个热点主题中有两个主题的显著性百

分位分别为 69.185、81.79，其余三个主题的显著性百分位都在 93 以上，表明该方向整体上具有一定的全球关注度和研究发展潜力。

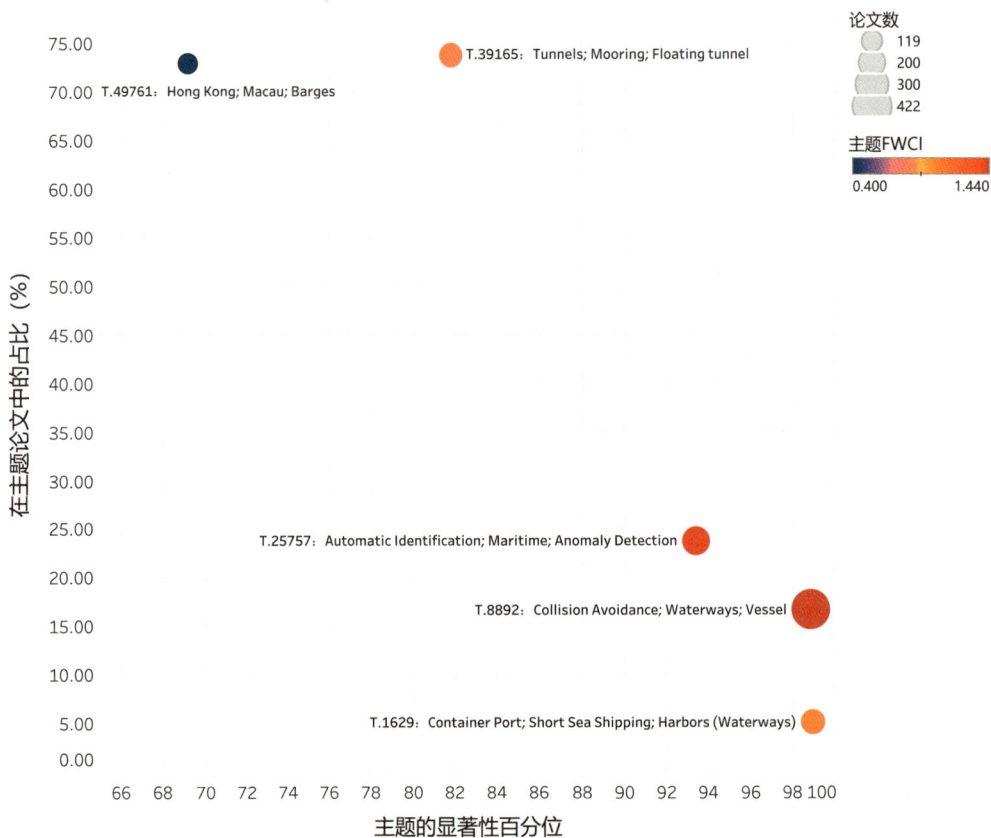

图8.5 2017年至今方向论文数最多的五个热点主题

8.3 高产国家 / 地区和机构

从 2017 年至今发表的方向相关文献主要的发文国家 / 地区看（如表 8.1 所示），该方向最主要的研究国家 / 地区有 China（中国）、United States（美国）、United Kingdom（英国）、Italy（意大利）和 Republic of Korea（韩国）等；从

主要的机构看（如图 8.6 所示），高产的机构包括 Wuhan University of Technology（武汉理工大学）、Dalian Maritime University（大连海事大学）、Shanghai Maritime University（上海海事大学）等。

表 8.1 2017 年至今方向前十位高产国家 / 地区

序号	国家 / 地区	发文量	点击量	FWCI	被引次数
1	China	1545	26839	0.9	8097
2	United States	371	9808	1.39	3014
3	United Kingdom	201	7237	1.92	3070
4	Italy	174	6951	1.56	1480
5	Republic of Korea	173	4142	0.98	971
6	Norway	147	3962	1.51	1044
7	Germany	133	3691	1.33	870
8	Spain	115	4618	1.08	719
9	India	106	2377	0.63	348
10	France	101	2682	1.46	686

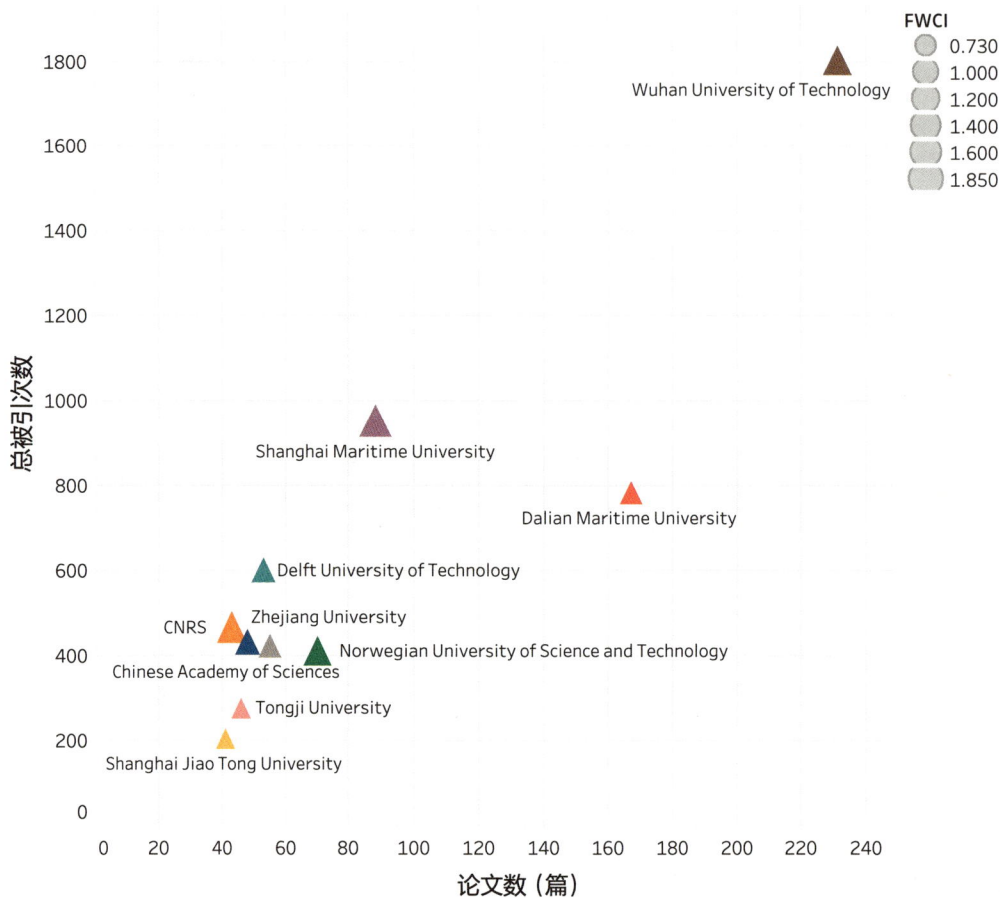

图 8.6 2017 年至今方向前十位高产机构

9 海洋核动力平台开发

9.1 总体概况

通过 Scopus 数据库检索 2017 年至今发表的"海洋核动力平台开发"相关论文，并将其导入 SciVal 平台，最终共有文献 740 篇，整体情况如图 9.1 所示。

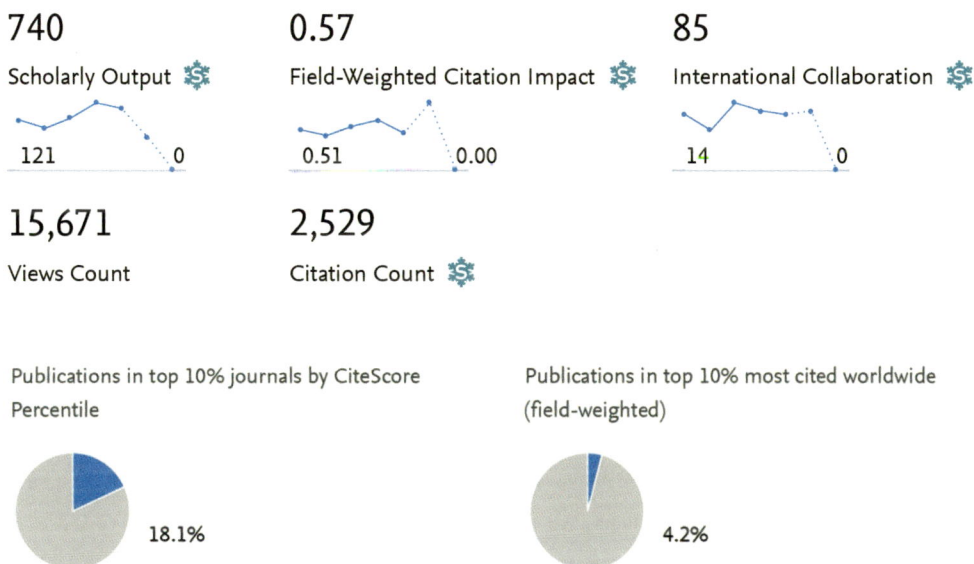

740
Scholarly Output
121 — 0

0.57
Field-Weighted Citation Impact
0.51 — 0.00

85
International Collaboration
14 — 0

15,671
Views Count

2,529
Citation Count

Publications in top 10% journals by CiteScore Percentile

18.1%

Publications in top 10% most cited worldwide (field-weighted)

4.2%

图 9.1 方向文献整体概况

2017 年至今发表的"海洋核动力平台开发"相关文献的学科分布情况，如图 9.2 所示。在 Scopus 全学科期刊分类系统（ASJC）划分的 27 个学科中，该研究方向文献涉及的学科较为广泛、学科交叉特性较为明显。其中，较多的文献分布于 Engineering（工程）、Energy（能源）、Environmental Science（环境科学）、Earth and Planetary Sciences（地球与行星科学）、Physics and Astronomy（物理学和天文学）等学科。

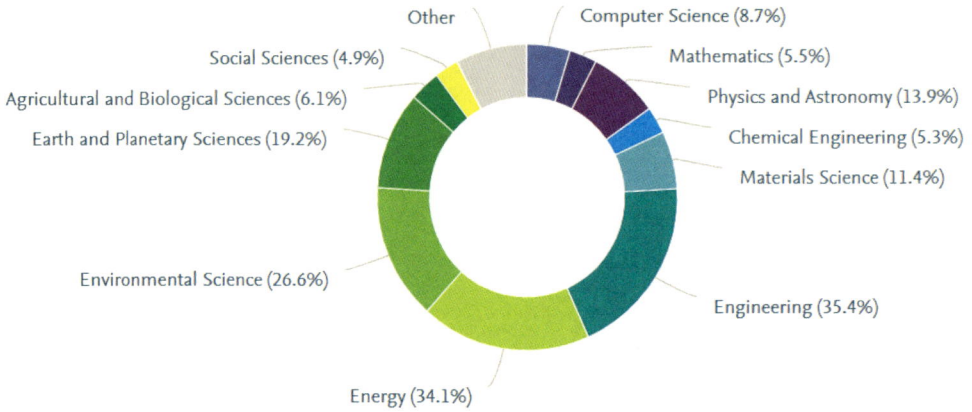

图 9.2 方向文献学科分布

9.2 研究热点与前沿

9.2.1 高频关键词

2017 年至今发表的"海洋核动力平台开发"相关文献的 TOP 50 高频关键词，如图 9.3 所示。其中，Nuclear Power Plant（核电站）、Nuclear Fuel（核燃料）、Nuclear Energy（核能）、Marine Power Plants（舰船动力装置）、Floating Power Plants（浮动核电站）等是该方向出现频率最高的高频词。

图 9.3 2017 年至今方向 TOP 50 高频关键词词云图

目录　CONTENTS

相关性，同时该主题的文献量也最大。该方向五个热点主题中有一个主题的显著性百分位为 74.935，两个主题的显著性百分位分布在 80 至 90 之间，其余两个主题的显著性百分位在 90 以上，表明该方向各主题受到的全球关注度具有较大的差异。

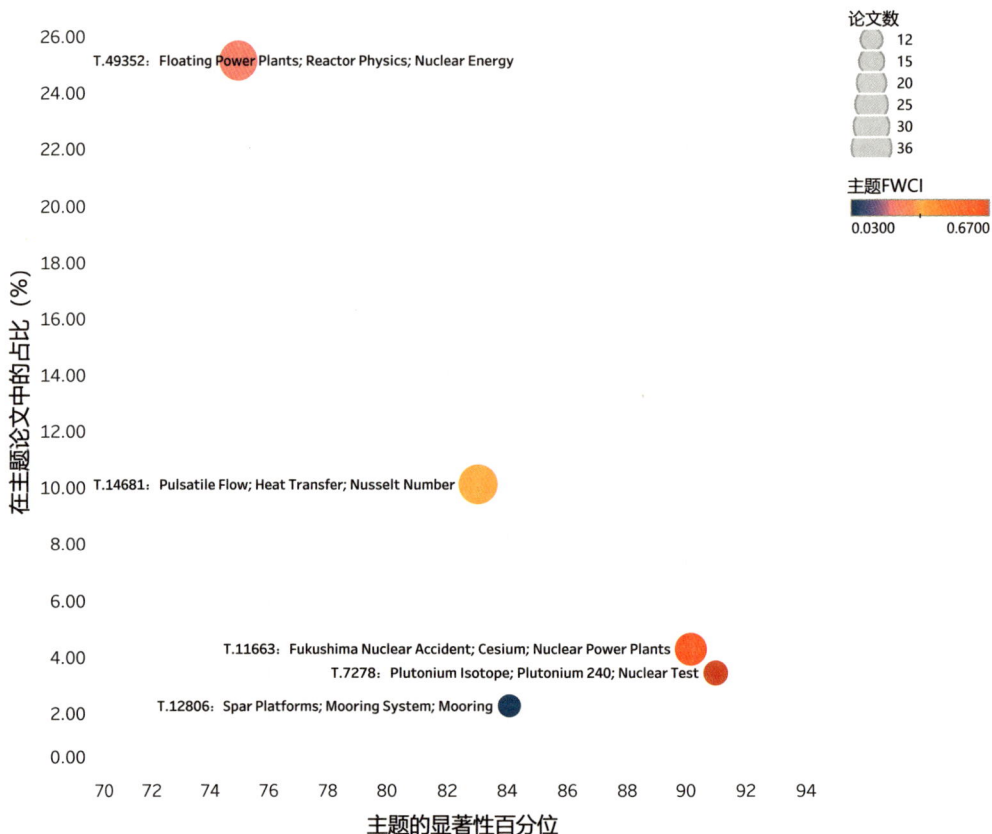

图9.5 2017年至今方向论文数最多的五个热点主题

9.3 高产国家 / 地区和机构

从 2017 年至今发表的方向相关文献主要的发文国家 / 地区看（如表 9.1 所示），该方向最主要的研究国家 / 地区有 China（中国）、United States（美 国 ）、Republic of Korea（韩国）、India（印度）和 Japan（日本）等；从主要的机构看（如图 9.6 所示），高产的机构包括 Wuhan Second Ship Design and Research Institute（武汉第二船舶设计研究所）、Chinese Academy of Sciences（中国科学院）、Harbin Engineering University（哈尔滨工程大学）等。

表 9.1 2017 年至今方向前十位高产国家 / 地区

序号	国家 / 地区	发文量	点击量	FWCI	被引次数
1	China	373	7042	0.49	1022
2	United States	55	1509	0.65	184
3	Republic of Korea	39	848	0.75	213
4	India	37	1149	1.39	236
5	Japan	35	549	0.39	126
6	Russian Federation	28	528	0.65	44
7	United Kingdom	27	769	0.84	152
8	France	19	655	0.4	71
9	Chinese Taiwan	14	319	0.34	68
10	Italy	13	560	0.78	60

仿生工程领域重大交叉前沿方向   221

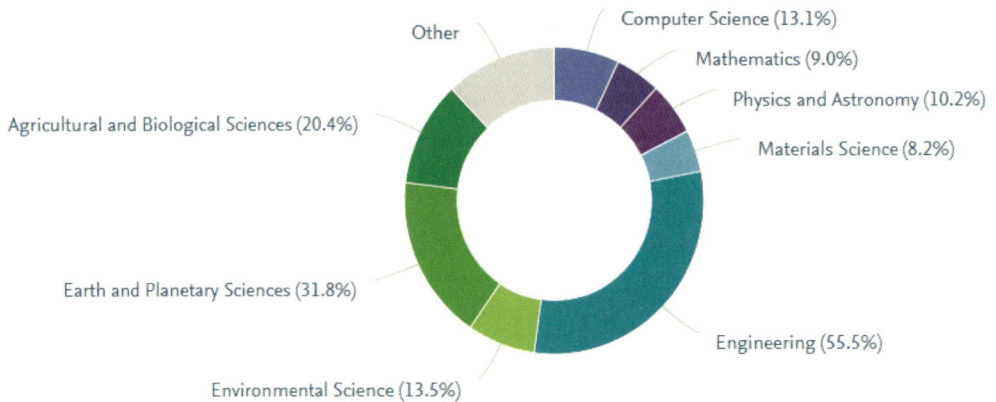

图 10.2 方向文献学科分布

10.2 研究热点与前沿

10.2.1 高频关键词

　　2017 年至今发表的"深海空间站集成技术"相关文献的 TOP 50 高频关键词，如图 10.3。其中，Submersibles（深潜器）、Deep Sea（深海）、Trench（海沟）、Oceans and Seas（海洋）、Hull（船体）等是该方向出现频率最高的高频词。

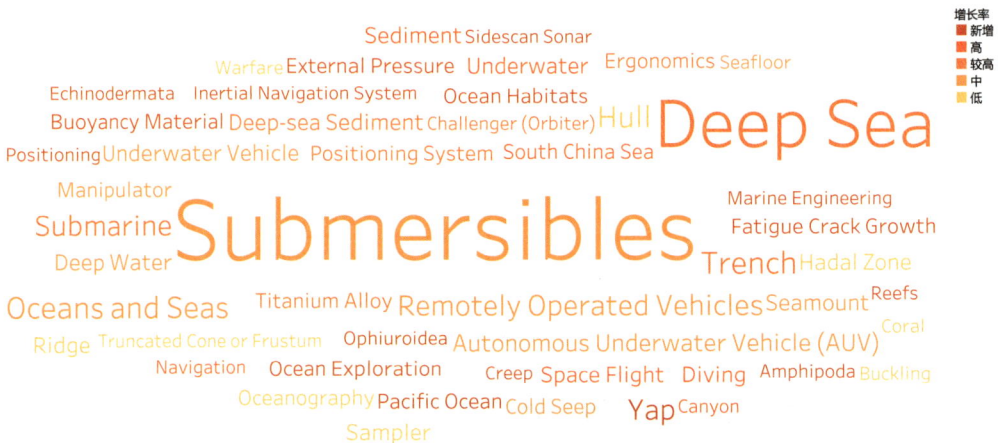

图 10.3 2017 年至今方向 TOP 50 高频关键词词云图

从 2017 年至今方向 TOP 50 高频关键词的增长率情况看（如图 10.4 所示），该方向增长较快的关键词有 Sediment（沉积物）、Underwater（水下）、South China Sea（中国南海）、Diving（潜水）、Space Flight（空间飞行）、Navigation（导航）、Canyon（峡谷）等。此外，2017 年以来新增的高频关键词有 Yap（雅浦群岛）、Sidescan Sonar（侧扫声纳）、Reefs（珊瑚礁）、Positioning（定位）、Pacific Ocean（太平洋）、Ophiuroidea（蛇尾亚纲）、Ocean Habitats（海洋栖息地）、Ocean Exploration（海洋勘探）、Marine Engineering（海洋工程）、Inertial Navigation System（惯性导航系统）、Fatigue Crack Growth（疲劳裂缝增长）、External Pressure（外压）、Echinodermata（棘皮类）、Creep（爬行）、Buoyancy Material（浮力材料）、Amphipoda（端足类）。

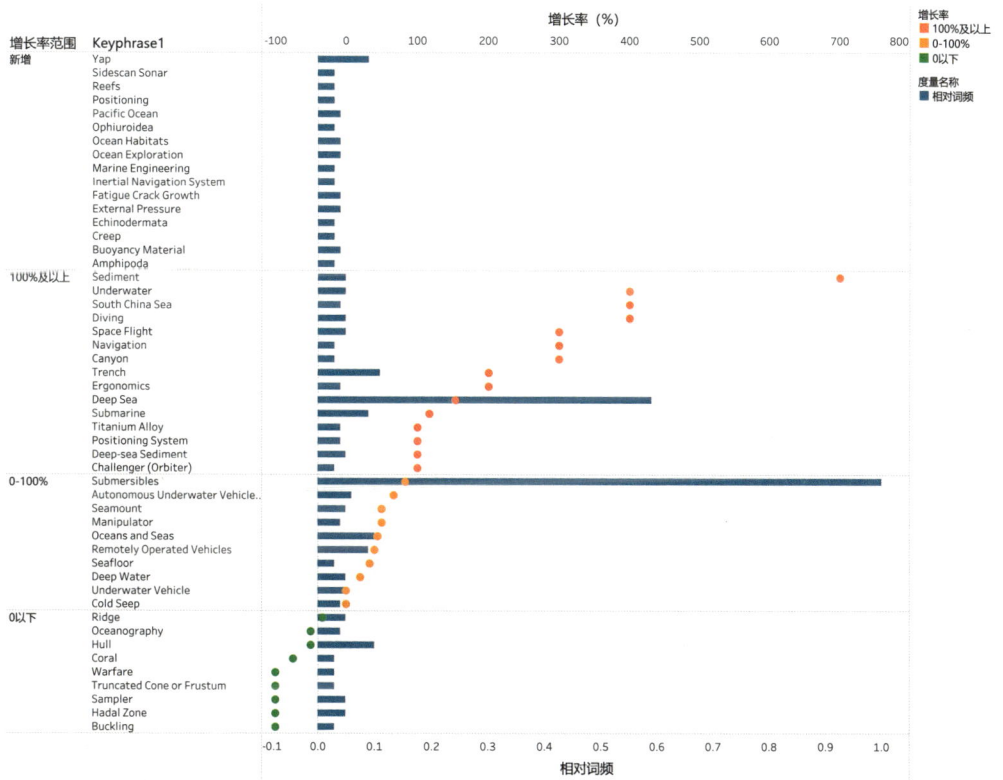

图10.4 2017年至今方向TOP 50高频关键词的增长率分布

10.2.2 方向相关热点主题（TOPIC）

从 2017 年至今该方向发表的相关文献涉及的主要研究主题看（如图 10.5 所示），显著性百分位最高的主题是 T.2132，"Unmanned Surface Vehicles; Controller; Autonomous

一、智慧海洋领域十大交叉前沿方向

21 世纪以来，以物联网、云计算、大数据等为代表的新一代信息技术不断塑造海洋科技整体面貌，使"关心海洋、认识海洋、经略海洋"效率得到极大提升，进而形成"智慧海洋"这一新兴领域。智慧海洋具有显著的学科交叉特征，涉及能源、材料、机械、电子、控制等多个学科，其核心是以新一代信息技术牵引海洋科学与技术发展。智慧海洋领域交叉前沿方向很大程度上代表了海洋科技的总体发展趋势，具体包括深入认识海洋、开发海洋资源、打造高能级平台等多个板块。

1 海洋环境立体监测

海洋环境立体监测系统是一套由空基—岸基—海基构成，可长期定点立体监测海洋环境的多平台系统。空基以海洋无人机为主，岸基由固定的海洋环境监测站与地波雷达站组成，海基由潜标、浮标、漂流浮标、水下观测站构成。海洋环境立体监测旨在综合运用水下传感器、潜水器、浮标、无人机等智能化设备，集海洋环境在线监测、数据采集、智能处理、远程操控等功能于一体，实现海洋生态全方位、全时空在线监测和大数据分析，为海洋环境实时评价、预警报警提供数据支撑。

当前，卫星遥感、海上浮标、自动验潮仪、水质自动监测站、高清视频监控等技术设备被广泛应用于海洋环境监测，大幅提高了管理部门获取海洋环境信息的能力。但在实现海洋环境信息智能化监测与利用上仍存在问题：空间信息获取手段智能化程度和获取效率不高；水下信息智能化获取手段缺失；常规作业船只无法靠近部分海域，监测信息难以获取；海上应急监测数据获取不及时；海洋灾害预报信息准度、精度有待提高等。

未来，需构建"空天地海"一体化的立体感知网络体系，通过卫星遥感监测与无人机遥感监测的有机结合，提高海洋环境空间信息的获取能力；利用海床基观测平台实现对水下观测数据的长期、连续自动监测；利用超视距雷达监测技术

本领域咨询专家：王迪峰、王德麟、朱嵘华、刘一锋、孙栋、肖溪、吴涛、张大海、陈戈、林霄沛、国振、贺治国、徐文、徐敬、傅维琦。

提高海洋灾害预报信息的准度和精度；通过无人船搭载相应测量设备方式对常规作业船只无法靠近的近海潮间带区域、复杂危险海域等实施海洋信息监测以及海上应急监测，为实现近海海域的全域监测提供技术支撑。

2 跨介质立体通信组网

海洋跨介质立体通信网络在水文探测、渔业服务、海上救援、海洋数据采集，以及监测海洋环境、气候变化、海底异常活动（地震、火山）与远距离图像传输等方面具有重要作用。构建覆盖水面和水下的通信网络，提供多领域信息保障迫在眉睫。

目前主流的水面及水下通信技术有长波／超长波（VLF/SLF）通信系统、卫星通信、潜载浮标通信、水声网络通信等。由于水下目标多变、空气—水界面的通信反射存在损耗，现行的几种跨介质通信手段无法同时满足通信系统在有效性、覆盖范围、隐蔽性等方面的要求。

为满足现代化海洋通信能力，需重点研发海洋卫星相控阵列通信、跨介质多层级组网通信等技术；突破基于水面移动平台（无人船）、固定平台（浮标）、空投潜标跨介质无线通信等技术瓶颈；开展蓝绿激光通信、中微子通信、激光声的跨介质下行通信等技术研究，进而建立有效、可靠、实时的空中／水面／水下跨介质无线通信链路，满足海陆空天一体化通信网络数据的传输要求。

3 海洋防灾减灾关键技术

海洋灾害包括海洋生态灾害和海洋地质灾害，前者聚焦其形成机制、监测和预警预报技术、应急处理等内容，后者研究主要集中在遥感技术、声学与光学探测技术等方面。我国是世界上海洋灾害最严重的国家之一，尽管经过几十年的发展，我国海洋观测能力、数值预报水平及范围已经有了较大提高，但尚未形成自主的精准预测系统。因此，急需加强以海洋灾害过程研究、准实时海洋监测、海洋数值模拟以及以计算机大数据挖掘为基础的交叉学科研究，提升海洋灾害预测预报能力。

未来海洋防灾减灾重要研发方向包括：风暴潮、海浪、海冰等海洋灾害的发生机理和发展规律研究，包括不同海洋灾害之间的相互作用机理；基于非线性方法的人工神经网络赤潮预报系统研发；探测遥感（卫星、无人机、地物光谱测定）、浮标、雷达、无人船等快速高精度监测技术，以及数值模拟与准实时资料同化技术提升；海底中深部地层长期监测技术、海底滑坡风险预测关键技术、海洋地震模型构建及海水入侵与土壤盐渍化一体化监测预警技术优化；海洋灾害近海、近岸精细化数值预报系统研发、建设与应用；基于生物标志物的生态修复及灾害应急处理技术的应用，如将宏基因组学、代谢组学、蛋白质组学等分子生物学手段综合应用于海洋生态灾害、溢油污染修复管理等。

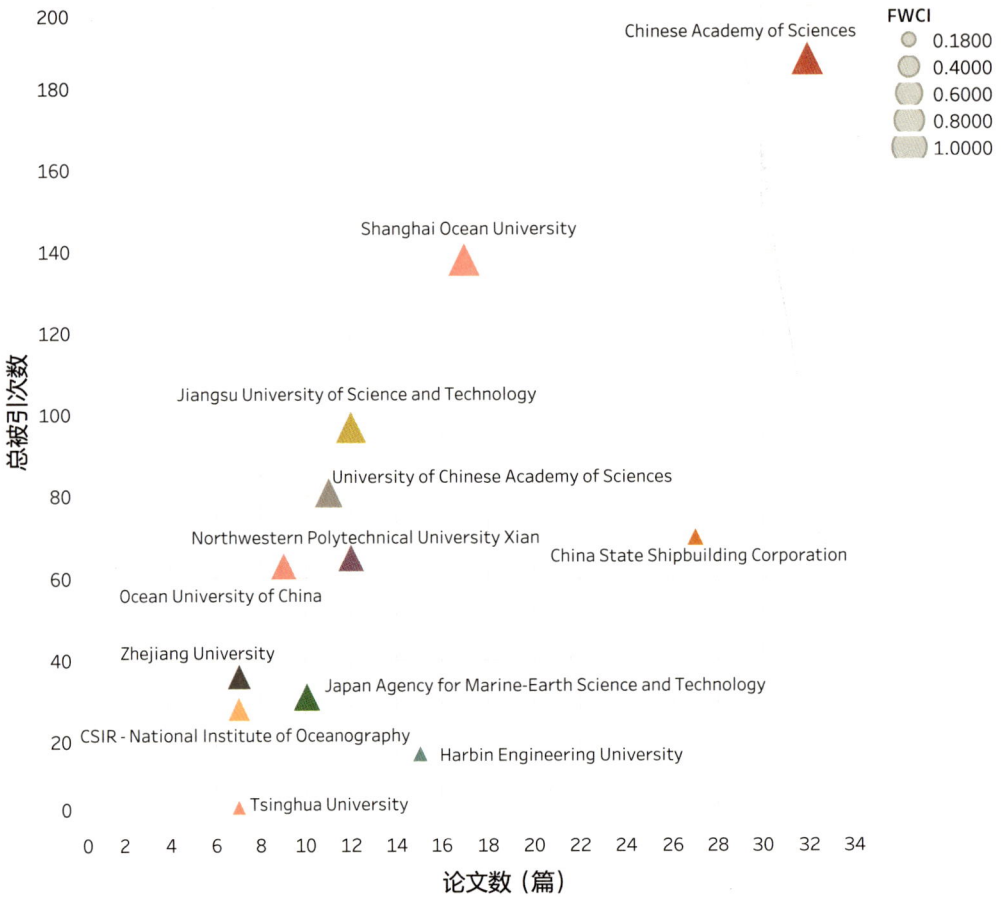

图10.6 2017年至今方向前十位高产机构

三、智慧海洋领域发展速览

随着海洋在地缘政治、经济发展、能源供应和战略安全等方面的作用日益凸显，经略海洋已成为世界各主要大国的优先战略，智慧海洋建设也迎来了重要发展机遇。智慧海洋是基于海洋数字化和透明化，融合了信息与物理前沿技术的海洋智慧化高级形态，是第四次工业革命在海洋领域的重要体现。作为海洋信息化深度发展的必然趋势，智慧海洋将新一代信息技术与海洋环境、海洋装备、人类活动和管理主体进行充分链接，进而实现互联互通、智能化挖掘与服务，是经略海洋的神经系统，更是服务海洋强国战略的关键抓手。

1 全球智慧海洋领域发展动态

当前，智慧海洋技术基本可以归为两大类：一是平台技术，主要包括大数据、云计算、物联网、区块链等；二是场景应用技术，主要包括遥感、人工智能、海洋工程装备制造等。

大数据是智慧海洋平台技术的基础。2020年11月，世界气象组织（WMO）大会呼吁基于地球观测系统建立更大范围、更广领域、更加立体的数据共享圈。联合国教科文组织政府间海洋学委员会（IOC-UNESCO）发出了"海洋十年（2021—2030）"倡议，强调海洋信息与数据事关未来十年发展。当前，海洋数据呈现爆发式增长趋势，美国国家海洋和大气管理局（NOAA）每天从雷达、卫星等各数据源生成数以万计的数据。海洋数据来源广泛、种类复杂，时间分辨率跨越不同尺度，为实现数据实时处理，NOAA与亚马逊、谷歌、微软等互联网巨头协作，通过公私合作方式加以开发利用。同时，欧盟也积极推动海洋大数据开发，实施 Big Data Ocean 项目，不断生成以 TB 为单位的海量数据。

云计算作为数字海洋向智慧海洋转变的关键支持技术，是海洋信息平台建设的重要基础。许多机构开发了基于海面、海下、海洋重力、磁力等多元化信息集成的海洋地理信息服务平台、一体化架构服务平台和其他海洋应用系统平台等，如基于云计算的船舶结构物靠泊损伤预防系统平台。在海洋物联网技术领域，阿卜杜拉国王科技大学建立了海洋物联网无创检测平台（无创材料吸附生物表皮）用于监测海洋环境。2016年，俄罗斯海军研制出一种能实现通信信息与声波相互转换的系统，构筑了水下"互联网"。不久后，美国国防部高级研究计划局（DARPA）推出了全新的传感器网络，搭建起分布式传感的海上物联网，并于近年研了接近零功耗的能量驱动新型传感技术。NOAA 计划于 2023 年推出 Warn-on Forecast 系统，为美国及其近海地区提供准确的天气预报和灾害预警。2018 年，欧盟海关联

8 智慧海洋运载系统

海洋交通运输是人类生产生活不可或缺的重要基础，也是有效参与全球资源配置的重要手段。信息和新兴科技赋能海洋交通系统的智能化转型已成为海洋运输业重大前沿方向。此方向的核心目标是为我国海上智慧交通以及新时期海上丝绸之路建设提供"高位优势"。

智慧海洋运载系统可分为海面上和海面下。海面上的重要方向包括 5G 智能港口、跨海大桥智能建造、水上卫星通信运输、海洋交通物联网、江海联运等；海面下的重要方向包括沉管隧道、悬浮隧道、海底光缆等。

未来，"海面上"智慧海洋运载系统要提升 5G 智能港口的设备自动化、调度智能化和信息可视化程度；构建自主可控的全球卫星通信网络及与之匹配的设备和应用系统，重点研发海上安全或热点信息播发、全球集装箱多式联运物流跟踪、航行数据信息服务、安全应急通信、北极航道通信等技术，保障全球深远海航行通信。此外，还要实现卫星网络与 5G 网络以及 GEO 卫星和非地球同步轨道星座网络的融合；加快虚拟港口概念建设、构建江海联运一站式全场景服务等。

"海面下"智慧海洋运载系统聚焦长跨度悬浮结构流固耦合机理、深水环境下悬浮隧道结构稳定性、恶劣海况下结构支撑系统稳定性等重大技术难题；开展对高韧性高强度特殊结构新材料、环境载荷下超大跨度大长径比结构的动力响应特性研究；开展高平均应力和周期荷载下锚索的力学行为和腐蚀疲劳行为研究，研发水中耐久性多层复合筒型结构的设计及其水下分段安装与密封工艺等技术；突破真空条件下结构抗渗技术，隧道沉降控制和克服水动力影响技术等瓶颈。

9 海洋核动力平台开发

当前，受距离和装备技术制约，我国岛礁建设、海洋权益保护、深远海海洋资源开发等方面的远海能源供给能力受限较大。海洋核动力平台是一种具有复杂系统工程特征、对外持续提供电力能源保障的海洋供能设施，其类型包括海上浮动核电站、水下小型核充电桩以及微型核动力装置。该平台具有机动性好、功率密度大、运行成本低、节能环保等特点，在海洋油气开采、矿产资源开发、偏远岛礁建设、深海空间站能源供给等若干能源保障方面中具有明显优势，并为海洋核动力移动设备提供技术储备，是维护国家能源安全和建设海洋强国的重要技术载体。目前来看，我国有望在 3—5 年内将其中的压水堆技术成果落地。

未来，海洋核动力平台构建需紧扣高可靠性船用模块化设计理念，不断优化紧凑型反应堆技术。在核反应冷却系统方面，要重点突破一回路海水非能动冷却系统、安全壳非能动冷却系统、非能动安注系统和堆芯冷却系统等核心技术瓶颈，以应对温度、湿度、冲击、摇摆、盐雾等极端海洋环境，提高海洋核动力平台的安全性。同时，还需重点对核动力平台以及船舶动力（如柴油机）进行系统性设计，研发平台网源直连系统接地保护方法，克服海上工作环境恶劣、故障形式复杂、设备维修困难、电能中断敏感等供电问题，保护海洋核动力平台电力系统的正常运行。

⑩ 深海空间站集成技术

深海是对科学研究和资源开发均具有战略意义的处女地，深海生物、地质、物理海洋等诸多方向均存在大量科学问题和技术问题亟待探索和解决。随着新材料、新能源以及信息技术的快速发展，完善深海原位载人实验技术及装备体系、开展长期原位观测与实验研究已成为必然趋势。

深海空间站与太空空间站类似，旨在打造长时间、全天候、立体式驻留工作平台，执行水下观察与探测、水下信息交互与中继、深海搜索与打捞、水下指控与供能、海底取样与研究、水下施工与维修、水下监视与侦察等多种任务。深海空间站具有大范围、大功率、载员多、不受洋面风浪条件影响等优势，高度结合了"有人装备"与"智能无人技术"前沿。

20 世纪 60 年代以来，世界海洋强国探索建设了各种类型的海底实验室系统，累计已有超过 65 座海底原位实验室系统在建或已运行。目前，中国已启动大型深海空间站技术研究与建设工作，着力攻克安全高效执行海底各项实验研究的技术难题，构建深海有人 / 无人高度有机融合的智能协同技术体系。

针对超大潜深大型耐压结构的安全问题，集中开展基于高强度钢、钛合金的超大潜深结构强度、稳定性、低周疲劳的理论、数值计算和模型试验研究，建立超大潜深耐压结构设计计算方法和加工工艺，研制耐压结构实物；攻克逃逸舱应急解脱、应急上浮姿态稳定性、深海实验室电力管理与信息控制、人员生活与健康保障、实验室状态监测与预警等系列深海实验室安全运行保障技术；突破海底环境下搭载与收放载人 / 无人移动平台的关键技术，并集中攻关缆控潜器的搭载、对接、探测等关键技术；开展高压环境下样品干湿压力梯度转换进出舱、实验室与载人平台间人员进出舱、海底环境原位观测取样及培养、实验室舱内集约高效实验分析平台等技术研发。

3 我国智慧海洋领域未来发展战略

（1）以智慧海洋为统领，谋划海洋科技

全面发展智慧海洋是海洋科学与技术的前沿交叉领域，发展前景广阔，必须以之为统领推进海洋科技整体布局。一是充分依托高级别专家组，抓紧谋划出台智慧海洋中长期发展纲要及实施细则，明确智慧海洋发展目标、关键技术瓶颈、发展思路、重大任务等问题。二是加快确定智慧海洋领域关键技术的顶层设计框架图及战略指引，明确基地、项目、平台、设施等一体化资源投入布局。三是加强信息技术与传统海洋产业的深度融合，明确智慧海洋对海洋强国建设的支撑作用，加快海洋数字化赋能，带动相关产业制造水平提升。

（2）加快海洋核心技术攻关，占据领域制高点

一是打造海洋战略科研平台，优化布局海洋国家重点实验室、海洋创新实验室等，开展海洋领域战略性基础研究，持续攻关海洋科学与工程技术瓶颈。二是会聚多学科多领域前沿技术，合力解决海水提铀、深远海养殖设施、深远海航行装备制造与安全保障、遥感科技诊断海洋健康、漂浮式海上风电关键技术等智慧海洋领域重大问题。三是加强深海科技创新技术研究，集中开展深海矿产、生物和基因资源勘探开发等技术攻关，突破海洋生态保护的科技瓶颈。四是促进当代信息技术与传统海洋技术耦合，数字孪生赋能海洋科学实验，提升研究效率，降低研究成本与风险，实现"弯道超车"。

（3）夯实海洋信息与数据基础，破解"信息孤岛"

全球海洋信息体系和治理体系正处在技术变革的关键期，数据基础与信息流动效率是其核心变量。一是完善海洋科学数据共享的法规和政策体系，明确海洋原始数据的产权归属、汇交责任、版本保护、经费补偿以及用户的分级界定和相关义务等问题；打破各部门机构信息壁垒，建立跨部门海洋信息统筹机制，实现数据价值的合理分配，发挥整体优势。二是构建海洋信息立体获取和传输体系，全面提升海洋信息感知能力，实现海洋信息资源互通共享，显著提升海洋信息分析处理能力。三是推动海洋科学数据的国际共享，促进我国自主数据与国际数据的融合和价值增值利用，提升在国际海洋事务中的参与度与显示度，维护国家形象并提高海洋事务话语权。

（4）汇聚海内外高端智力，打造海洋科技人才高地

一是支持高校院所打造具有较大规模的智慧海洋研发团队，加强海洋信息基础研究、信息技术开发应用、信息系统工程等学科建设，培养宽基础、重交叉、智能特色突出的后备人才。二是强调多学科交叉引人育人，吸引除海洋专业外的信息、能源、工程等相关学科人才从事智慧海洋研究，推动产学研深度融合，繁荣海洋产业。三是坚持以人引人、平台聚人，创新国际合作与交流方式，依托相关领域高层次人才合作网络，引育全球智慧海洋领域的高端人才。

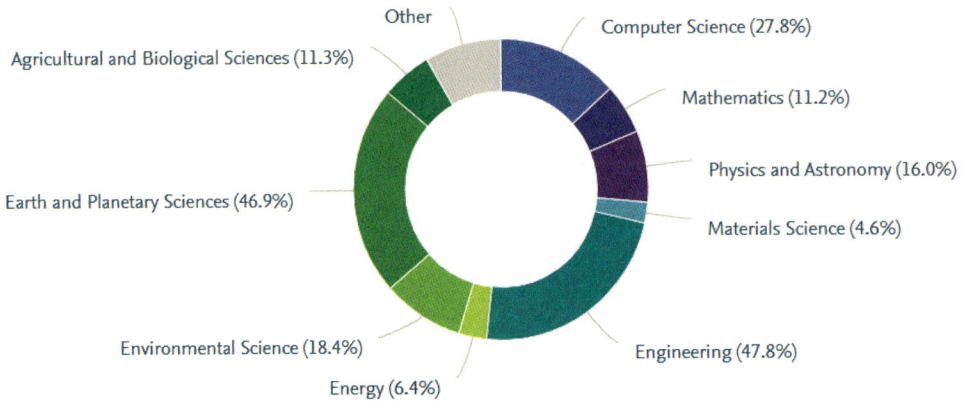

图1.2 方向文献学科分布

1.2 研究热点与前沿

1.2.1 高频关键词

2017年至今发表的"海洋环境立体监测"相关文献的TOP 50高频关键词，如图1.3所示。其中，Autonomous Underwater Vehicle（AUV）（自主水下航行器）、Underwater（水下）、ARGO（Array for Real-time Geostrophic Oceanography）（ARGO全球海洋观测网）、Unmanned Aerial Vehicle（无人飞行器）、Oceans and Seas（海洋）、Buoys（浮标）等是该方向出现频率最高的高频词。

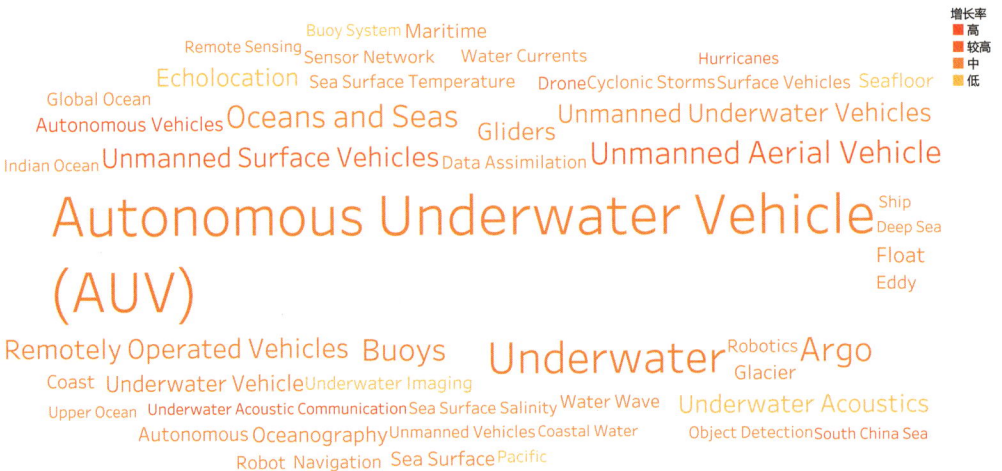

图1.3 2017年至今方向TOP 50高频关键词词云图

从 2017 年至今方向 TOP 50 高频关键词的增长率情况看（如图 1.4 所示），该方向增长较快的关键词有 Underwater Acoustic Communication（水声通信）、Autonomous Vehicles（自动航行器）、Drone（无人机）、South China Sea（中国南海）、Unmanned Surface Vehicles（水面无人艇）等。

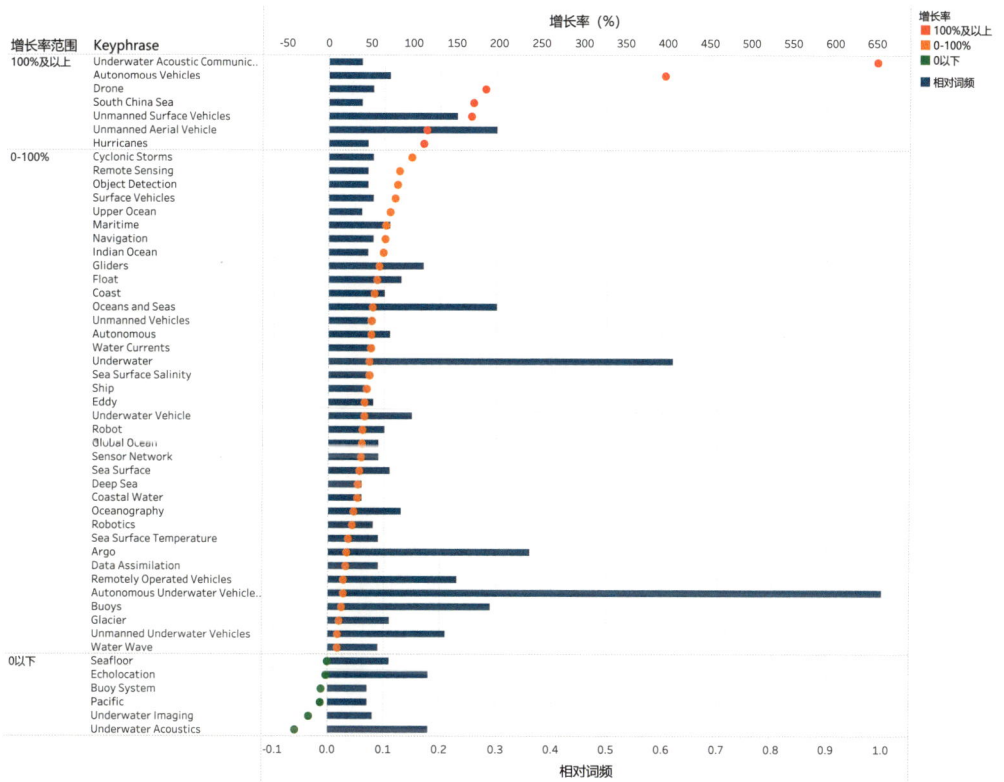

图 1.4 2017 年至今方向 TOP 50 高频关键词的增长率分布

1.2.2 方向相关热点主题（TOPIC）[1]

从 2017 年至今该方向发表的相关文献涉及的主要研究主题看（如图 1.5 所示），该方向文献量最大的主题是 T.2132，"Unmanned Surface Vehicles; Controller; Autonomous Underwater Vehicle (AUV)"（水面无人艇；控制器；自主水下航行器），其显著性百分位[2]达到 99.293，

---

[1] 研究主题（Topic）是 SciVal 平台自带的基于 Scopus 数据库文献的直接引用关系聚类而成的文献簇，每个主题代表了一组具有相同研究兴趣或知识基础的论文集合。目前 SciVal 平台共有约 9.6 万个研究主题。

[2] 显著性百分位体现了主题的显著度，它通过文章的被引用次数、浏览数和期刊的 CiteScore 指标计算得出，可以体现该主题的受关注度和发展势头。

一、未来食品领域十大交叉前沿方向

人口增长、气候变化、资源耗竭、食物损失和浪费，以及人们对高品质生活的向往，对未来食品发展提出了严峻的挑战与更高的要求，同时也驱动着食品科技加速创新。未来食品要充分体现"大食物观"，以提升食品产业竞争力和国民营养健康素质为导向，融合食品技术、生物技术、信息技术、新材料技术等前沿科技。研究聚焦食物的生产、收获、贮藏、加工、包装、配送、消费等各个环节，涵盖食品贮藏与物流技术、食品靶向设计、食品智能制造以及食品文化等若干交叉前沿方向。

1 未来食品生物合成制造

"大食物观"下的动植物育种向着优质、高效、安全、可持续的方向进行遗传改良，为人类提供更加丰富、安全的食品原材料供给，多元化拓展人类食物源。加之，高效、低碳、环保、安全的食品生产方式正逐步推广，传统的食品边界不断被打破。同时，以基因工程、细胞工程、酶工程等为代表的现代生物技术迅猛发展，为食品智能化制造提供了核心技术支撑，推动食品智造途径持续更新迭代。目前，以"植物肉""植物奶"为代表的植物基食品已经走上餐桌，带动了植物基食品研发与制造的快速迭代，"干细胞培养肉"逐步走向成熟，成为肉类生产新途径。食物源蛋白质的供给来源不断扩大，除遗传改良的微生物（如藻类、酵母和细菌）外，也可来源于离体培养的动植物细胞。食品细胞工厂在节约土地资源、减少温室气体排放等方面具有显著优势。

具体交叉前沿方向包括：一是优化蛋白质、油脂、新型食品功能因子等特定食品组分及食品添加剂的生产方式，围绕健康食品目的完善动植物设计育种，建立用于营养物智造的细胞工厂。二是加速植物基食品、动物细胞培养肉的研发，优化底盘工厂的系统性，形成高通量、智能化、营养物合成模块。三是解析传统酿造食品微生物功能及其调控机制，设计构建核心微生物菌群，提升食品工业生产菌株的制备效率。四是加快生物合成途径研究，搭建功能因子／工程益生菌／合成蛋白质生产平台等。

本领域咨询专家：丁甜、王岳、王柏村、杨敏、连佳长、吴迪、张辉、陈卫、陈启和、罗自生、周洁红、都浩、焦晶晶。

2 生鲜食品供应链中的智能传感技术

针对生鲜食品品质的感知技术从最初的重量、大小、颜色、外观缺陷等物理和表面特征感知发展到糖酸度、质地、机械损伤、病虫害、内部劣变等内部和复杂特征的感知。同时，随着供应链各主体获取多元信息的需求不断提升，生鲜食品供应链微环境信息感知由单一的温度监测发展为温度，湿度，氧气，二氧化碳和乙烯等气体成分，以及振动、撞击等机械力的多参数同步实时监测。目前，智能传感技术在生鲜食品智慧供应链中的应用仍然比较初步，主要存在于生鲜食品产后的分级环节，基本不涉及贮藏和物流过程以及销售环节。未来，早期检测与预报预警，低成本微小型温湿度感知标签，物流机械力实时监测，以及复杂供应链环境下的产品货架期预测等存在较大发展空间。

具体交叉前沿方向包括：一是开展生鲜食品产后品质劣变机制和腐烂损耗代谢网络调控研究，提高食品品质、腐败、损伤等感知技术。二是研发基于基因编辑等前沿技术的贮藏物性状改良材料、生鲜食品特征性挥发物质的实时感知材料和供应链过程中质量控制特征信息的感知材料。三是研发单元模块式可移动预冷和冷藏装备、适合乡村道路网络的生鲜食品物流载运装备和低碳运输车，低成本低密度食品级高效蓄冷剂和轻便减振绿色保温配送箱等，破解冷链物流"最先一公里"和"最后一公里"难题。四是创新供应链全程品质安全管控关键技术和数字信用溯源平台，增强供应链可视性和透明度，并加强与区块链、大数据、人工智能、物联网等信息技术的深度融合，为构建面向减损增效和节能降耗的生鲜食品供应链智慧管理决策和追溯提供支撑。

3 精准营养食品靶向设计技术

过去 100 年，科学技术和经济进步基本解决了食品供给和营养缺乏问题，但一系列与能量失衡和代谢疾病相关的新营养问题急需新的解决方案。尽管大多数食品具有较高的生物活性分子浓度，但在肠道中的溶解度、稳定性和吸收率较低，导致生物利用度和功效很低。为更好满足不同个体的营养和能量需求，需对食物进行营养和能量分析，并通过改善递送系统（如基于纳米技术），增强天然生物活性化合物的生物利用度和靶向递送能力，以实现食品营养的精准供给和高效利用。

具体交叉前沿方向包括：一是基于不同食品的营养成分差异和不同个体消费者的身体状况和营养需求，构建满足不同人群健康风险和营养结构需求的传统膳食、营养与健康大数据库。二是挖掘天然产物功效因子，开展人工智能辅助高效筛选和精准预测、食品跨屏障转运和代谢的健康作用效应、多模效价评估和精准配伍等研究，构建基于人工智能的功效因子快速筛选平台。三是研发新型微囊、脂质体、纳米载体等递送技术，建立满足食品质构与感官特性的配方和工艺技术体系，利用酸碱度、消化酶、肠道菌群等实现各类组分在指定消化道位置的可控释放、消化和吸收，满足定点、定时、速效、缓释、高生物利用度等不同需求。

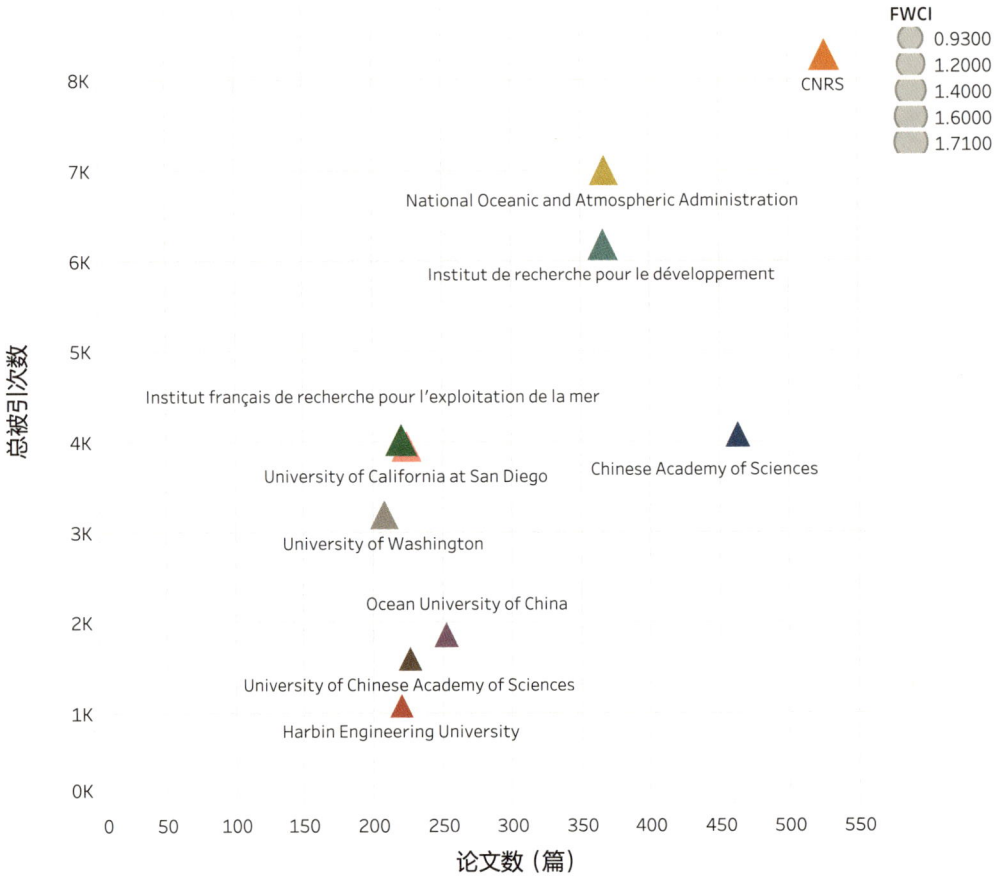

图1.6 2017年至今方向前十位高产机构

2 跨介质立体通信组网

2.1 总体概况

通过 Scopus 数据库检索 2017 年至今发表的"跨介质立体通信组网"相关论文，并将其导入 SciVal 平台，最终共有文献 1269 篇，整体情况如图 2.1 所示。

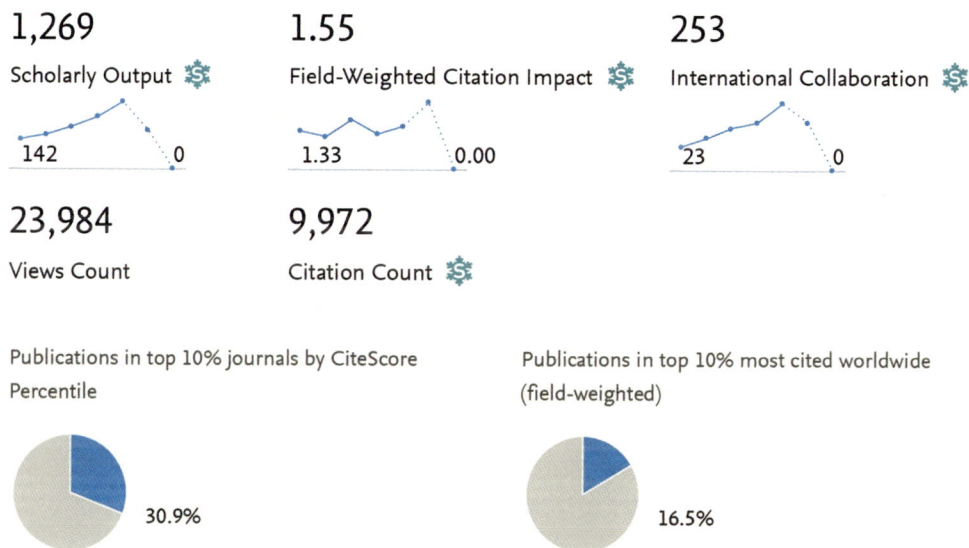

1,269
Scholarly Output

142   0

1.55
Field-Weighted Citation Impact

1.33   0.00

253
International Collaboration

23   0

23,984
Views Count

9,972
Citation Count

Publications in top 10% journals by CiteScore Percentile

30.9%

Publications in top 10% most cited worldwide (field-weighted)

16.5%

图 2.1 方向文献整体概况

2017 年至今发表的"跨介质立体通信组网"相关文献的学科分布情况，如图 2.2 所示。在 Scopus 全学科期刊分类系统（ASJC）划分的 27 个学科中，该研究方向文献涉及的学科较为广泛、学科交叉特性较为明显。其中，较多的文献分布于 Engineering（工程学）、Computer Science（计算机科学）、Physics and Astronomy（物理学和天文学）、Materials Science（材料科学）、Mathematics（数学）等学科。

8 慢性疾病延缓性食品开发

随着老龄化社会问题不断凸显，健康营养老年食品与营养干预产业迎来了前所未有的发展机遇。食品中存在的生物活性物质可提高免疫力并预防疾病，对于应对老龄化社会挑战具有重大意义。2017年，国家发改委与工信部联合发布《关于促进食品工业健康发展的指导意见》，提出加快发展老年食品和满足特定人群需求的功能性食品；《"十四五"国家老龄事业发展和养老服务体系规划》也提出大力发展银发经济，开发满足老年人衣、食、住、行等需求的老年生活用品。未来，坚持"药食同源"思想，针对老年人慢性疾病所缺失营养特点，开发预防心血管疾病（如高血压和中风）、代谢和退行性疾病等相关食品，精确管理老年人日常膳食，为其定制营养和美味。

具体交叉前沿方向包括：一是利用表型分析、高通量分析化学技术、身体传感器纵向跟踪、复杂的教育和行为干预技术等，积累并多维分析人类代谢与健康数据，建立人类健康数据库，深化对饮食的新陈代谢响应机制研究。二是针对老年人慢性疾病所缺失营养问题，开展食品功能性成分分析研究，明确暴露生物标志物导致慢性病的确切机制。三是针对老年人咀嚼和吞咽困难的部分问题，优化3D打印技术，研发营养价值丰富、利于吞咽的功能型膳食。

9 极端环境下的特种食品研发

特种食品研发需求的核心是在特殊应用场景下满足特定人群充足营养供给的同时保留食物的新鲜口感与风味。当前，航空航天、水上远航、深海探测、高原沙漠、应急防疫等人类活动不断增加，带来了特种食品的需求。有研究表明，太空食品种类较少、口味相对清淡，缺乏对感官与情绪的刺激，可能导致航天员患上某种抑郁症。目前，美国国家航空航天局已经资助了部分食品系统和材料研究公司，由其开展航天食品研发，满足特殊营养与能量需求。未来，应根据远洋、野外高原、防化、航空航天等特殊职业环境下机体营养需求，设计开发高能量密度、抗疲劳、抗辐射等特殊应用场景需求食品。

具体交叉前沿方向包括：一是系统解析特定人群的能量代谢模式及机体生理反应，从营养要素构成及比例角度出发，筛选膳食源功能因子，进一步明晰跨屏障转运和代谢的健康作用效应。二是聚焦食品稳态化、轻量化、可自热和包装材料可降解等共性关键技术，优化功能食品安全性、营养稳定性、膳食可接受性。

10 未来食品伦理与文化研究

气候变化、物种入侵以及人类过度开发，导致生物多样性持续遭到破坏，而人类对高精度食物及营养成分的无限索取，既不健康，也会加重地球的生态环境负担。饮食习惯的改变以及食品开发技术的向善，具有极大的健康效益、社会效益和经济效益，这需要自然科学与人文社会科学大跨度协同创新。食物生产需要最大限度减少对环境、气候、自然资源依赖，同时提高生产效率、增加食物产出、保障食物安全，实现可持续的食物供应。未来，要进一步创新食品生产新技术、新工艺、新材料，在提升其营养价值和功能价值的同时回应社会对生态保护、食品品质等方面的诉求。

具体交叉前沿方向包括：一是坚持马克思主义生态消费观开展食品伦理研究，为民众确立良好的食品消费价值指引与行为规范，让人们吃好、吃得健康。二是深化传统膳食、药食同源食材、新型食材与营养健康相互关系研究，了解中国人膳食需求、健康调控机理与精准营养供给，将中华传统膳食文化与生物科技文化结合。三是强化食品科技科普工作，提高民众对由动植物、微生物、菌类或藻类为原料的细胞培养物或组织培养物组成、分离以及生产的食品的认知与接受度，高效生产粮食、蔬菜、肉、淀粉、油脂、蛋白质和功能性营养素等食品和组分，从源头上提高食品原料的多元化和可持续性。四是在继承优秀传统食品道德文化基础上，强化食品安全风险伦理评估，利用大数据、人工智能等手段进行食品数据问询、数据监管和数据纠错，构建安全高效的科技伦理体系。

"Underwater Vehicles; Unmanned Aerial Vehicle; Seaplanes"（水下航行器；无人飞行器；水上飞机），占比达到 35.24%，在该方向热点主题中最具相关性。该方向五个热点主题中，有四个热点主题呈现出较高的显著性百分位（大于 92），表明该方向整体上具有较高的全球关注度和较大的研究发展潜力。

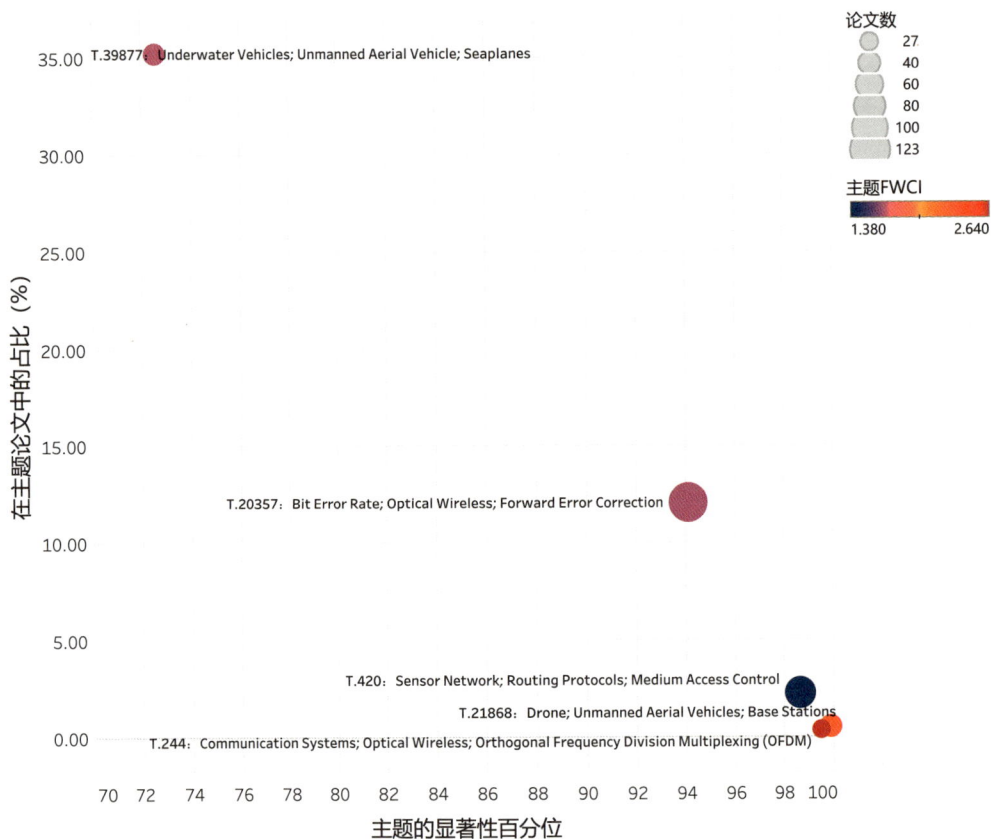

图2.5 2017 年至今方向论文数最多的五个热点主题

2.3 高产国家 / 地区和机构

从 2017 年至今发表的方向相关文献主要的发文国家 / 地区看（如表 2.1 所示），该方向最主要的研究国家 / 地区有 China（中国）、United States（美国）、India（印度）、United Kingdom（英国）和 Germany（德国）等；从主要的机构看（如图 2.6 所示），高产的机构包括 Chinese Academy of Sciences（中国科学院）、Shanghai Jiao Tong University（上海交通大学）、Zhejiang University（浙江大学）、CNRS（法国国家科学研究中心）等。

表 2.1 2017 年至今方向前十位高产国家 / 地区

序号	国家 / 地区	发文量	点击量	FWCI	被引次数
1	China	447	6506	1.97	4172
2	United States	249	5139	2.05	2451
3	India	117	2082	1.27	662
4	United Kingdom	70	2874	3.86	2071
5	Germany	45	1813	2.53	855
6	Japan	44	1007	4.75	359
7	Canada	41	1634	5.14	1131
8	Republic of Korea	36	629	1.52	358
9	Italy	35	1264	1.85	419
10	Saudi Arabia	34	829	2.3	448

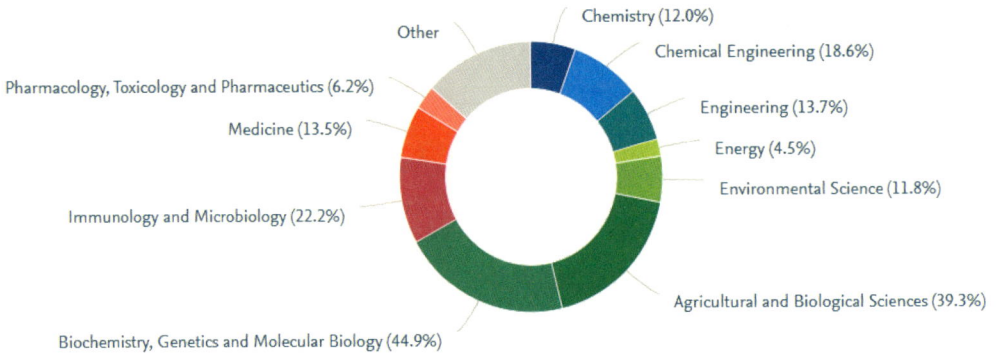

图 1.2 方向文献学科分布

1.2 研究热点与前沿

1.2.1 高频关键词

2017 年至今发表的"未来食品生物合成制造"相关文献的 TOP 50 高频关键词，如图 1.3 所示。其中，Metabolic Engineering（代谢工程）、Cultured Meat（人造肉）、Synthetic Biology（合成生物学）、Factory（工厂）、Genetic Engineering（基因工程）等是该方向出现频率最高的高频词。

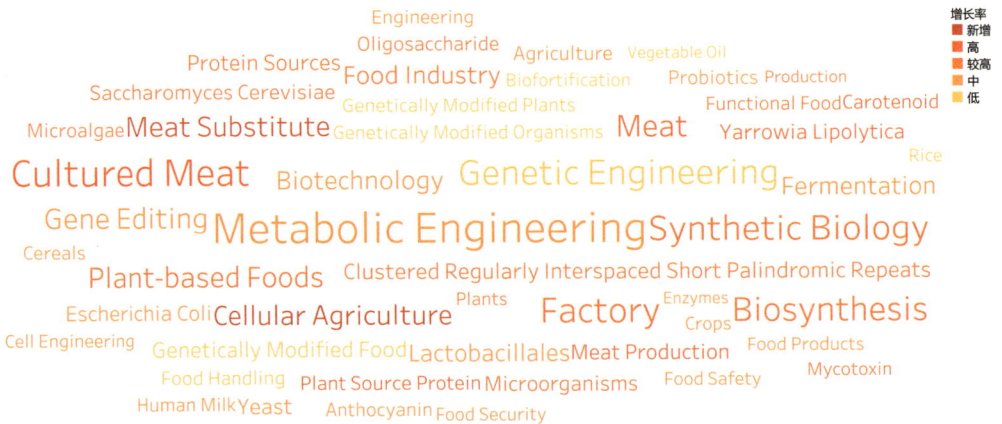

图 1.3 2017 年至今方向 TOP 50 高频关键词词云图

从 2017 年至今方向 TOP 50 高频关键词的增长率情况看（如图 1.4 所示），该方向增长较快的关键词有 Cultured Meat（人造肉）、Plant Source Protein（植物源蛋白质）、Meat Production（肉品生产）、Meat（肉类）、Carotenoid（类胡萝卜素）等。此外，2017 年以来新增的高频关键词有 Meat Substitute（肉类替代品）和 Cellular Agriculture（细胞农业）。

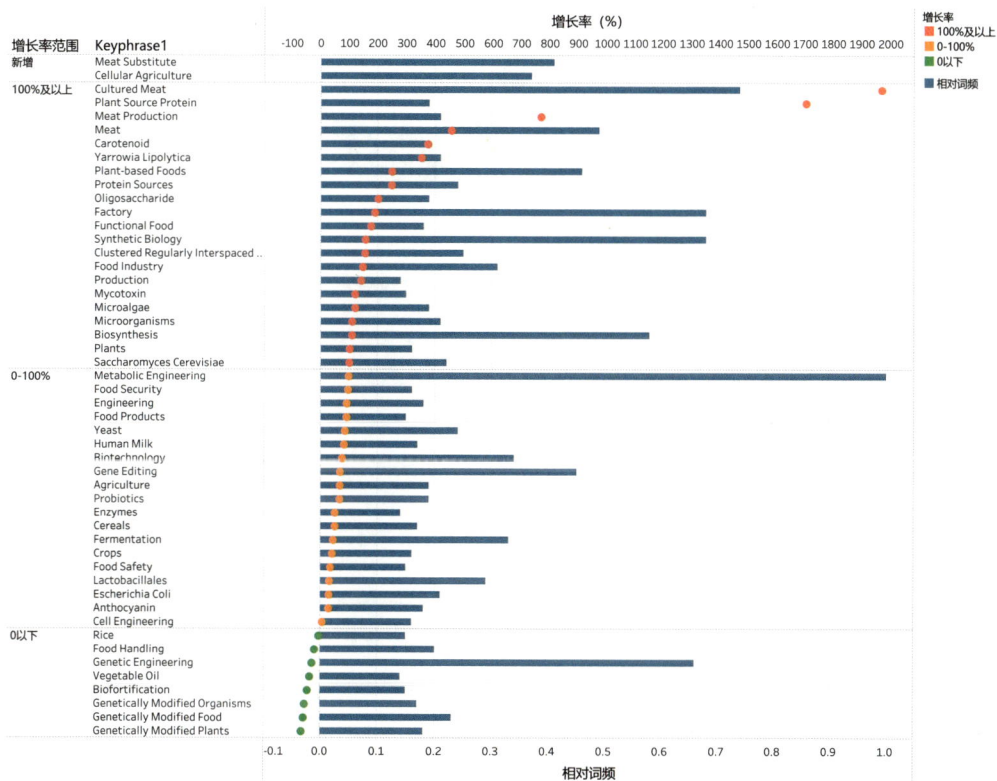

图 1.4　2017 年至今方向 TOP 50 高频关键词的增长率分布

1.2.2 方向相关热点主题（TOPIC）[1]

从 2017 年至今该方向发表的相关文献涉及的主要研究主题看（如图 1.5 所示），显著性百分位[2] 最高的主题是 T.456，"Genome; CRISPR Associated Endonuclease Cas9; Gene Editing"（基

----

[1] 研究主题（Topic）是 SciVal 平台自带的基于 Scopus 数据库文献的直接引用关系聚类而成的文献簇，每个主题代表了一组具有相同研究兴趣或知识基础的论文集合，目前 SciVal 平台共有约 9.6 万个研究主题。

[2] 显著性百分位体现了主题的显著度，它通过文章的被引用次数、浏览数和期刊的 CiteScore 指标计算得出，可以体现该主题的受关注度和发展势头。

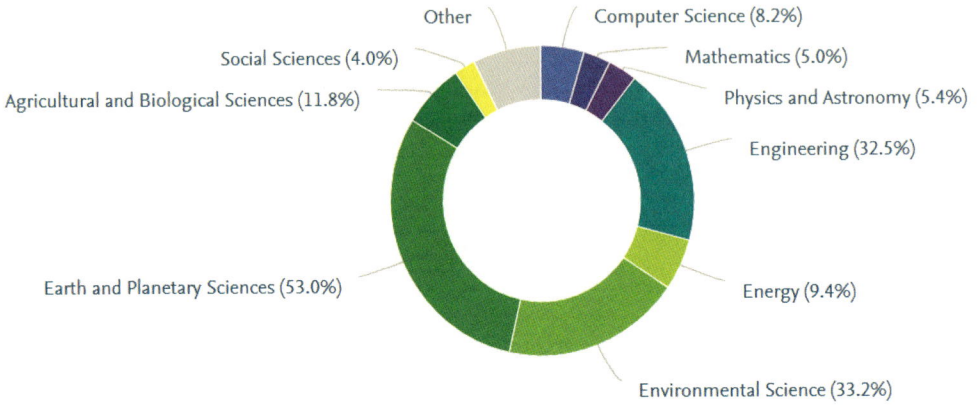

图 3.2 方向文献学科分布

3.2 研究热点与前沿

3.2.1 高频关键词

2017 年至今发表的"海洋防灾减灾关键技术"相关文献的 TOP 50 高频关键词，如图 3.3 所示。其中，Glacier（冰川）、Water Wave（水波）、Storm Surge（风暴潮）、Tsunami（海啸）、Forecast（预测）、Cyclonic Storms（气旋风暴）等是该方向出现频率最高的高频词。

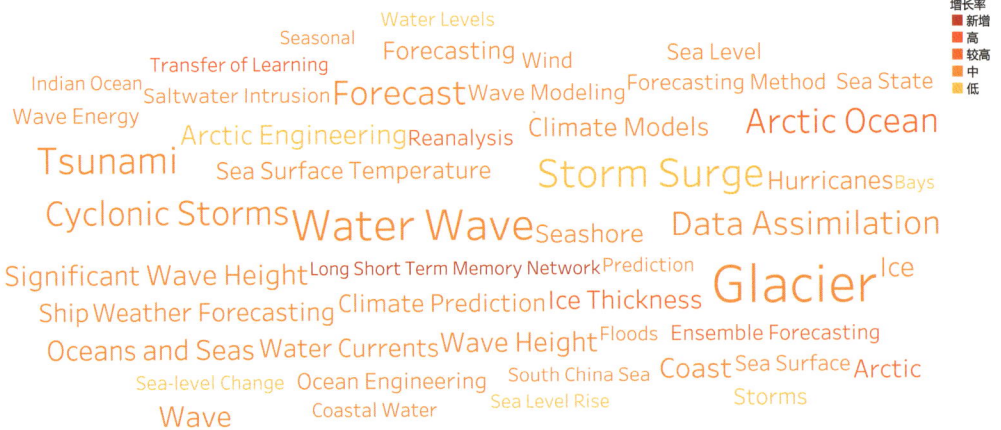

图 3.3 2017 年至今方向 TOP 50 高频关键词词云图

从 2017 年至今方向 TOP 50 高频关键词的增长率情况看（如图 3.4 所示），该方向增长较快的关键词有 Transfer of Learning（学习迁移）、Ensemble Forecasting（集成预测）、Arctic Ocean（北冰洋）、Ice Thickness（冰层厚度）、Arctic（北极）和 Reanalysis（再分析）等，近五年的词频增长率均超过 100%。此外，2017 年以来新增了高频关键词 Long Short-Term Memory Network（长短期记忆网络）。

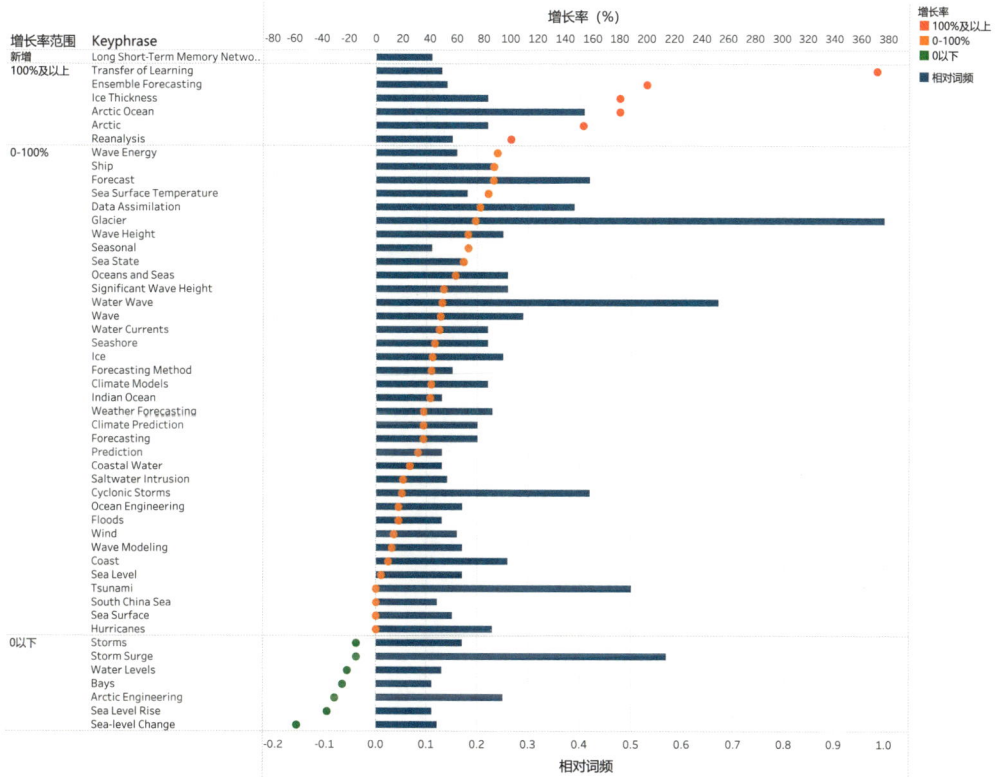

图 3.4　2017 年至今方向 TOP 50 高频关键词的增长率分布

3.2.2 方向相关热点主题（TOPIC）

从 2017 年至今该方向发表的相关文献涉及的主要研究主题看（如图 3.5 所示），该方向文献量最大的主题是 T.752 "Ice Thickness; Ice; Arctic Ocean"（冰层厚度；冰；北冰洋），显著

性百分位接近 98，在全球具有较高关注度和较好的发展势头。五个热点主题中该方向论文在主题论文中占比最高的主题是 T.29668，"Artificial Neural Network; Wave Energy; Data

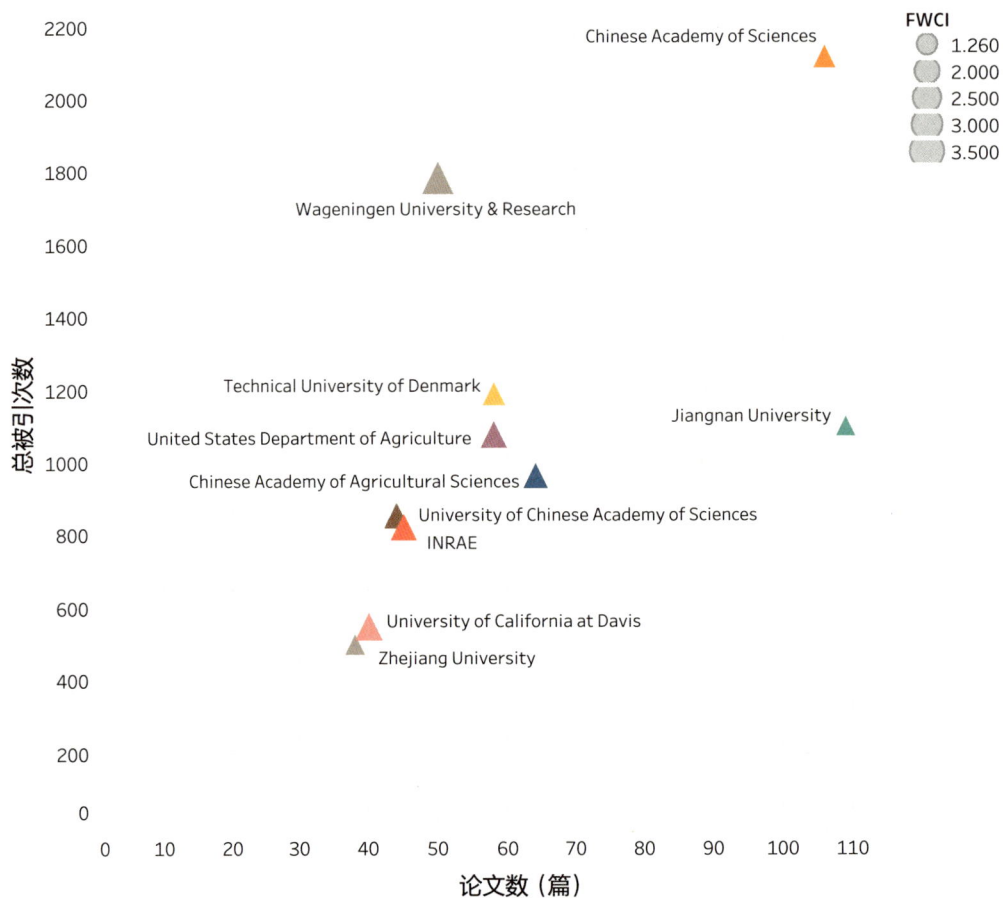

图1.6 2017年至今方向前十位高产机构

2 生鲜食品供应链中的智能传感技术

2.1 总体概况

通过 Scopus 数据库检索 2017 年至今发表的"生鲜食品供应链中的智能传感技术"相关论文，并将其导入 SciVal 平台，最终共有文献 933 篇，整体情况如图 2.1 所示。

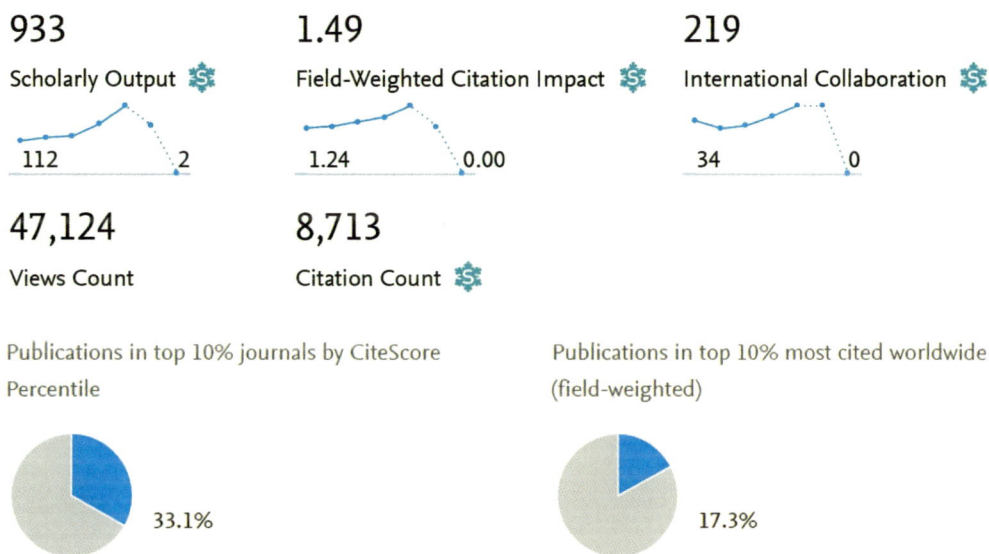

933
Scholarly Output

112   2

1.49
Field-Weighted Citation Impact

1.24   0.00

219
International Collaboration

34   0

47,124
Views Count

8,713
Citation Count

Publications in top 10% journals by CiteScore Percentile

33.1%

Publications in top 10% most cited worldwide (field-weighted)

17.3%

图 2.1 方向文献整体概况

2017 年至今发表的"生鲜食品供应链中的智能传感技术"相关文献的学科分布情况，如图 2.2 所示。在 Scopus 全学科期刊分类系统（ASJC）划分的 27 个学科中，该研究方向文献涉及的学科广泛、学科交叉特性明显。其中，较多的文献分布于 Agricultural and Biological Sciences（农业与生物科学）、Engineering（工程学）、Computer Science（计算机科学）、Decision Sciences（决策科学）、Physics and Astronomy（物理学与天文学）等学科。

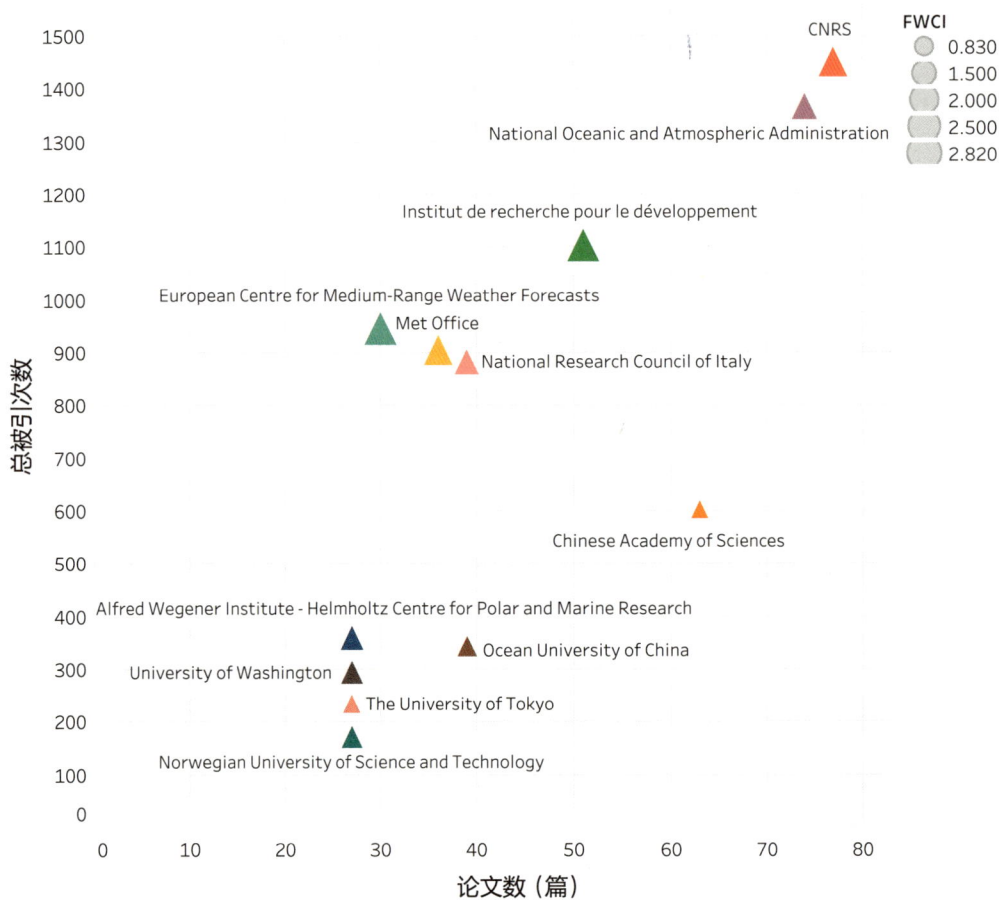

图3.6 2017年至今方向前十位高产机构

从 2017 年至今方向 TOP 50 高频关键词的增长率情况（如图 2.4 所示），该方向增长较快的关键词有 Blockchain（区块链）、Storage Quality（贮藏质量）、Artificial Neural Network（人工神经网络）、Electronic Commerce（电子商务）、Sensory Evaluation（感官评价）、Pyrus（梨属植物）等。此外，2017 年以来新增的高频关键词有 Fragaria（草莓）、Elaeis（油棕）和 Convolutional Neural Network（卷积神经网络）。

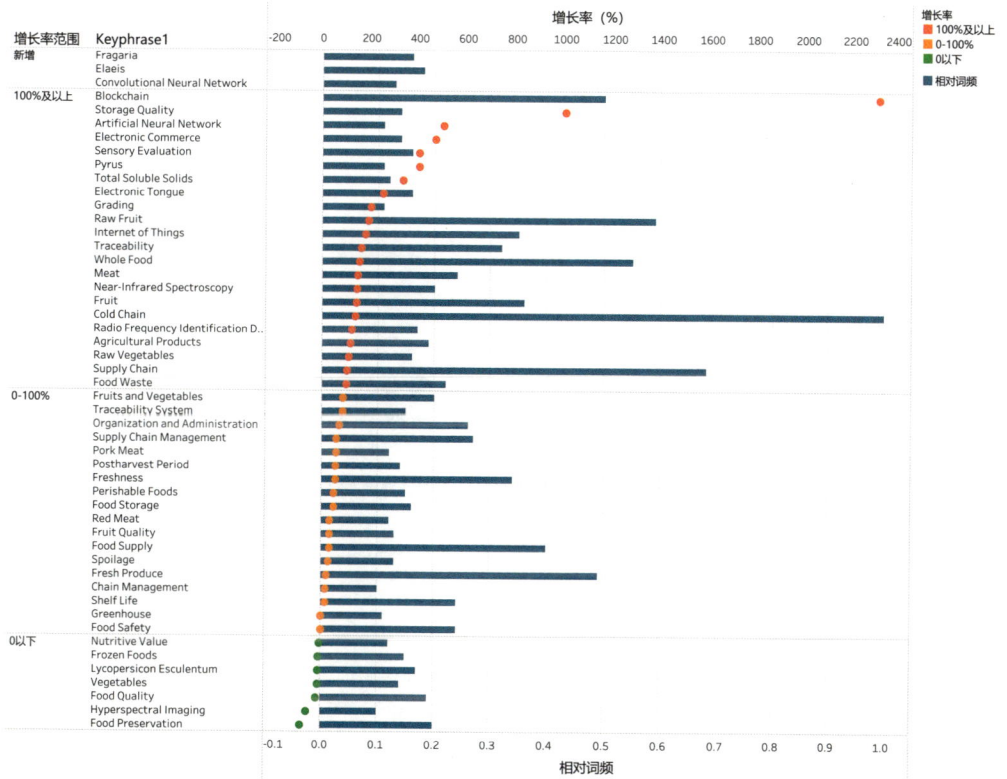

图 2.4 2017 年至今方向 TOP 50 高频关键词的增长率分布

2.2.2 方向相关热点主题（TOPIC）

从 2017 年至今该方向发表的相关文献涉及的主要研究主题看（如图 2.5 所示），该方向文献量最大的主题是 T.10967，"Internet of Things; Food Supply Chain; Agricultural Products"（物联网；食品供应链；农产品），其显著性百分位达到 98.448，在全球具有高关注度和发展势头。显著性百分位最高的主题是 T.27660，"Bitcoin; Ethereum; Internet of Things"（比特币；以太坊；

物联网），达到 99.98，在全球具有高关注度和发展势头；同时，该主题的 FWCI 为 3.78，具有高引文影响力。该主题五个热点主题均呈现出较高的显著性百分位（均在 98 以上），表明该方向整体上具有较高的全球关注度和较大的研究发展潜力。

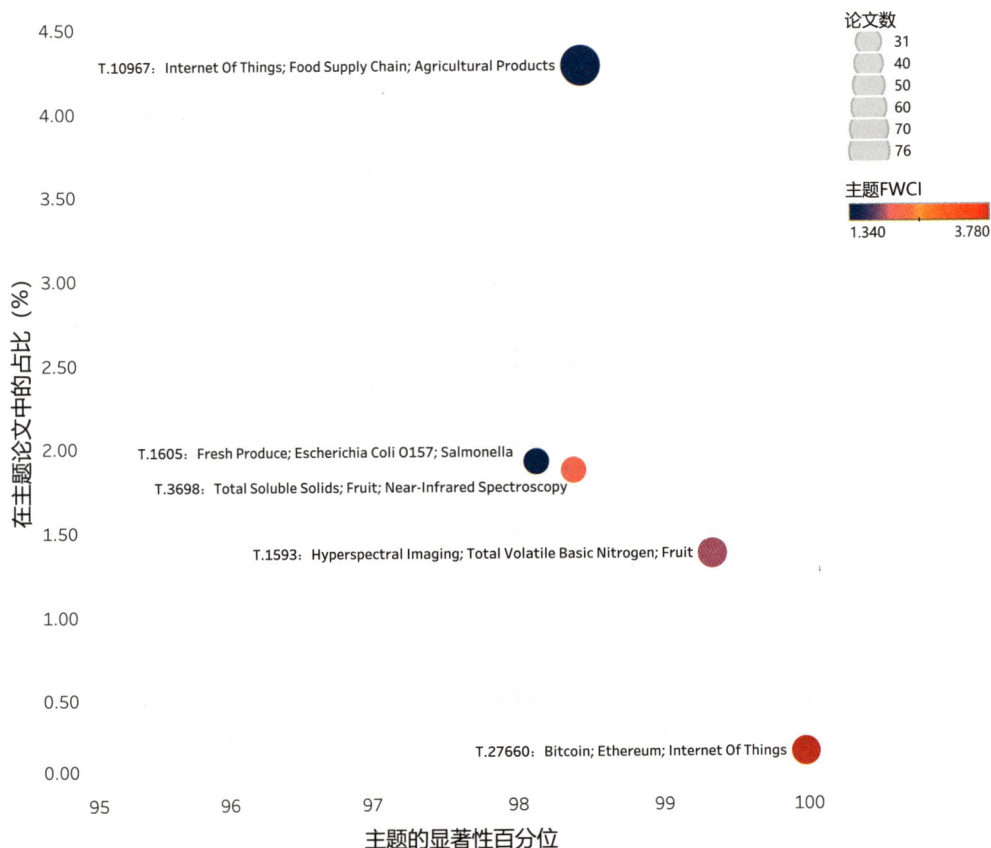

图 2.5 2017 年至今方向论文数最多的五个热点主题

2.3 高产国家 / 地区和机构

从 2017 年至今发表的方向相关文献主要的发文国家 / 地区看（如表 2.1 所示），该方向最主要的研究国家 / 地区有 China（中国）、United States（美国）、India（印度）、United Kingdom（英国）和 Germany（德国）等；从主要的机构看（如图 2.6 所示），高产的机构包括 Chinese Academy of Sciences（中国科学院）、Shanghai Jiao Tong University（上海交通大学）、Zhejiang University（浙江大学）、CNRS（法国国家科学研究中心）等。

表 2.1　2017 年至今方向前十位高产国家 / 地区

序号	国家 / 地区	发文量	点击量	FWCI	被引次数
1	China	251	9013	1.32	1892
2	United States	116	5979	1.63	1705
3	India	81	4288	1.31	627
4	Italy	62	6236	3.23	1069
5	Spain	49	3934	1.37	581
6	Indonesia	41	1592	1.92	125
7	Canada	37	3169	2.1	762
8	Australia	27	1315	1.15	377
8	France	27	1809	2.68	263
8	Germany	27	1565	1.2	306
8	Republic of Korea	27	1328	0.96	205
8	United Kingdom	27	2729	2.44	466

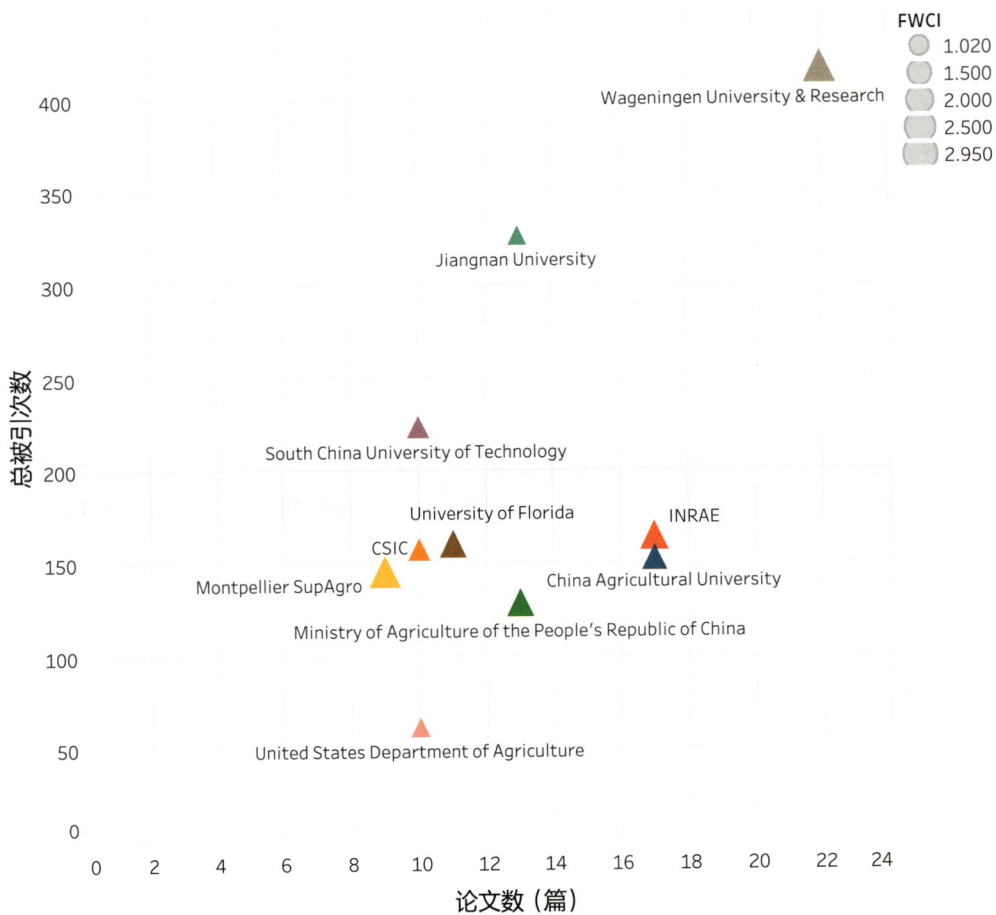

图 2.6 2017 年至今方向前十位高产机构

3 精准营养食品靶向设计技术

3.1 总体概况

通过 Scopus 数据库检索 2017 年至今发表的"精准营养食品靶向设计技术"相关论文，并将其导入 SciVal 平台，最终共有文献 2476 篇，整体情况如图 3.1 所示。

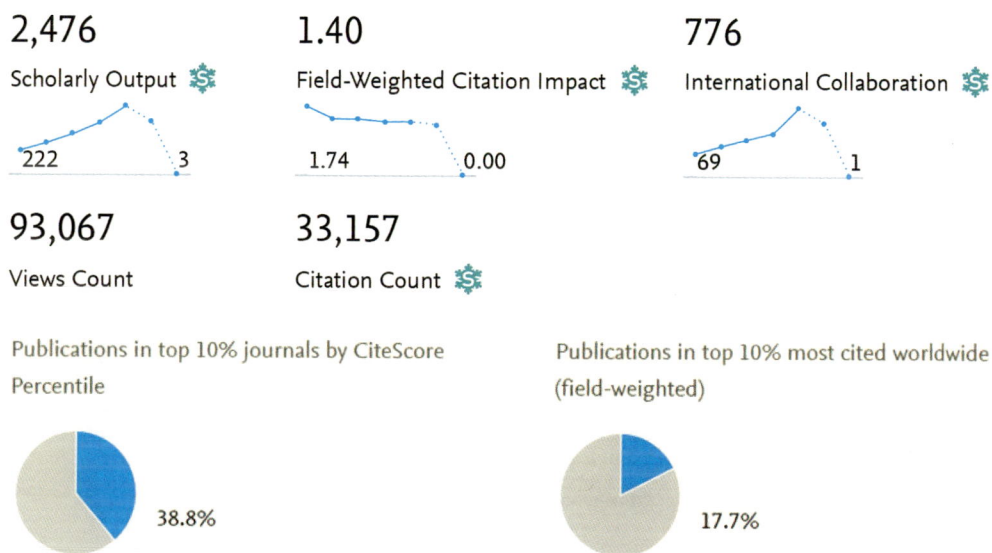

2,476
Scholarly Output

222 ⸱⸱⸱ 3

1.40
Field-Weighted Citation Impact

1.74 ⸱⸱⸱ 0.00

776
International Collaboration

69 ⸱⸱⸱ 1

93,067
Views Count

33,157
Citation Count

Publications in top 10% journals by CiteScore Percentile

38.8%

Publications in top 10% most cited worldwide (field-weighted)

17.7%

图 3.1 方向文献整体概况

2017 年至今发表的"精准营养食品靶向设计技术"相关文献的学科分布情况，如图 3.2 所示。在 Scopus 全学科期刊分类系统（ASJC）划分的 27 个学科中，该研究方向文献涉及的学科较为广泛、学科交叉特性较为明显。其中，较多的文献分布于 Medicine（医学）、Agricultural and Biological Sciences（农业与生物科学）、Nursing（护理学）、Biochemistry, Genetics and Molecular Biology（生物化学、遗传学与分子生物学）、Engineering（工程学）等学科。

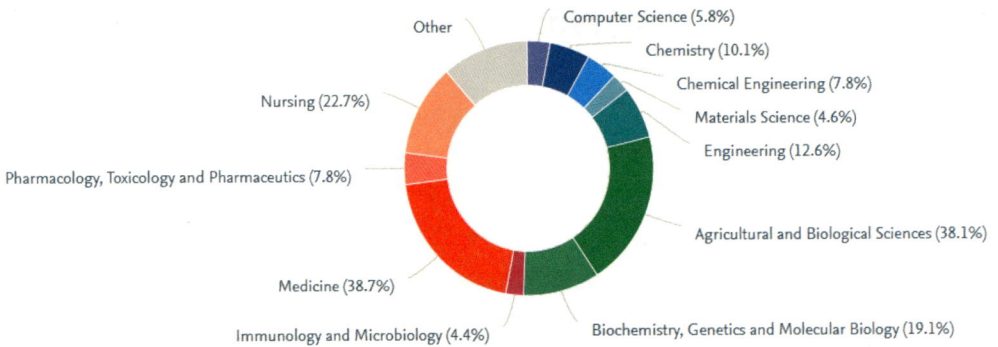

图 3.2 方向文献学科分布

3.2 研究热点与前沿

3.2.1 高频关键词

　　2017 年至今发表的"精准营养食品靶向设计技术"相关文献的 TOP 50 高频关键词，如图 3.3 所示。其中，Personalized nutrition（精准营养）、Nutrition（营养）、Nutrigenomics（营养基因组学）、Intestine Flora（肠道菌群）、Functional Food（功能性食品）等是该方向出现频率最高的高频词。

图 3.3 2017 年至今方向 TOP 50 高频关键词词云图

从 2017 年至今方向 TOP 50 高频关键词的增长率情况看（如图 3.4 所示），该方向增长较快的关键词有 Three-Dimensional Printing（3D 打印）、Electronic Cigarette（电子烟）、Printing（打印）、Intestine Flora（肠道菌群）、Personalized nutrition（精准营养）等。

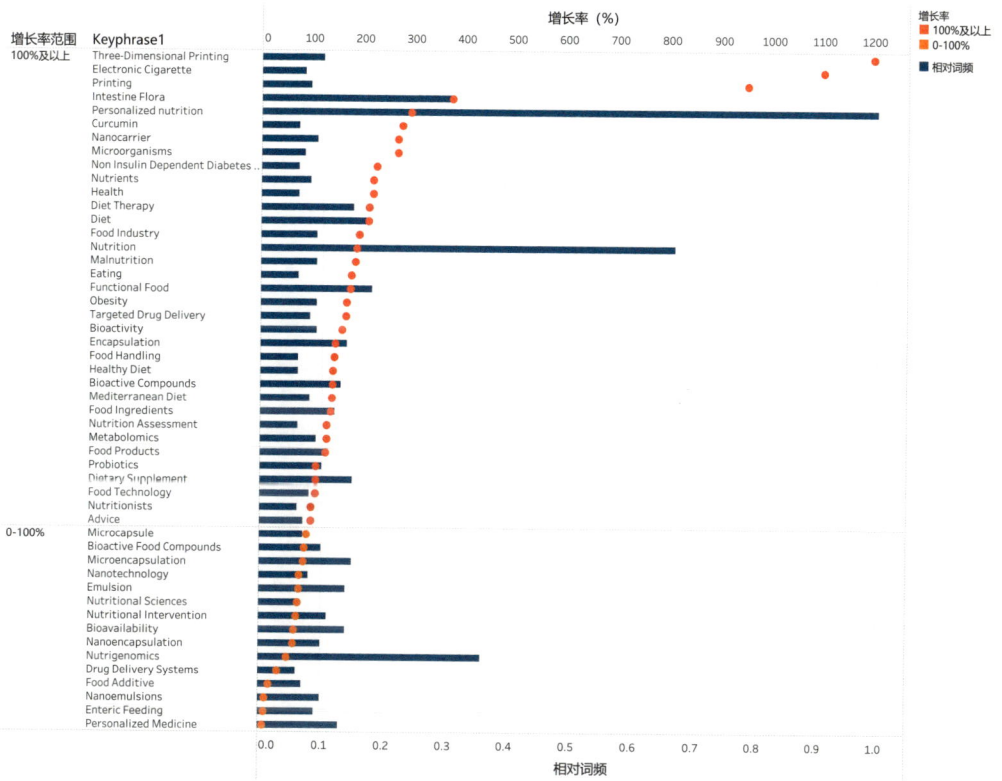

图 3.4 2017 年至今方向 TOP 50 高频关键词的增长率分布

3.2.2 方向相关热点主题（TOPIC）

从 2017 年至今该方向发表的相关文献涉及的主要研究主题看（如图 3.5 所示），显著性百分位最高的主题是 T.455，"Intestine Flora; Ruminococcaceae; Microorganisms"（肠道菌群；瘤胃球菌科；微生物），达到 99.991，在全球具有高关注度和发展势头。五个热点主题中该方向论文在主题论文中占比最高的主题是 T.81419，"Printing; Crystalline Texture; 3D Printers"（打印；晶体结构；3D 打印机），占比达到 17.99 %，在该方向热点主题中最具相关性；同时，该主题的显著性百分位为 97.452，发展势头较好。该方向的五个热点主题均呈现出较高的显著性百分位（均在 90 以上），表明该方向整体上具有较高的全球关注度和较大的研究发展潜力。

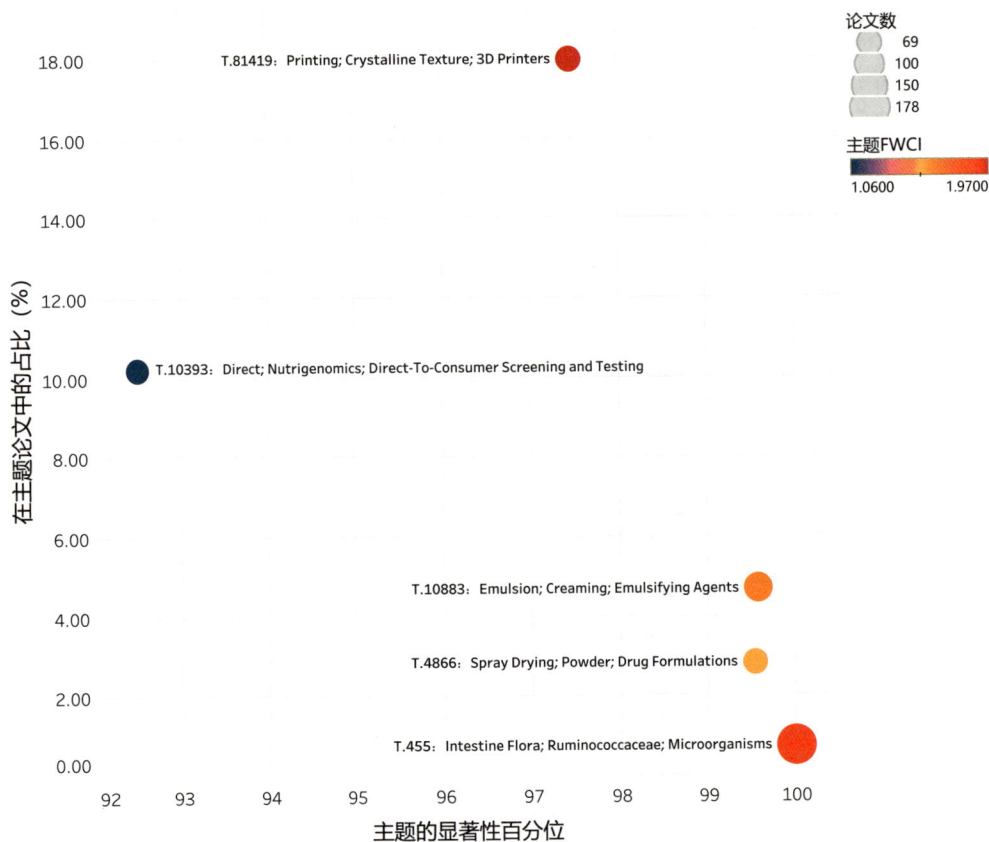

图 3.5 2017 年至今方向论文数最多的五个热点主题

3.3 高产国家 / 地区和机构

从 2017 年至今发表的方向相关文献主要的发文国家 / 地区看（如表 3.1 所示），该方向最主要的研究国家 / 地区有 United States（美国）、China（中国）、United Kingdom（英国）、Spain（西班牙）和 India（印度）等；从主要的机构看（如图 3.6 所示），高产的机构包括 Instituto de Salud Carlos III（西班牙卡洛斯三世卫生研究所）、Harvard University（哈佛大学）、IMDEA Food Institute（马德里食品研究院）等。

表 3.1 2017 年至今方向前十位高产国家 / 地区

序号	国家 / 地区	发文量	点击量	FWCI	被引次数
1	United States	646	22001	1.66	9752
2	China	379	13917	1.59	5881
3	United Kingdom	225	9466	1.73	3724
4	Spain	212	9443	1.55	3640
5	India	201	7726	1.5	2325
6	Italy	168	8524	1.5	2784
7	Australia	127	6213	1.86	2561
7	Canada	127	5074	1.4	1842
9	Iran	112	8312	2.16	2802
10	Germany	107	4641	1.5	1964
10	Netherlands	107	4210	1.61	1773

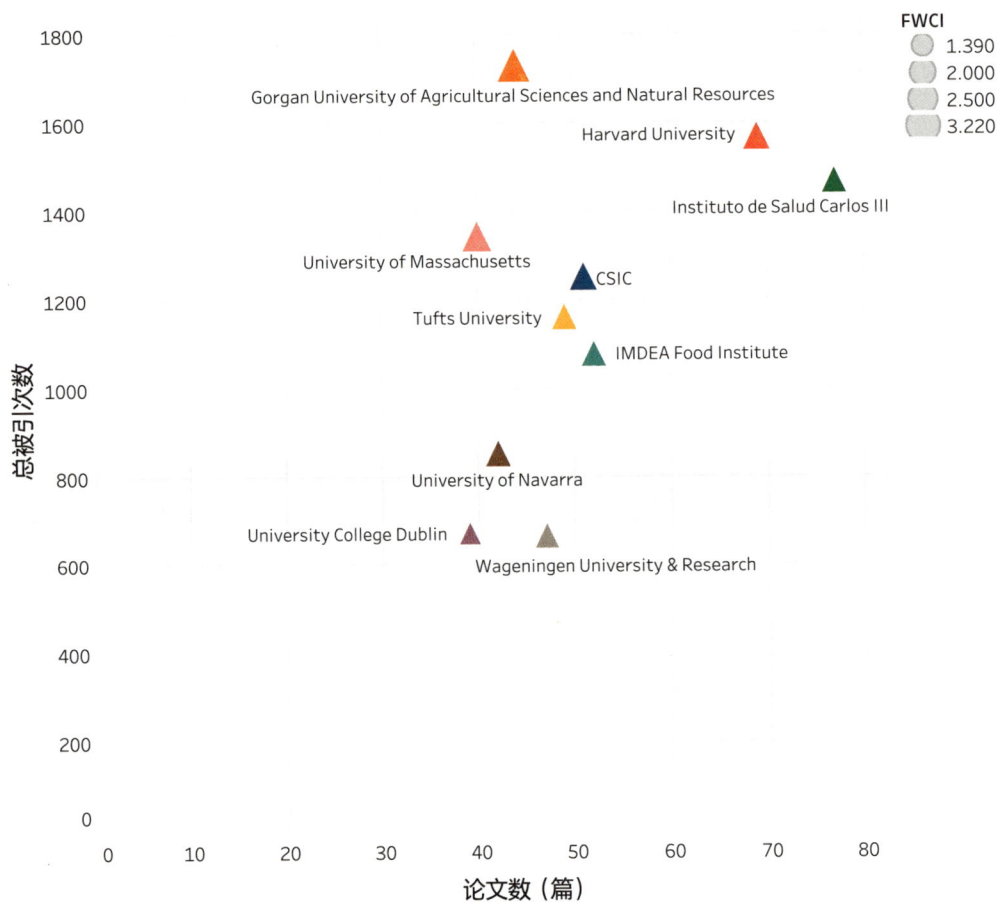

图3.6 2017年至今方向前十位高产机构

4 食品风味设计与人体情绪调控

4.1 总体概况

通过 Scopus 数据库检索 2017 年至今发表的"食品风味设计与人体情绪调控"相关论文，并将其导入 SciVal 平台，最终共有文献 3577 篇，整体情况如图 4.1 所示。

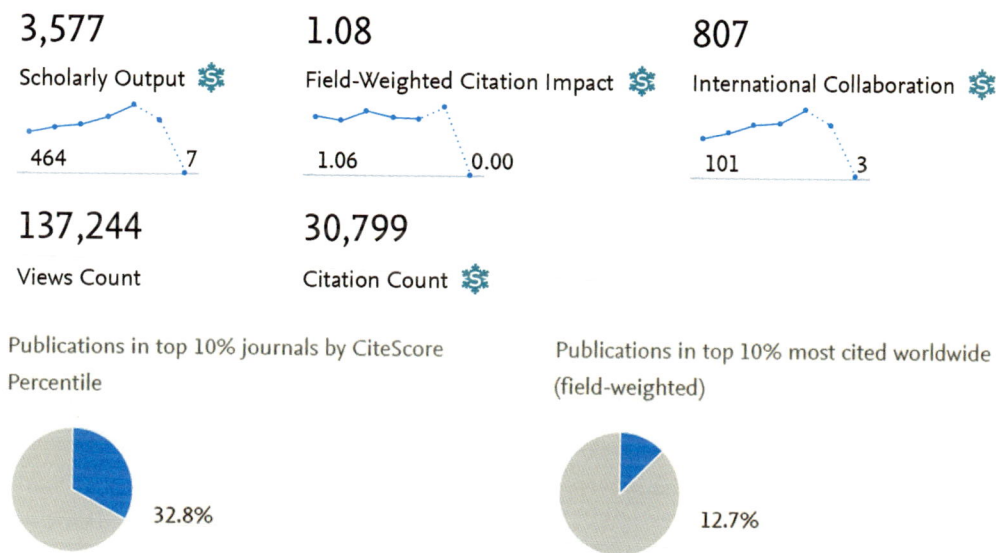

3,577
Scholarly Output

464   7

1.08
Field-Weighted Citation Impact

1.06   0.00

807
International Collaboration

101   3

137,244
Views Count

30,799
Citation Count

Publications in top 10% journals by CiteScore Percentile

32.8%

Publications in top 10% most cited worldwide (field-weighted)

12.7%

图 4.1 方向文献整体概况

2017 年至今发表的"食品风味设计与人体情绪调控"相关文献的学科分布情况，如图 4.2 所示。在 Scopus 全学科期刊分类系统（ASJC）划分的 27 个学科中，该研究方向文献涉及的学科广泛、学科交叉特性明显。其中，较多的文献分布于 Agricultural and Biological Sciences（农业与生物科学）、Medicine（医学）、Biochemistry, Genetics and Molecular Biology（生物化学、遗传学与分子生物学）、Nursing（护理学）、Chemistry（化学）等学科。

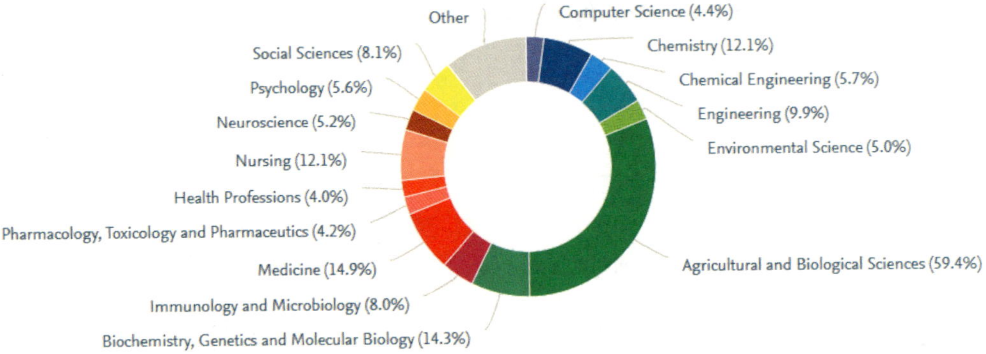

图 4.2 方向文献学科分布

4.2 研究热点与前沿

4.2.1 高频关键词

2017 年至今发表的"食品风味设计与人体情绪调控"相关文献的 TOP 50 高频关键词，如图 4.3 所示。其中，Taste（味觉）、Flavors（风味）、Sensory Properties（感官特性）、Odorants（气味物质）、Sensory Evaluation（感官评价）等是该方向出现频率最高的高频词。

图 4.3 2017 年至今方向 TOP 50 高频关键词词云图

从 2017 年至今方向 TOP 50 高频关键词的增长率情况看（如图 4.4 所示），该方向增长较快的关键词有 Fermented Milk（发酵乳）、Electronic Tongue（电子舌）、Coffee（咖啡）、Consumer Attitudes（消费者情绪）、Feeding Behavior（摄食行为）等。

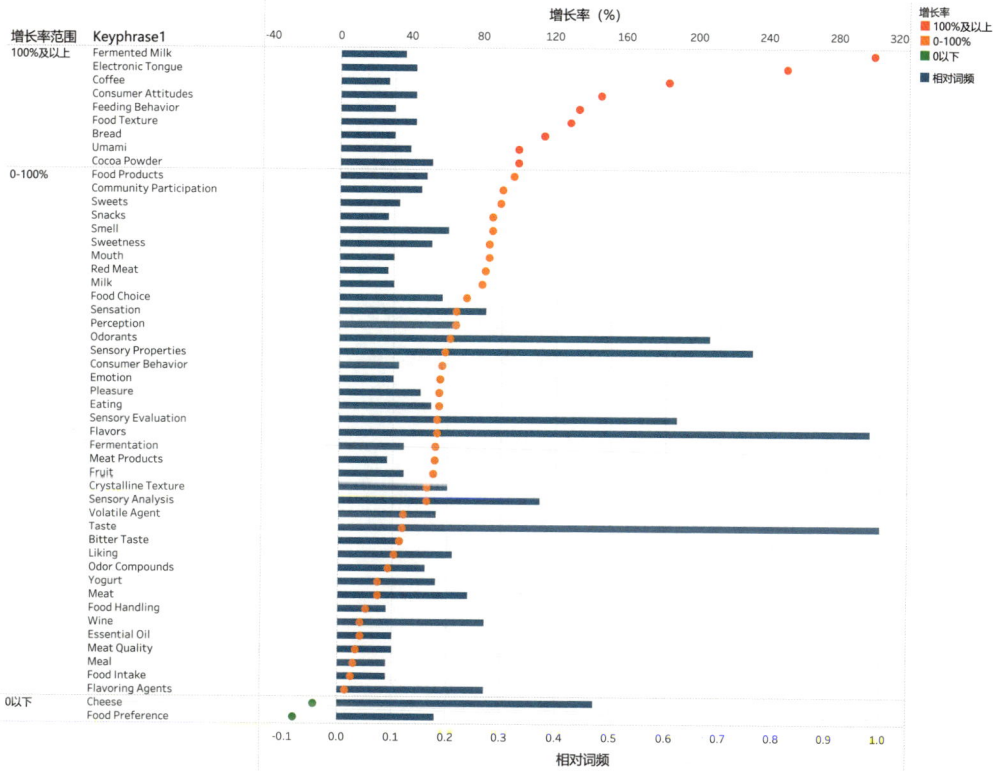

图 4.4 2017 年至今方向 TOP 50 高频关键词的增长率分布

4.2.2 方向相关热点主题（TOPIC）

从 2017 年至今该方向发表的相关文献涉及的主要研究主题看（如图 4.5 所示），显著性百分位最高的主题是 T.13256，"Sound Symbolism; Flavors; Ideophones"（语音象征；风味；摹拟），达到 97.007，在全球具有较高关注度和发展势头。五个热点主题中该方向论文在主题论文中占比最高的主题是 T.6730，"Saltiness; Odor Compounds; Mouth"（咸味；气味化合物；嘴），占比达到 20.28%，在该方向热点主题中最具相关性；同时，该主题的显著性百分位为 94.452，发展势头较好。该方向五个热点主题均呈现出较高的显著性百分位（均在 94 以上），表明该方向整体上具备较高的全球关注度和较大的研究发展潜力。

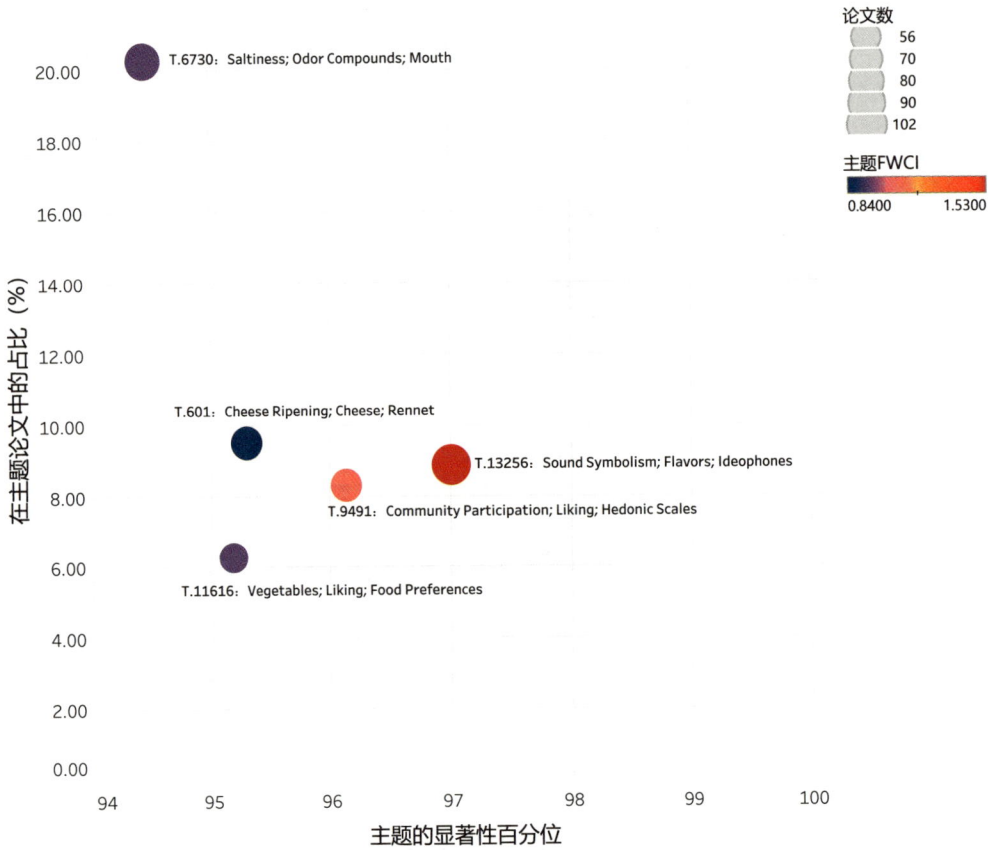

图 4.5 2017 年至今方向论文数最多的五个热点主题

4.3 高产国家 / 地区和机构

从 2017 年至今发表的方向相关文献主要的发文国家 / 地区看（如表 4.1 所示），该方向最主要的研究国家 / 地区有 China（中国）、United States（美国）、Italy（意大利）、United Kingdom（英国）和 Spain（西班牙）等；从主要的机构看（如图 4.6 所示），高产的机构包括 INRAE（法国国家农业食品与环境研究院）、CNRS（法国国家科学研究中心）、L'Institut Agro Dijon（法国第戎国家高等农艺学校）等。

表 4.1 2017 年至今方向前十位高产国家 / 地区

序号	国家 / 地区	发文量	点击量	FWCI	被引次数
1	China	565	17508	1.34	5142
2	United States	524	18437	1.34	5830
3	Italy	219	13529	1.48	2173
3	United Kingdom	219	11103	1.47	2742
5	Spain	183	10088	1.2	1802
6	Brazil	179	7081	1.09	1324
6	France	179	9220	1.33	2178
8	Australia	148	7188	1.4	1857
8	India	148	4795	0.91	857
10	Japan	141	3916	0.62	1015

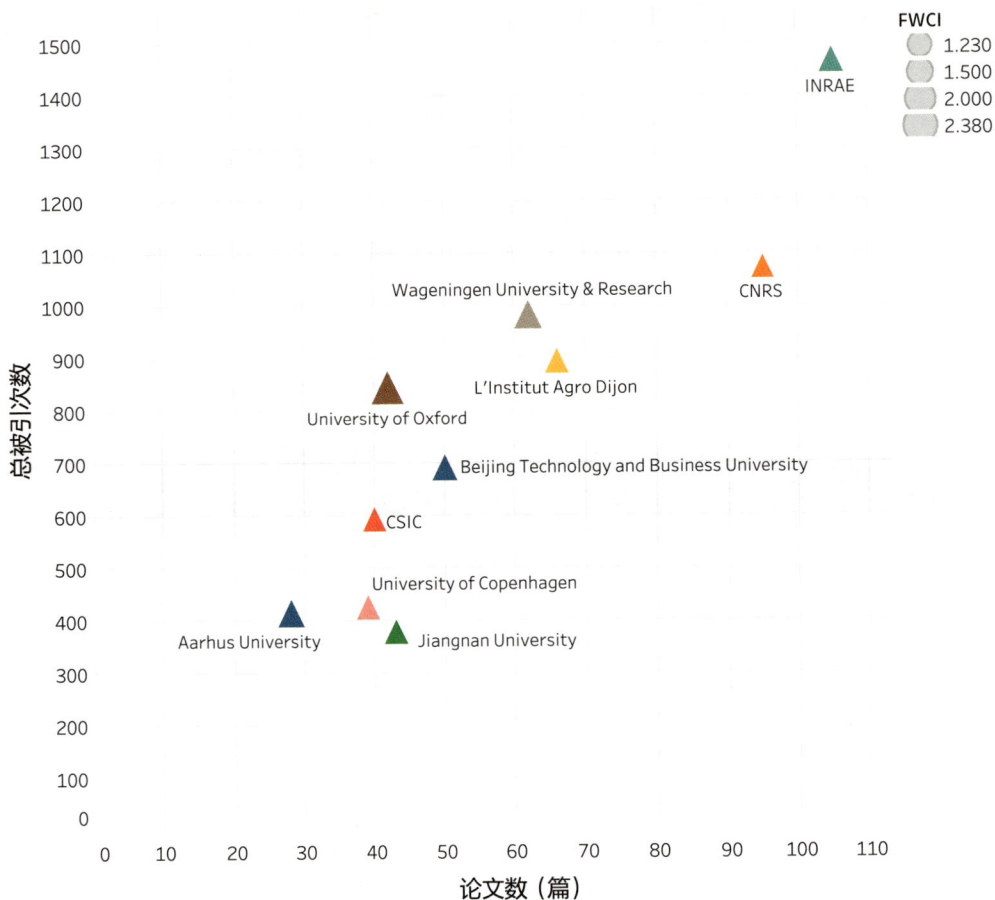

图 4.6 2017 年至今方向前十位高产机构

5 食品安全智能防控技术研发

5.1 总体概况

通过 Scopus 数据库检索 2017 年至今发表的"食品安全智能防控技术研发"相关论文，并将其导入 SciVal 平台，最终共有文献 5809 篇，整体情况如图 5.1 所示。

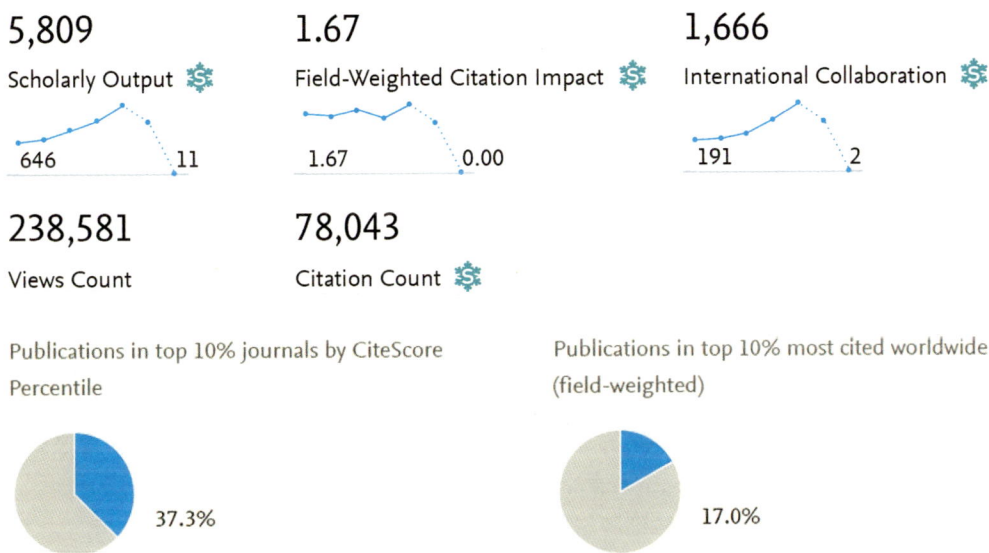

5,809
Scholarly Output

646 ···· 11

1.67
Field-Weighted Citation Impact

1.67 ···· 0.00

1,666
International Collaboration

191 ···· 2

238,581
Views Count

78,043
Citation Count

Publications in top 10% journals by CiteScore Percentile

37.3%

Publications in top 10% most cited worldwide (field-weighted)

17.0%

图 5.1 方向文献整体概况

2017 年至今发表的"食品安全智能防控技术研发"相关文献的学科分布情况，如图 5.2 所示。在 Scopus 全学科期刊分类系统（ASJC）划分的 27 个学科中，该研究方向文献涉及的学科较为广泛、学科交叉特性较为明显。其中，较多的文献分布于 Agricultural and Biological Sciences（农业与生物科学）、Immunology and Microbiology（免疫学与微生物学）、Biochemistry, Genetics and Molecular Biology（生物化学、遗传学与分子生物学）、Medicine（医学）、Chemistry（化学）等学科。

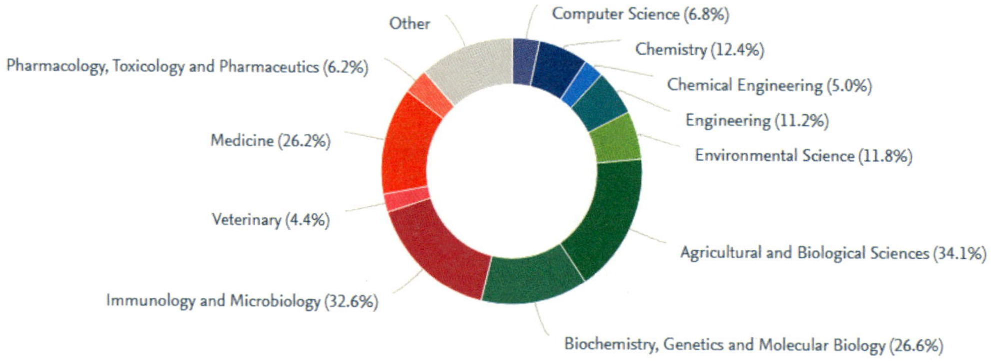

图 5.2 方向文献学科分布

5.2 研究热点与前沿

5.2.1 高频关键词

2017 年至今发表的"食品安全智能防控技术研发"相关文献的 TOP 50 高频关键词，如图 5.3 所示。其中，Food Pathogens（食品病原体）、Listeria Monocytogenes（单核细胞增生李斯特菌）、Food Safety（食品安全）、Salmonella（沙门氏菌）、Blockchain（区块链）等是该方向出现频率最高的高频词。

图 5.3 2017 年至今方向 TOP 50 高频关键词词云图

从 2017 年至今方向 TOP 50 高频关键词的增长率情况看（如图 5.4 所示），该方向增长较快的关键词有 Blockchain（区块链）、Traceability（可追溯性）、Supply Chain（供应链）、Traceability System（可追溯系统）、Food Supply（食品供应）等。

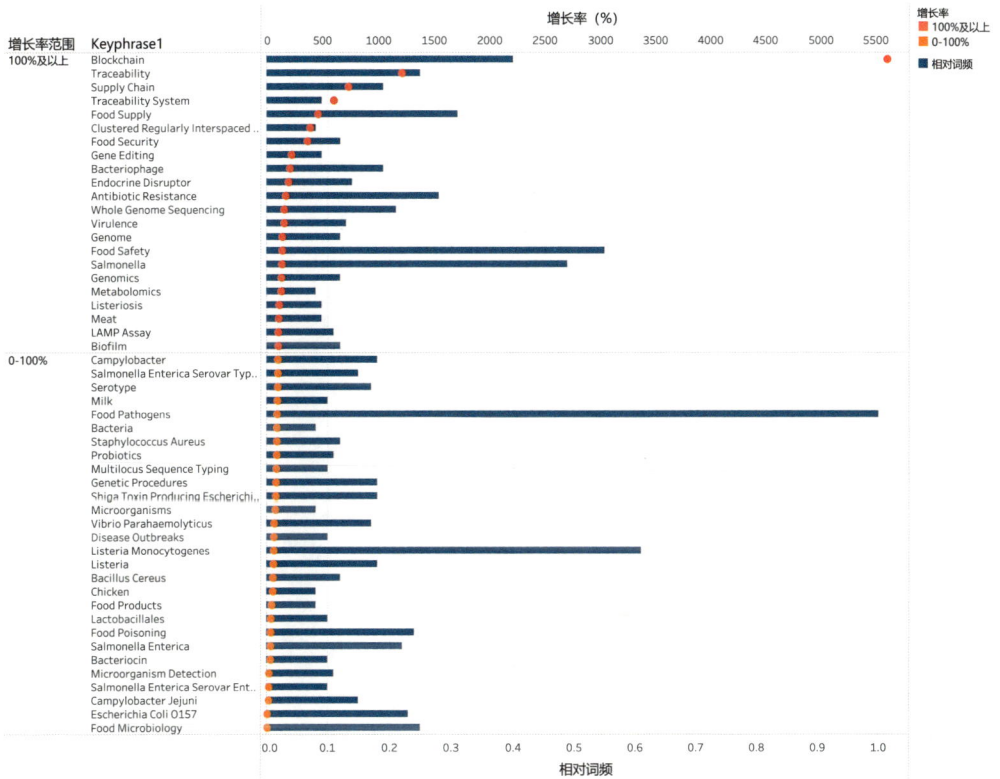

图 5.4 2017 年至今方向 TOP 50 高频关键词的增长率分布

5.2.2 方向相关热点主题（TOPIC）

从 2017 年至今该方向发表的相关文献涉及的主要研究主题看（如图 5.5 所示），显著性百分位最高的主题是 T.27660，"Bitcoin; Ethereum; Internet of Things"（比特币；以太坊；物联网），达到 99.98，在全球具有高关注度和发展势头；同时，该主题的 FWCI 为 4.89，具有高引文影响力。五个热点主题中该方向论文在主题论文中占比最高的主题是 T.237，"Listeriosis; Listeria Monocytogenes; Convenience Food"（李斯特菌；单核细胞增生李斯特菌；方便食品），占比达到 18.63%，在该方向热点主题中最具相关性；同时该主题的文献量也最大，其显著性百分位达到 97.897，在全球具有较高关注。该方向五个热点主题均呈现出较高的显著性百分位（均在 97 以上），表明该方向整体上具有较高的全球关注度和较大的研究发展潜力。

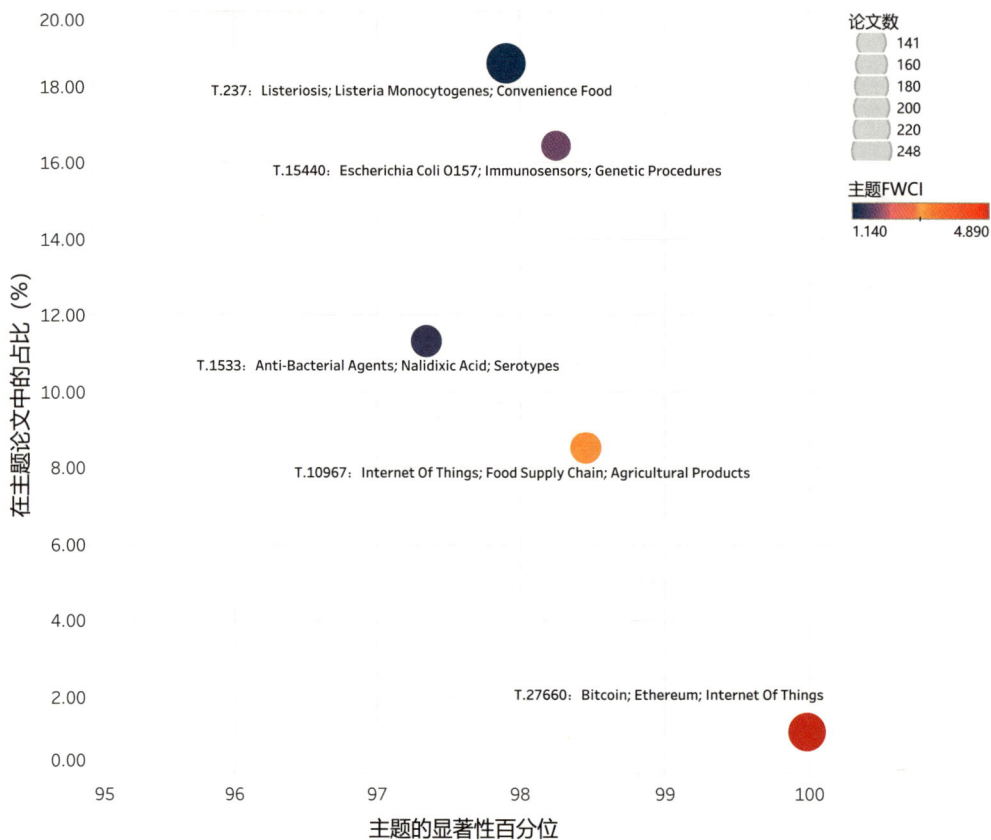

图 5.5 2017 年至今方向论文数最多的五个热点主题

5.3 高产国家 / 地区和机构

从 2017 年至今发表的方向相关文献主要的发文国家 / 地区看（如表 5.1 所示），该方向最主要的研究国家 / 地区有 China（中国）、United States（美国）、India（印度）、United Kingdom（英国）和 Italy（意大利）等；从主要的机构看（如图 5.6 所示），高产的机构包括 United States Department of Agriculture（美国农业部）、United States Food and Drug Administration（美国食品药品监督管理局）、INRAE（法国国家农业食品与环境研究院）等。

表 5.1 2017 年至今方向前十位高产国家 / 地区

序号	国家 / 地区	发文量	点击量	FWCI	被引次数
1	China	1579	51300	2.02	23219
2	United States	1253	44604	1.68	20034
3	India	360	21516	2	4496
4	United Kingdom	332	20877	2.38	7456
5	Italy	304	23017	2.39	5191
6	Canada	264	10747	1.93	4521
7	Republic of Korea	254	10656	1.58	4610
8	Spain	253	15977	1.76	4635
9	France	232	11791	1.61	4548
10	Germany	217	9885	2.66	5083

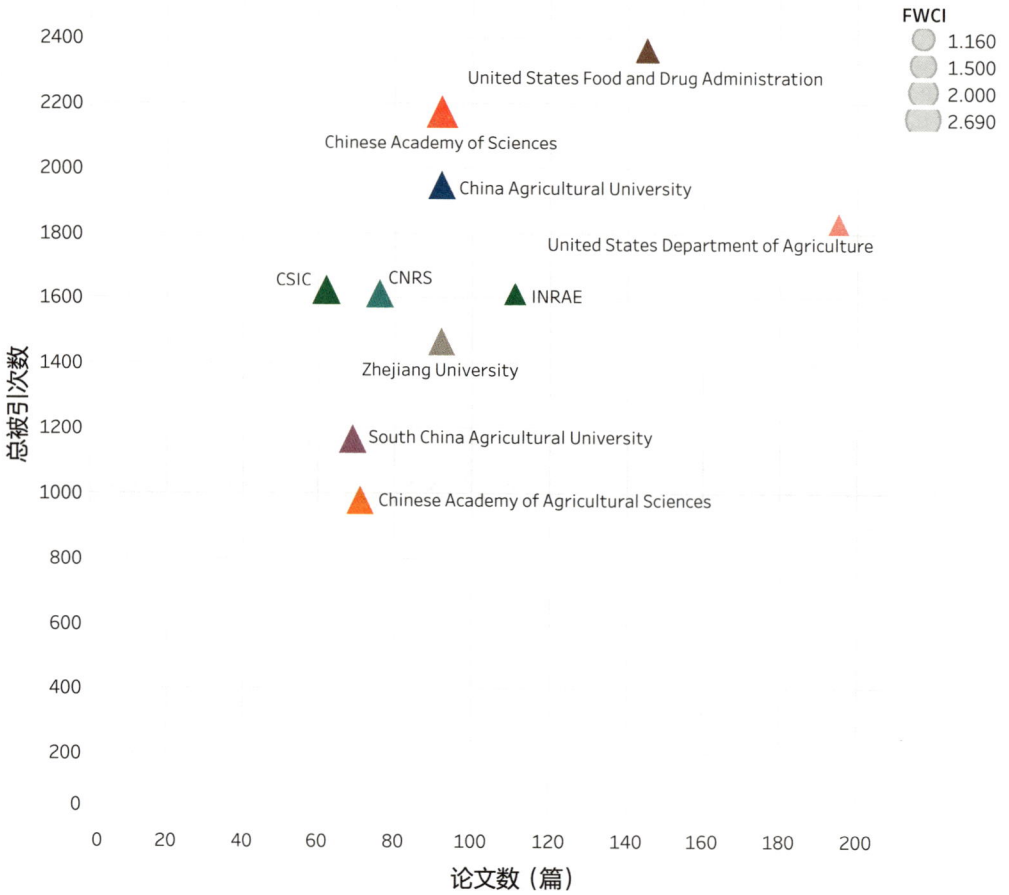

图 5.6 2017 年至今方向前十位高产机构

6 食品增材制造技术与个性化食品定制

6.1 总体概况

通过 Scopus 数据库检索 2017 年至今发表的"食品增材制造技术与个性化食品定制"相关论文，并将其导入 SciVal 平台，最终共有文献 1067 篇，整体情况如图 6.1 所示。

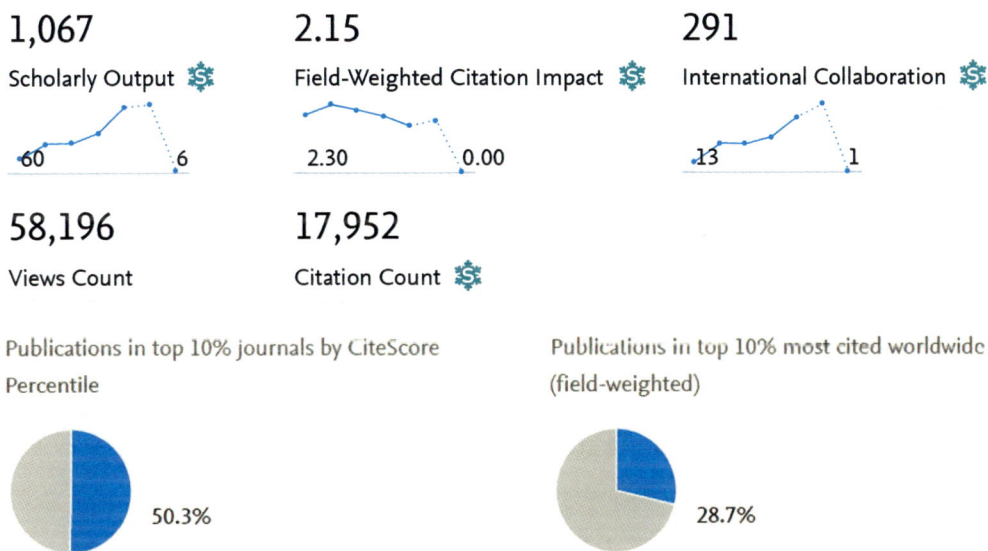

1,067
Scholarly Output

60 — 6

2.15
Field-Weighted Citation Impact

2.30 — 0.00

291
International Collaboration

13 — 1

58,196
Views Count

17,952
Citation Count

Publications in top 10% journals by CiteScore Percentile

50.3%

Publications in top 10% most cited worldwide (field-weighted)

28.7%

图 6.1 方向文献整体概况

2017 年至今发表的"食品增材制造技术与个性化食品定制"相关文献的学科分布情况，如图 6.2 所示。在 Scopus 全学科期刊分类系统（ASJC）划分的 27 个学科中，该研究方向文献涉及的学科较为广泛、学科交叉特性较为明显。其中，较多的文献分布于 Agricultural and Biological Sciences（农业和生物科学）、Engineering（工程学）、Chemistry（化学）、Materials Science（材料科学）、Chemical Engineering（化学工程）等学科。

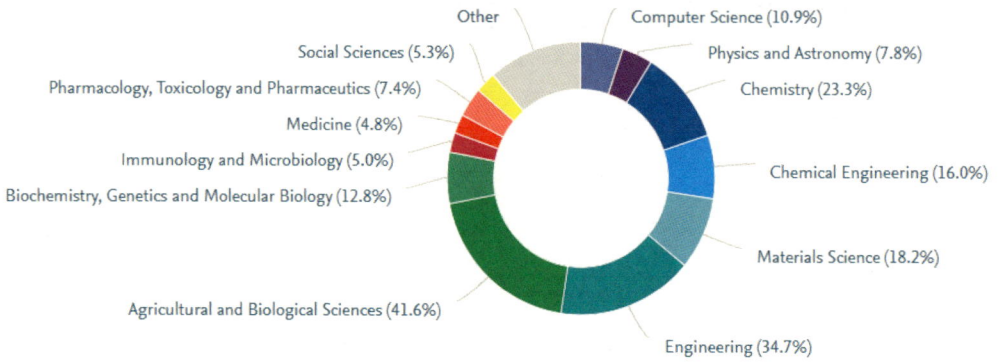

图 6.2 方向文献学科分布

6.2 研究热点与前沿

6.2.1 高频关键词

2017 年至今发表的"食品增材制造技术与个性化食品定制"相关文献的 TOP 50 高频关键词，如图 6.3 所示。其中，Three-Dimensional Printing（3D 打印）、Printing（打印）、Extrusion（挤压）、Starch（淀粉）、Printability（可打印性）等是该方向出现频率最高的高频词。

图 6.3 2017 年至今方向 TOP 50 高频关键词词云图

从 2017 年至今方向 TOP 50 高频关键词的增长率情况看（如图 6.4 所示），该方向增长较快的关键词有 Printability（可打印性）、Starch（淀粉）、Rheological Properties（流变特性）、Crystalline Texture（晶体结构）、Fused Deposition Modeling（熔融沉积成形法）、Personalized Nutrition（精准营养）等。此外，

2017 年以来新增的高频关键词有 Xanthan Gum（黄原胶）、Surimi（鱼糜）、Starch Gels（淀粉凝胶）、Snacks（零食）、Postprocessing（后期加工）、Meat Substitute（肉类替代品）、Infill（空隙材料）、Food Texture（食品口感）、Food Additive（食品添加剂）、Filament（单纤维）、Dough（生面团）和 Cultured Meat（人造肉）。

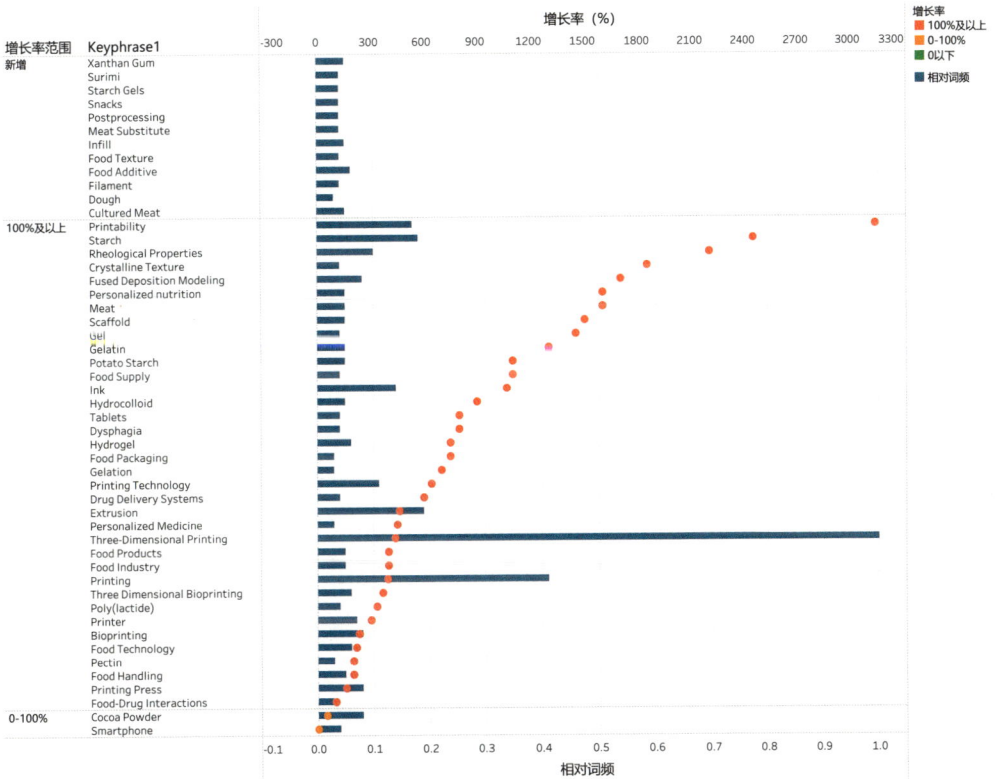

图 6.4 2017 年至今方向 TOP 50 高频关键词的增长率分布

6.2.2 方向相关热点主题（TOPIC）

从 2017 年至今该方向发表的相关文献涉及的主要研究主题看（如图 6.5 所示），五个热点主题中该方向论文在主题论文中占比最高的

主题是 T.81419，"Printing; Crystalline Texture; 3D Printers"（打印；晶体结构；3D 打印机），达到 79.33%，在该方向热点主题中最具相关

性；同时，该主题的文献量最大，达到 334 篇；FWCI 为 2.6，具有高引文影响力。显著性百分位最高的主题是 T.8060，"Bioprinting; Three-Dimensional Printing; Tissue Engineering"（生物打印；3D 打印；组织工程），达到 99.915，在全球具有高关注度和发展势头。FWCI 最高的主题是 T.50506，"Fused Deposition Modeling; Tablets; Printing Technology"（熔融沉积成形法；片剂；打印技术），达到 2.74，具有高引文影响力；同时，该主题的显著性百分位为 99.315，在全球具有高关注度和发展势头。该方向五个热点主题呈现较高的显著性百分位（均在 97 以上），表明该方向整体上具有较高的全球关注度和较大的研究发展潜力。

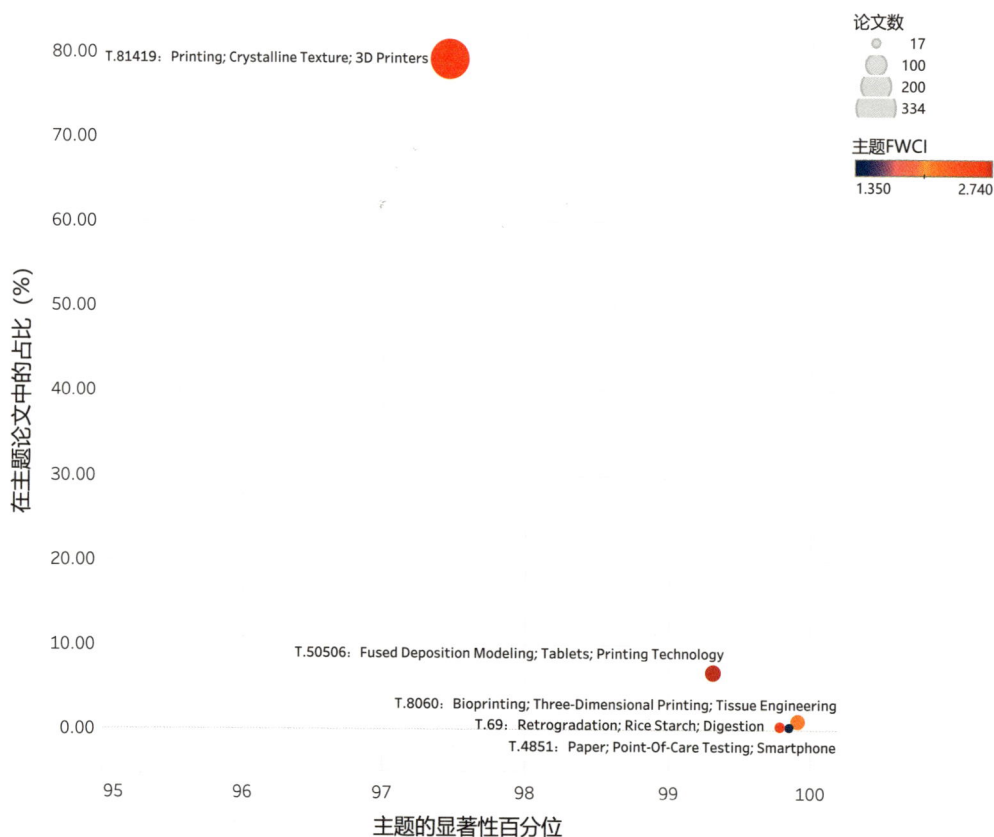

图 6.5 2017 年至今方向论文数最多的五个热点主题

6.3 高产国家 / 地区和机构

从 2017 年至今发表的方向相关文献主要的发文国家 / 地区看（如表 6.1 所示），该方向最主要的研究国家 / 地区有 China（中国）、United States（美国）、Australia（澳大利亚）、India（印度）和 United Kingdom（英国）等；

从主要的机构看（如图 6.6 所示），高产的机构包括 Jiangnan University（江南大学）、University of Queensland（昆士兰大学）、Korea University（高丽大学）等。

表 6.1 2017 年至今方向前十位高产国家 / 地区

序号	国家 / 地区	发文量	点击量	FWCI	被引次数
1	China	1579	51300	2.02	23219
2	United States	1253	44604	1.68	20034
3	India	360	21516	2	4496
4	United Kingdom	332	20877	2.38	7456
5	Italy	304	23017	2.39	5191
6	Canada	264	10747	1.93	4521
7	Republic of Korea	254	10656	1.58	4610
8	Spain	253	15977	1.76	4635
9	France	232	11791	1.61	4548
10	Germany	217	9885	2.66	5083

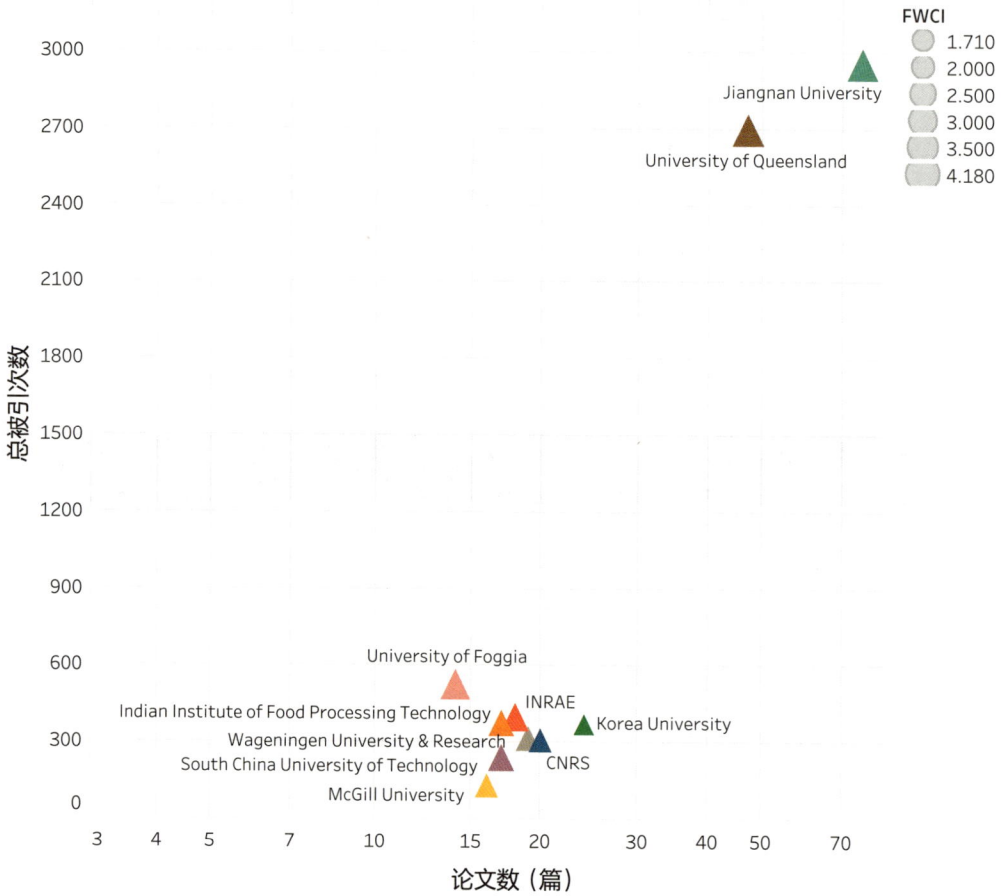

图 6.6 2017 年至今方向前十位高产机构

7 食品柔性智能制造

7.1 总体概况

通过 Scopus 数据库检索 2017 年至今发表的"食品柔性智能制造"相关论文，并将其导入 SciVal 平台，最终共有文献 282 篇，整体情况如图 7.1 所示。

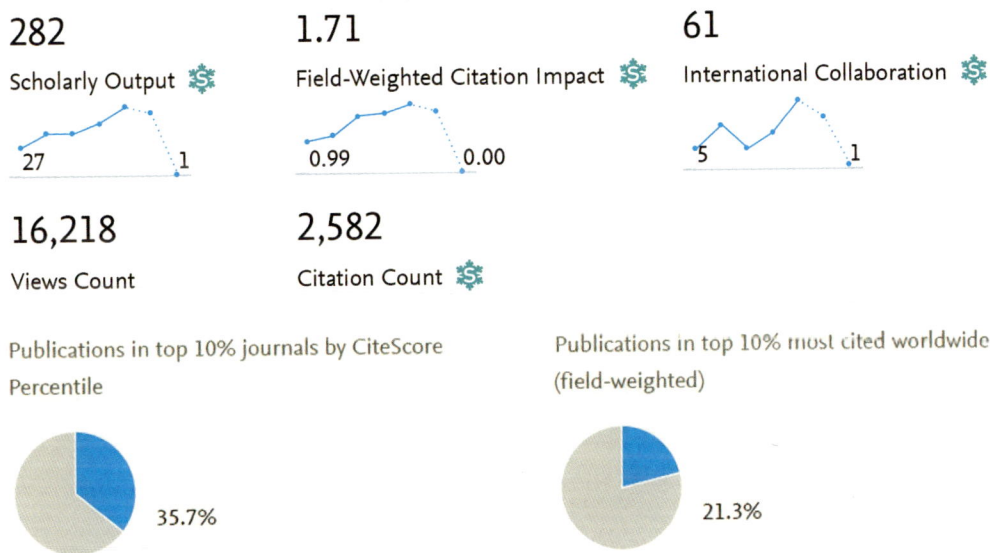

282
Scholarly Output
27 ⌒ 1

1.71
Field-Weighted Citation Impact
0.99 ⌒ 0.00

61
International Collaboration
5 ⌒ 1

16,218
Views Count

2,582
Citation Count

Publications in top 10% journals by CiteScore Percentile

35.7%

Publications in top 10% most cited worldwide (field-weighted)

21.3%

图 7.1 方向文献整体概况

2017 年至今发表的"食品柔性智能制造"相关文献的学科分布情况，如图 7.2 所示。在 Scopus 全学科期刊分类系统（ASJC）划分的 27 个学科中，该研究方向文献涉及的学科较为广泛、学科交叉特性较为明显。其中，较多的文献分布于 Computer Science（计算机科学）、Engineering（工程学）、Agricultural and Biological Sciences（农业与生物科学）、Mathematics（数学）、Business, Management and Accounting（商学、管理学与统计学）等学科。

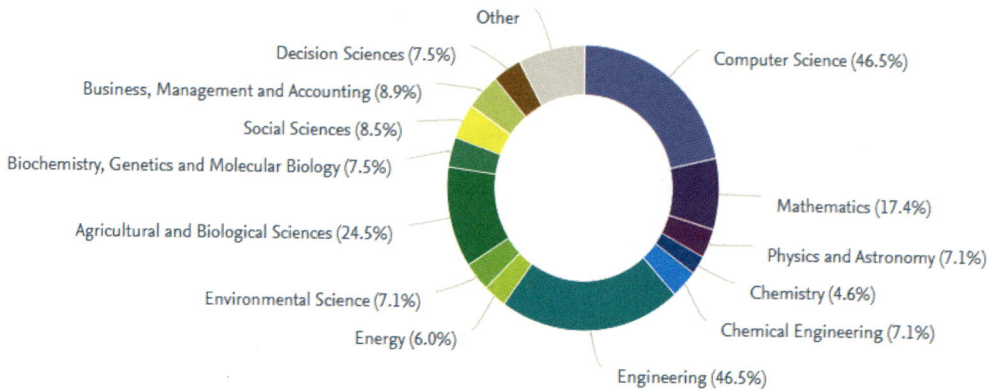

图7.2 方向文献学科分布

7.2 研究热点与前沿

7.2.1 高频关键词

　　2017 年至今发表的"食品柔性智能制造"相关文献的 TOP 50 高频关键词，如图 7.3 所示。其中，Robot（机器人）、Robotics（机器人技术）、Food Industry（食品工业）、Food Manufacturing（食品生产制造）、Food Handling （食品处理）等是该方向出现频率最高的高频词。

图7.3 2017 年至今方向 TOP 50 高频关键词词云图

从 2017 年至今方向 TOP 50 高频关键词的增长率情况看（如图 7.4 所示），该方向增长较快的关键词有 Food Industry（食品工业）、Agricultural Robots（农业机器人）、Restaurants（餐厅）、Intelligent Robots（智能机器人）、Industrial Robot（工业机器人）等。此外，2017 年以来新增的高频关键词有 Transfer of Learning（学习迁移）、Radio Frequency Identification Device（射频识别装置）、Packaging Machines（包装机器）、Milk Quality（乳品质量）、Meat（肉类）、Mastication（咀嚼）、Manufacturing Process（制造生产过程）、Industry 4.0（工业 4.0）、Grippers（夹持器）、Grasping（抓取）、Food Processing（食品加工）、Food Packaging（食品包装）、End Effectors（末端执行器）、Drinks（饮品）、Digitalisation（数字化）、Digital Twin（数字孪生）、Bread（面包）、Blockchain（区块链）。

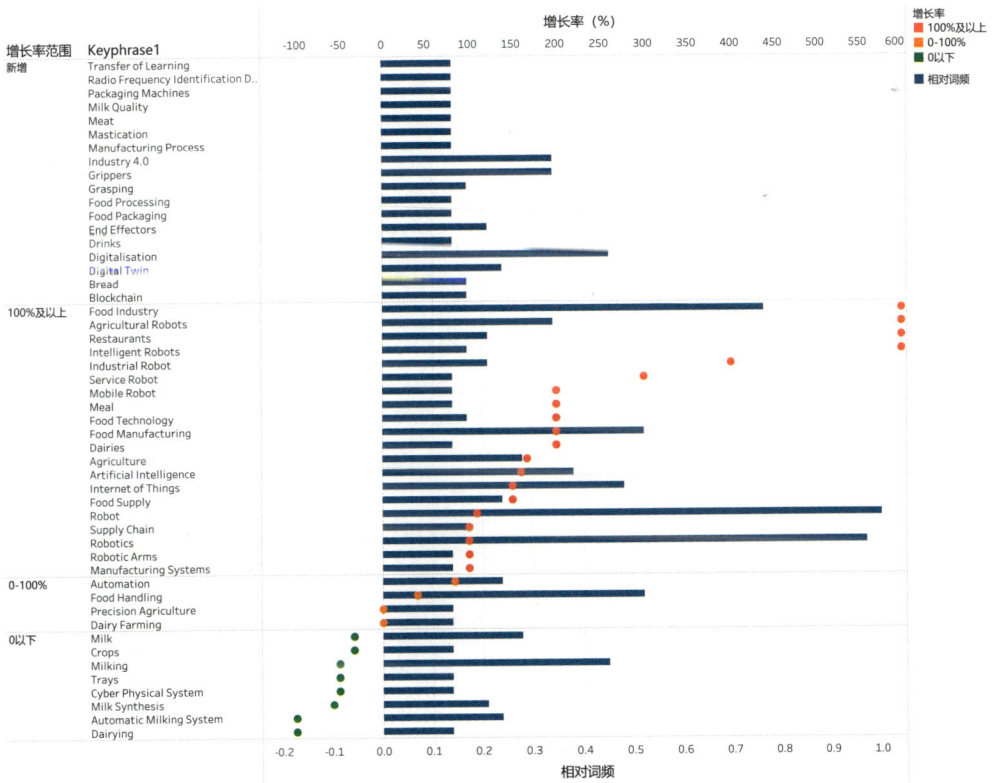

图 7.4 2017 年至今方向 TOP 50 高频关键词的增长率分布

7.2.2 方向相关热点主题（TOPIC）

从 2017 年至今该方向发表的相关文献涉及的主要研究主题看（如图 7.5 所示），该方向文献量最大的主题是 T.10967，"Internet of Things; Food Supply Chain; Agricultural Products"（物联网；食品供应链；农产品），其显著性百分位达到 98.448，在全球具有高关注度和发展势头；同时，该主题的 FWCI 为 2.26，具有高引文影响力。显著性百分位最高的主题是 T.4338，"Object Detection; Deep Learning; IOU"（目标检测；深度学习；交并比），达到 99.997，在全球具有高关注度和发展势头。FWCI 最高的主题是 T.4630，"Pneumatic Actuators; Grippers; Robot"（气动执行器；夹持器；机器人），达到

3.57，具有高引文影响力；同时，该主题的显著性百分位为 99.65，在全球具有高关注度和发展势头。该方向论文数前五位的六个热点主题中，有五个主题呈现出较高的显著性百分位（大于95），表明该方向整体上具有较高的全球关注度和较大的研究发展潜力。

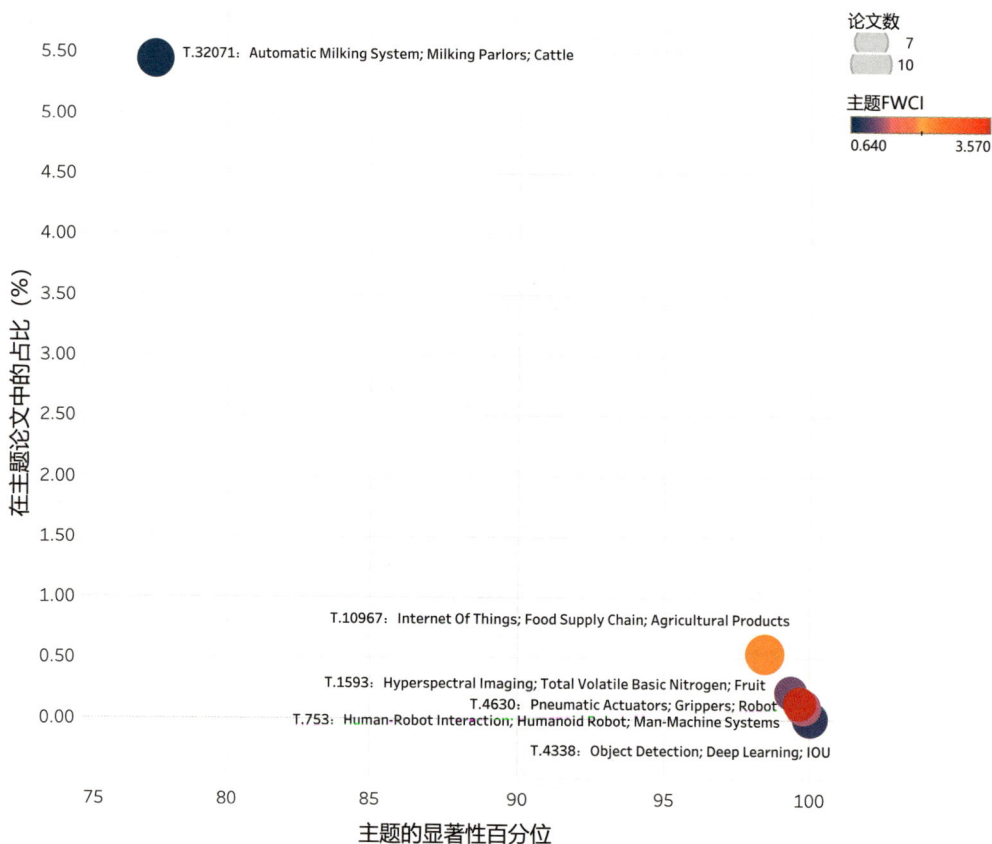

图 7.5 2017 年至今方向论文数最多的五个热点主题

7.3 高产国家 / 地区和机构

从 2017 年至今发表的方向相关文献主要的发文国家 / 地区看（如表 7.1 所示），该方向最主要的研究国家 / 地区有 China（中国）、United Kingdom（英国）、United States（美国）、India（印度）和 Italy（意大利）等；从主要的机构看（如图 7.6 所示），高产的机构包括 Norwegian University of Life Sciences（挪威生命科学大学）、Loughborough University（拉夫堡大学）、Jiangnan University（江南大学）等。

表 7.1 2017 年至今方向前十位高产国家 / 地区

序号	国家 / 地区	发文量	点击量	FWCI	被引次数
1	China	39	1909	1.79	438
2	United Kingdom	31	2846	2.08	365
3	United States	29	2213	1.93	305
4	India	27	1290	3.22	135
5	Italy	24	2680	2.55	295
6	Japan	14	289	1.94	90
7	Germany	13	259	1.15	59
8	Australia	12	893	1.1	148
9	Norway	11	372	1.27	121
10	Canada	10	1081	3.15	249
10	Malaysia	10	633	1.04	56

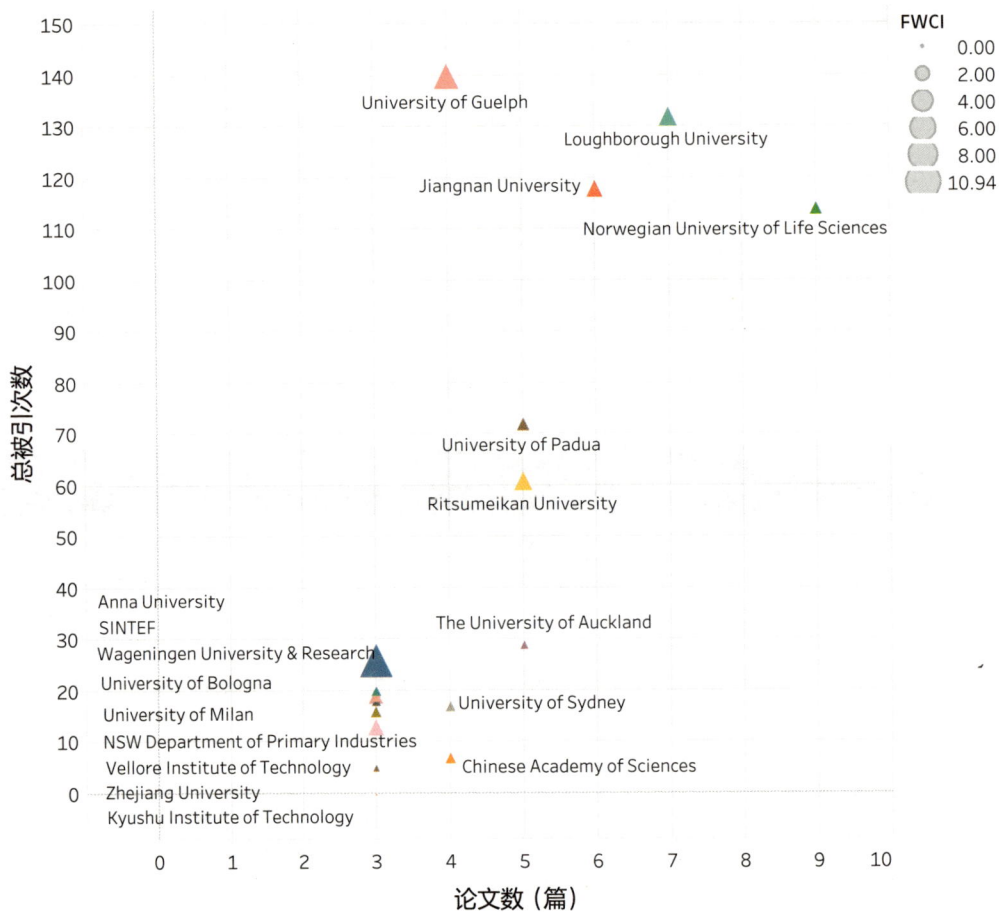

图7.6 2017年至今方向前十位高产机构

8 慢性疾病延缓性食品开发

8.1 总体概况

通过 Scopus 数据库检索 2017 年至今发表的"慢性疾病延缓性食品开发"相关论文，并将其导入 SciVal 平台，最终共有文献 1031 篇，整体情况如图 8.1 所示。

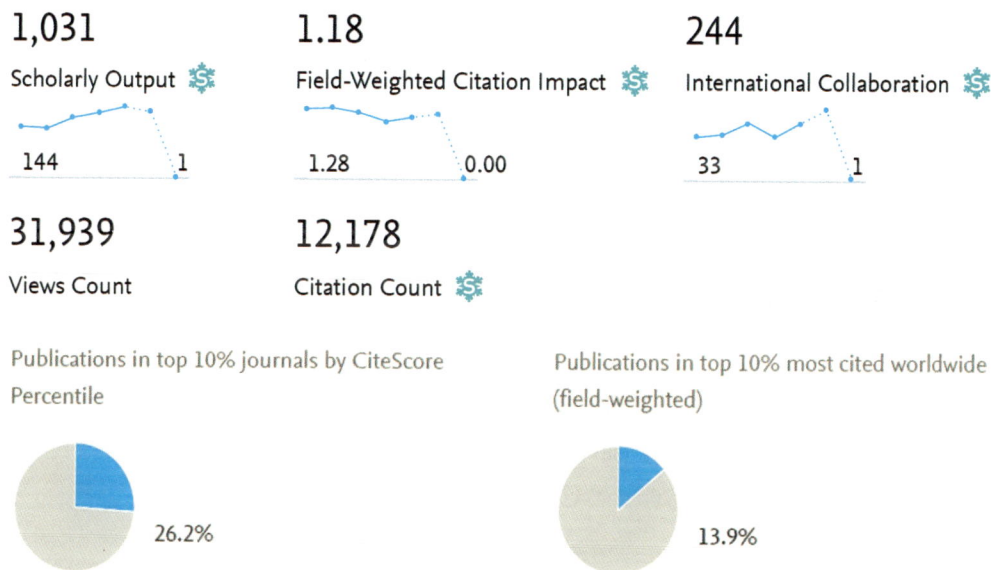

1,031
Scholarly Output

144　　　1

1.18
Field-Weighted Citation Impact

1.28　　　0.00

244
International Collaboration

33　　　1

31,939
Views Count

12,178
Citation Count

Publications in top 10% journals by CiteScore Percentile

26.2%

Publications in top 10% most cited worldwide (field-weighted)

13.9%

图 8.1 方向文献整体概况

2017 年至今发表的"慢性疾病延缓性食品开发"相关文献的学科分布情况，如图 8.2 所示。在 Scopus 全学科期刊分类系统（ASJC）划分的 27 个学科中，该研究方向文献涉及的学科较为广泛、学科交叉特性较为明显。其中，较多的文献分布于 Medicine（医学）、Agricultural and Biological Sciences（农业与生物科学）、Nursing（护理学）、Biochemistry, Genetics and Molecular Biology（生物化学、遗传学与分子生物学）、Pharmacology, Toxicology and Pharmaceutics（药理学、毒理学与药剂学）等学科。

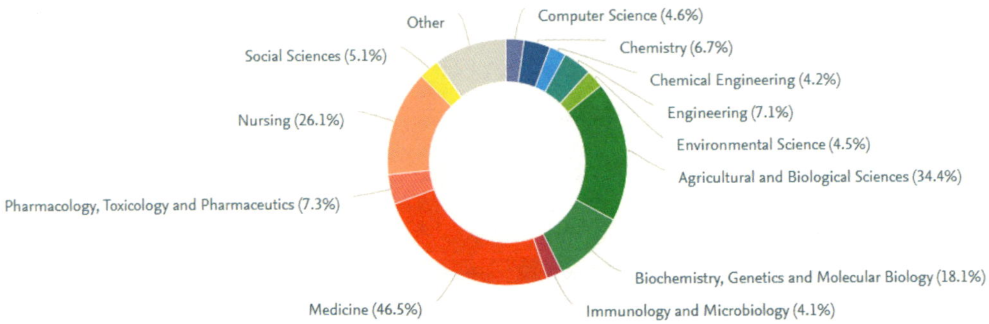

图 8.2 方向文献学科分布

8.2 研究热点与前沿

8.2.1 高频关键词

2017 年至今发表的"慢性疾病延缓性食品开发"相关文献的 TOP 50 高频关键词，如图 8.3 所示。其中，Hypertension（高血压）、Nutrition（营养）、Functional Food（功能性食品）、Diet（饮食）、Dipeptidyl Carboxypeptidase（二肽酰基羧肽酶）等是该方向出现频率最高的高频词。

图 8.3 2017 年至今方向 TOP 50 高频关键词词云图

从 2017 年至今方向 TOP 50 高频关键词的增长率情况看（如图 8.4 所示），该方向增长较快的关键词有 Metabolic Syndrome（代谢综合征）、Intestine Flora（肠道菌群）、Ultra-processed Food（超加工食品）、Noncommunicable Disease（非传染性疾病）、Asian Continental Ancestry Group（亚洲大陆世系人群）等。

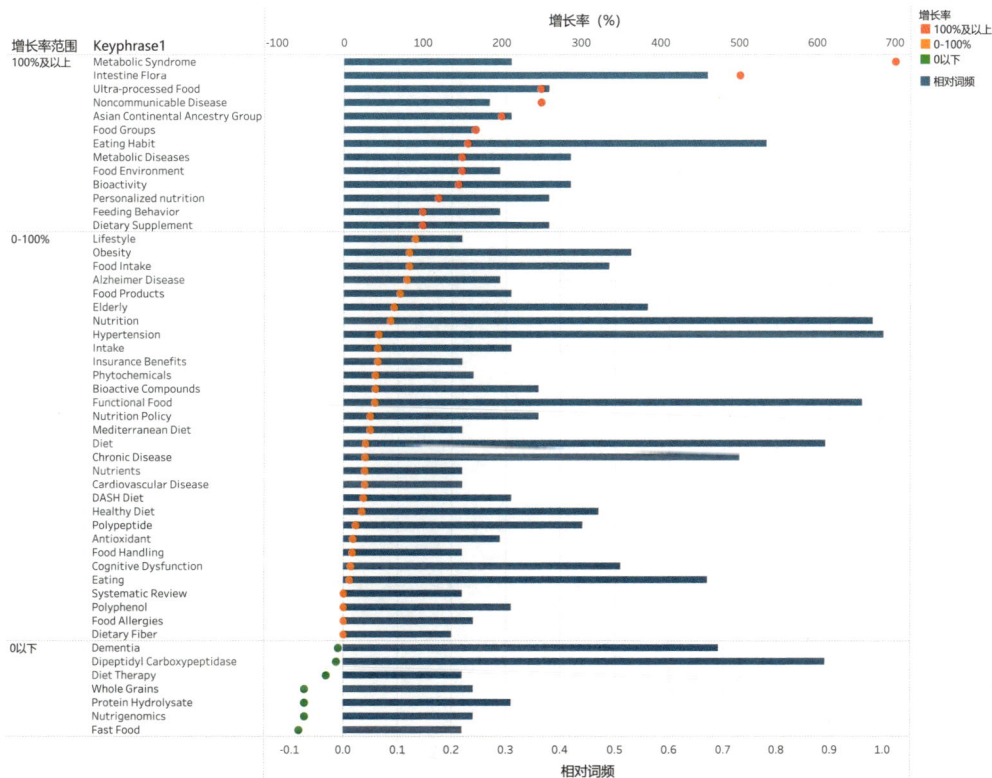

图 8.4 2017 年至今方向 TOP 50 高频关键词的增长率分布

8.2.2 方向相关热点主题（TOPIC）

从 2017 年至今该方向发表的相关文献涉及的主要研究主题看（如图 8.5 所示），显著性百分位最高的主题是 T.455，"Intestine Flora; Ruminococcaceae; Microorganisms"（肠道菌群；瘤胃球菌科；微生物），达到 99.991，在全球具有高关注度和发展势头；同时，该主题的 FWCI 为 2.4，具有高引文影响力。五个热点主题中该方向论文在主题论文中占比最高的主题是 T.24076，"Mediterranean Diet; Diet; Food Frequency Questionnaires"（地中海饮食；饮食；

食品频率法问卷调查），占比为 4.28%，在该方向热点主题中最具相关性；同时，该主题的显著性百分位为 96.645，在全球具有较高关注度。

该方向五个热点主题均呈现较高的显著性百分位（均在 96 以上），表明该方向整体上具有较高的全球关注度和较大的研究发展潜力。

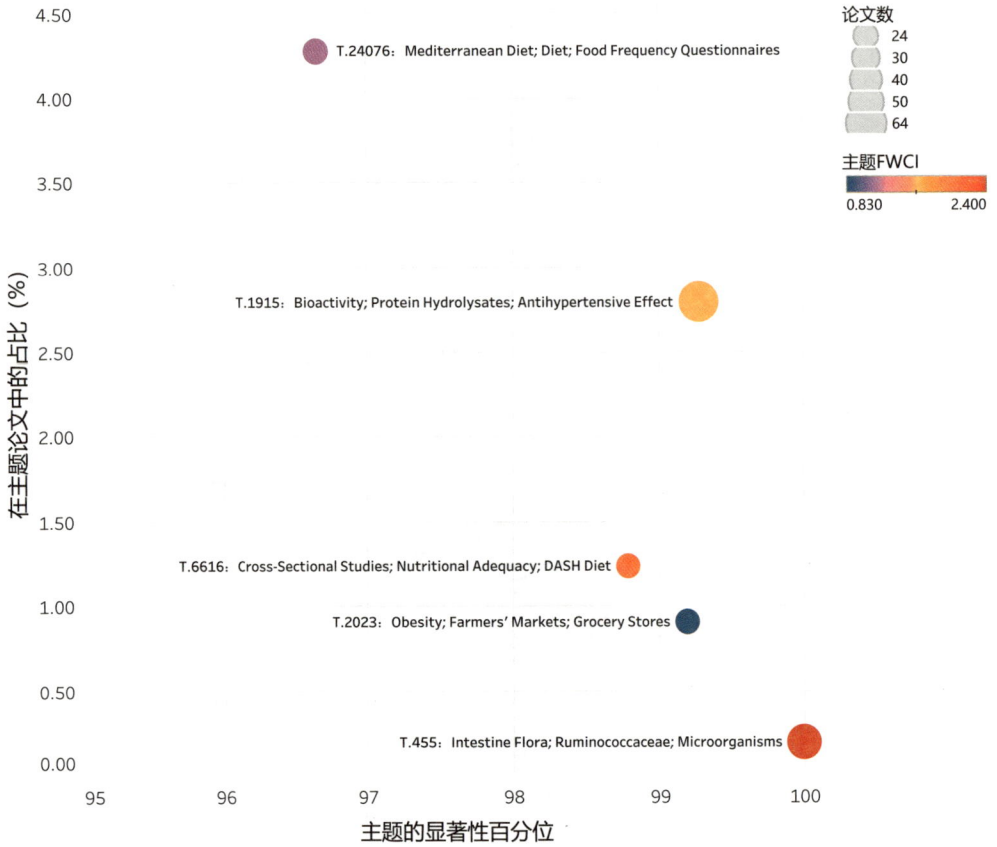

图 8.5　2017 年至今方向论文数最多的五个热点主题

8.3 高产国家 / 地区和机构

　　从 2017 年至今发表的方向相关文献主要的发文国家 / 地区看（如表 8.1 所示），该方向最主要的研究国家 / 地区有 United States（美国）、China（中国）、Italy（意大利）、United Kingdom（英国）和 India（印度）等；从主要的机构看（如图 8.6 所示），高产的机构包括 Harvard University（哈佛大学）、Institut national de la santé et de la recherche médicale（法国国家健康与医学研究院）、Instituto de Salud Carlos Ⅲ（西班牙卡洛斯三世卫生研究所）等。

表 8.1 2017 年至今方向前十位高产国家 / 地区

序号	国家 / 地区	发文量	点击量	FWCI	被引次数
1	United States	250	7384	1.45	3298
2	China	165	3802	1.37	1688
3	Italy	60	2527	1.39	815
4	United Kingdom	56	1690	1.49	1031
5	India	53	1456	1.47	735
6	Canada	51	1769	1.49	834
7	Brazil	48	1340	1.63	665
8	Republic of Korea	46	1127	1.25	458
8	Spain	46	1793	1.84	1032
10	Japan	43	899	0.7	199

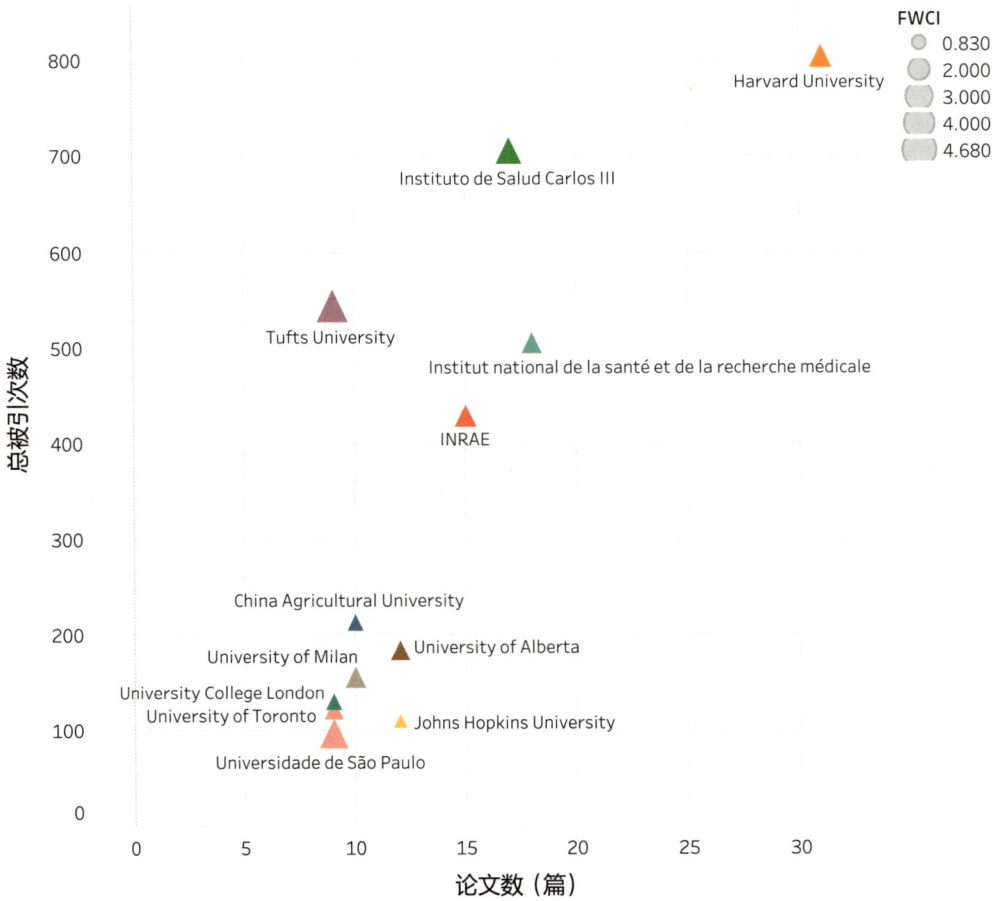

图 8.6 2017 年至今方向前十位高产机构

9 极端环境下的特种食品研发

9.1 总体概况

通过 Scopus 数据库检索 2017 年至今发表的"极端环境下的特种食品研发"相关论文，并将其导入 SciVal 平台，最终共有文献 307 篇，整体情况如图 9.1 所示。

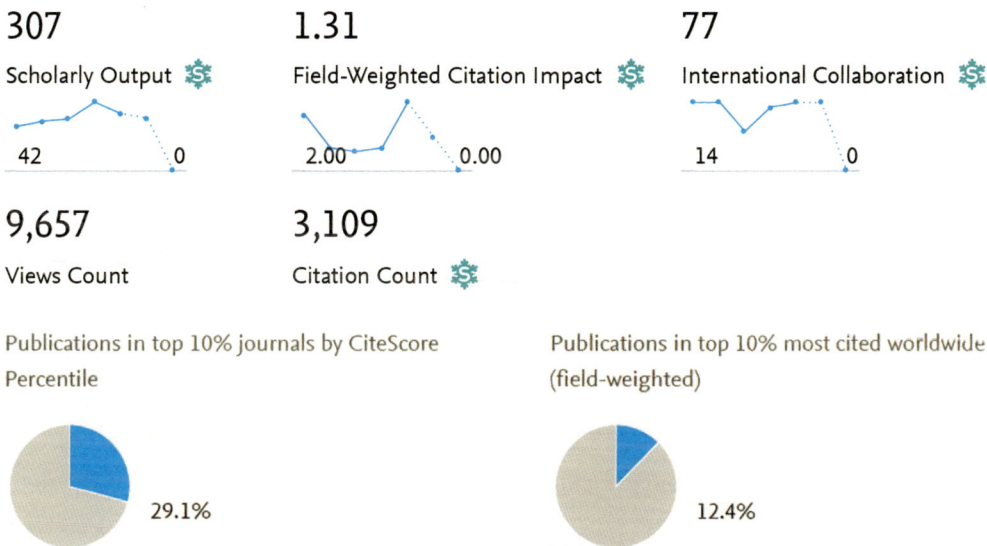

307
Scholarly Output

42   0

1.31
Field-Weighted Citation Impact

2.00   0.00

77
International Collaboration

14   0

9,657
Views Count

3,109
Citation Count

Publications in top 10% journals by CiteScore Percentile

29.1%

Publications in top 10% most cited worldwide (field-weighted)

12.4%

图 9.1 方向文献整体概况

2017 年至今发表的"极端环境下的特种食品研发"相关文献的学科分布情况，如图 9.2 所示。在 Scopus 全学科期刊分类系统（ASJC）划分的 27 个学科中，该研究方向文献涉及的学科广泛、学科交叉特性明显。其中，较多的文献分布于 Agricultural and Biological Sciences（农业与生物科学）、Medicine（医学）、Nursing（护理学）、Engineering（工程学）、Environmental Science（环境科学）等学科。

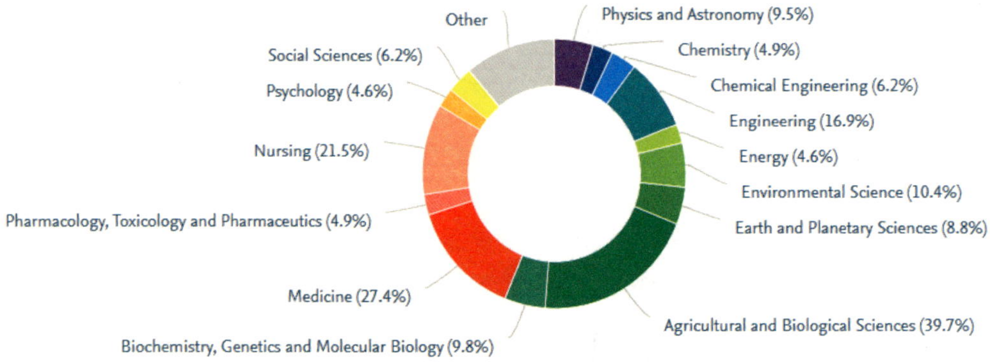

图 9.2 方向文献学科分布

9.2 研究热点与前沿

9.2.1 高频关键词

　　2017 年至今发表的"极端环境下的特种食品研发"相关文献的 TOP 50 高频关键词，如图 9.3 所示。其中，Energy Density（能量密度）、Space Flight（空间飞行）、Manned Space Flight（载人空间飞行）、Cosmonaut（宇航员）、Fatigue（疲劳）等是该方向出现频率最高的高频词。

图 9.3 2017 年至今方向 TOP 50 高频关键词词云图

从 2017 年至今方向 TOP 50 高频关键词的增长率情况看（如图 9.4 所示），该方向增长较快的关键词有 Food Industry（食品工业）、Space Missions（空间飞行任务）、Space（太空）、Greenhouse（温室）、Cosmonaut（宇航员）等。此外，2017 年以来新增的高频关键词有 Ultra-processed Food（超加工食品）、Radiosensitivity（辐射敏感性）、NASA（美国国家航空航天局）、Menu Planning（菜单计划）、Intestine Flora（肠道菌群）、Interplanetary Flight（星际航行）、Food Waste（食品垃圾）、Food Technology（食品科技）、Food Packaging（食品包装）。

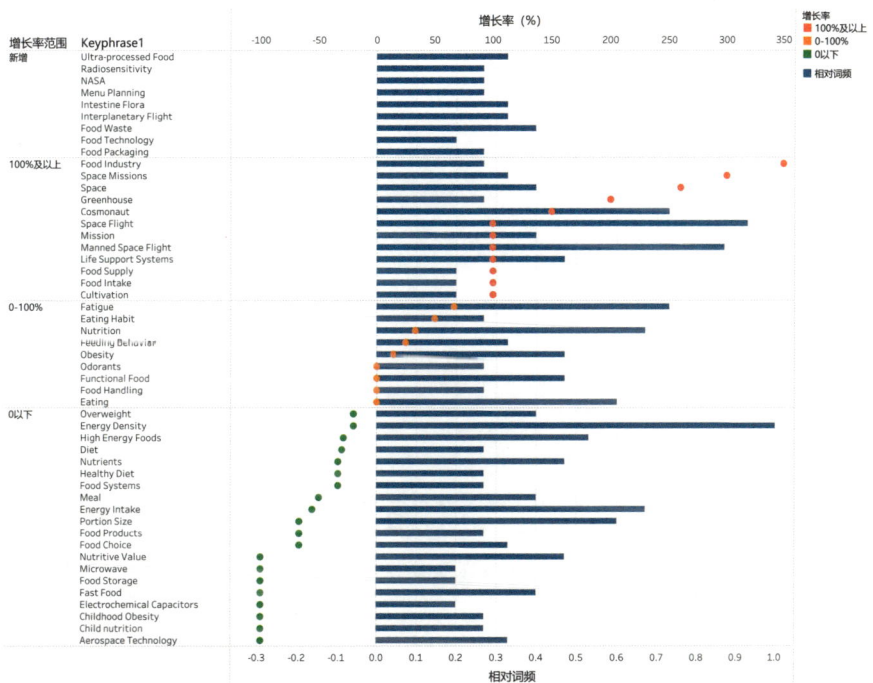

图 9.4 2017 年至今方向 TOP 50 高频关键词的增长率分布

9.2.2 方向相关热点主题（TOPIC）

从 2017 年至今该方向发表的相关文献涉及的主要研究主题看（如图 9.5 所示），论文数最多的三个热点主题中，该方向论文在主题论文中占比最高的主题是 T.12903，"Space Flight; Artificial Ecosystem; Human Wastes"（空间飞行；人工生态系统；人类排泄物），占比为 6.45%，在该方向热点主题中最具相关性；同时，该主题的文献量也最大，其显著性百分位为 84.988，有一定的关注度。显著性百分位最高的主题是 T.2023，"Obesity; Farmers' Markets; Grocery

Stores"（肥胖；农贸市场；食品杂货店），达到 99.189，在全球具有高关注度和发展势头。该方向的三个热点主题中有一个主题的显著性百分位为 84.988，其余两个主题的显著性百分位均在 90 以上，表明该方向整体上具有一定的全球关注度和研究发展潜力。

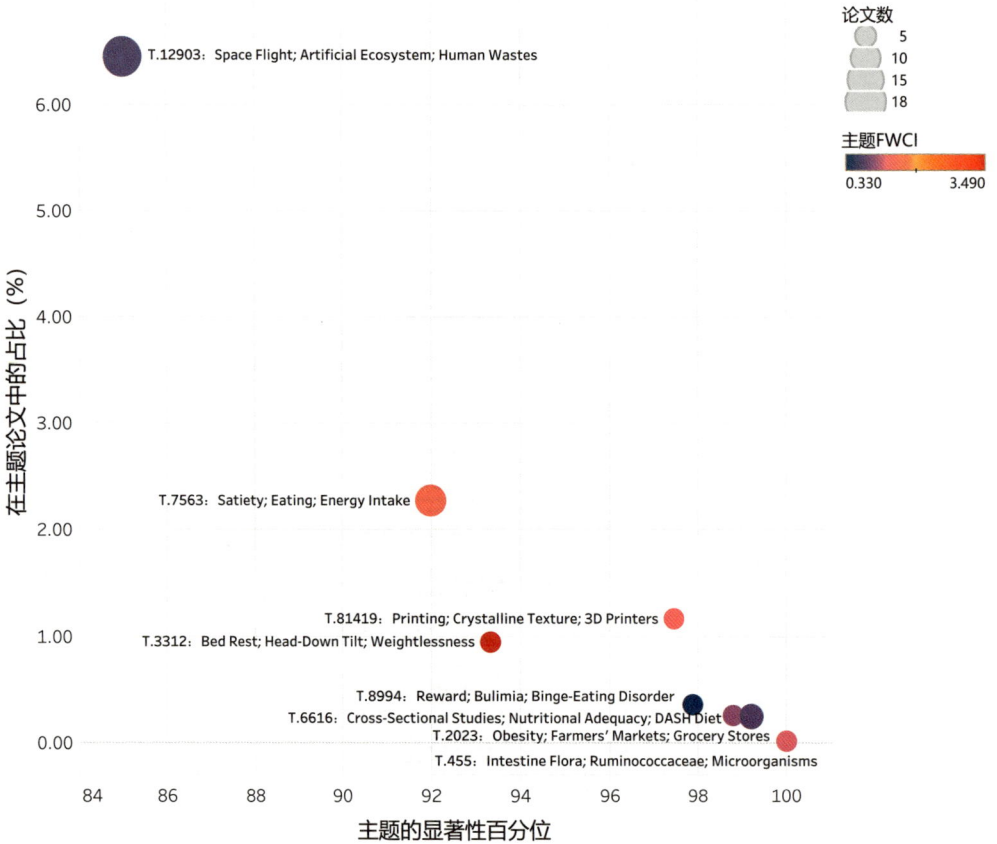

图 9.5 2017 年至今方向论文数最多的五个热点主题

9.3 高产国家 / 地区和机构

从 2017 年至今发表的方向相关文献主要的发文国家 / 地区看（如表 9.1 所示），该方向最主要的研究国家 / 地区有 United States（美国）、China（中国）、United Kingdom（英国）、Brazil（巴西）和 India（印度）等；从主要的机构看（如图 9.6 所示），高产的机构包括 Jiangnan University（江南大学）、Taiwan Sport University（台湾体育大学）、NASA Johnson Space Center（NASA 约翰逊航天中心）等。

表 9.1 2017 年至今方向前十位高产国家 / 地区

序号	国家 / 地区	发文量	点击量	FWCI	被引次数
1	United States	76	2112	1.63	1061
2	China	62	1949	1.2	813
3	United Kingdom	27	1370	2.7	813
4	Brazil	17	549	0.9	104
4	India	17	392	1.1	91
6	Australia	16	912	0.9	416
6	Germany	16	543	0.51	116
8	Italy	14	579	0.86	105
8	Japan	14	470	4.2	70
10	Republic of Korea	12	389	2.38	505

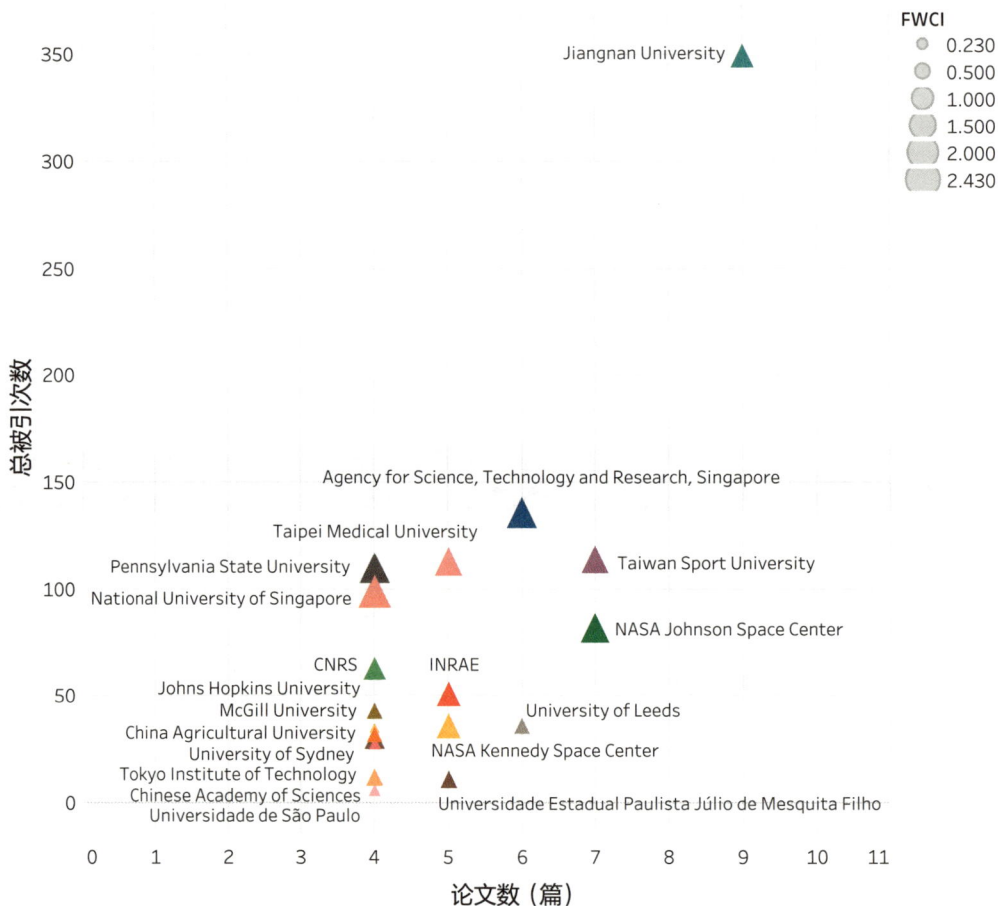

图9.6 2017年至今方向前十位高产机构

10 未来食品伦理与文化研究

10.1 总体概况

通过 Scopus 数据库检索 2017 年至今发表的"未来食品伦理与文化研究"相关论文，并将其导入 SciVal 平台，最终共有文献 217 篇，整体情况如图 10.1 所示。

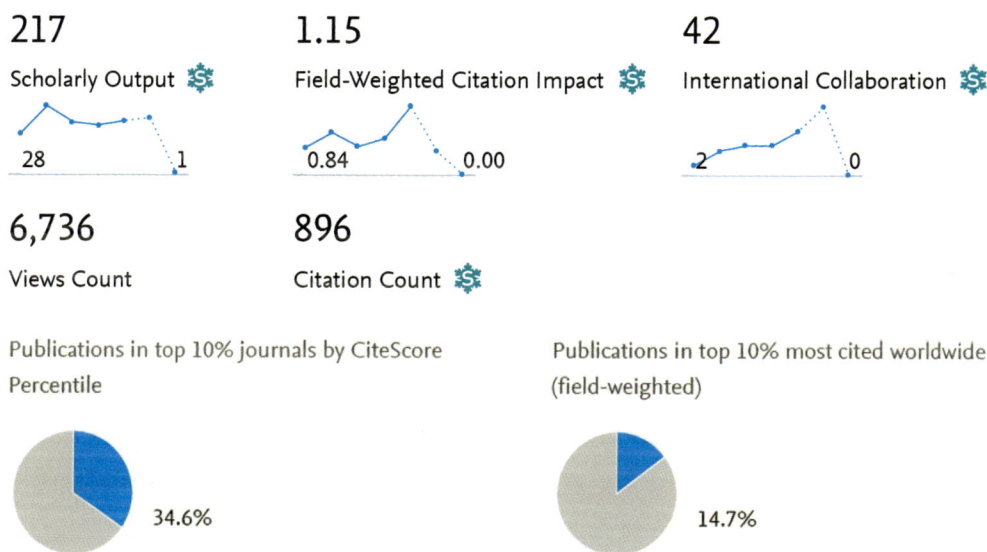

217
Scholarly Output

28 ————————— 1

1.15
Field-Weighted Citation Impact

0.84 ————————— 0.00

42
International Collaboration

2 ————————— 0

6,736
Views Count

896
Citation Count

Publications in top 10% journals by CiteScore Percentile

34.6%

Publications in top 10% most cited worldwide (field-weighted)

14.7%

图10.1 方向文献整体概况

2017 年至今发表的"未来食品伦理与文化研究"相关文献的学科分布情况，如图 10.2 所示。在 Scopus 全学科期刊分类系统（ASJC）划分的 27 个学科中，该研究方向文献涉及的学科较为广泛、学科交叉特性较为明显。其中，较多的文献分布于 Arts and Humanities（艺术与人文）、Agricultural and Biological Sciences（农业与生物科学）、Social Sciences（社会科学）、Environmental Science（环境科学）、Business, Management and Accounting（商学、管理学与统计学）等学科。

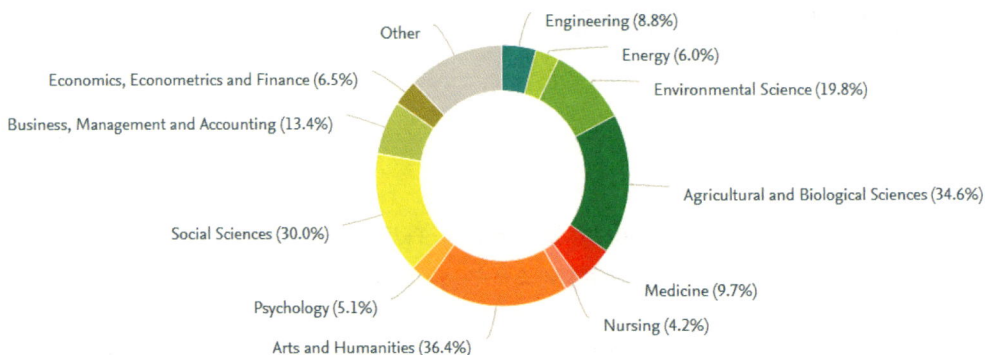

图10.2 方向文献学科分布

10.2 研究热点与前沿

10.2.1 高频关键词

2017 年至今发表的"未来食品伦理与文化研究"相关文献的 TOP 50 高频关键词，如图 10.3。其中，Food Ethics（食品伦理）、Ethics（伦理）、Animal Ethics（动物伦理）、Food Systems（食品系统）、Vegan Diet（素食）、Food Waste（食品垃圾）、Food Sovereignty（食品主权）等是该方向出现频率最高的高频词。

图10.3 2017 年至今方向 TOP 50 高频关键词词云图

从 2017 年至今方向 TOP 50 高频关键词的增长率情况看（如图 10.4 所示），该方向增长较快的关键词有 Sustainable（可持续发展的）、Animal Ethics（动物伦理）、Agriculture（农业）、Sustainability（可持续性）、Healthy Diet（健康饮食）等。此外，2017 年以来新增的高频关键词有 Virtue（道德）、Vegan Diet（素食）、Vegan（素食主义者）、Marketing（市场营销）、Handbook（指南）、Glycerol（甘油）、Food Waste（食品垃圾）、Food Choice（食品选择）、Environmental Ethics（环境伦理）、Eat（吃）、Cuisine（风味）、Cookbooks（食谱）、Coal（煤炭）、Biotechnology（生物科技）、Animal Rights（动物权益）、Agricultural Ethics（农业伦理）。

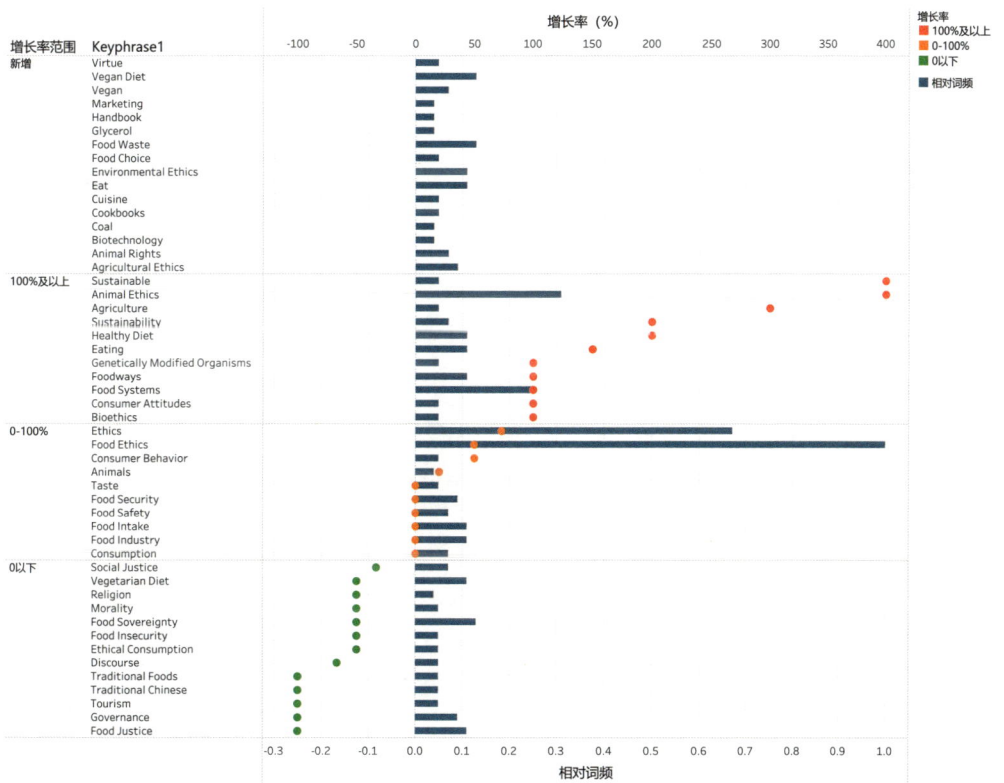

图10.4 2017 年至今方向 TOP 50 高频关键词的增长率分布

10.2.2 方向相关热点主题（TOPIC）

从 2017 年至今该方向发表的相关文献涉及的主要研究主题看（如图 10.5 所示），显著性百分位最高的主题是 T.16008，"Meat Consumption; Diet; Livestock Products"（肉类消费；饮食；畜牧产品），达到 99.736，在全球具有高关注度和发展势头；该主题的 FWCI

为 2.26，具有高引文影响力。该方向文献量最大的主题是 T.3195，"Community Supported Agriculture; Urban Agriculture; Local Food Systems"（社区支持型农业；都市农业；当地食品系统），其显著性百分位达到 99.533，在全球具有高关注度。FWCI 最高的主题是 T.11778，"Farm Animal Welfare; Veterinarians; Community

Participation"（农场动物福利；兽医；社区参与），达到 2.86，具有高引文影响力；该主题的显著性百分位为 94.166，在全球具有较高关注度。该方向论文数前五位的六个热点主题中，有五个主题呈现出较高的显著性百分位（大于 94），表明该方向整体上具有较高的全球关注度和研究发展潜力。

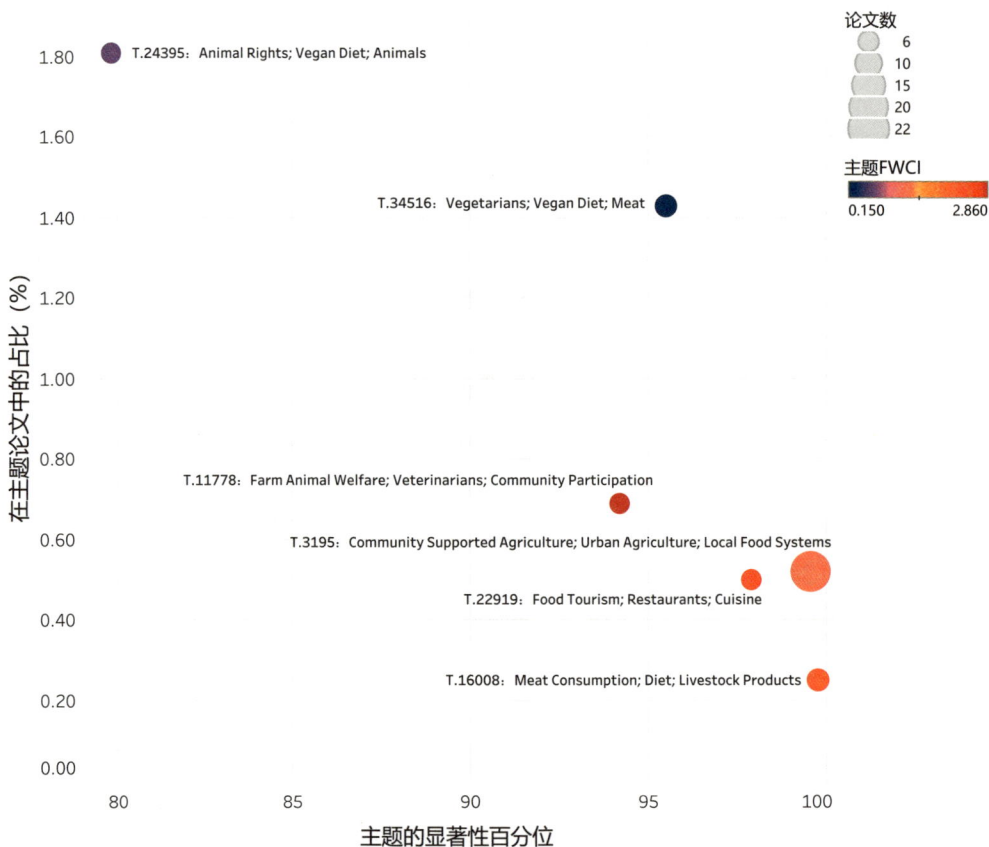

图10.5 2017年至今方向论文数最多的五个热点主题

10.3 高产国家 / 地区和机构

从 2017 年至今发表的方向相关文献主要的发文国家 / 地区看（如表 10.1 所示），该方向最主要的研究国家 / 地区有 United States（美国）、United Kingdom（英国）、China（中国）、Italy（意大利）和 Netherlands（荷兰）等；从主要的机构看（如图 10.6 所示），高产的机构包括 Johns Hopkins University（约翰斯·霍普金斯大学）、Michigan State University（密歇根州立大学）、University of Vermont（佛蒙特大学）、Wageningen University & Research（瓦格宁根大学与研究中心）等。

表 10.1 2017 年至今方向前十位高产国家 / 地区

序号	国家 / 地区	发文量	点击量	FWCI	被引次数
1	United States	68	1749	1.57	200
2	United Kingdom	33	1667	1.22	200
3	China	24	458	0.93	105
4	Italy	15	772	0.62	71
5	Netherlands	11	372	1.62	67
6	Canada	10	231	1.07	17
7	Australia	9	280	1.19	28
8	Finland	8	237	1.19	45
8	Germany	8	409	1.31	48
8	Republic of Korea	8	296	0.83	80

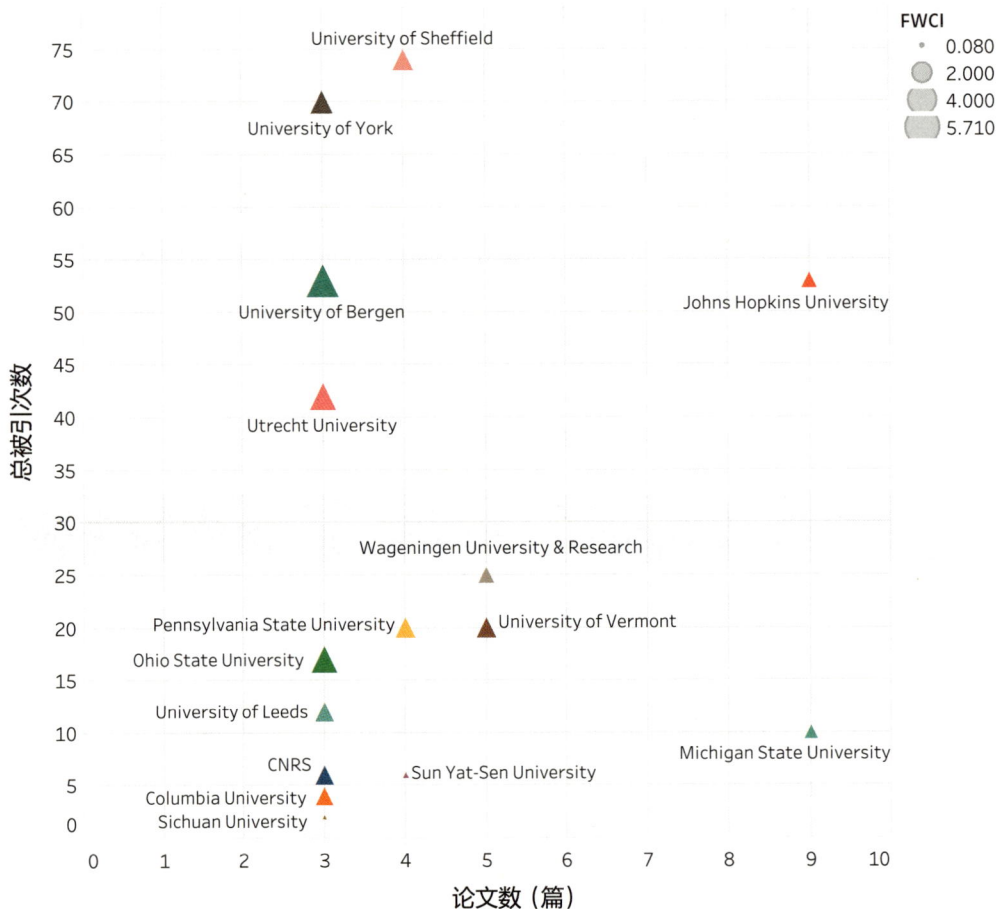

图 10.6 2017 年至今方向前十位高产机构

三、未来食品领域发展速览

食品产业被誉为永不衰败的朝阳产业，与人口、环境、能源一起被列为当今国际经济和社会发展的四大主题。随着生命科学、物质科学、信息科学交叉融合程度不断提升，全球食品行业已发生深刻变化，技术装备更新更加频繁，加工制造智能低碳趋势更加明显，不断向全营养、高科技和智能化方向发展。未来食品研究要秉持大食物观，以合成生物学、物联网、人工智能、增材制造等技术为基础，聚焦更健康、更安全、更营养、更美味、更高效的食品开发。

1 全球未来食品领域发展动态

当前，食品研究正从关注食品组成转变为聚焦食品载体，从重视食品工艺技术提升转变为关注食品科学重要问题，从聚焦食品材料转变为强调食品对人生理、心理的影响。尤其随着 3D 打印、纳米机器人、智慧感知等颠覆性技术和装备的涌现，食品技术正快速迭代，推动食品系统更加高效、更有韧性、更可持续。同时，有关重大科学进展给未来食品的发展带来新机遇。例如，组学技术的突破使得食品加工更加精准和多样，促进新的功能性食品研发；传感技术、大数据管理系统和新材料等发展进一步改进了食品性能。

总体来看，未来食品应对的挑战主要有四项：人口增长、环境气候劣化、食物资源浪费、营养健康问题。人口增长及人口结构的变化，尤其是老龄化人口增加导致食品诉求改变。世界各国为此都采取了不同的应对措施，如美国食品药品监督管理局（FDA）严格监管老年人的护心食品、壮骨食品和肠道保健类食品；德国设有专门的老年人食品商店，满足不同年龄段和各种慢性病老人需求。环境和气候改变影响粮食生产量与食物供给安全。根据预测，全球变暖可能导致 2050 年粮食产量降低约 10%。食品资源浪费广泛存在于食品生产、储存、加工及消费等各环节。根据联合国粮农组织研究，美国每年有 30%~40% 的食物被浪费，且主要发生在零售和消费阶段。人类营养健康需求从吃得饱向吃得健康、吃得享受转变。目前，发达国家在营养健康领域仍处于领跑水平。Grand View Research 最新报告显示，2018 年全球功能性食品市场价值为 1536 亿美元，到 2025 年预计达到 2757.7 亿美元。

坚持学科交叉创新，推动未来食品安全及营养技术突破与产业深度融合，已成为各国抢占食品科技高地、争夺食品工业发展话语权的重点。发达国家纷纷投入巨额研究经费，将前沿技术引领未来食品产业发展提升到战略高度，加强了食品合成生物学、增材制造、智能制造、分子重组、纳米技术等颠覆性食品生产技术研发。2019 年，美国国家科学院发布《科学突破推动食品和农业研究（2030 年）》，详细分析了未来十年美国食品与农业科学研究的发展重点，提出一系列富有前景的研究方向，包括改进食品加工包装技术、传感器的设计与功能，以及应用食品组学技术、降低食品损耗与浪费等。

以合成生物学为代表的现代生物技术正逐步改变食品生产方式。2019 年，新加坡政府宣布将在食品科技领域增加投资，以推动研发生产高价值、可持续、有营养的"未来食物"，如利用动物细胞研制肉类食品，用酵母菌等微生物制造蛋白质，发展可持续的农耕和水产养殖技术等。2021 年，美国农业部宣布向塔夫茨大学拨款 1000 万美元，建立聚焦蛋白质研究的首个美国国家细胞农业研究所，以期扩大替代蛋白的选择范围，提高食品系统弹性。目前，全球已有 40 多个国家、500 多个机构资助合成生物学研究，美国的合成生物学企业社会融资超过 100 亿美元。

增材制造、智能制造结合感知物联和智能控制技术正逐步打造食品加工新模式，基于物联网、云计算、柔性制造的现代信息与制造技术已成为食品制造业的前沿方向。随着消费者对定制化食品的需求量逐渐提高，以 3D 打印技术为代表的食品增材制造技术，实现了自下而上设计、零损耗加工制造，满足了不同消费者对食品形状、质地、口感和营养需求，具有节约原料成本、丰富产品造型和个性化营养定制等优点。预计到 2025 年，3D 打印食品市场的全球规模将达到 4.25 亿美元。目前，该领域全球领先企业和机构分别是美国 3D Systems、Systems and Materials Research、Beehex、Modern Meadow，以及尼德兰的独立研究机构 TNO，西班牙 Natural Machines 公司，以及英国 Choc Edge、Nu Food 公司。

随着人们生活水平不断提高，农业、生物、食品安全挑战不断加剧，食品质量控制和安全保障愈加重要，高通量筛查、区块链等新型检测技术与智慧监管技术的运用，助力未来食品安全保障体系构建。发达国家立足危害物过程控制及风险监测、评估与预警，从产业发展和监管支撑两个维度提出了食品安全主动防控方案。2021 年 4 月，新加坡食品局与新加坡南洋理工大学、新加坡科技研究局签署合作协议，共同成立"未来食品安全中心"，负责推动食品安全研究，研发食品安全检测技术。

2 我国未来食品领域战略动向

未来食品作为前沿和跨学科技术之一，承载着扩大食物供给、增进人民福祉、保障国家安全的重大使命，是我国未来重点发展领域。习近平总书记指出，"要树立大农业观、大食物观，向耕地草原森林海洋、向植物动物微生物要热量、要蛋白，全方位多途径开发食物资源"[1]。党的十八大以来，我国食品科技研发投入力度不断加大，支撑食品科技创新水平持续提升。2016—2019 年，科技部启动"现代食品加工及粮食收储运技术与装备"和"食品安全关键技术研发"两个重点专项的多个项目。2014—2020 年，我国食品规模以上工业研发经费内部支出由 407.4 亿元上升至 523.5 亿元。目前，我

---

[1] 习近平 . 走中国特色社会主义乡村振兴道路 [M]// 中共中央文献编辑委员会编 . 习近平著作选读：第二卷 . 北京：人民出版社，2023：88.

国共有 7 个食品领域国家重点实验室，13 个食品领域国家工程技术研究中心，约 300 个农业科技园区，集中分布在经济相对发达地区，创新平台体系日益完善。科技部组织的《2021—2035 国家中长期科技发展规划纲要战略研究》提出，要开展食品加工与营养安全研究、重视新药创制与食品药品安全；农业农村部印发的《"十四五"全国农业农村科技发展规划》中，明确将细胞培养肉类和细胞农业技术确定为研发投资的重点。

总体来看，我国未来食品研究开展较晚，与世界领先水平存在较大差距，部分关键核心技术尚未突破，重要装备产品仍存在较多"卡脖子"问题，缺少高端研发及转化平台，技术成果转化存在断点。基础研究方面，食品科学基础理论研究处于起步阶段：针对居民全生命周期营养需求的大数据深度挖掘和应用不足，未能形成个性化膳食指导和食谱靶向设计；合成生物学、基因编辑、生命过程调控与设计等新兴生物技术转化应用不足，缺乏"食品细胞工厂"等颠覆性技术的引领；食品营养与健康因子作用机制不明确，特别是缺少针对中国传统食品和中餐的营养与健康的基础研究。

关键核心技术方面：一是缺乏设计重组、增材制造、纳米技术、智能制造等前沿加工技术，食品加工行业整体上仍处于初加工多、能耗高、资源利用率低的发展阶段；二是食品智能装备、关键配料、高端制剂、安全快检技术产品等依赖进口，食品资源梯度综合利用不足、产品附加值低，安全问题屡现；三是食品成分、功能因子之间的协同作用及其健康效应尚不清晰，传统膳食、营养与健康之间的相互关系不明确，食品资源挖掘、组分提取和加工工艺的技术单一，难以满足消费升级需要。

随着人口增长、城镇化水平提高和经济快速发展，我国食品增产面临越来越大的水土资源约束。多种形式的营养不良问题，以及与膳食相关的疾病发生率不断增加，带来了高额的健康和经济成本。2019 年 11 月，江南大学成立未来食品科学中心，聚焦食品合成生物学、食品大数据、食品感知科学、智能装备制造等方向，重点突破食品组分代谢与营养健康靶向调控、细胞与微生物种质资源挖掘改造与工程化、食品分子重组重构等关键核心技术。2021 年，中国科学院天津工业生物技术研究所在《科学》杂志发表重大研究成果，在国际上首次实现二氧化碳到淀粉的从头合成，引发了对食物生产甚至传统种植养殖方式（如从植物、微生物、细胞培养蛋白）的深入探讨。

当前，我国亟待突破食品合成生物技术、食品精准营养与个性化制造、食品装备智能制造、食品全程质量安全主动防控等方面的关键核心技术瓶颈，破解绿色化和智能化共性关键技术难题，实现食品加工制造过程的数字化与信息化。构建高效细胞工厂和人工合成生物体系，研究细胞培养肉、合成蛋奶油、功能重组蛋白等营养型食品开发技术；解决食品质量安全方向面临的食品安全全链条过程控制、食品安全智能控制、新兴食品安全控制等关键技术难题；解决食品加工装备领域面临的制造业低成本竞争优势削弱等问题。

3 我国未来食品领域未来发展战略

面对激烈的国际竞争和全球食品供应链深度融合趋势，我国要在解决食物供给和质量、食物安全和营养等问题基础上，进一步满足人民对美好生活的更高需要，形成具有自主知识产权的食品高科技技术，提升在世界食品科技领域的参与度、话语权和领导力。

（1）加快前沿技术开发，提升食品科技全球竞争力

坚持以"大食物观"为引领，以未来食品产业需求为导向，加强前沿技术与食品制造相关技术交叉融合，以解决全球食品供给、质量与安全、营养与健康、饮食方式和精神享受等为目标，谋划布局食品领域前沿技术，驱动食品科技高质量发展。

支持优势科研院所、高校和食品企业研究机构，打造一批体现国家意志、服务国家需求、代表国家水平的食品领域重点实验室、技术创新中心等平台，提升食品营养与健康领域的国际竞争力。围绕未来食品产业发展需求，主动布局食品领域前沿技术，推动食品生物合成、食品增材制造、食品供应链智能化管理以及"人造肉""人造奶"等重新定义食品供给与消费方式的产品研发。聚焦食品配料、食品高端装备制造、精准营养等关键技术，加快食品关键装备自主研发，打破国外技术垄断。推动未来食品领域知识产权与标准化工作，建立健全食品领域标准化体系，大幅提升"中国标准"的国际影响力和贡献力，助力我国在食品领域迈入世界标准强国行列。

（2）坚持数字赋能，推动食品产业转型升级

数字化的核心在于对食品原材料、加工生产、物流、销售原料、终端消费（特征与需求）等海量大数据的全方位收集与处理。利用物联网、云计算、人工智能、区块链技术等数字化技术，对食品原料物性、营养特性、人群营养特征等信息进行整合分析，并实现与食品生物合成、食品重组、增材制造、智能化加工、智慧化物流与包装等技术的深度融合。

以个性化、健康和安全需求为主要目标，建立人体营养需求与复杂食品体系中原料组分、结构、品质与加工工艺参量之间相互关联的数据分析体系，开展全数字化链条的数据处理、分析、决策，将加工过程的热量、动量等参数与食品感官、质构和理化特性相互连通，实现产业链全元素连接与整合，以实现数字化食品的设计与制造。以食品智能制造为例，借助信息化技术的应用，实时采集生产线各个环节、设备运行中的设备参数、工艺、中间产品特征数据，开展多维度的动态数据分析，实现对生产过程工艺优化、质量管控、设备管理与维护等功能。

（3）强化产学研协同，组建食品领域创新联合体

深化校企、校地合作，在细胞培养肉、替代蛋白制品、营养健康食品加工、中华传统食品工业化、食品装备制造、无人工厂等重点领域，建设以食品企业为主体、高校科研院所高效协同的"全链条一体化"食品科技创新中心。探索创新联合体新型组建模式，贯通基础理论、原创性前沿技术、关键核心技术研究，促进食品科技资源的高水平开放共享。创新资源投入方式，为联合体提供稳定资金支持，构建政府资金侧重基础研发、企业及社会资金积极参与的长期资金支持体系。以解决食品生产加工中的"卡脖子"问题为导向，建立以科技成果为纽带的产学研深度融合机制和食品科技成果转移转化联合体，构建产品开发与中试孵化、技术转移转化、技术发布与交易平台，助力食品产业发展。

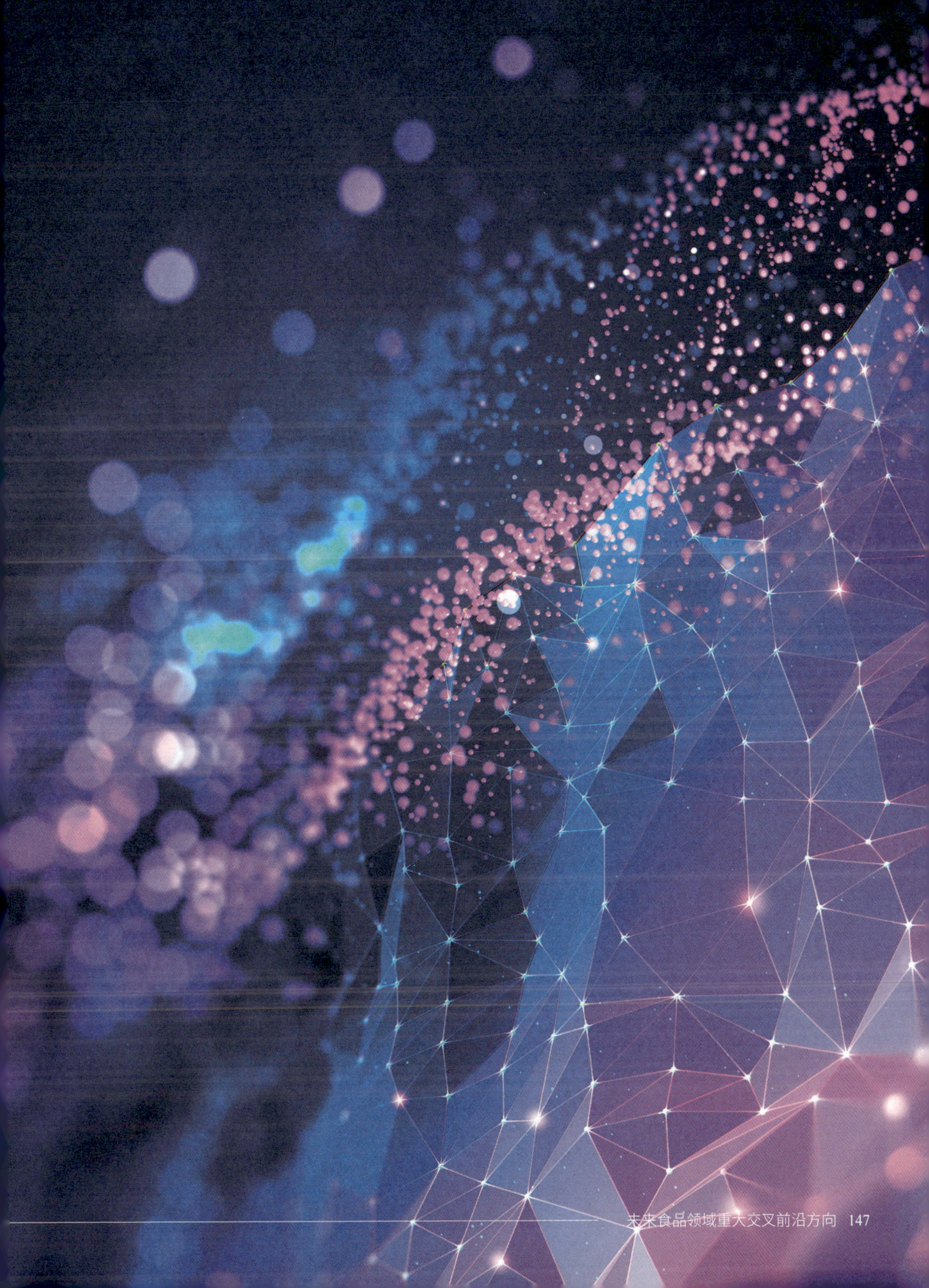

空天科技领域
重大交叉前沿方向

一、空天科技领域十大交叉前沿方向

广袤浩瀚的宇宙空间，存在着巨大的资源储藏，潜存着人类未来发展的无限想象，成为全球竞争的又一战场。近年来，我国神舟系列飞船发射不断点燃人们的空天热情，而近期爆发的俄乌冲突则使人们认识到空天科技的战略安全价值。空天科技领域涉及航空宇航、力学、机械、电子信息等学科，前沿交叉方向涵盖资源利用、平台建设、器械制造等方面。

1 太空探索与资源利用

太空探索能够不断"突破新边界、获取新知识"，在取得重大科学发现的同时，深刻改变人类的自然观和宇宙观，改写人类发展轨迹。此方向的核心是通过空间科学与技术实验，逐步支撑无人与载人深空探索、地外资源利用等重要领域发展。

具体交叉前沿方向包括：一是星体起源及演化。如系外行星搜寻与分析、太阳系形成及演化、太阳活动成因及其对空间环境影响、深空深海探测及生命宜居性研究、地外天体物质组成和内部结构。二是地外资源开发利用。如地外天体原位资源勘测、提取与转换利用，近地小天体探测、防御与利用，太空在轨制造和地外天体原位制造新方法。三是太空极端环境下科学实验。如微重力条件下物理规律、材料生长及生命演化，量子导航与探测，基于里德堡原子的电磁场探测，基于芯片级原子气室的磁场梯度探测。

2 地月空间开发

月球是人类开展深空探测的首选目标，因为月球具有可供人类开发和利用的各种独特资源，也是人类向外层空间发展的理想基地和前哨站。月球表面具有高真空、无磁场、弱重力、地质构造稳定和高洁净环境，建立月球天文观测基地、生物制品和新材料研制基地，对地观测站和深空探测前哨站具有重大的科学、政治和军事意义。21世纪以来，各国逐渐认识到构建地月经济圈和

本领域咨询专家：幺周石、王高峰、江中正、吴昌聚、张少泓、张顾洪、陈征、陈伟球、郑国轴、贾铮、翁沈军、崔涛。

开发月球的重要价值，地月空间开发逐渐成为大国博弈的焦点。此方向的核心是构建地面模拟镜像科学工程设施，研究地月空间探索与开发关键要素，综合提升进入、认知和利用地月空间的基础能力。

具体交叉前沿方向包括：一是建设各类地月空间开发研究平台。利用模拟镜像理论方法，建设地外能源利用与环境控制方法研究平台、地外资源原位利用与开发方法研究平台、地外空间自主智能与遥控操作研究平台。二是形成天地一体化的地月空间探索基础研究体系。依托国际月球科研站建设，开展长期、较大规模的月球轨道与月面探测、天文与对地观测基础科学试验、地外资源利用与开发研究。三是建设先进月基对地观测设施。利用月球平台观测地球具有稳定性优势，安置大型望远镜、天线和能量保障设备，实现高分辨率连续球面观测、大气观测、地形高度测量和地球人类活动对环境影响实时变化过程的监测。

3 空间核动力技术

空间核动力主要是利用核反应堆产生的裂变能和放射性同位素的衰变能，把核能转变成电能和推进动力。空间核动力是深空探测难以替代的理想能量来源，其装置优势包括：体积小质量轻，在高功率层级上优于太阳能电池阵—蓄电池组联合电源系统；能量密度大，能为航天器提供数千瓦至数兆瓦电能，既可以供热也可以供电；寿命长，如放射性同位素电池寿命可达几十年；功率调节范围大，具有快速提升功率的潜力；不依赖太阳辐射能，可全天时、全天候连续工作；具有较强的抗空间碎片撞击能力，可在尘埃、高温、辐射等恶劣环境下工作。

具体交叉前沿方向包括：一是质量更轻且结构紧凑的空间核反应堆总体设计。利用高性能计算仿真技术，综合考量功率、质量、工质温度、体积、寿命、反应性控制、临界安全等各参数之间的匹配和相互制约关系，合理选择燃料元件的布置与结构、工质流道设置、反射层结构和反应性控制方式。二是高效、高可靠、功率密度大、与核反应堆灵活适配的热电转换系统开发。主要技术前沿包括高效紧凑型涡轮压气发电机组系统技术、高速大功率启发一体电机技术、涡轮压气机匹配设计技术、高速转子动力学及振动抑制技术以及空间微重力环境高阻尼悬浮轴承及冷却技术。三是空间核反应堆芯体材料选型与制造工艺。材料选型要求能够在高温、腐蚀、辐照的环境下稳定工作，此外还需深入研究燃料芯体的成分配比与粉末制备工艺、结构元件的密封焊接工艺等，最终掌握空间核反应堆芯体制造工艺。

4 临近空间亚轨道飞行器研制

由一次性使用到重复使用是天地往返技术的发展趋势。距离地面20~100km高度的临近空间是跨接航空和航天的新领域，在实时侦察、悬停监测、中转通信等领域具有巨大的开发价值。亚轨道飞行器是指在高度上抵达临近空间顶层但速度尚不足以完成绕地球轨道运转的飞行器，其速度一般在5~15马赫之间，任务完成后可返回地球进行重复使用。最近十几年来，以美国、俄罗斯为代表的许多国家都加大了该类飞行器的开发力度，加快探索利用临近空间的步伐。

具体交叉前沿方向包括：一是亚轨道飞行器总体设计优化。重点研究代理模型技术和最优化方法，通过试验设计进行少量的高精度分析，获取样本点来构建代替原有复杂系统的代理模型，并基于代理模型进行近似优化，替代设计优化中昂贵耗时的计算机仿真程序。二是亚轨道飞行器动力段制导技术研究。在动力段飞行过程中，飞行器的速度、高度变化剧烈，动压、过载峰值大，需重点考虑动压和过载约束，在动力段结束时需要满足速度、高度的窗口条件。三是亚轨道飞行器返场技术研究。飞行器的初期返回段高度较高，空气稀薄，气压低，需要突破"飞行过程无法规划纵向高度""无法根据初期返回点的能量状态判断飞行器航行能力"以及"大范围三维空间转弯机动导致准确预估剩余航程困难"等技术难题。

5 自组织无人飞行器群

无人飞行器具有广阔的经济、社会、军事应用情境，其中，自组织无人飞行器群架构及算法是研究热点及难点。目前，各国普遍采用无人飞行器使用的后方中心与单个无人飞行器直接通信的控制模式。随着技术发展和需求变化，未来无人飞行器的工作模式将逐步从单机—后方中心模式转向机群—后方中心模式。

具体交叉前沿方向包括：一是集群控制算法。确定无人飞行器之间逻辑上和物理上的信息关系和控制关系，保证多无人飞行器系统中信息流和控制流畅通，为无人飞行器之间的交互提供逻辑框架。二是通信网络设计。在一定的通信拓扑及性能下，根据所执行的任务分配通信资源，提高通信质量。此方向还包括控制算法与通信技术的耦合。三是任务规划及路径规划技术。构建多无人飞行器协同任务自组织系统，在实际飞行中若发生突发状况，则进行航迹重新规划，以规避威胁。为满足协同工作的时效性，重新规划所采用的算法必须具有实时、高效等特点。

6 高超声速飞行技术

高超声速飞行器是指飞行速度超过 5 倍声速（约合每小时 6000 公里）的飞行物体，其在军事领域具有广泛应用前景，如高超声速巡航导弹、军用飞行器等。根据动力系统的不同，在研的新型高超音速武器可分为滑翔型和吸气式发动机推进型。随着高超声速技术的突破与发展，这项技术不再仅限于军事领域，也在加速向民用领域扩展（如高超声速民用客机），对未来航空装备以及民用市场发展产生重大影响。

具体交叉前沿方向包括：一是高超声速复杂环境模拟研究。涵盖大过载条件下薄壳复杂结构载荷力学环境研究，极大温差下传热传质机理研究，极大压差下多管燃烧高速尾喷流研究，极高温度压力下超临界液体喷雾高效燃烧与换热冷却研究，以及极高转速极低温度下液固耦合多阶振动研究。二是高超声速自主飞行研究。包括复杂故障模式下自主飞行智能控制，复杂大系统、多专业优化设计系统工程科学研究等，有效提升飞行器进入空间的能力。

7 太空 3D 打印技术

建设地外星体基地是探索深空的重要依托，保障长期在轨居留的生命和物资安全、建造空间应用设施、建设和运行太阳系内星球探索基地等成为新发展诉求。现有火箭运载方式对空间探索活动存在根本限制（包括载重、体积、成本），而 3D 打印技术具备高制造柔性、高材料利用率等优势，可使得原位制造、组装超大尺寸构件等空间制造技术成为可能，从而以更高效可靠、低成本的方式获得深空探索所需的运载平台、工具与装备。此外，在克服运载火箭限制的同时，太空 3D 打印还可以克服地面发射方式对太空装备结构、强度以及功能的限制，实现太空装备结构与功能的一体化制造。

具体交叉前沿方向包括：一是极端环境下 3D 打印关键工艺技术研究。突破太空微重力、大温变、强辐射和高真空等极端环境下关键技术瓶颈，实现空间举架结构、雷达天线等太空大尺寸构件的结构与功能一体化制造、在轨制造与原位修复、材料降解及回收再利用等。二是发展专有材料体系及设备。开发适合太空 3D 打印的专有材料体系、研制太空 3D 打印专用设备，开展利用外星球原材料进行原位 3D 打印工艺研究，开发空间废弃物利用再制造技术。

8 空间智能机器人技术

空间智能机器人是指具备模块化、智能化、多感知以及可更换末端的多功能执行器，通过智能化设计可实现机器人的一臂多能、一臂多手、一手多用和按需配制，而通过机器人群的协同控制可提高系统工作能力和效率，并使系统具有较高的灵活性和可靠性。按照应用的具体场景，空间机器人可分为三大类：用于太空飞行器上的舱内外服务机器人、可以独立在宇宙空间自由飞行的自由飞行空间机器人，以及用于月球、火星等探索的星球探测机器人。

具体交叉前沿方向包括：一是在轨重构和智能规划控制决策的机器人技术。开发多自由度的机器人灵巧手，它具有位置、力矩、触觉等感知能力，以及突破适应复杂操作场景的自由机械臂技术。二是在空间、时间和功能上具备分布特征的机器人群协同控制技术。开展空间群机器人体系结构、任务分配、网络通信、协作定位、场景构建、运动协调和系统重构等关键技术攻关。

9 空间态势感知体系建设

空间态势感知是对空间物体和轨道碎片的识别并理解其在空间中的行为方式，即对空间目标进行探测、跟踪、识别和编目。空间态势感知作为太空物体的"雷达"，具有目标识别和目标监测等重要核心能力，也是争夺太空控制权的核心技术之一。

具体交叉前沿方向包括：一是一体化、多维度探测发展。传统空间态势感知基于光学、频谱、雷达技术。其中，光学观测是通过大口径光学望远镜实现追踪在轨目标的目的；频谱观测为空间态势感知系统的能力之一，特殊条件下可以有效识别太空载荷；雷达观测往往采用激光测距雷达、脉冲雷达、红外雷达等技术，虽然技术已经非常成熟，但仍然不能满足高轨道目标的测量要求。激光探测与红外／可见光被动探测相结合的复合探测系统将是今后技术发展的趋势。二是基于微纳航天器的空间感知。微纳航天器由于具有体积小、隐蔽性强、快速反应、机动性好、成本低等特点，具有广泛的军事应用前景，特别适合于空间安全领域应用。采用微纳航天器组网，构成天基态势感知系统，不仅可以大大降低成本，而且提高了系统的时空分辨率。三是空间组网技术。利用无线电、微波或激光等构成空间通信链路，将空间信息获取节点高效连接，实现具有抗毁和自愈能力的天基网络。同时，将各类传感器获取的数据进行在轨实时处理，提高空间信息传输过程中的抗干扰、抗欺骗、抗截获能力，实现天基分布式自主智能信息处理。

10 空天安全体系建设

没有空间安全，就不可能有领空安全，也没有国家经济安全、社会安全和军事安全。进入信息社会以后，特别是卫星通信和互联网的普及，使人类时刻离不开以卫星为主的空间基础设施的支持和保障。空天安全涉及深空安全、临近空天安全、低空安全，具体包括航天器系统、航空器系统自身的运行控制、安全管理，也包括与之相关的国家安全、资产安全、环境安全等问题。当前世界各国太空军备竞赛强度增大，商业卫星武器化威胁持续加剧，航天器轨道资源明显紧缺。

具体交叉前沿方向包括：一是空天安全新概念、新理论和新架构。协同社会科学理论与方法，提出空天安全体系及系统的新构想、开发空天安全颠覆性技术以及创新合作新模式，并研究太空资源分配、太空产业发展的国际新规则与法律。二是空天安全体系的仿真与评估。涵盖基于仿真建模的空天安全仿真评估体系，以及空天系统测控与发射、航空安全监控技术、飞机适航性分析、无人飞行器系统安全性分析。三是空间目标识别、监视与减缓措施。涵盖空间目标识别与编目、空间目标跟踪与监视、空间交通安全管理与平行控制、空间碎片演化分析与减缓措施、小行星灾害监测与安全控制等。

二、空天科技领域文献计量分析

聚焦"空天科技"领域十大交叉前沿研究方向，选取 Scopus 数据库收录的论文数据，通过相关检索获得各方向相关论文；并结合 SciVal 科研分析平台及可视化工具，对十大交叉前沿方向的研究现状及发展趋势进行文献计量学分析。（检索时间为 2022 年 10 月）

经检索，"空天科技"领域十大交叉前沿方向 2017 年至今发表的文献数量介于 647—11862 篇，其结果如图 0.1 所示。其中，文献数量最多的是方向 1，即太空探索与资源利用；文献数量最少的是方向 7，即太空 3D 打印技术。

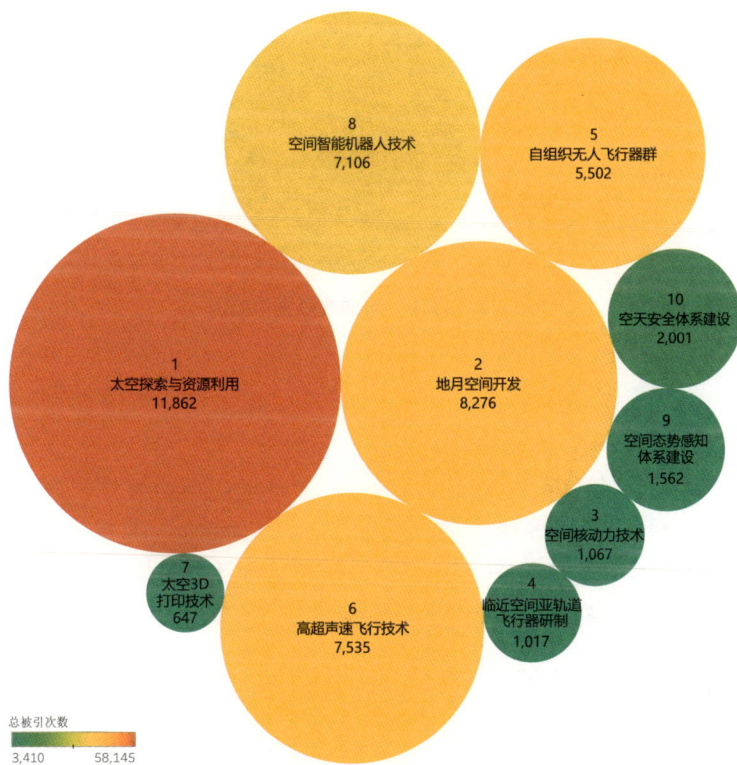

图 0.1 十大交叉前沿方向发文分布

1 太空探索与资源利用

1.1 总体概况

通过 Scopus 数据库检索 2017 年至今发表的"太空探索与资源利用"相关论文，并将其导入 SciVal 平台，最终共有文献 11862 篇，整体情况如图 1.1 所示。

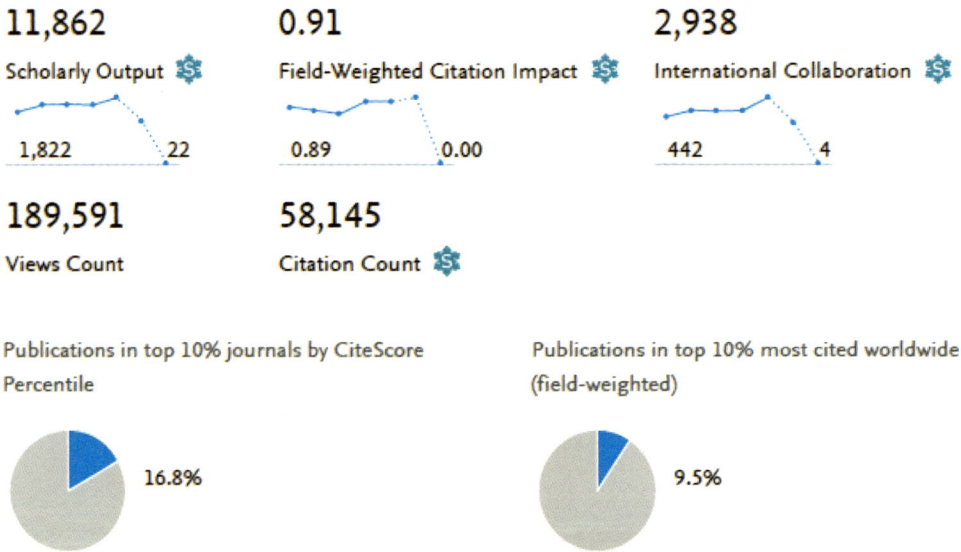

11,862
Scholarly Output

1,822   22

0.91
Field-Weighted Citation Impact

0.89   0.00

2,938
International Collaboration

442   4

189,591
Views Count

58,145
Citation Count

Publications in top 10% journals by CiteScore Percentile

16.8%

Publications in top 10% most cited worldwide (field-weighted)

9.5%

图 1.1 方向文献整体概况

2017 年至今发表的"太空探索与资源利用"相关文献的学科分布情况，如图 1.2 所示。在 Scopus 全学科期刊分类系统（ASJC）划分的 27 个学科中，该研究方向文献涉及的学科较为广泛、学科交叉特性较为明显。其中，较多的文献分布于 Engineering（工程学）、Earth and Planetary Sciences（地球与行星科学）、Physics and Astronomy（物理学与天文学）、Computer Science（计算机科学）等学科。

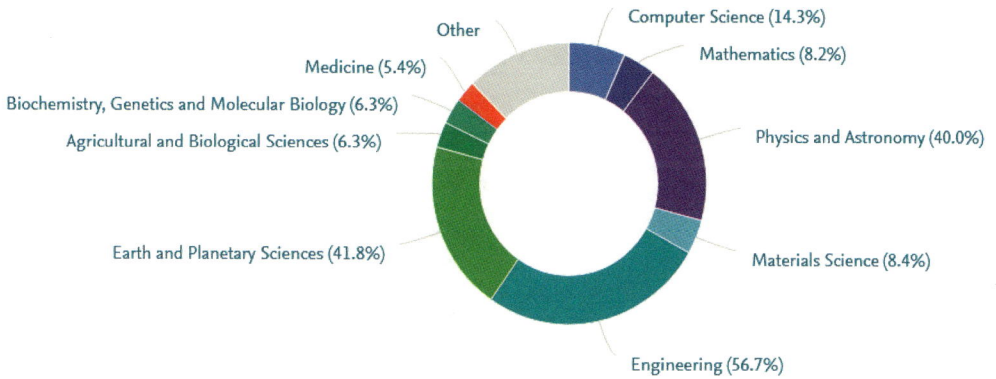

图1.2 方向文献学科分布

1.2 研究热点与前沿

1.2.1 高频关键词

2017 年至今发表的"太空探索与资源利用"相关文献的 TOP 50 高频关键词，如图 1.3 所示。其中，Mars（火星）、Manned Space Flight（载人空间飞行）、Space Flight（空间飞行）、Interplanetary Flight（宇宙航行）、Weightlessness（失重）、Martian Surface Analysis（火星表面分析）、Rovers（探测车）等是该方向出现频率最高的高频词。

图1.3 2017 年至今方向 TOP 50 高频关键词词云图

从 2017 年至今方向 TOP 50 高频关键词的增长率情况看（如图 1.4 所示），该方向增长较快的关键词有 Mars Exploration（火星探测）、Extraterrestrial（外星人）、Crater（火山口）、Moon（月球）、Regolith（月壤）、Rovers（探测车）等。

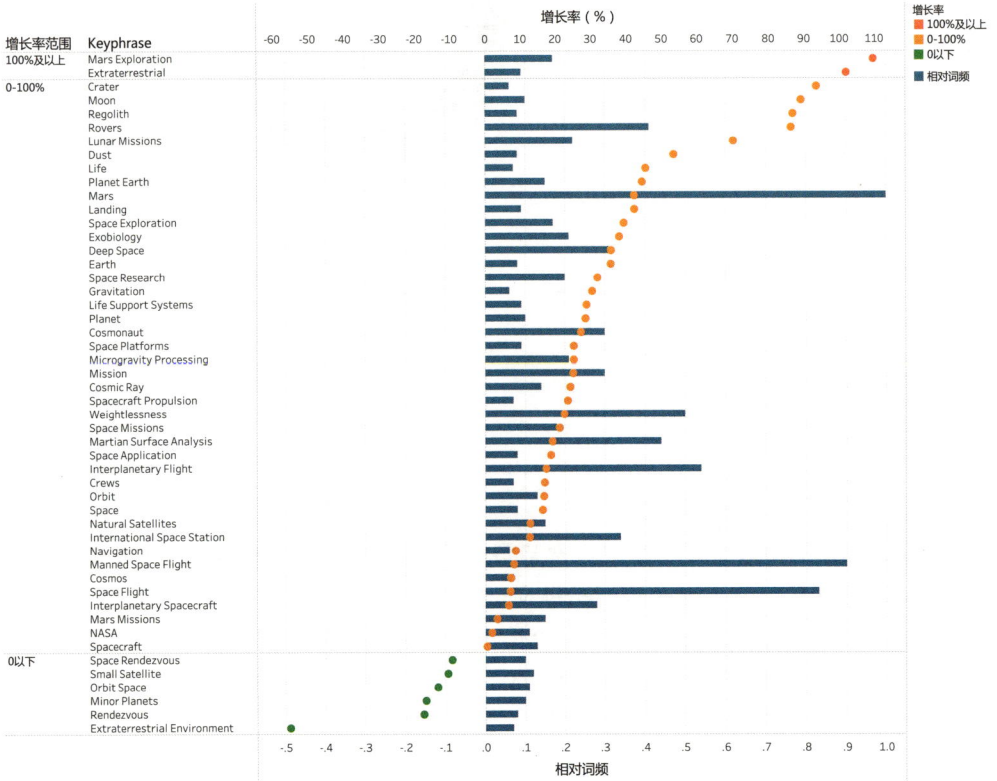

图 1.4 2017 年至今方向 TOP 50 高频关键词的增长率分布

1.2.2 方向相关热点主题（TOPIC）[1]

从 2017 年至今该方向发表的相关文献涉及的主要研究主题看（如图 1.5 所示），该方向文献量最大的主题是 T.3294，"Mars Craters; Mars Science Laboratory; Crater"（火星陨石坑；火星科学实验室；火山口），其显著性百分位[2]达到 97.243，在全球具有较高关注度和发展势头。五

---

[1] 研究主题（Topic）是 SciVal 平台自带的基于 Scopus 数据库文献的直接引用关系聚类而成的文献簇，每个主题代表了一组具有相同研究兴趣或知识基础的论文集合，目前 SciVal 平台共有约 9.6 万个研究主题。

[2] 显著性百分位体现了主题的显著度，它通过文章的被引用次数、浏览数和期刊的 CiteScore 指标计算得出，可以体现该主题的受关注度和发展势头。

个热点主题中该方向论文在主题论文中占比[1]最高的主题是 T.37197，"Orbit; Mars; Extravehicular Activity"（轨道；火星；舱外活动），占比达到 59.93%，在该方向热点主题中最具相关性；该主题的 FWCI[2] 为 1.74，具有高引文影响力；显著性百分位为 84.642，具有一定的研究关注度。该方向五个热点主题中，有四个主题呈现出较高的显著性百分位（大于 90），表明该方向整体上具有较高的全球关注度和较大的研究发展潜力。

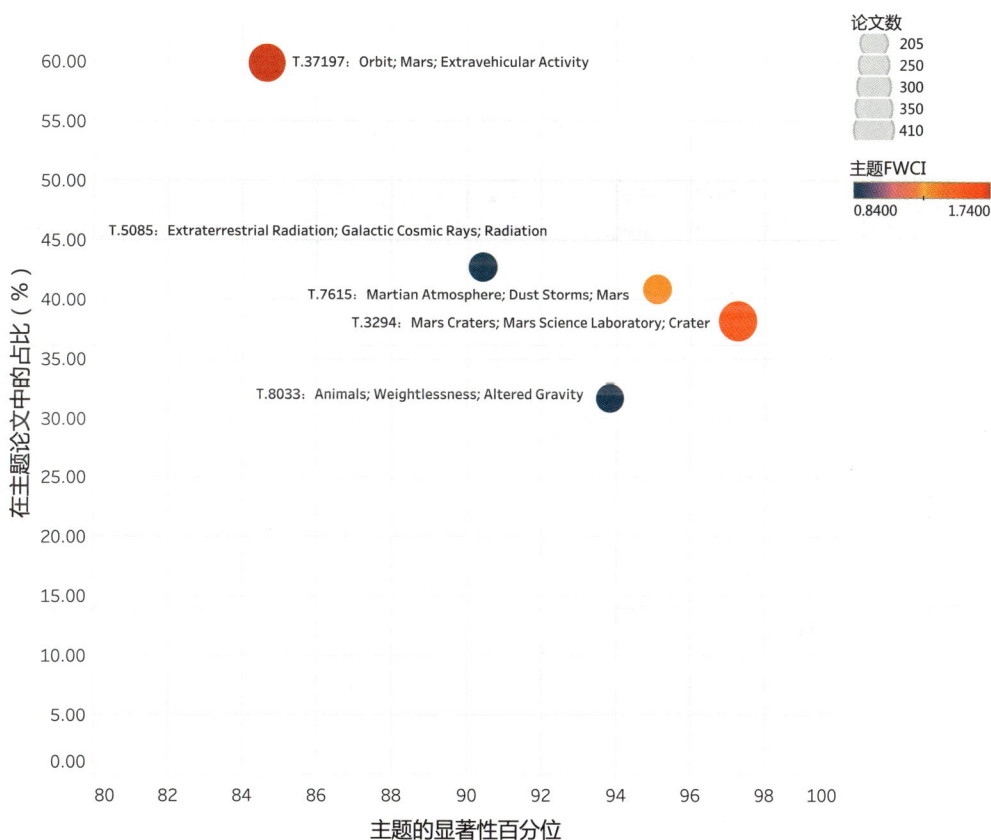

图1.5 2017年至今方向论文数最多的五个热点主题

---

[1] 学科规范化的引文影响力是主题论文的被引用次数与相同学科、相同年份、相同类型论文平均被引次数的比值，可以体现该主题的影响力。

[2] 在主题论文中的占比是指该方向下某个主题的论文数量占 SciVal 平台上该主题论文总数的比重，体现了研究主题与该研究方向的相关度，占比越高说明该主题与方向的相关度越高。

1.3 高产国家／地区和机构

从 2017 年至今发表的方向相关文献主要的发文国家／地区看（如表 1.1 所示），该方向最主要的研究国家／地区有 United States（美国）、China（中国）、Germany（德国）等；从主要机构看（如图 1.6 所示），高产的机构包括 Jet Propulsion Laboratory（喷气推进实验室）、California Institute of Technology（加州理工学院）、Chinese Academy of Sciences（中国科学院）、CNRS（法国国家科学研究中心）等。

表 1.1 2017 年至今方向前十位高产国家／地区

序号	国家／地区	发文量	点击量	FWCI	被引次数
1	United States	4709	77998	1.23	32923
2	China	2555	37679	0.64	10357
3	Germany	1292	27561	1.25	10160
4	Italy	933	23700	1.21	6666
5	France	904	19887	1.41	9909
6	United Kingdom	793	19907	1.36	8162
7	Russian Federation	706	15191	0.78	3723
8	Japan	631	12594	1.38	4124
9	Spain	505	13978	1.56	5649
10	Canada	487	10560	1.41	4983

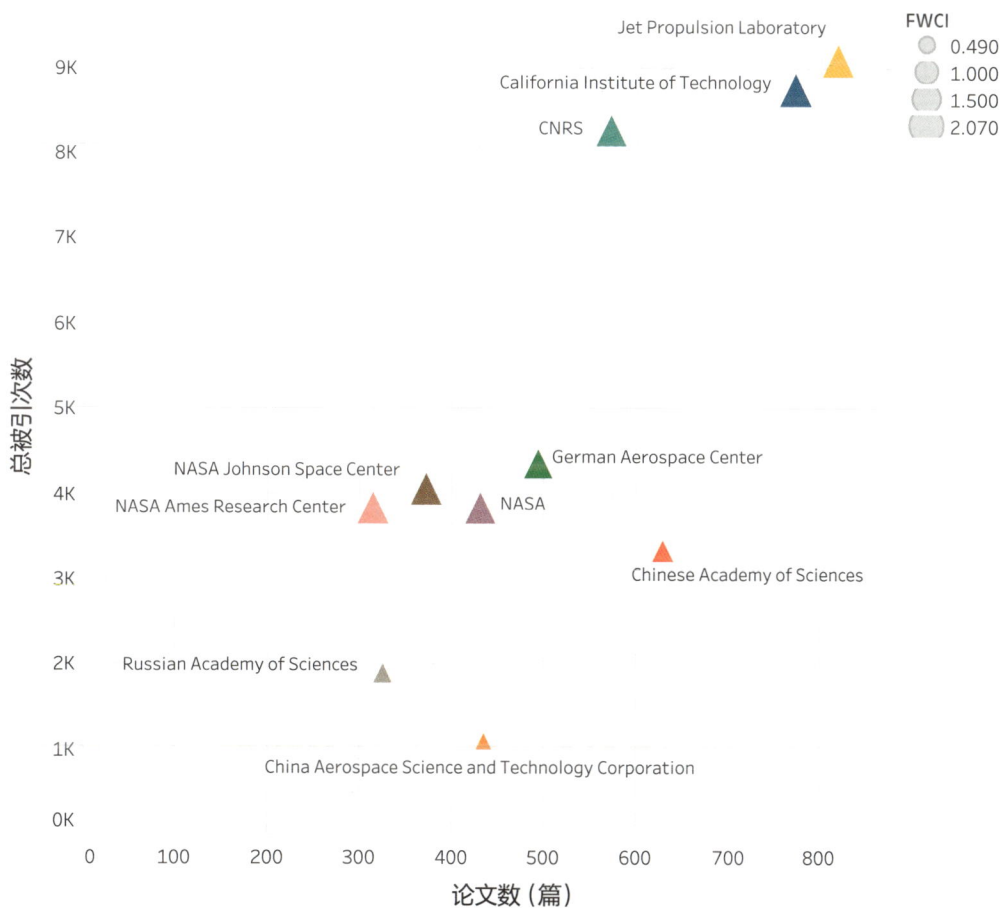

图 1.6 2017 年至今方向前十位高产机构

2 地月空间开发

2.1 总体概况

通过 Scopus 数据库检索 2017 年至今发表的"地月空间开发"相关论文，并将其导入 SciVal 平台，最终共有文献 8276 篇，整体情况如图 2.1 所示。

8,276
Scholarly Output

1,229   7

0.83
Field-Weighted Citation Impact

0.84   0.00

1,881
International Collaboration

303   1

124,519
Views Count

40,256
Citation Count

Publications in top 10% journals by CiteScore Percentile

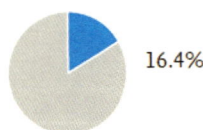

16.4%

Publications in top 10% most cited worldwide (field-weighted)

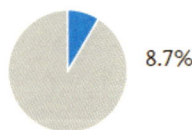

8.7%

图 2.1 方向文献整体概况

2017 年至今发表的"地月空间开发"相关文献的学科分布情况，如图 2.2 所示。在 Scopus 全学科期刊分类系统（ASJC）划分的 27 个学科中，该研究方向文献涉及的学科相对集中、学科交叉特性有其自身的特点。其中，较多的文献分布于 Engineering（工程学）、Earth and Planetary Sciences（地球与行星科学）、Physics and Astronomy（物理学与天文学）、Computer Science（计算机科学）等学科。

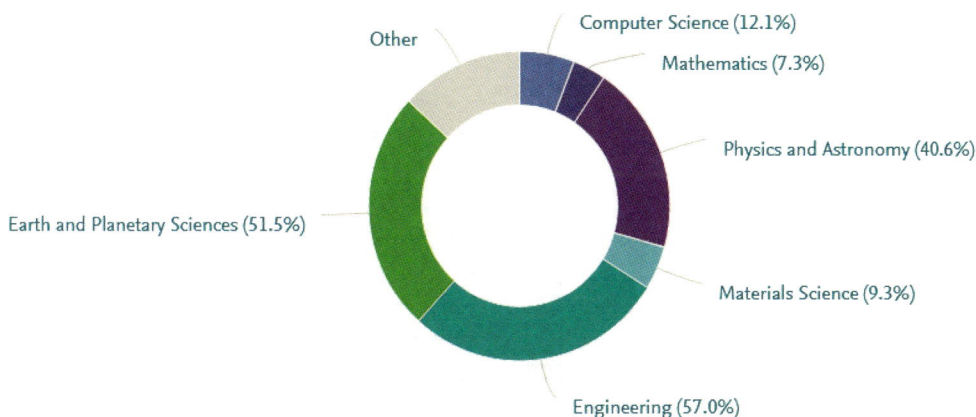

图 2.2 方向文献学科分布

2.2 研究热点与前沿

2.2.1 高频关键词

2017 年至今发表的"地月空间开发"相关文献的 TOP 50 高频关键词，如图 2.3 所示。其中，Moon（月球）、Natural Satellites（天然卫星）、Lunar Missions（月球探测任务）、Lunar Surface Analysis（月球表面分析）、Regolith（月壤）等是该方向出现频率最高的高频词。

图 2.3 2017 年至今方向 TOP 50 高频关键词词云图

从 2017 年至今方向 TOP 50 高频关键词的增长率情况看（如图 2.4 所示），该方向增长较快的关键词有 Lunar Bases（月球基地）、Chang'e（嫦娥号）、Rovers（探测车）、In Situ Resource Utilization（原位资源利用）、Space Platforms（空间平台）、Space Research（空间研究）、Lunar Soil（月球土壤）、Lunar Missions（月球探测任务）。

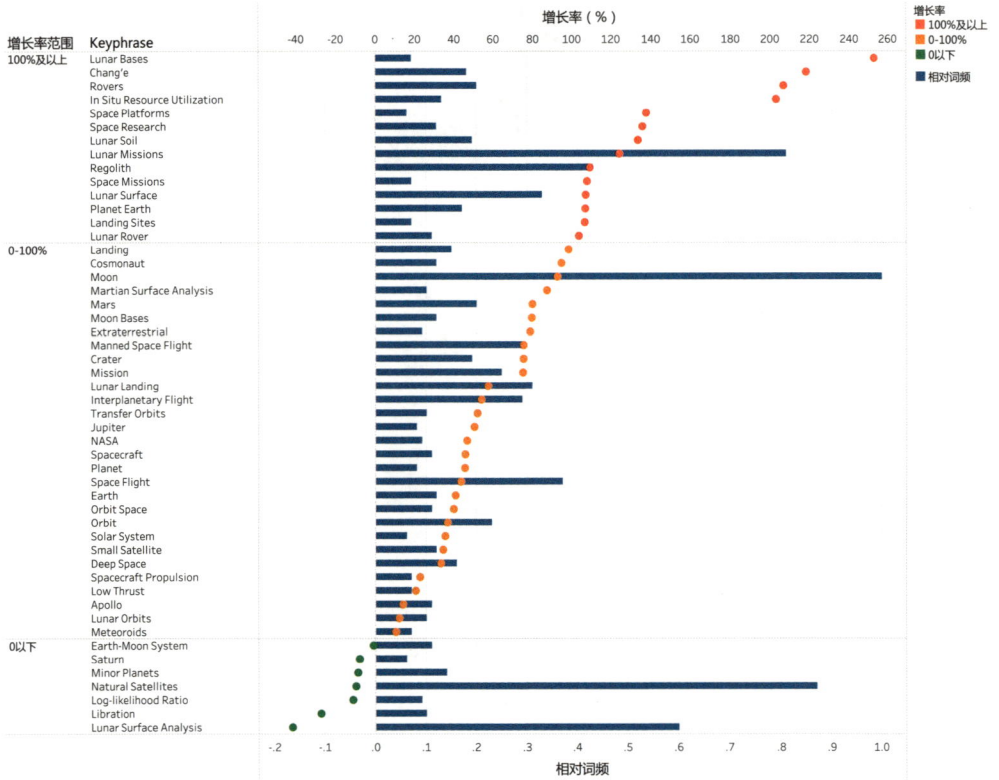

图 2.4 2017 年至今方向 TOP 50 高频关键词的增长率分布

2.2.2 方向相关热点主题（TOPIC）

从 2017 年至今该方向发表的相关文献涉及的主要研究主题看（如图 2.5 所示），显著性百分位最高的主题是 T.688，"Lunar Meteorite; Crater; Impact Melts"（月球陨石；火山口；陨击熔融物），达到 96.872，在全球具有较高关注度和发展势头；该主题文献量也最大。五个热点主题中该方向论文在主题论文中的占比最高的主题是 T.16145，"Water; Regolith; Moon"（水；月壤；月球），达到 69.38%，在该方向热点主题中最具相关性。该方向五个热点主题中有两个主题的显著性百分位分别为 84.642、89.971，其余三个主题的显著性百分位都在 90 以上，表明该方向整体上具有一定的全球关注度和研究发展潜力。

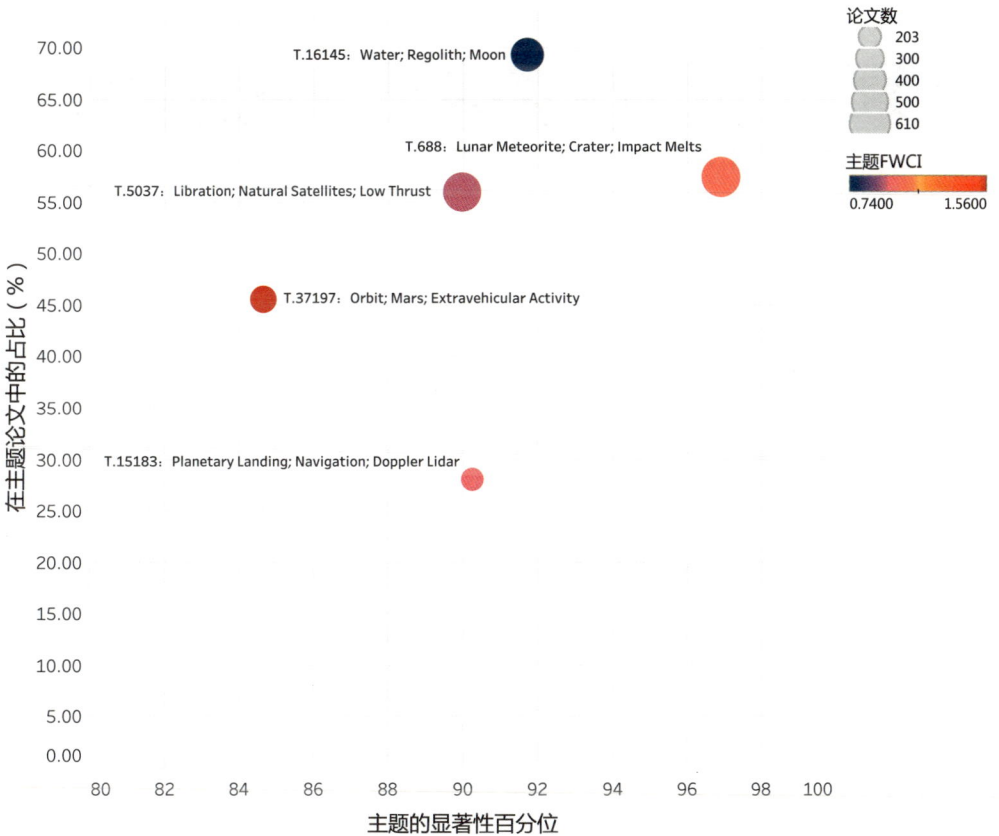

图 2.5 2017 年至今方向论文数最多的五个热点主题

2.3 高产国家 / 地区和机构

从 2017 年至今发表的方向相关文献主要的发文国家 / 地区看（如表 2.1 所示），该方向最主要的研究国家 / 地区有 United States（美国）、China（中国）、Germany（德国）、Russian Federation（俄罗斯）和 Italy（意大利）等；从主要机构看（如图 2.6 所示），高产的机构包括 Chinese Academy of Sciences（中国科学院）、Jet Propulsion Laboratory（喷气推进实验室）、California Institute of Technology（加州理工学院）以及 China Aerospace Science and Technology Corporation（中国航天科技集团有限公司）等。

表 2.1　2017 年至今方向前十位高产国家 / 地区

序号	国家 / 地区	发文量	点击量	FWCI	被引次数
1	United States	3016	42151	1.07	18693
2	China	1926	27978	0.7	9731
3	Germany	722	14120	1.12	5371
4	Russian Federation	554	11015	0.8	2259
5	Italy	525	11961	1	2692
6	Japan	497	8194	0.91	2134
6	United Kingdom	497	10374	1.17	4564
8	France	467	8910	1.01	3951
9	India	345	4531	0.51	1167
10	Netherlands	319	5906	0.98	1533

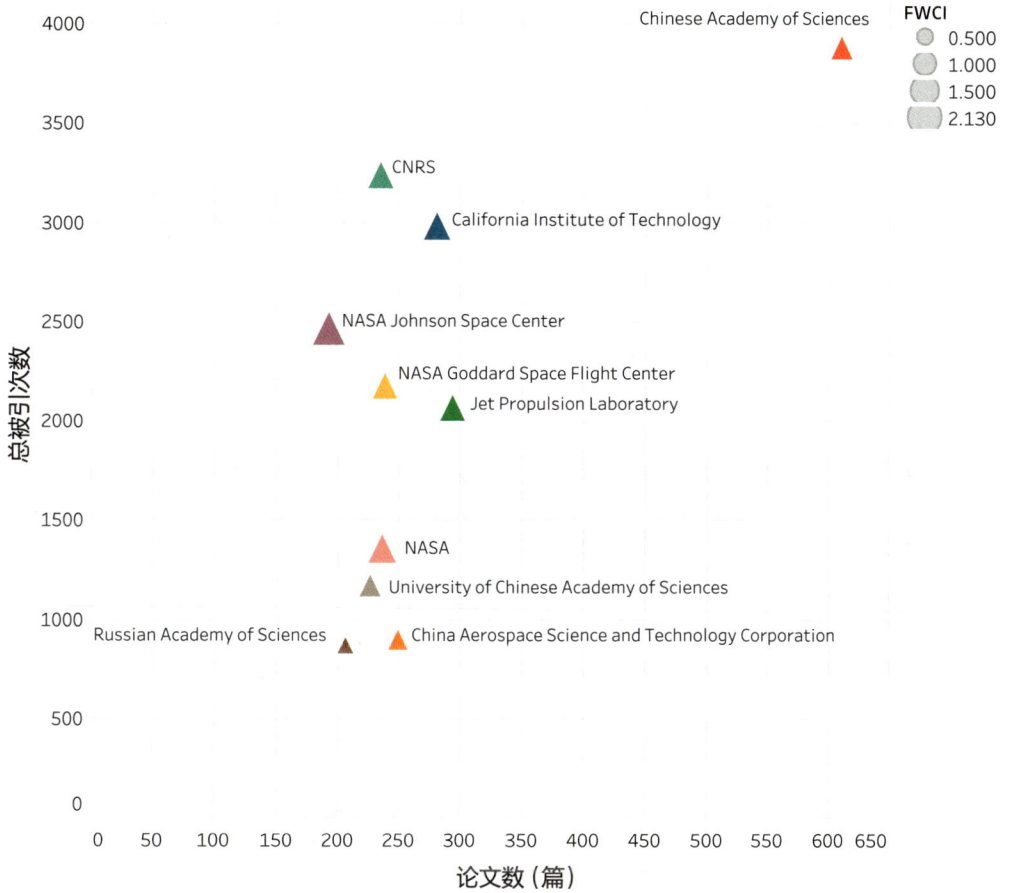

图 2.6 2017 年至今方向前十位高产机构

3 空间核动力技术

3.1 总体概况

通过 Scopus 数据库检索 2017 年至今发表的"空间核动力技术"相关论文，并将其导入SciVal 平台，最终共有文献 1067 篇，整体情况如图 3.1 所示。

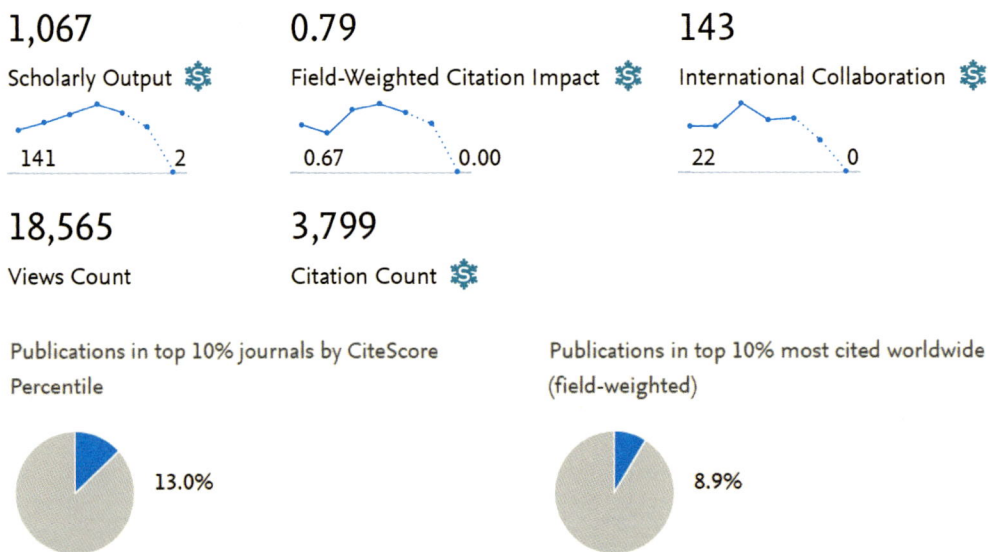

1,067
Scholarly Output ⚙

141   2

0.79
Field-Weighted Citation Impact ⚙

0.67   0.00

143
International Collaboration ⚙

22   0

18,565
Views Count

3,799
Citation Count ⚙

Publications in top 10% journals by CiteScore Percentile

13.0%

Publications in top 10% most cited worldwide (field-weighted)

8.9%

图3.1 方向文献整体概况

2017 年至今发表的"空间核动力技术"相关文献的学科分布情况，如图 3.2 所示。在 Scopus 全学科期刊分类系统（ASJC）划分的 27 个学科中，该研究方向文献涉及的学科较为广泛、学科交叉特性较为明显。其中，较多的文献分布于 Engineering（工程学）、Energy（能源）、Physics and Astronomy（物理学和天文学）、Earth and Planetary Sciences（地球与行星科学）、Materials Science（材料科学）等学科。

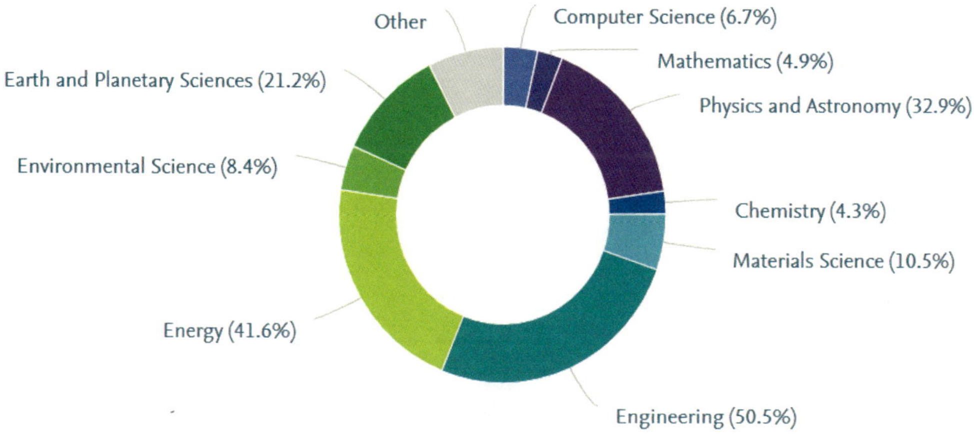

图 3.2 方向文献学科分布

3.2 研究热点与前沿

3.2.1 高频关键词

2017 年至今发表的"空间核动力技术"相关文献的 TOP 50 高频关键词，如图 3.3 所示。其中，Nuclear Reactor（核反应堆）、Nuclear Energy（核能）、Propulsion（推进）、Nuclear Fuel（核燃料）、Heat Pipe（热管）、Nuclear Propulsion（核推进）等是该方向出现频率最高的高频词。

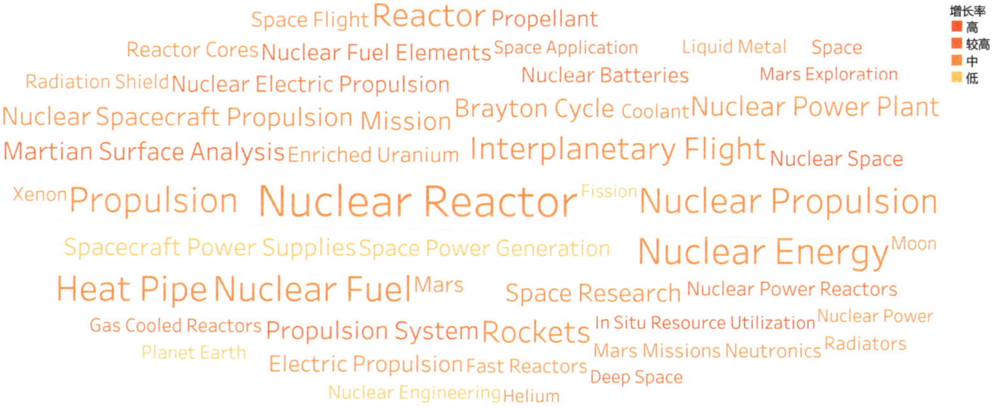

图 3.3 2017 年至今方向 TOP 50 高频关键词词云图

从 2017 年至今方向 TOP 50 高频关键词的增长率情况看（如图 3.4 所示），该方向增长较快的关键词有 Mars Exploration（火星探测）、In Situ Resource Utilization（原位资源利用）、Nuclear Space（核空间）、Nuclear Fuel Elements（核反应堆燃料元件）、Nuclear Batteries（核电池）等，近五年的词频增长率均超过 200%。

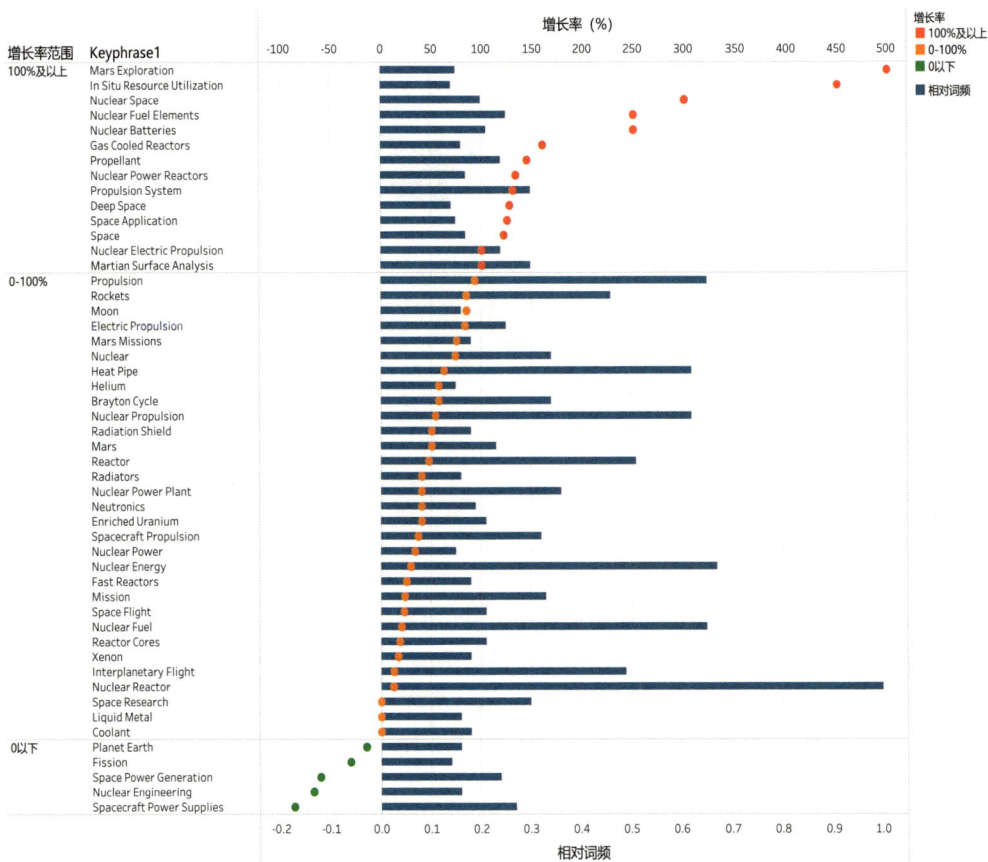

增长率 (%)

增长率范围	Keyphrase1
100%及以上	Mars Exploration
	In Situ Resource Utilization
	Nuclear Space
	Nuclear Fuel Elements
	Nuclear Batteries
	Gas Cooled Reactors
	Propellant
	Nuclear Power Reactors
	Propulsion System
	Deep Space
	Space Application
	Space
	Nuclear Electric Propulsion
	Martian Surface Analysis
0-100%	Propulsion
	Rockets
	Moon
	Electric Propulsion
	Mars Missions
	Nuclear
	Heat Pipe
	Helium
	Brayton Cycle
	Nuclear Propulsion
	Radiation Shield
	Mars
	Reactor
	Radiators
	Nuclear Power Plant
	Neutronics
	Enriched Uranium
	Spacecraft Propulsion
	Nuclear Power
	Nuclear Energy
	Fast Reactors
	Mission
	Space Flight
	Nuclear Fuel
	Reactor Cores
	Xenon
	Interplanetary Flight
	Nuclear Reactor
	Space Research
	Liquid Metal
	Coolant
0以下	Planet Earth
	Fission
	Space Power Generation
	Nuclear Engineering
	Spacecraft Power Supplies

增长率
- 100%及以上
- 0-100%
- 0以下
- 相对词频

相对词频

图3.4 2017年至今方向TOP 50高频关键词的增长率分布

3.2.2 方向相关热点主题（TOPIC）

从 2017 年至今该方向发表的相关文献涉及的主要研究主题看（如图 3.5 所示），五个热点主题中该方向论文在主题论文中占比最高的主题是 T.25132，"Heat Pipes; SNAP 10A; Hot Temperature"（热管；SNAP 10A；高温），占比达到 53.31 %，在该方向热点主题中最具相关性；同时，该主题的文献量最大，达到 153 篇；其显著性百分位为 85.377，发展势头良好。

显著性百分位最高的主题是 T.16145，"Water; Regolith; Moon"（水；月壤；月球），达到 91.705，在全球具有较高关注度。该方向的五个热点主题中显著性百分位在 70 至 80 之间的主题有三个，另外两个主题的显著性百分位分别为 85.377、91.705，表明该方向各主题受到的全球关注度具有较大的差异。

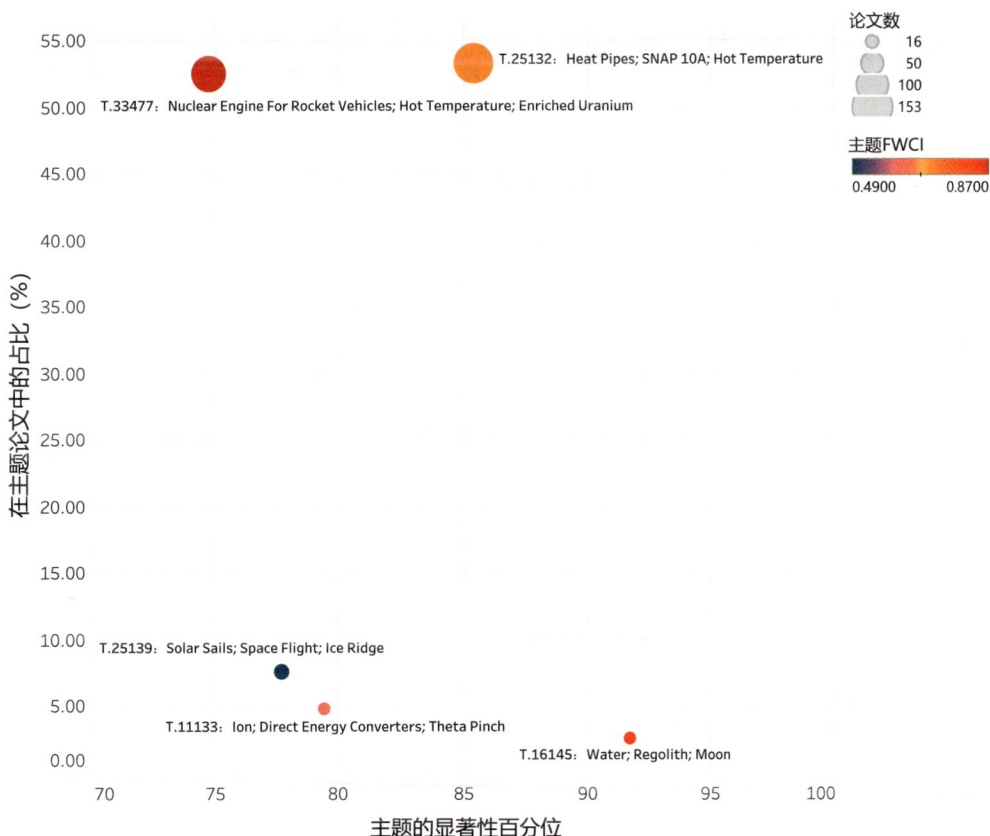

图3.5　2017年至今方向论文数最多的五个热点主题

3.3 高产国家 / 地区和机构

从 2017 年至今发表的方向相关文献主要的发文国家 / 地区看（如表 3.1 所示），该方向最主要的研究国家 / 地区有 United States（美国）、China（中国）、United Kingdom（英国）、Russian Federation（俄罗斯）和 India（印度）等；

从主要机构看（如图 3.6 所示），高产的机构包括 Tsinghua University（清华大学）、Xi'an Jiaotong University（西安交通大学）、China National Nuclear Corporation（中国核工业集团有限公司）等。

表 3.1 2017 年至今方向前十位高产国家 / 地区

序号	国家 / 地区	发文量	点击量	FWCI	被引次数
1	United States	385	6249	1.04	1791
2	China	302	5449	0.53	881
3	United Kingdom	68	1423	1.05	398
4	Russian Federation	64	1368	1.03	187
5	India	55	1091	0.72	115
6	Germany	50	1249	1.18	412
7	Italy	40	791	1.16	301
8	France	35	617	0.7	146
9	Japan	33	597	0.94	170
10	Netherlands	25	597	1.06	129

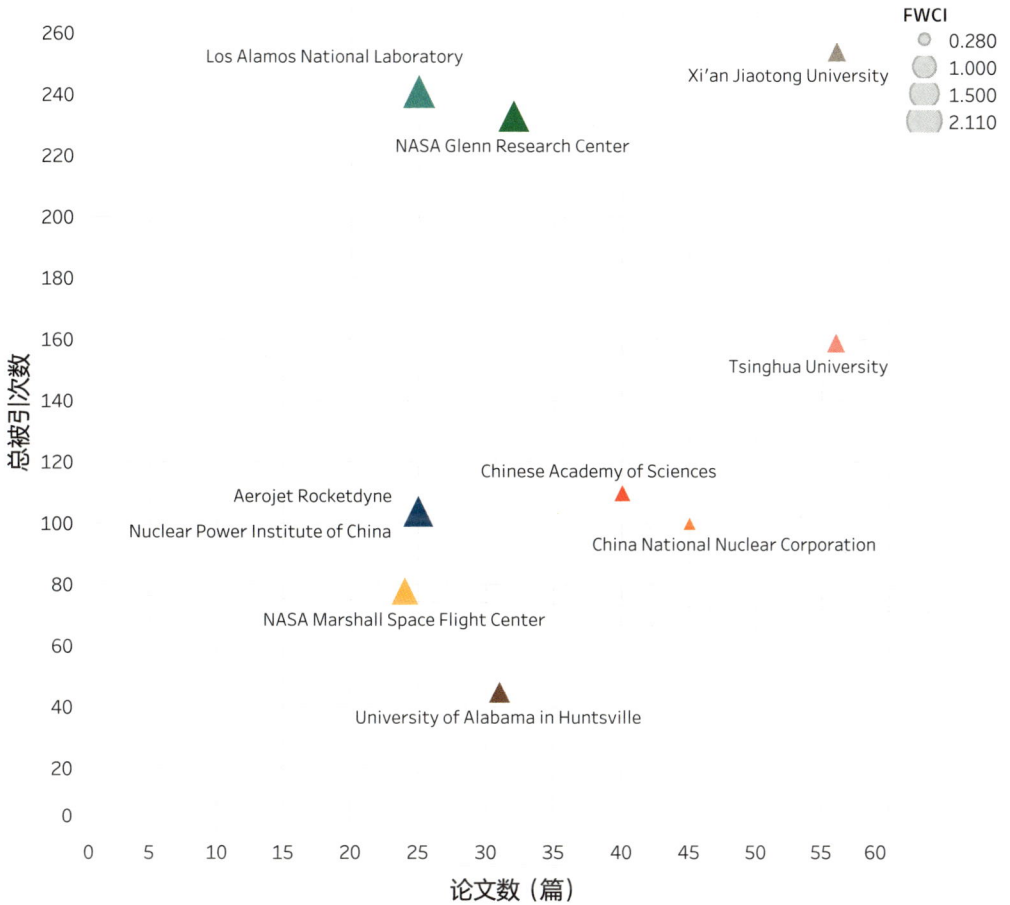

图 3.6 2017 年至今方向前十位高产机构

4 临近空间亚轨道飞行器研制

4.1 总体概况

通过 Scopus 数据库检索 2017 年至今发表的"临近空间亚轨道飞行器研制"相关论文，并将其导入 SciVal 平台，最终共有文献 1017 篇，整体情况如图 4.1 所示。

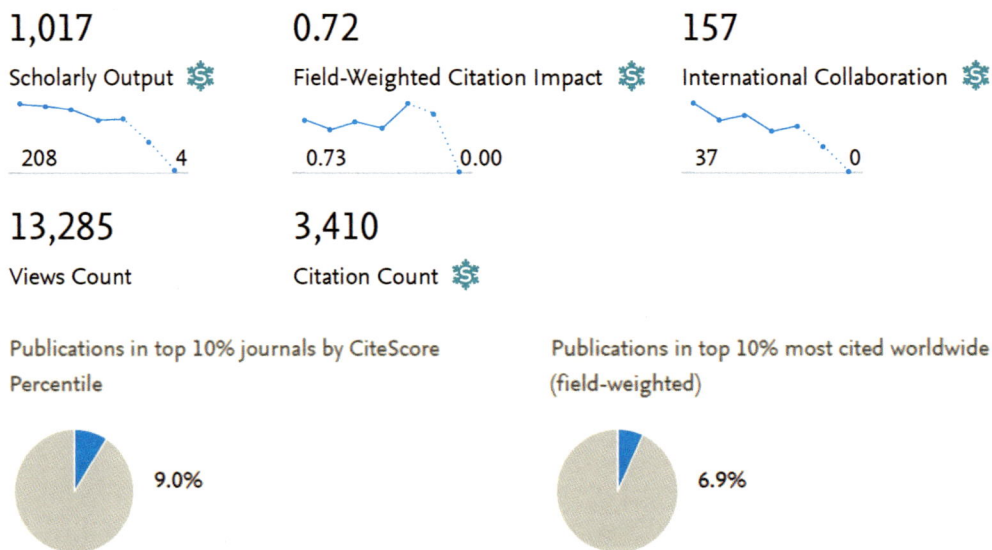

1,017
Scholarly Output

208   4

0.72
Field-Weighted Citation Impact

0.73   0.00

157
International Collaboration

37   0

13,285
Views Count

3,410
Citation Count

Publications in top 10% journals by CiteScore Percentile

9.0%

Publications in top 10% most cited worldwide (field-weighted)

6.9%

图 4.1 方向文献整体概况

2017 年至今发表的"临近空间亚轨道飞行器研制"相关文献的学科分布情况，如图 4.2 所示。在 Scopus 全学科期刊分类系统（ASJC）划分的 27 个学科中，该研究方向文献涉及的学科较为广泛、学科交叉特性较为明显。其中，较多的文献分布于 Engineering（工程学）、Physics and Astronomy（物理学和天文学）、Earth and Planetary Sciences（地球与行星科学）、Computer Science（计算机科学）、Mathematics（数学）等学科。

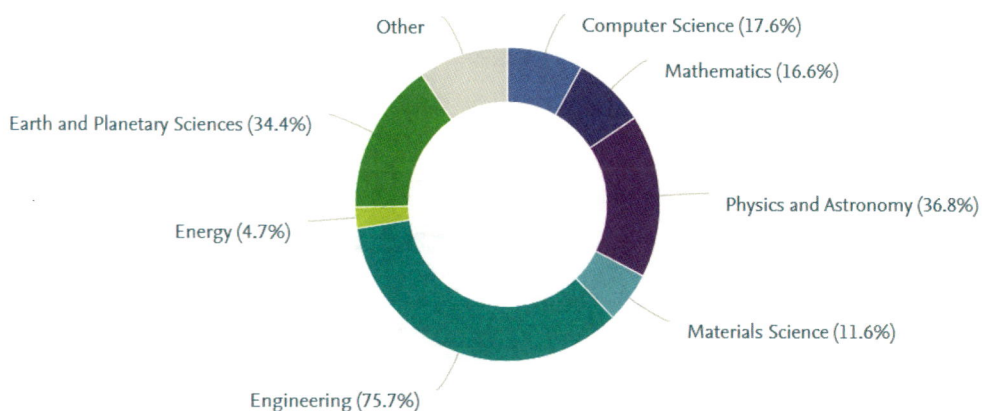

图 4.2 方向文献学科分布

4.2 研究热点与前沿

4.2.1 高频关键词

　　2017 年至今发表的"临近空间亚轨道飞行器研制"相关文献的 TOP 50 高频关键词，如图 4.3 所示。其中，Hypersonic Vehicle（高超声速飞行器）、Rockets（火箭）、Space Flight（空间飞行）、Hypersonic（高超声速）、Spacecraft（航天器）等是该方向出现频率最高的高频词。

图 4.3 2017 年至今方向 TOP 50 高频关键词词云图

从 2017 年至今方向 TOP 50 高频关键词的增长率情况看（如图 4.4 所示），该方向增长较快的关键词有 Glide（滑行）、Meteorological Balloons（气象探测气球）、Balloon（气球）、Sounding Rocket（探空火箭）、Stratosphere（平流层）、Space Platforms（空间平台）等。

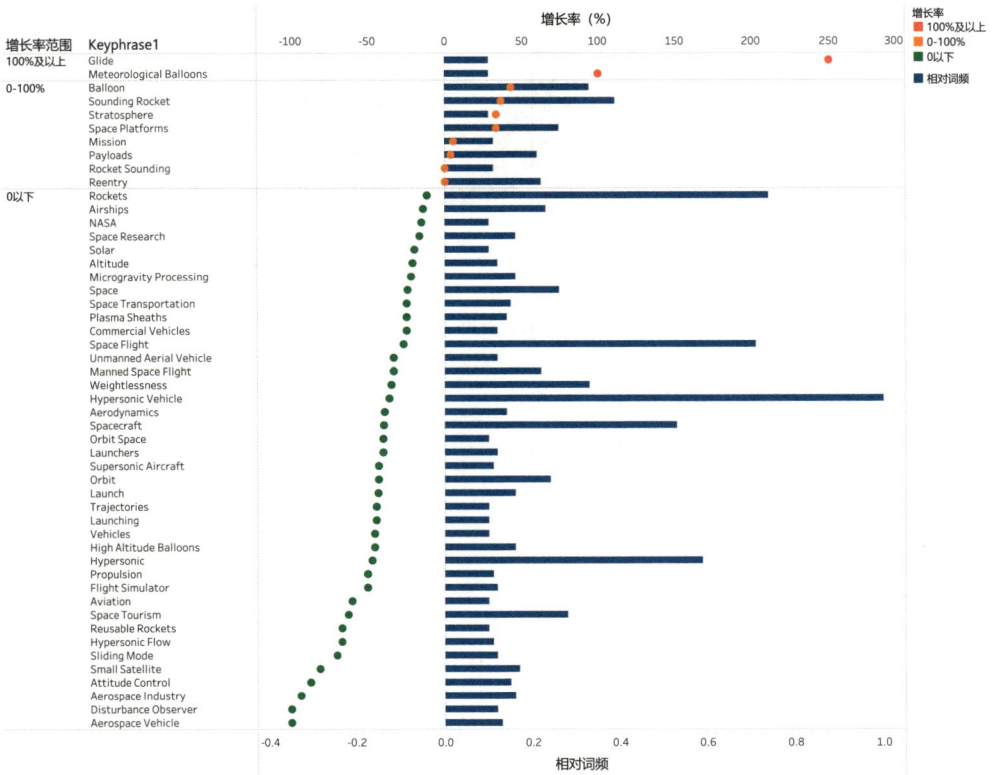

图 4.4 2017 年至今方向 TOP 50 高频关键词的增长率分布

4.2.2 方向相关热点主题（TOPIC）

从 2017 年至今该方向发表的相关文献涉及的主要研究主题看（如图 4.5 所示），五个热点主题中该方向论文在主题论文中占比最高的主题是 T.51841，"Space Tourism; Suborbital Flight; Space Flight"（太空旅行；亚轨道飞行；空间飞行），占比达到 25.99 %，在该方向热点主题中最具相关性。显著性百分位最高的主题是 T.6360，"Hypersonic Vehicles; Reusable Launch Vehicles; Breathing"（高超声速飞行器；可重复使用航天运载器；吸气式），达到 95.017，在全球具有较高关注度和发展势头。该方向五个热点主题中有一个主题的显著性百分位为 72.05，另外四个主题的显著性百分位在 80 至 90 之间、90 至 100 之间各有分布，表明该方向各主题受到的全球关注度具有较大的差异。

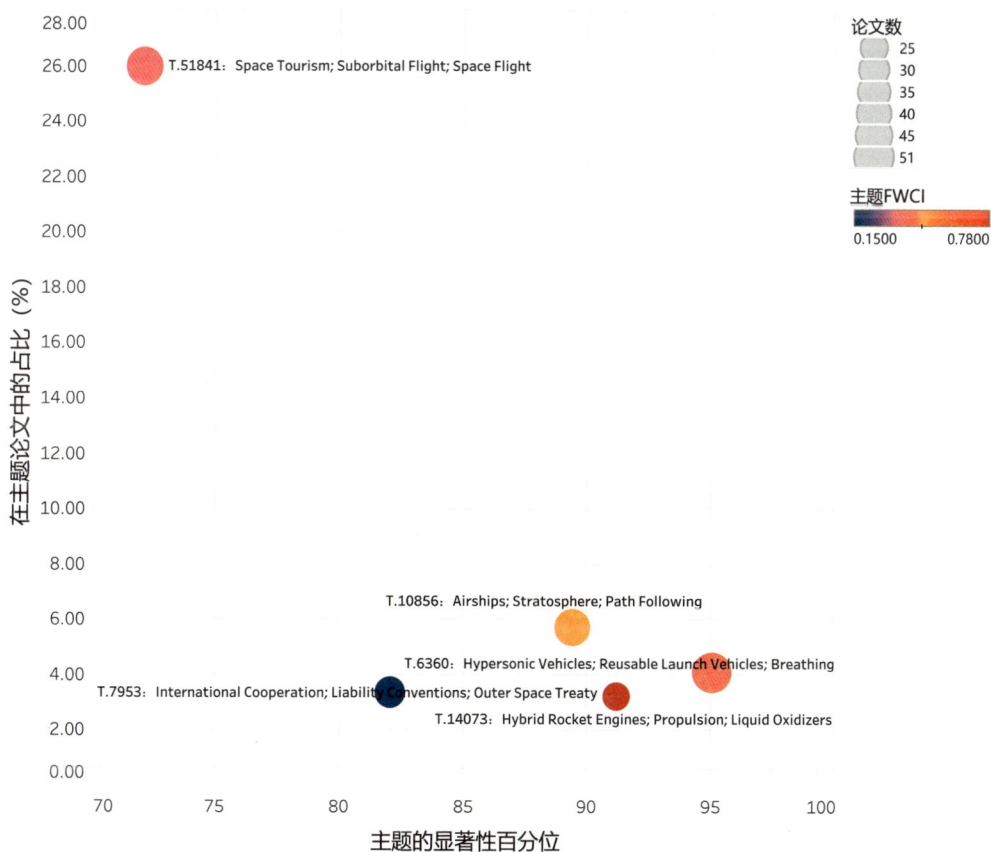

图 4.5 2017 年至今方向论文数最多的五个热点主题

4.3 高产国家 / 地区和机构

从 2017 年至今发表的方向相关文献主要的发文国家 / 地区看（如表 4.1 所示），该方向最主要的研究国家 / 地区有 China（中国）、United States（美国）、Italy（意大利）、Germany（德国）、France（法国）和 Japan（日本）等；从主要机构看（如图 4.6 所示），高产的机构包括 Chinese Academy of Sciences（中国科学院）、Nanjing University of Aeronautics and Astronautics（南京航空航天大学）、Northwestern Polytechnic University（西北工业大学）等。

表 4.1 2017 年至今方向前十位高产国家 / 地区

序号	国家 / 地区	发文量	点击量	FWCI	被引次数
1	China	425	5559	0.51	1734
2	United States	283	3229	1.15	1087
3	Italy	56	1126	0.95	178
4	Germany	55	953	0.85	392
5	France	34	591	1.76	232
5	Japan	34	528	0.78	114
7	United Kingdom	33	547	1.51	243
8	Canada	30	617	1.35	137
9	Poland	24	435	0.87	112
10	Russian Federation	23	470	0.39	60

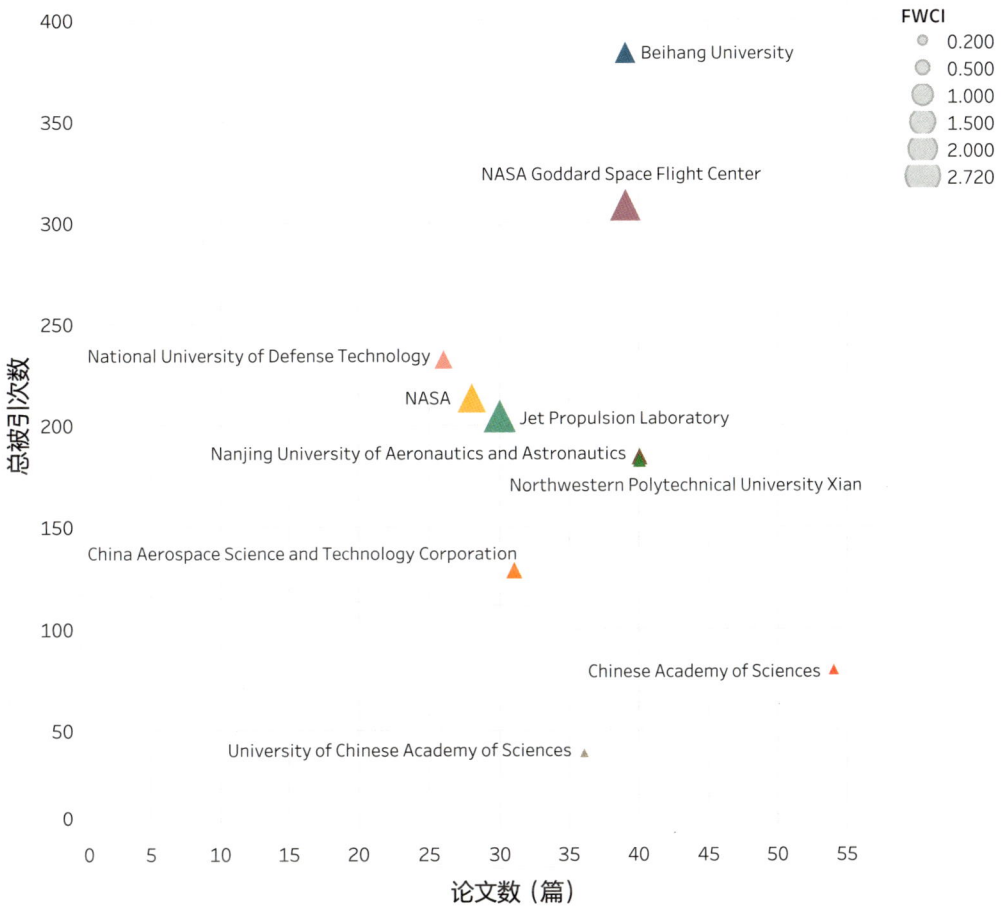

图 4.6　2017 年至今方向前十位高产机构

5 自组织无人飞行器群

5.1 总体概况

通过 Scopus 数据库检索 2017 年至今发表的"自组织无人飞行器群"相关论文，并将其导入 SciVal 平台，最终共有文献 5502 篇，整体情况如图 5.1 所示。

5,502
Scholarly Output

390 — 38

1.46
Field-Weighted Citation Impact

1.78 — 0.00

1,073
International Collaboration

65 — 1

84,566
Views Count

39,825
Citation Count

Publications in top 10% journals by CiteScore Percentile

28.0%

Publications in top 10% most cited worldwide (field-weighted)

17.7%

图 5.1 方向文献整体概况

2017 年至今发表的"自组织无人飞行器群"相关文献的学科分布情况，如图 5.2 所示。在 Scopus 全学科期刊分类系统（ASJC）划分的 27 个学科中，该研究方向文献涉及的学科相对集中、学科交叉特性有其自身的特点。其中，较多的文献分布于 Engineering（工程学）、Computer Science（计算机科学）、Mathematics（数学）、Physics and Astronomy（物理学和天文学）等学科。

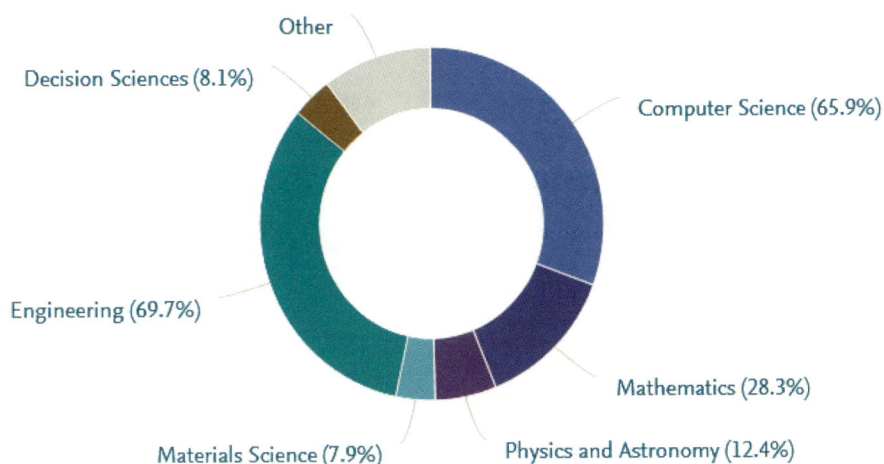

图 5.2 方向文献学科分布

5.2 研究热点与前沿

5.2.1 高频关键词

2017 年至今发表的"自组织无人飞行器群"相关文献的 TOP 50 高频关键词，如图 5.3 所示。其中，Unmanned Aerial Vehicle（无人飞行器）、Swarm（集群）、Drone（无人机）、Cooperative（协同的）、Path Planning（轨迹规划）、Formation Control（编队控制）等是该方向出现频率最高的高频词。

图 5.3 2017 年至今方向 TOP 50 高频关键词词云图

从 2017 年至今方向 TOP 50 高频关键词的增长率情况看（如图 5.4 所示），该方向增长较快的关键词有 Edge Computing（边缘计算）、Reinforcement Learning（强化学习）、Jamming（干扰）、Antenna（天线）、Trajectory Optimization（轨迹优化）、Base Stations（基站）等。此外，2017 年以来新增了高频关键词 Multiagent Learning（多主体学习）、Mobile Edge Computing（移动边缘计算）。

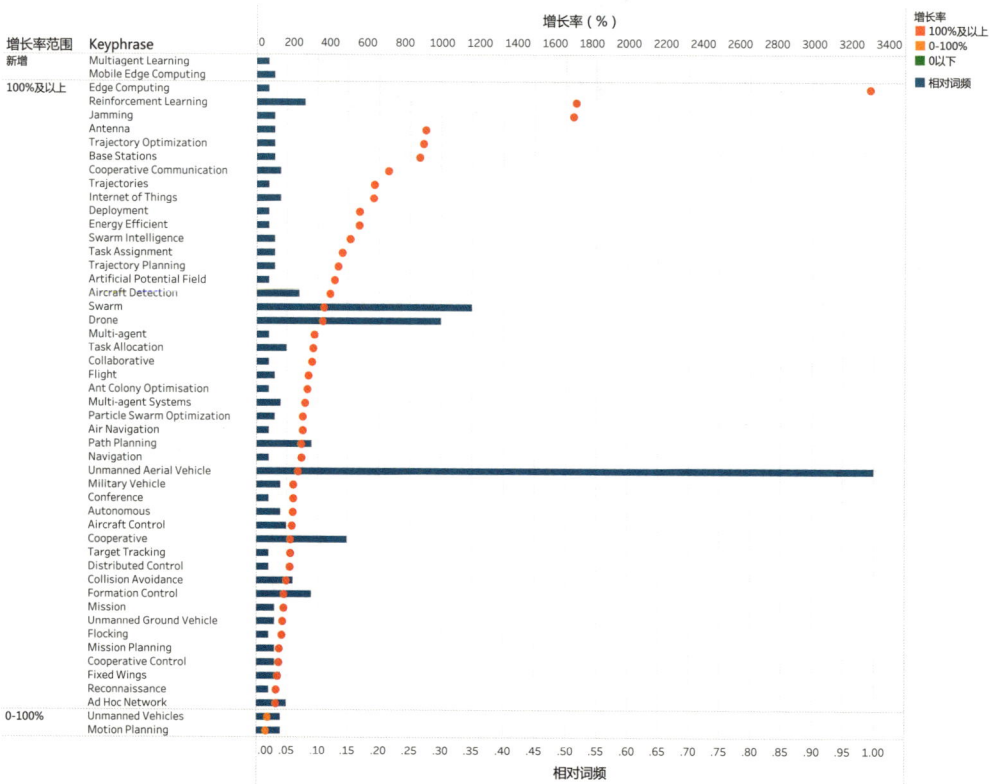

图 5.4 2017 年至今方向 TOP 50 高频关键词的增长率分布

5.2.2 方向相关热点主题（TOPIC）

从 2017 年至今该方向发表的相关文献涉及的主要研究主题看（如图 5.5 所示），该方向文献量最大的主题是 T.21868，"Drone; Unmanned Aerial Vehicles; Base Stations"（无人机；无人飞行器；基站），论文数达到 1402 篇；该主题的显著性百分位达到 99.848，在全球具有高关注度；FWCI 为 1.97，具有高引文影响力。五个热点主题中该方向论文在主题论文中的占比最

高的主题是 T.11165，"Swarm; Mission Planning; Unmanned Aerial Vehicle (UAV)"（集群；任务规划；无人飞行器），占比达到 42.7%，在该方向热点主题中最具相关性。该方向五个热点主题均呈现出较高的显著性百分位（均在 92 以上），表明该方向整体上具有较高的全球关注度和较大的研究发展潜力。

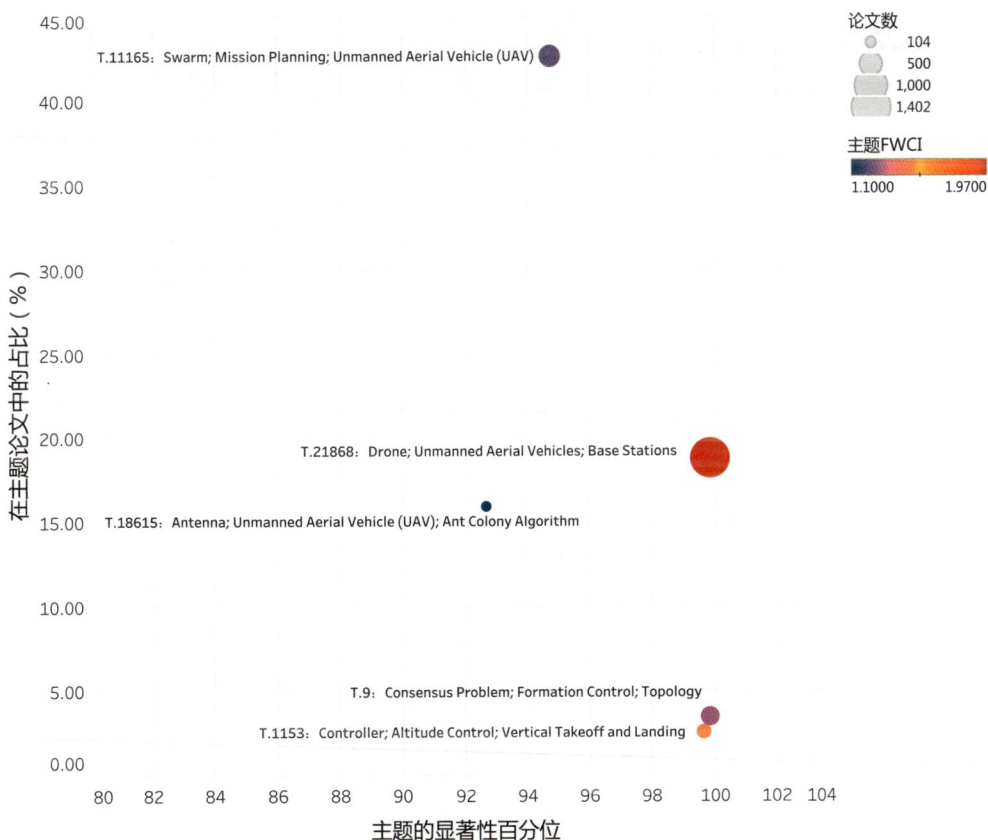

图 5.5 2017 年至今方向论文数最多的五个热点主题

5.3 高产国家 / 地区和机构

从 2017 年至今发表的方向相关文献主要的发文国家 / 地区看（如 5.1 所示），该方向最主要的研究国家 / 地区有 China（中国）、United States（美国）、Republic of Korea（韩国）、United Kingdom（英国）和 India（印度）等；从主要机构看（如图 5.6 所示），高产的机构包括 National University of Defense Technology（中国人民解放军国防科技大学）、Northwestern Polytechnical University（西北工业大学）、Beihang University（北京航空航天大学）以及 Nanjing University of Aeronautics and Astronautics（南京航空航天大学）等。

表 5.1 2017 年至今方向前十位高产国家 / 地区

序号	国家 / 地区	发文量	点击量	FWCI	被引次数
1	China	2654	34183	1.31	17806
2	United States	821	14221	2.03	8492
3	Republic of Korea	261	4082	1.88	2905
4	United Kingdom	247	4856	2.59	3797
5	India	228	3651	1.61	1619
6	Canada	184	3607	2.13	2129
7	Italy	148	4123	2.18	1174
8	Australia	143	2260	2.26	1366
8	Russian Federation	143	3361	1.3	442
10	France	136	2820	2.11	2112

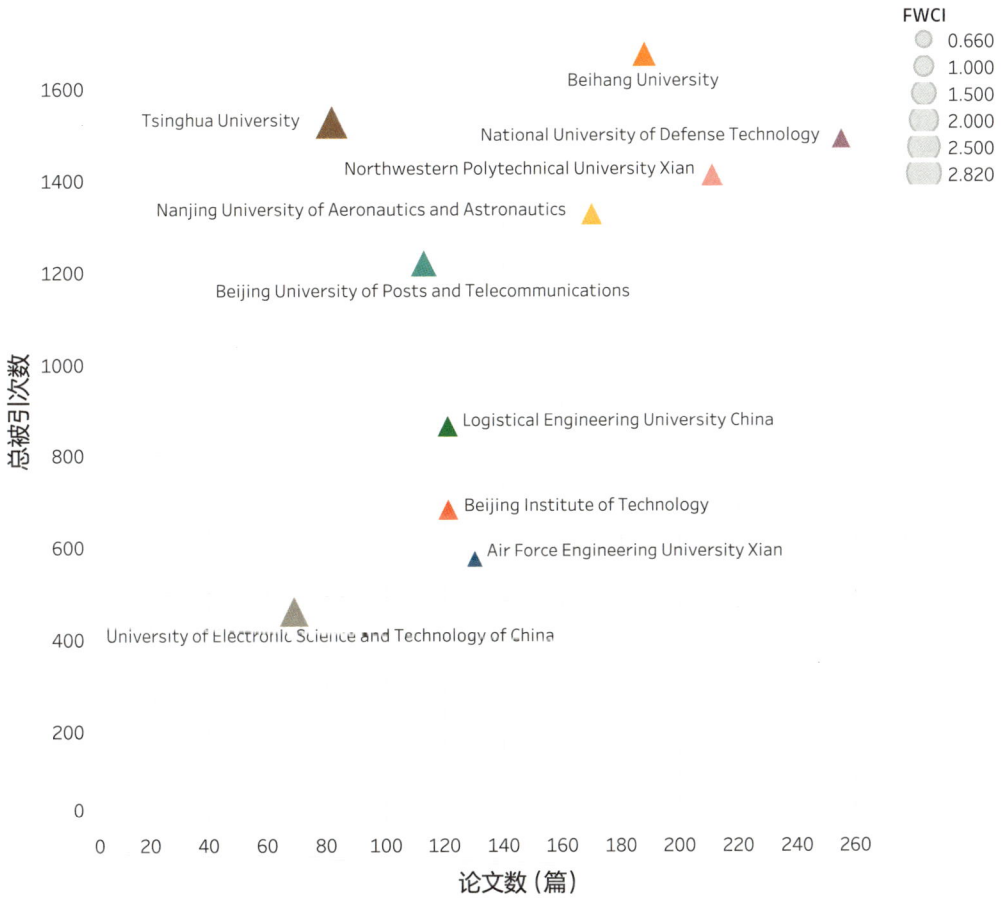

图 5.6 2017 年至今方向前十位高产机构

6 高超声速飞行技术

6.1 总体概况

通过 Scopus 数据库检索 2017 年至今发表的"高超声速飞行技术"相关论文，并将其导入 SciVal 平台，最终共有文献 7535 篇，整体情况如图 6.1 所示。

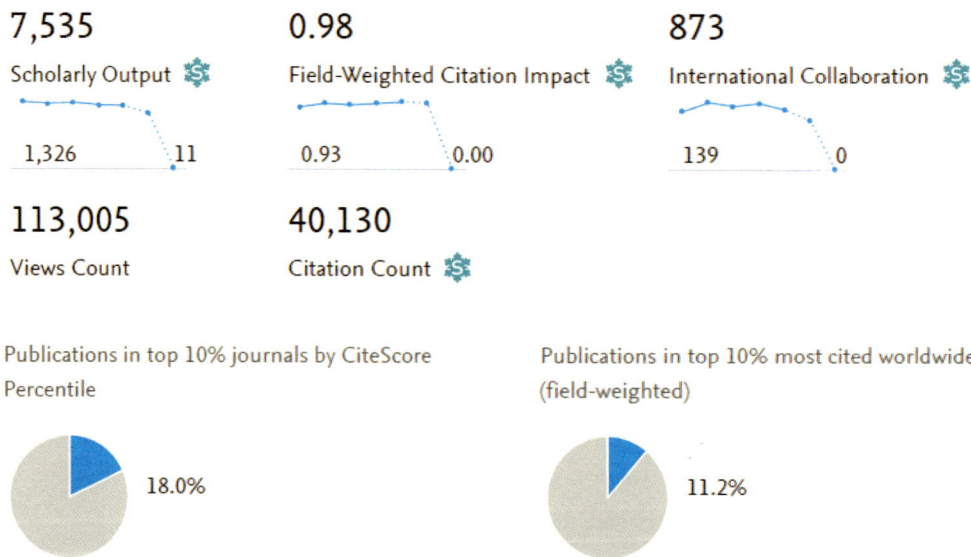

7,535
Scholarly Output 🟦
1,326 ──── 11

0.98
Field-Weighted Citation Impact 🟦
0.93 ──── 0.00

873
International Collaboration 🟦
139 ──── 0

113,005
Views Count

40,130
Citation Count 🟦

Publications in top 10% journals by CiteScore Percentile
18.0%

Publications in top 10% most cited worldwide (field-weighted)
11.2%

图 6.1 方向文献整体概况

2017 年至今发表的"高超声速飞行技术"相关文献的学科分布情况，如图 6.2 所示。在 Scopus 全学科期刊分类系统（ASJC）划分的 27 个学科中，该研究方向文献涉及的学科较为广泛、学科交叉特性较为明显。其中，较多的文献分布于 Engineering（工程学）、Physics and Astronomy（物理学和天文学）、Mathematics（数学）、Computer Science（计算机科学）、Earth and Planetary Sciences（地球与行星科学）等学科。

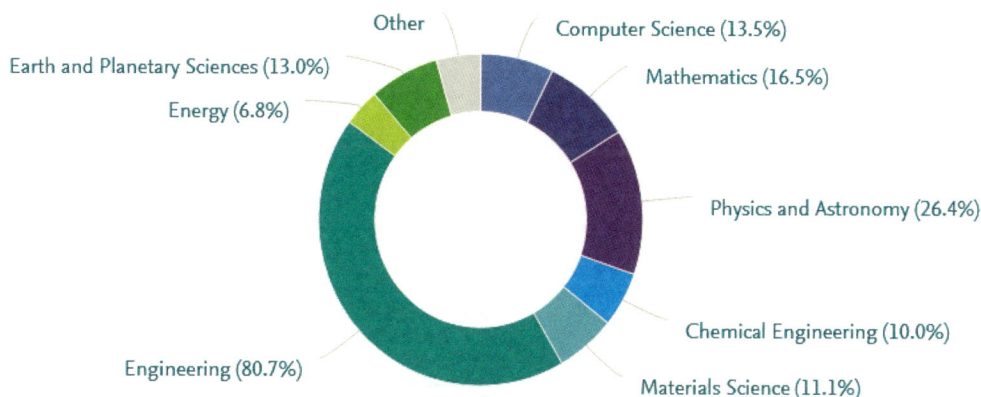

图 6.2 方向文献学科分布

6.2 研究热点与前沿

6.2.1 高频关键词

2017 年至今发表的"高超声速飞行技术"相关文献的 TOP 50 高频关键词，如图 6.3 所示。其中，Hypersonic Vehicle（高超声速飞行器）、Hypersonic（高超声速）、Hypersonic Flow（高超声速流）、Hypersonic Boundary Layers（高超声速边界层）、Hypersonic Flight（高超声速飞行）、Mach Number（马赫数）、Shock Wave（冲击波）等是该方向出现频率最高的高频词。

图 6.3 2017 年至今方向 TOP 50 高频关键词词云图

从 2017 年至今方向 TOP 50 高频关键词的增长率情况看（如图 6.4 所示），该方向增长较快的关键词有 Turbulent Boundary Layer（湍流边界层）、Atmospheric Thermodynamics（大气热力学）、Aviation（飞行）、Boundary Layer Flow（边界层流）、Hypersonic Boundary Layers（高超声速边界层）、Ramjet Engines（冲压喷气发动机）、Nonequilibrium（不平衡）等。

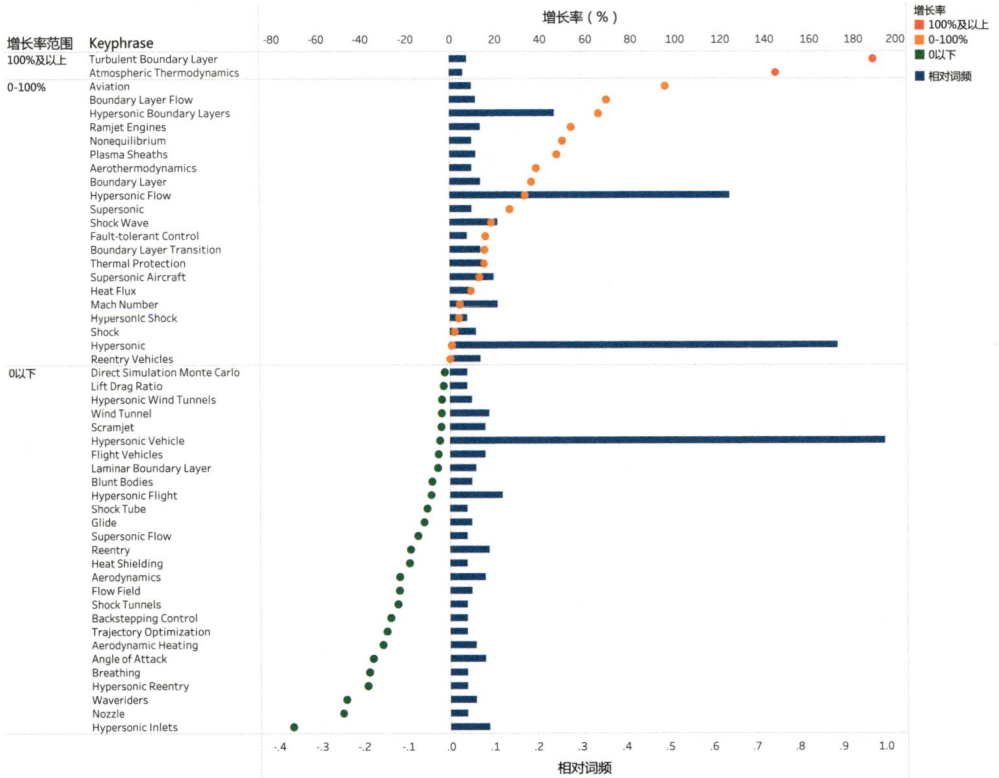

图 6.4 2017 年至今方向 TOP 50 高频关键词的增长率分布

6.2.2 方向相关热点主题（TOPIC）

从 2017 年至今该方向发表的相关文献涉及的主要研究主题看（如图 6.5 所示），该方向文献量最大的主题是 T.6360，"Hypersonic Vehicles; Reusable Launch Vehicles; Breathing"（高超声速飞行器；可重复使用运载器；吸气式）；显著性百分位达到 94.867，在全球具有较高关注度。显著性百分位最高的主题是 T.1078，"Cavity; Supersonic Combustion; Rocket-based Combined-cycle Engines"（型腔；超声速燃烧；火箭基组合循环发动机），达到 97.681，在全球具有较高关注度和发展势头。五个热点主题

中该方向论文在主题论文中占比最高的主题是 T.12921，"Waveriders; Mach Number; Hypersonic Inlets"（乘波体；马赫数；高超声速进气道），占比达到 63.37 %，在该方向热点主题中最具相关性。FWCI 最高的主题为 T.7018，"Hypersonic Boundary Layers; Mach Number; Hypersonic Flow"（高超声速边界层；马赫数；高超声速流），达到 2.01，具有高引文影响力。该方向五个热点主题中有四个主题的显著性百分位较高（均在 93 以上），表明该方向整体上具有较高的全球关注度和较大的研究发展潜力。

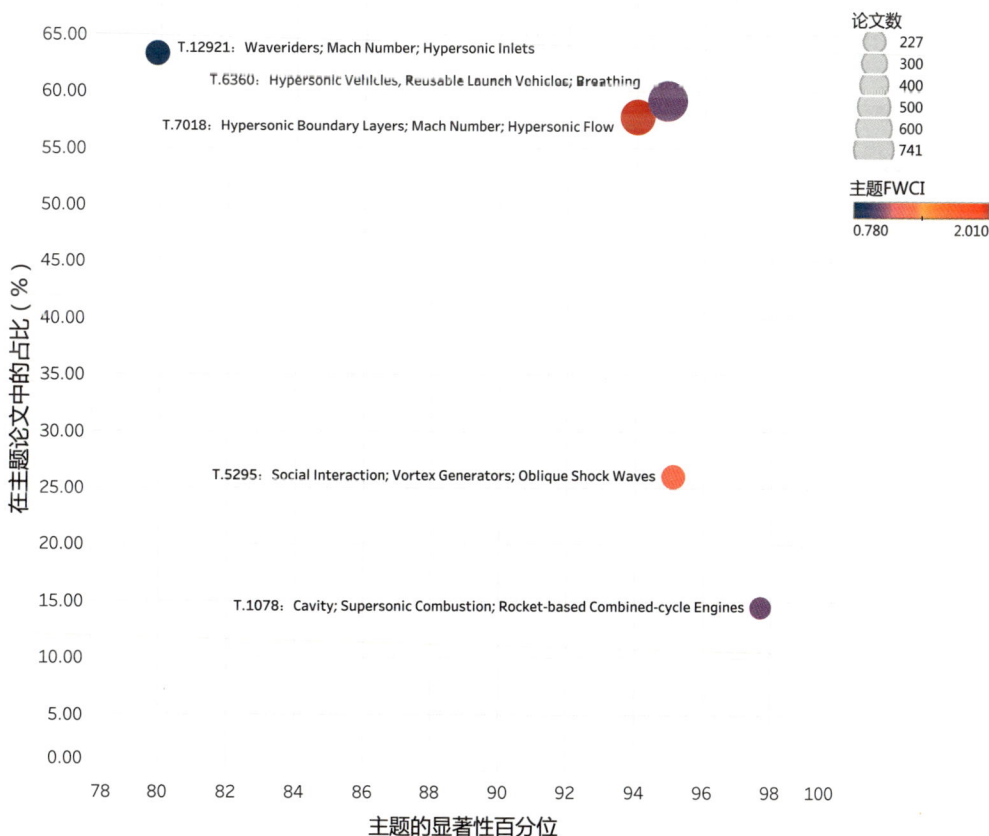

图 6.5 2017 年至今方向论文数最多的五个热点主题

6.3 高产国家 / 地区和机构

从 2017 年至今发表的方向相关文献主要的发文国家 / 地区看（如表 6.1 所示），该方向最主要的研究国家 / 地区有 China（中国）、United States（美国）、Germany（德国）、United Kingdom（英国）和 Japan（日本）等；从主要的机构看（如图 6.6 所示），高产的机构包 括 Chinese Academy of Sciences（中国科学院）、CNRS（法国国家科学研究中心）、China Geological Survey（中国地质调查局）、China University of Geosciences, Beijing（中国地质大学，北京）等。

表 6.1 2017 年至今方向前十位高产国家 / 地区

序号	国家 / 地区	发文量	点击量	FWCI	被引次数
1	China	3880	59905	0.79	22648
2	United States	1635	17876	1.7	9777
3	India	434	7583	0.64	1621
4	Russian Federation	392	8383	0.8	1638
5	United Kingdom	269	5343	1.38	2014
6	Germany	215	3780	1.44	1360
7	Italy	200	5891	1.32	1380
8	Australia	161	2945	1.21	1123
9	Japan	141	2033	0.8	442
10	France	139	2370	0.9	613

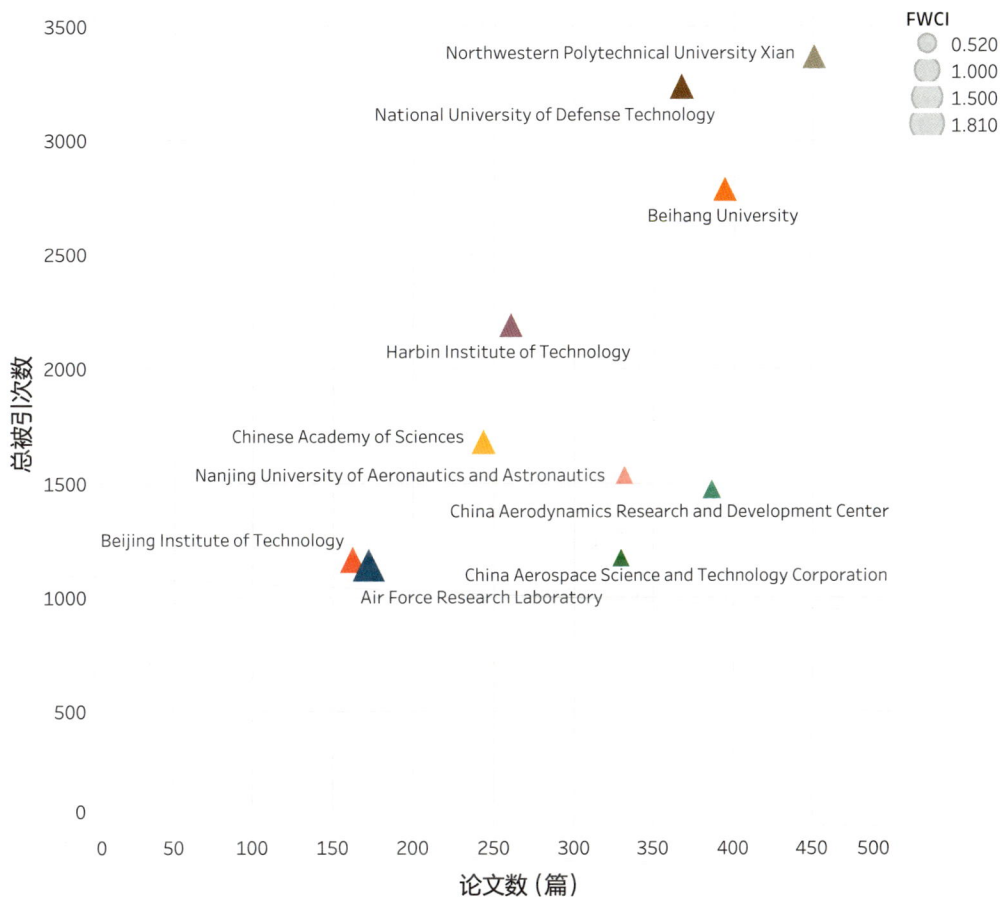

图 6.6 2017 年至今方向前十位高产机构

7 太空 3D 打印技术

7.1 总体概况

通过 Scopus 数据库检索 2017 年至今发表的"太空 3D 打印技术"相关论文，并将其导入 SciVal 平台，最终共有文献 647 篇，整体情况如图 7.1 所示。

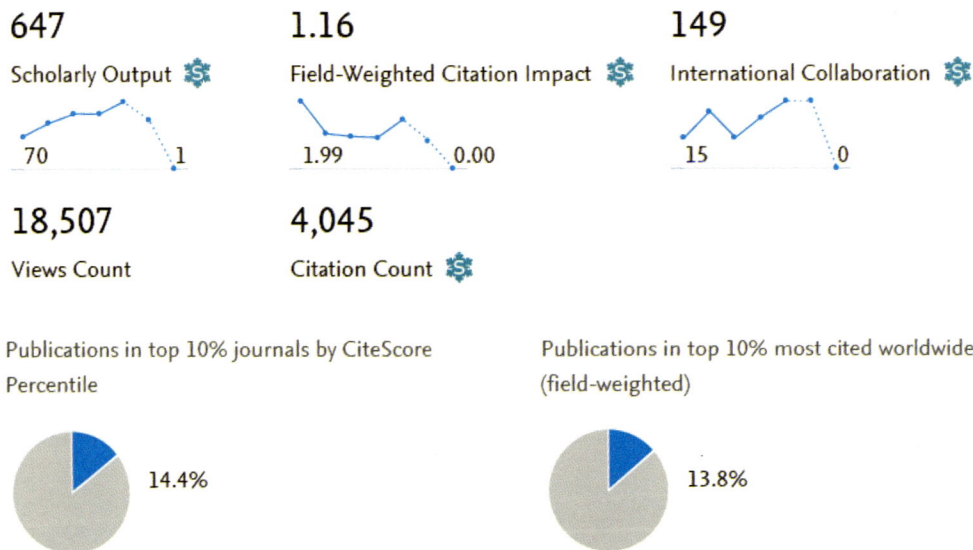

647
Scholarly Output Ⓢ
70 ⌐ 1

1.16
Field-Weighted Citation Impact Ⓢ
1.99 ⌐ 0.00

149
International Collaboration Ⓢ
15 ⌐ 0

18,507
Views Count

4,045
Citation Count Ⓢ

Publications in top 10% journals by CiteScore Percentile

14.4%

Publications in top 10% most cited worldwide (field-weighted)

13.8%

图 7.1 方向文献整体概况

2017 年至今发表的"太空 3D 打印技术"相关文献的学科分布情况，如图 7.2 所示。在 Scopus 全学科期刊分类系统（ASJC）划分的 27 个学科中，该研究方向文献涉及的学科较为广泛、学科交叉特性较为明显。其中，较多的文献分布于 Engineering（工程学）、Physics and Astronomy（物理学与天文学）、Earth and Planetary Sciences（地球与行星科学）、Materials Science（材料科学）等学科。

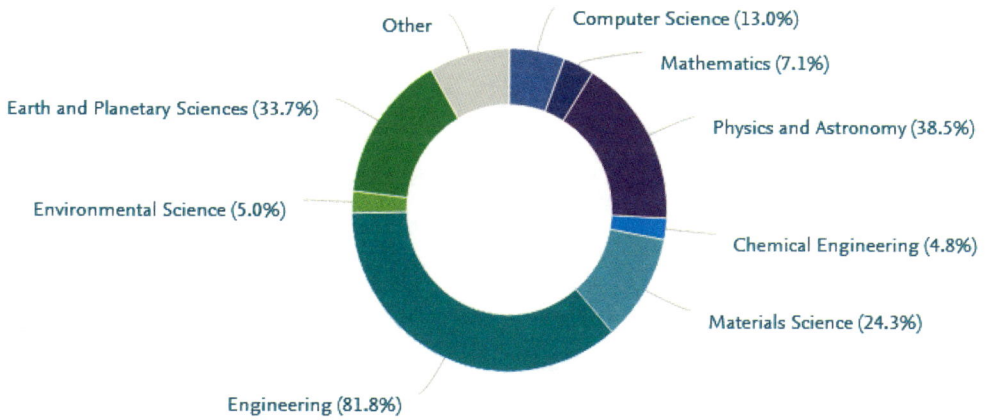

图7.2 方向文献学科分布

7.2 研究热点与前沿

7.2.1 高频关键词

2017 年至今发表的"太空 3D 打印技术"相关文献的 TOP 50 高频关键词，如图 7.3 所示。 其中，Three-Dimensional Printing（3D 打印）、Regolith（月壤）、In Situ Resource Utilization（原位资源利用）、Space Flight（空间飞行）、Moon（月球）、Manned Space Flight（载人空间飞行）、Small Satellite（小型卫星）等是该方向出现频率最高的高频词。

图7.3 2017年至今方向 TOP 50 高频关键词词云图

从 2017 年至今方向 TOP 50 高频关键词的增长率情况看（如图 7.4 所示），该方向增长较快的关键词有 Aerospace Industry（航天工业）、Extraterrestrial（外星人）、Planet Earth（地球脉动）、Fused Deposition Modeling（熔融沉积成型）、Space Application（空间应用）、Manufacturing Technology（制造技术）、Sintering（烧结）、Space Research（空间研究）等。此外，2017 年以来新增的高频关键词有 Radiation Shield（辐射防护屏）、Droplet（液滴）。

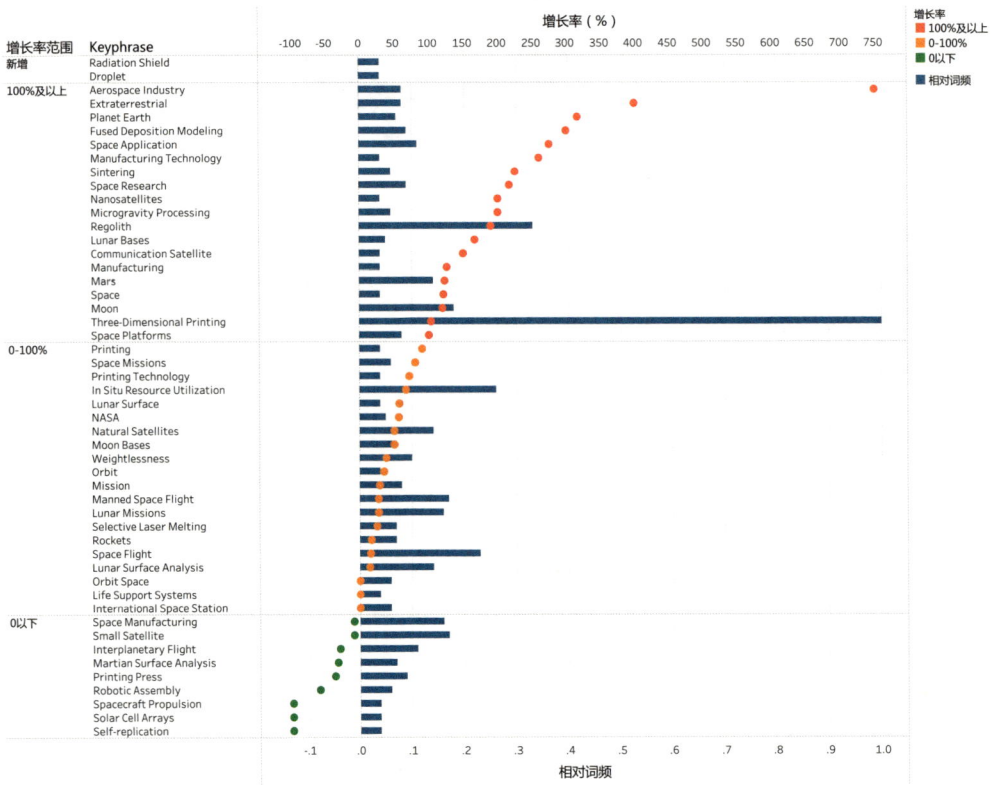

图 7.4　2017 年至今方向 TOP 50 高频关键词的增长率分布

7.2.2 方向相关热点主题（TOPIC）

从 2017 年至今该方向发表的相关文献涉及的主要研究主题看（如图 7.5 所示），五个热点主题中该方向论文在主题论文中占比最高的主题是 T.26963，"Space Flight; Lunar Environment; Space Habitats"（空间飞行；月球环境；空间栖息地），占比达到 18.37%，在该方向热点主题中最具相关性；该主题的显著性百分位为 82.668，具有一定的研究关注度。该方向五个热点主题中有两个主题的显著性百分位分别为 82.555、82.668，其余三个主题的显著性百分位都在 90 以上，表明该方向整体上具有一定的全球关注度和研究发展潜力。

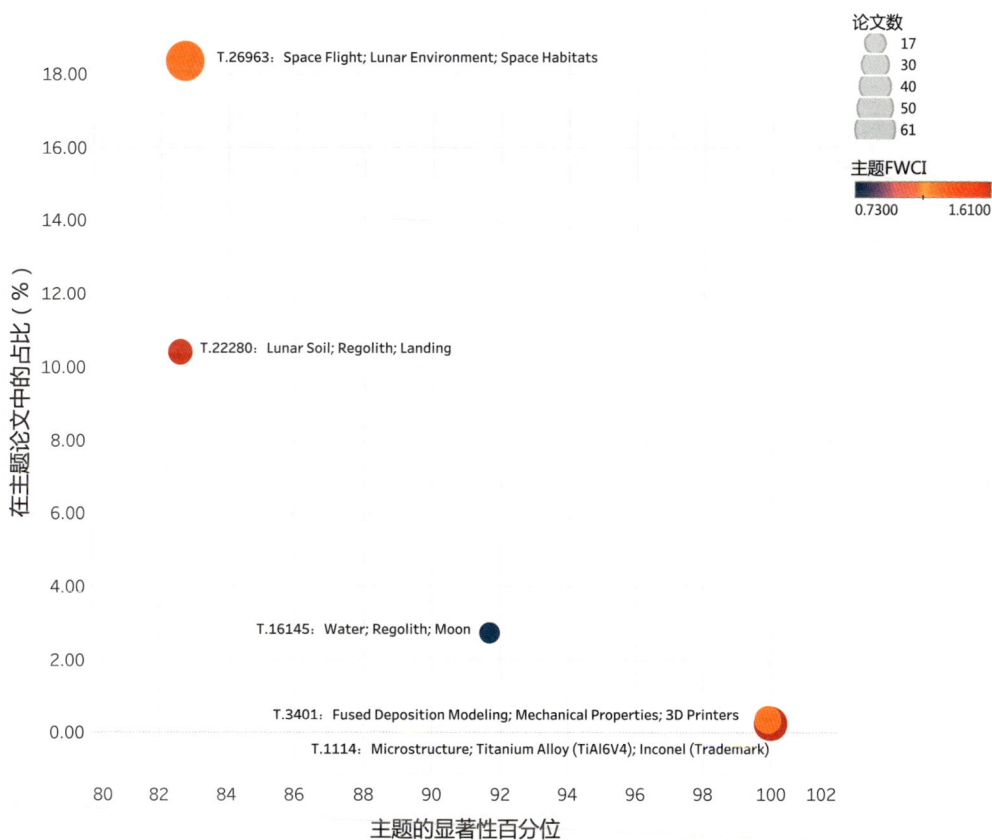

图 7.5 2017 年至今方向论文数最多的五个热点主题

7.3 高产国家 / 地区和机构

从 2017 年至今发表的方向相关文献主要的发文国家 / 地区看（如表 7.1 所示），该方向最主要的研究国家 / 地区有 United States（美国）、Germany（德国）、China（中国）和 United Kingdom（英国）等；从主要机构看（如图 7.6 所示），高产的机构包括 ESTEC（欧洲空间研究与技术中心）、National Aeronautics and Space Administration（美国国家航空航天局）、Carleton University（卡尔顿大学）、NASA Marshall Space Flight Center（NASA 马歇尔太空飞行中心）以及 Chinese Academy of Sciences（中国科学院）等。

表 7.1 2017 年至今方向前十位高产国家 / 地区

序号	国家 / 地区	发文量	点击量	FWCI	被引次数
1	United States	258	5611	1.11	1175
2	Germany	79	3042	1.86	1000
3	China	69	1907	0.54	171
4	United Kingdom	64	3238	1.6	1066
5	Netherlands	45	1694	1.34	400
6	Italy	44	1537	1.21	265
7	France	37	856	0.94	109
8	Canada	32	844	1.08	114
9	Australia	22	863	0.73	104
10	Spain	20	557	1.49	152

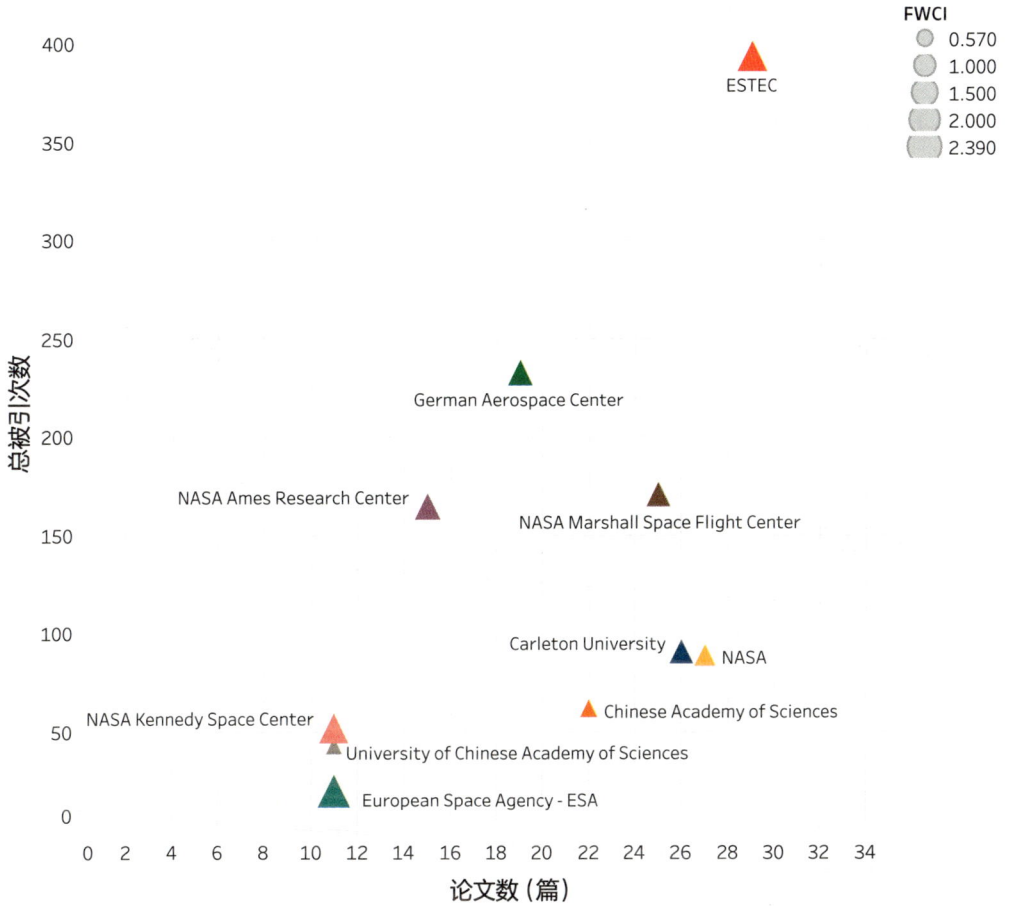

图 7.6 2017 年至今方向前十位高产机构

8 空间智能机器人技术

8.1 总体概况

通过 Scopus 数据库检索 2017 年至今发表的"空间智能机器人技术"相关论文，并将其导入 SciVal 平台，最终共有文献 7106 篇，整体情况如图 8.1 所示。

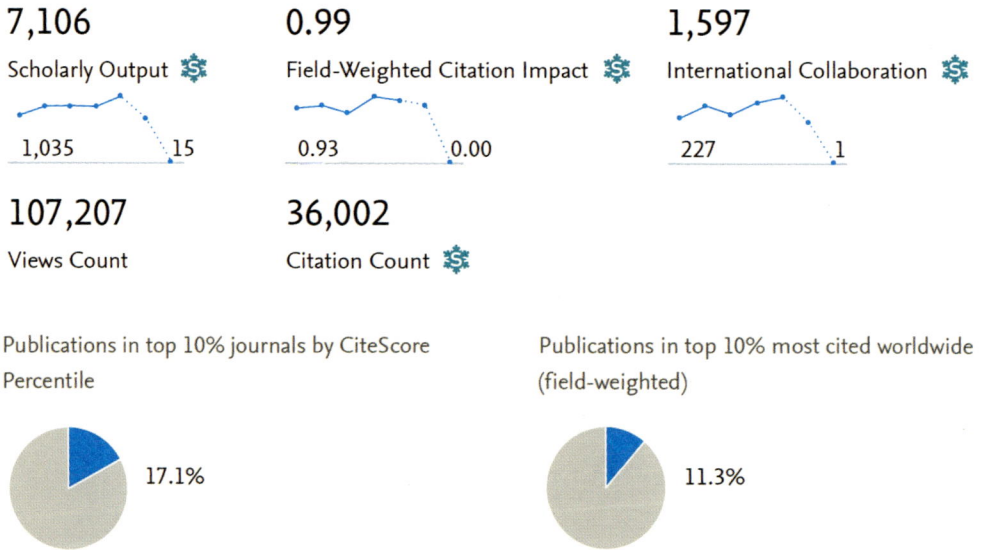

7,106
Scholarly Output

1,035   15

0.99
Field-Weighted Citation Impact

0.93   0.00

1,597
International Collaboration

227   1

107,207
Views Count

36,002
Citation Count

Publications in top 10% journals by CiteScore Percentile

17.1%

Publications in top 10% most cited worldwide (field-weighted)

11.3%

图 8.1 方向文献整体概况

2017 年至今发表的"空间智能机器人技术"相关文献的学科分布情况，如图 8.2 所示。在 Scopus 全学科期刊分类系统（ASJC）划分的 27 个学科中，该研究方向文献涉及的学科相对集中、学科交叉特性有其自身的特点。其中，较多的文献分布于 Engineering（工程学）、Earth and Planetary Sciences（地球与行星科学）、Physics and Astronomy（物理学和天文学）、Computer Science（计算机科学）、Mathematics（数学）等学科。

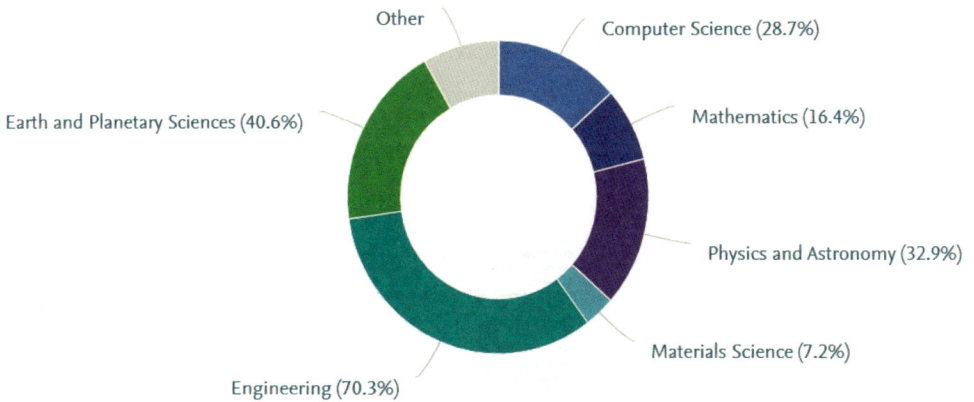

图 8.2 方向文献学科分布

8.2 研究热点与前沿

8.2.1 高频关键词

2017 年至今发表的"空间智能机器人技术"相关文献的 TOP 50 高频关键词,如图 8.3 所示。其中,Rovers(探测车)、Space Robot(空间机器人)、Mars(火星)、Manipulator(机械臂)、Lunar Missions(月球探测任务)等是该方向出现频率最高的高频词。

图 8.3 2017 年至今方向 TOP 50 高频关键词词云图

从 2017 年至今方向 TOP 50 高频关键词的增长率情况看（如图 8.4 所示），该方向增长较快的关键词有 Chang'e（嫦娥）、Lunar Surface（月球表面）、Regolith（月壤）、Planet Earth（地球脉动）和 Lunar Missions（月球探测任务）等。

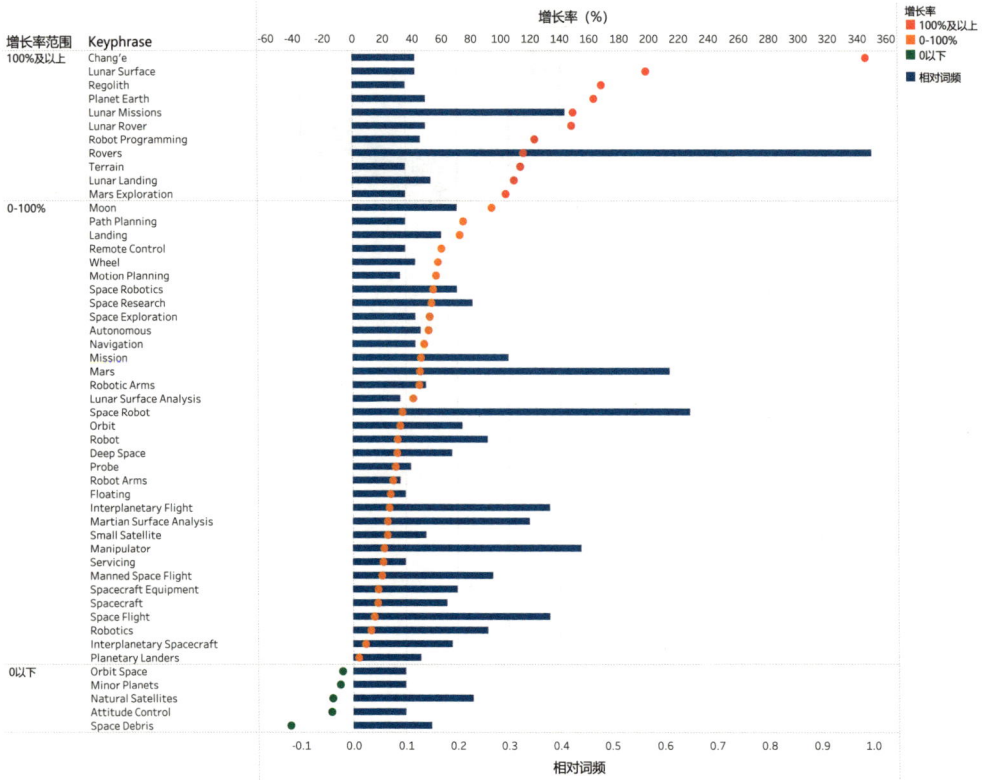

图 8.4 2017 年至今方向 TOP 50 高频关键词的增长率分布

8.2.2 方向相关热点主题（TOPIC）

从 2017 年至今该方向发表的相关文献涉及的主要研究主题看（如图 8.5 所示），五个热点主题中该方向论文在主题论文中占比最高的主题是 T.1383，"Manipulator; Redundant Manipulators; Inverse Kinematics"（机械臂；冗余机械臂；逆运动学），占比达到 45%，在该方向热点主题中最具相关性；同时，该主题的文献量最大，达到 783 篇；显著性百分位为 96.558，

在全球具有较高关注度。显著性百分位最高的主题是 T.3294，"Mars Craters; Mars Science Laboratory; Crater"（火星陨石坑；火星科学实验室；火山口），达到 97.247，在全球具有较高关注度和发展势头。该方向五个热点主题中有四个主题的显著性百分位较高（均在 93 以上），表明该方向整体上具有较高的全球关注度和较大的研究发展潜力。

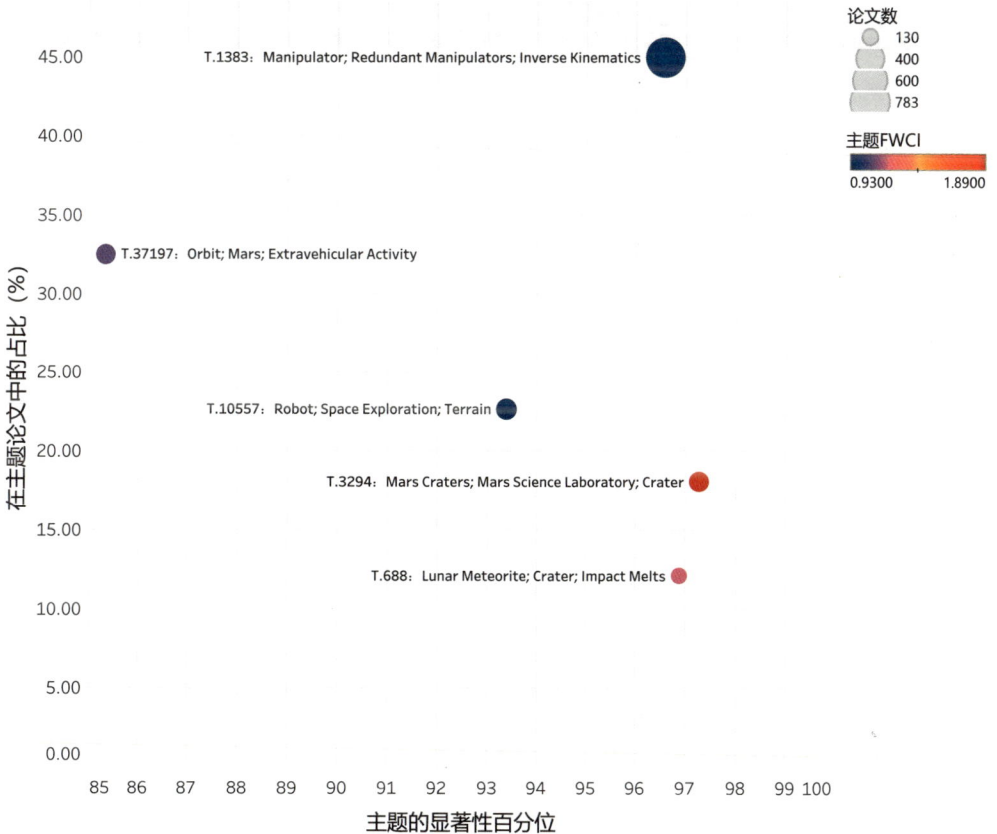

图 8.5　2017 年至今方向论文数最多的五个热点主题

8.3 高产国家 / 地区和机构

从 2017 年至今发表的方向相关文献主要的发文国家 / 地区看（如表 8.1 所示），该方向最主要的研究国家 / 地区有 United States（美国）、China（中国）、Germany（德国）、Italy（意大利）和 United Kingdom（英国）等；从主要机构看（如图 8.6 所示），高产的机构包括 Jet Propulsion Laboratory（喷气推进实验室）、California Institute of Technology（加州理工学院）、China Aerospace Science and Technology Corporation（中国航天科技集团有限公司）等。

表 8.1 2017 年至今方向前十位高产国家 / 地区

序号	国家 / 地区	发文量	点击量	FWCI	被引次数
1	United States	2355	35283	1.41	17368
2	China	2114	31292	0.72	9731
3	Germany	723	13854	1.35	5761
4	Italy	530	12095	1.27	3884
5	United Kingdom	497	11105	1.58	5530
6	France	469	10438	1.58	5368
7	Canada	315	7408	1.37	3381
8	Japan	311	6404	0.9	1850
9	Netherlands	307	7317	1.39	2954
10	Spain	305	7805	1.53	3445

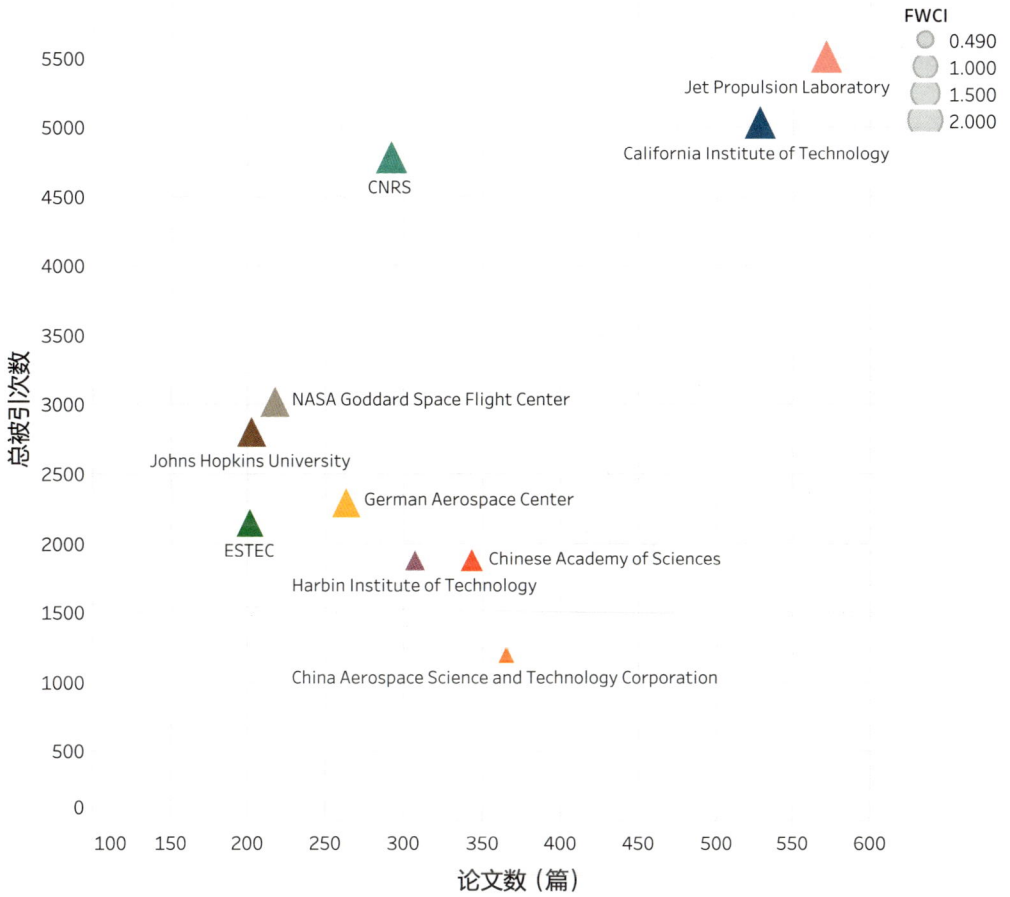

图 8.6 2017 年至今方向前十位高产机构

9 空间态势感知体系建设

9.1 总体概况

通过 Scopus 数据库检索 2017 年至今发表的"空间态势感知体系建设"相关论文，并将其导入 SciVal 平台，最终共有文献 1562 篇，整体情况如图 9.1 所示。

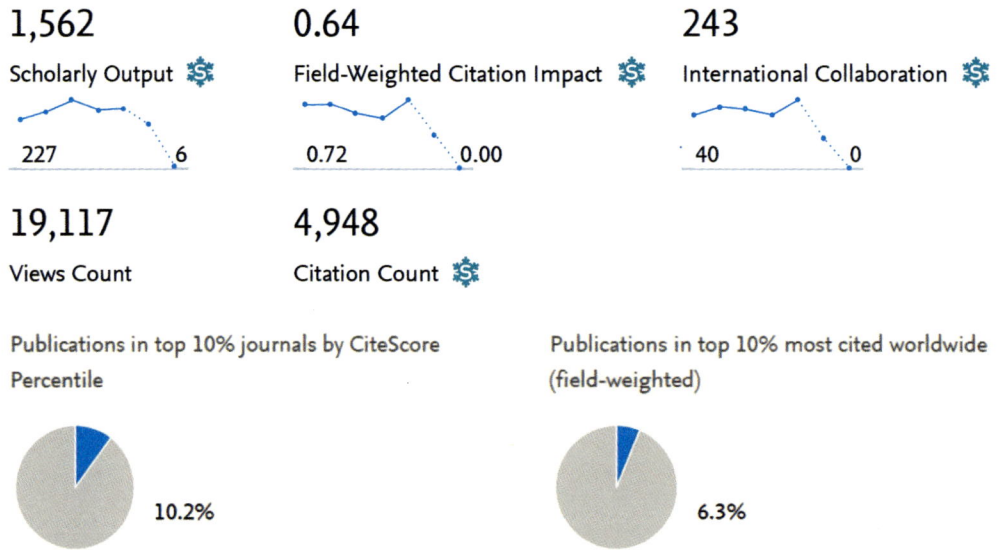

1,562
Scholarly Output

227　　　6

0.64
Field-Weighted Citation Impact

0.72　　　0.00

243
International Collaboration

40　　　0

19,117
Views Count

4,948
Citation Count

Publications in top 10% journals by CiteScore Percentile

10.2%

Publications in top 10% most cited worldwide (field-weighted)

6.3%

图 9.1　方向文献整体概况

2017 年至今发表的"空间态势感知体系建设"相关文献的学科分布情况，如图 9.2 所示。在 Scopus 全学科期刊分类系统（ASJC）划分的 27 个学科中，该研究方向文献涉及的学科相对集中、学科交叉特性有其自身的特点。其中，较多的文献分布于 Engineering（工程）、Physics and Astronomy（物理学和天文学）、Earth and Planetary Sciences（地球与行星科学）、Computer Science（计算机科学）、Materials Science（材料科学）等学科。

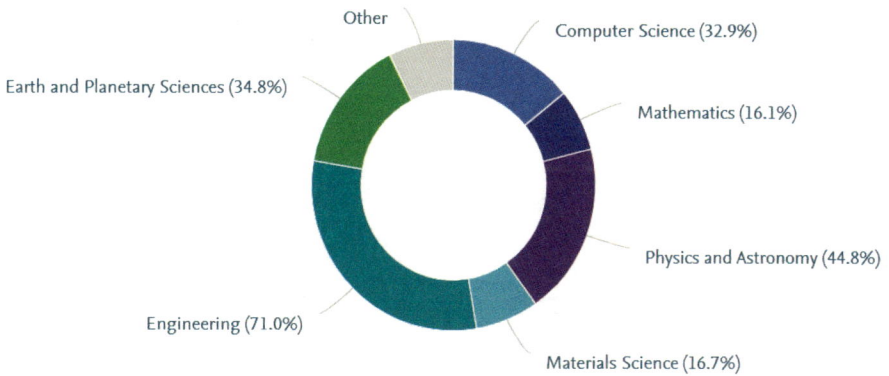

图 9.2 方向文献学科分布

9.2 研究热点与前沿

9.2.1 高频关键词

　　2017 年至今发表的"空间态势感知体系建设"相关文献的 TOP 50 高频关键词，如图 9.3 所示。其中，Space Debris（空间碎片）、Awareness（感知）、Space Surveillance（空间监视）、Space（空间）、Spacecraft（航天器）等是该方向出现频率最高的高频词。

图 9.3 2017 年至今方向 TOP 50 高频关键词词云图

从 2017 年至今方向 TOP 50 高频关键词的增长率情况看（如图 9.4 所示），该方向增长较快的关键词有 Traffic Management（交通管理）、Inverse Synthetic Aperture Radar（逆合成孔径雷达）、Radar Imaging（雷达成像）、Quantum Communication（量子通信）、Maneuvers（演习）等。

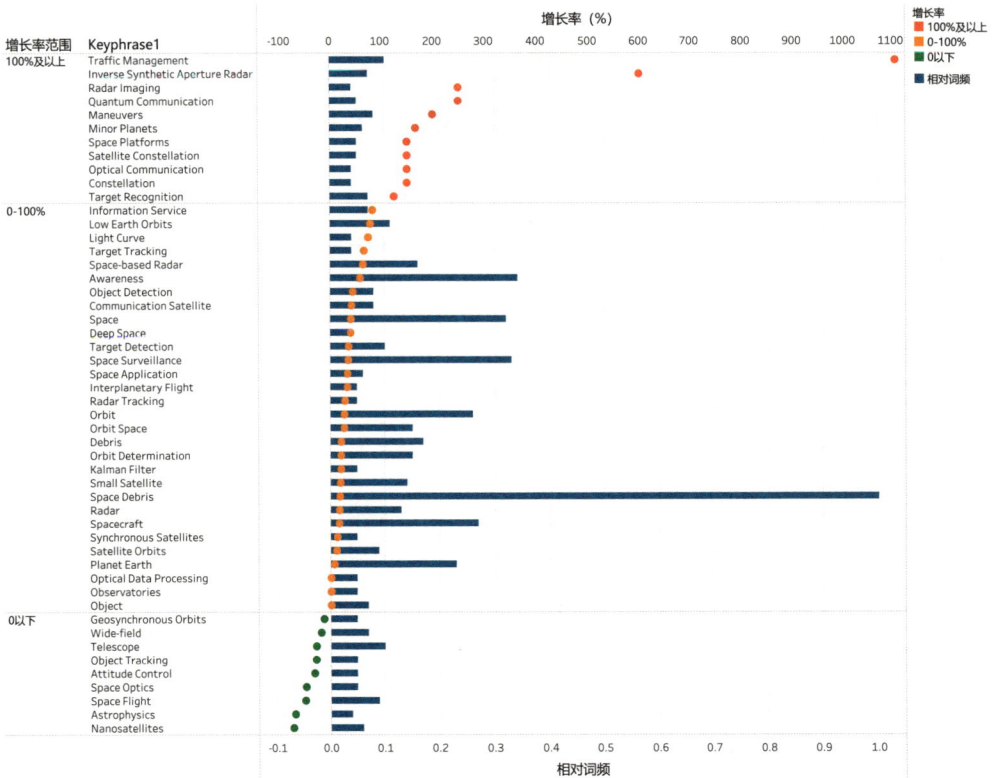

图9.4　2017年至今方向 TOP 50 高频关键词的增长率分布

9.2.2 方向相关热点主题（TOPIC）

从 2017 年至今该方向发表的相关文献涉及的主要研究主题看（如图 9.5 所示），五个热点主题中该方向论文在主题论文中占比最高的主题是 T.19227，"Space Debris; Spacecraft; Light Curve"（空间碎片；航天器；光变曲线），占比达到 28.5 %，在该方向热点主题中最具相关性；同时该主题的文献量也最大，达到 167 篇；显著性百分位为 82.226，有一定的关注度。显著性百分位最高的主题是 T.7953，"International Cooperation; Liability Conventions; Outer Space Treaty"（国际合作；责任公约；外层空间条约），达到 82.663，有一定的关注度。该方向五个热点主题的显著性百分位在 74 至 84 之间，可见该方向整体上具有一定的全球关注度和研究发展潜力。

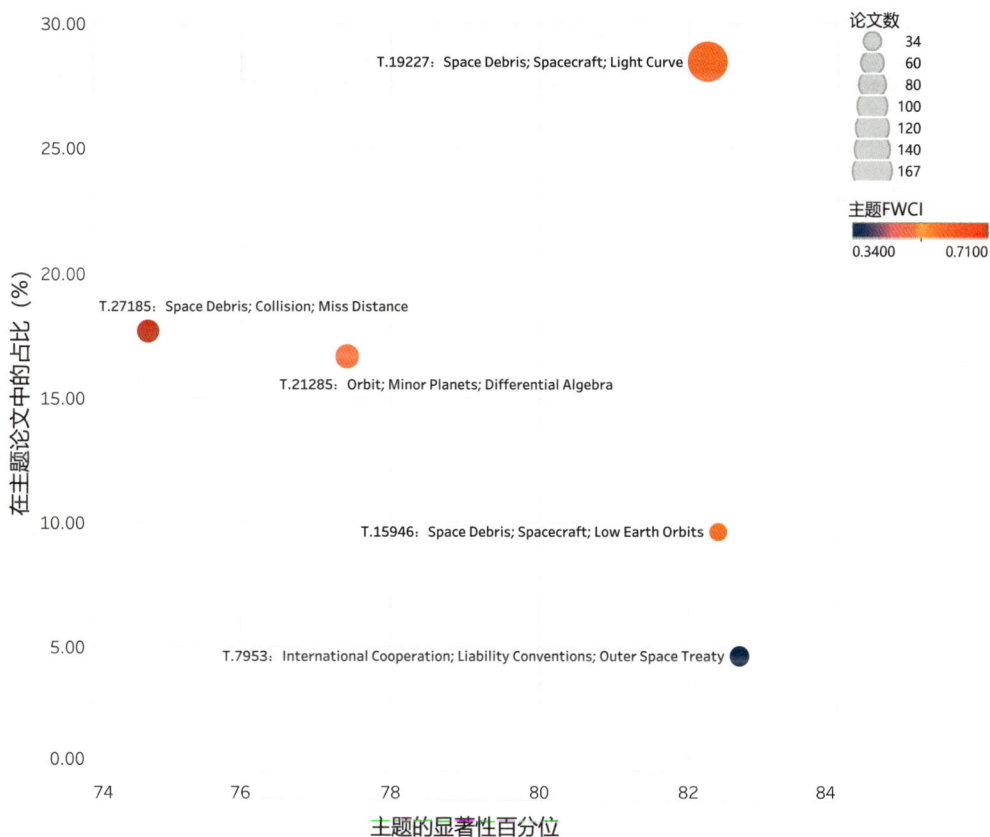

图 9.5 2017 年至今方向论文数最多的五个热点主题

9.3 高产国家 / 地区和机构

从 2017 年至今发表的方向相关文献主要的发文国家 / 地区看（如表 9.1 所示），该方向最主要的研究国家 / 地区有 China（中国）、United States（美国）、Germany（德国）、Italy（意大利）和 Australia（澳大利亚）等；从主要机构看（如图 9.6 所示），高产的机构包括 Chinese Academy of Sciences（中国科学院）、University of Chinese Academy of Sciences（中国科学院大学）、Air Force Research Laboratory（美国空军研究实验室）等。

表 9.1 2017 年至今方向前十位高产国家 / 地区

序号	国家 / 地区	发文量	点击量	FWCI	被引次数
1	China	598	6475	0.42	1774
2	United States	426	5028	0.77	1564
3	Germany	102	1525	0.79	546
4	Italy	100	1756	1.43	420
5	Australia	76	1136	0.95	410
6	United Kingdom	64	1068	1.39	520
7	France	57	844	1.11	139
8	Russian Federation	50	1383	1.43	375
9	Japan	47	904	1.43	206
10	Canada	33	495	0.67	141

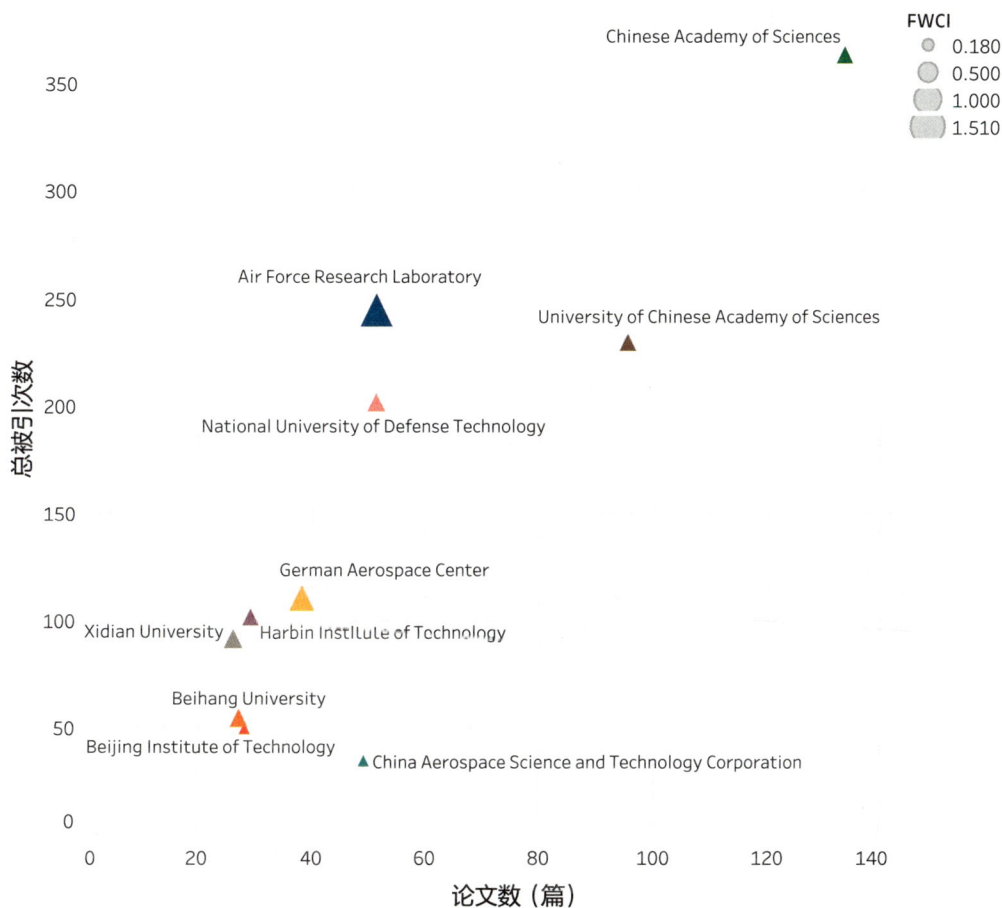

图 9.6 2017 年至今方向前十位高产机构

10 空天安全体系建设

10.1 总体概况

通过 Scopus 数据库检索 2017 年至今发表的"空天安全体系建设"相关论文，并将其导入 SciVal 平台，最终共有文献 2001 篇，整体情况如图 10.1 所示。

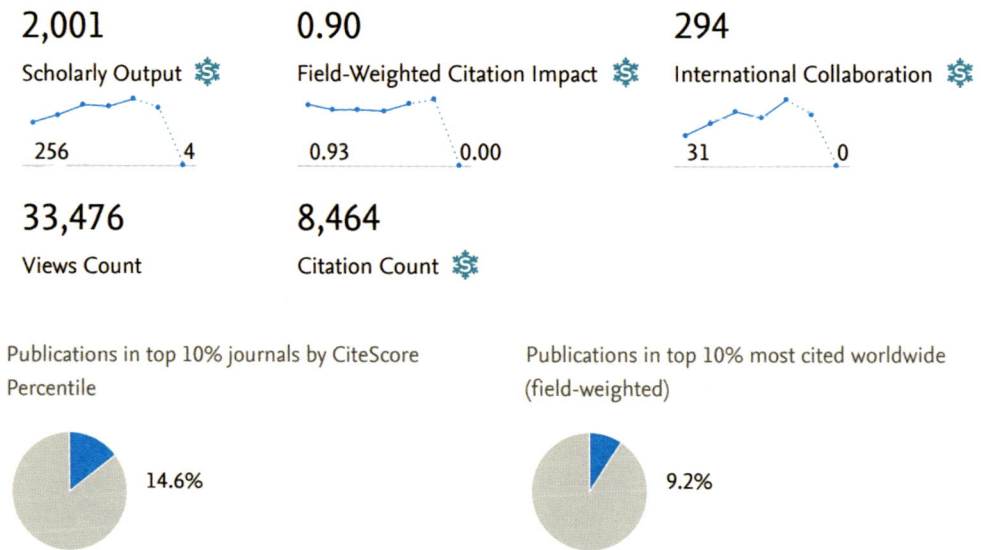

2,001
Scholarly Output

256   4

0.90
Field-Weighted Citation Impact

0.93   0.00

294
International Collaboration

31   0

33,476
Views Count

8,464
Citation Count

Publications in top 10% journals by CiteScore Percentile

14.6%

Publications in top 10% most cited worldwide (field-weighted)

9.2%

图 10.1 方向文献整体概况

2017 年至今发表的"空天安全体系建设"相关文献的学科分布情况，如图 10.2 所示。在 Scopus 全学科期刊分类系统（ASJC）划分的 27 个学科中，该研究方向文献涉及的学科较为广泛、学科交叉特性较为明显。其中，较多的文献分布于 Engineering（工程学）、Computer Science（计算机科学）、Physics and Astronomy（物理学和天文学）、Earth and Planetary Sciences（地球与行星科学）、Social Sciences（社会科学）等学科。

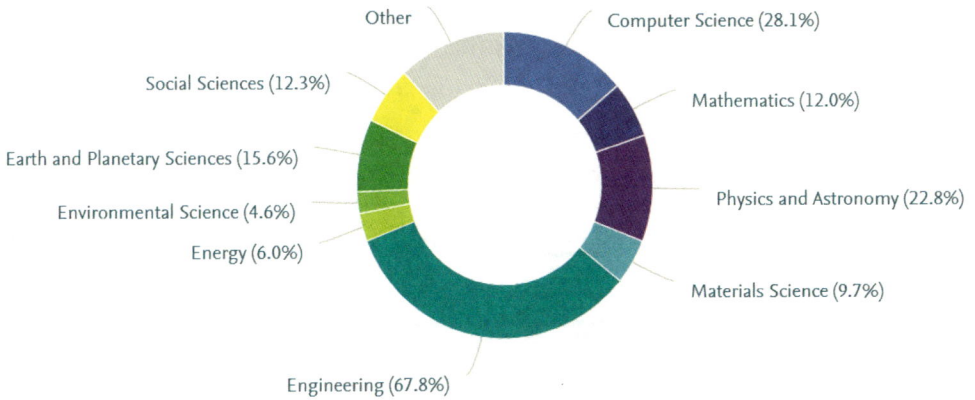

图 10.2 方向文献学科分布

10.2 研究热点与前沿

10.2.1 高频关键词

2017 年至今发表的"空天安全体系建设"相关文献的 TOP 50 高频关键词，如图 10.3。其中，Helicopter（直升机）、Space Debris（空间碎片）、Unmanned Aerial Vehicle（无人飞行器）、Space（空间）、Spacecraft（航天器）、Security（安全）等是该方向出现频率最高的高频词。

图 10.3 2017 年至今方向 TOP 50 高频关键词词云图

从 2017 年至今方向 TOP 50 高频关键词的增长率情况看（如图 10.4 所示），该方向增长较快的关键词有 Runways（跑道）、Satellite Communication（卫星通信）、Minor Planets（小行星）、Air Navigation（空中导航）、Small Satellite（小型卫星）等。此外，2017 年以来新增了高频关键词 Satellite Network（卫星网络）。

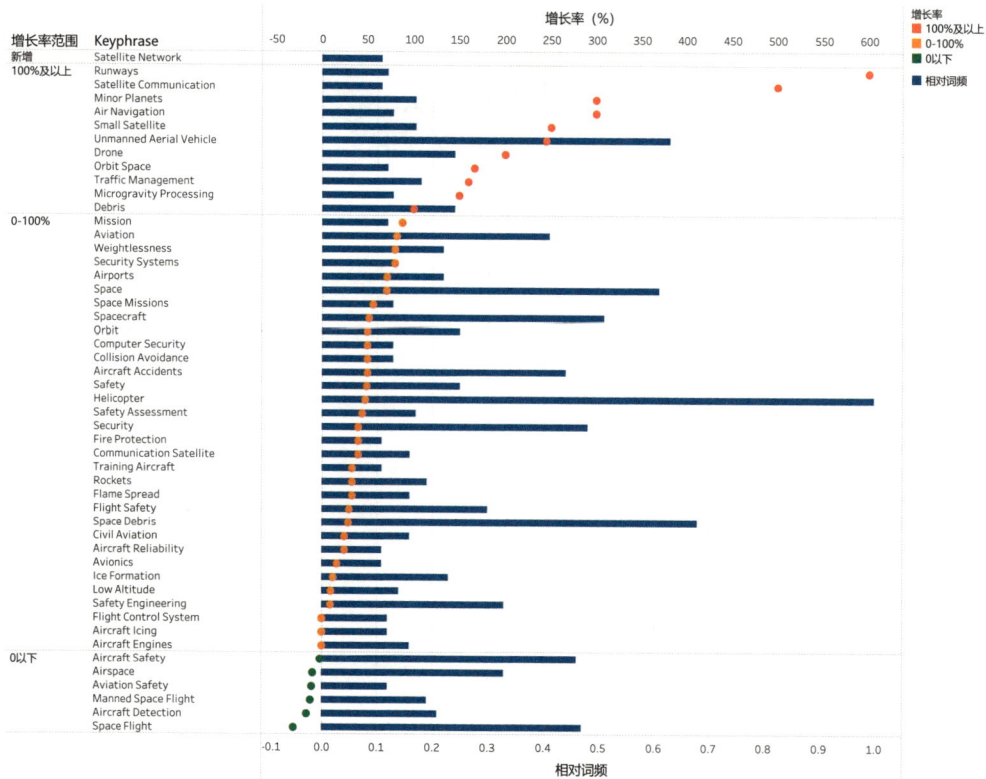

图 10.4 2017 年至今方向 TOP 50 高频关键词的增长率分布

10.2.2 方向相关热点主题（TOPIC）

从 2017 年至今该方向发表的相关文献涉及的主要研究主题看（如图 10.5 所示），显著性百分位最高的主题是 T.27698，"Helicopter; A-6 Aircraft; Airspace"（直升飞机；A-6 航空器；空域），达到 94.188，在全球具有较高关注度和发展势头。五个热点主题中该方向论文在主题论文中占比最高的主题是 T.15946，"Space Debris;

Spacecraft; Low Earth Orbits"（空间碎片；航天器；近地轨道），占比达到 8.78%，在该方向热点主题中最具相关性。该方向五个热点主题中有两个主题的显著性百分位在 90 以上，另有三个主题的显著性百分位在 80 至 90 之间，可见该方向整体上具有一定的全球关注度和研究发展潜力。

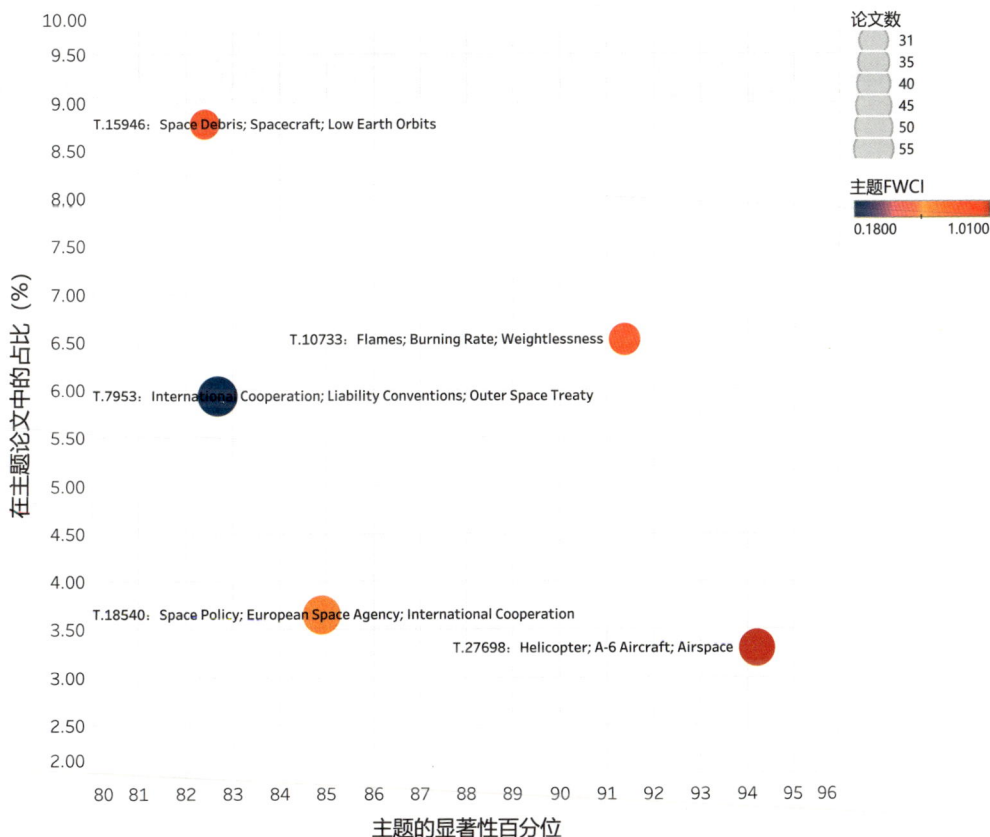

图10.5 2017年至今方向论文数最多的五个热点主题

10.3 高产国家 / 地区和机构

从 2017 年至今发表的方向相关文献主要的发文国家 / 地区看（如图 10.6 所示），该方向最主要的研究国家 / 地区有 China（中国）、United States（美国）、United Kingdom（英国）、Germany（德国）和 Russian Federation（俄罗斯）等；从主要机构看（如图 10.7 所示），高产的机构包括 Beihang University（北京航空航天大学）、Chinese Academy of Sciences（中国科学院）、Nanjing University of Aeronautics and Astronautics（南京航空航天大学）等。

表 10.1 2017 年至今方向前十位高产国家 / 地区

序号	国家 / 地区	发文量	点击量	FWCI	被引次数
1	China	746	10268	0.72	3031
2	United States	415	7556	1.49	2844
3	United Kingdom	106	2901	1.41	956
4	Germany	98	1514	0.77	499
5	Russian Federation	86	2146	1.75	387
6	France	80	1554	1.12	548
7	Italy	77	1953	1.17	518
8	Japan	55	1106	1.13	319
9	India	54	1454	0.8	156
10	Canada	52	1245	2.13	615

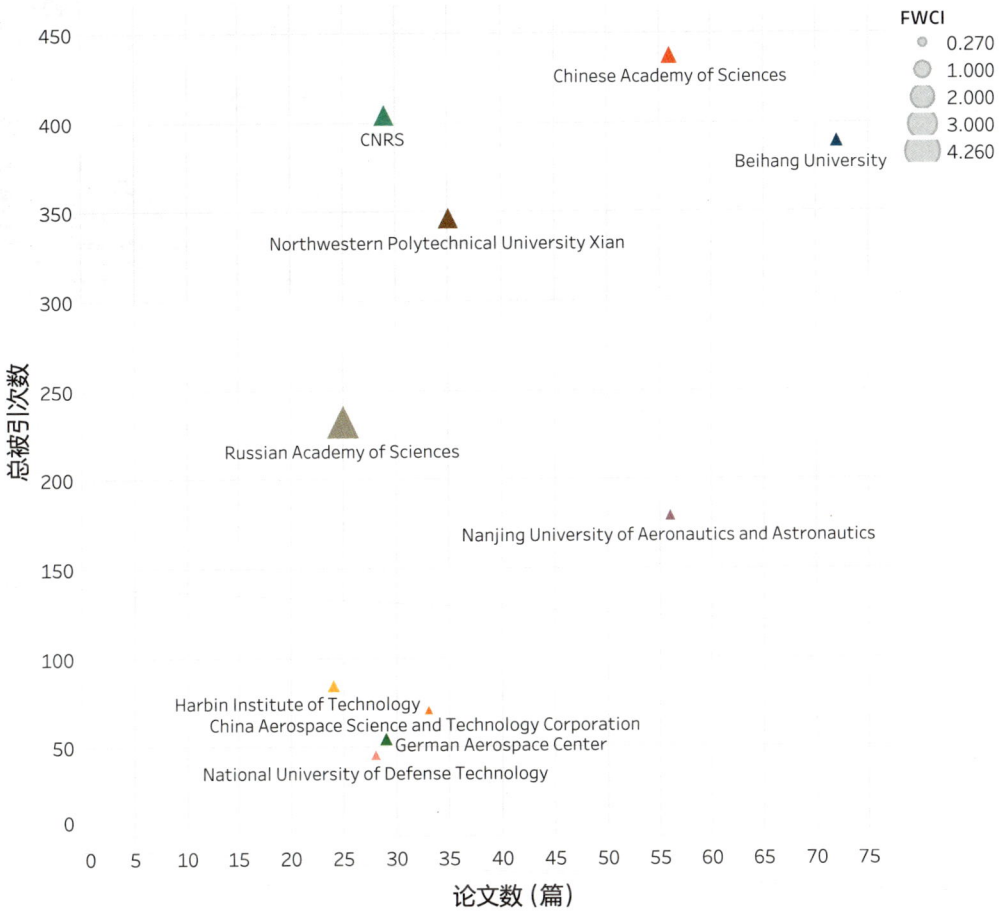

图 10.7 2017 年至今方向前十位高产机构

三、空天科技领域发展速览

空天领域是人类探索的新边疆，是继陆地、海洋之后又一个新领域。空天与当代人类的生存息息相关，蕴藏着巨大的政治、经济、军事、科技价值，已成为拓展国家利益、提升国家综合国力的重要方面。21世纪是信息化的世纪，也是空天的世纪，空天领域已成为国际战略竞争新的制高点。

航空与航天是两个既有联系又有区别的概念，按照距离地面高度来划分区域，一般把空天领域分为航空、临近空间、航天三个层面。航空是指人类在大气层中的飞行活动，飞行器主要包括飞机、飞艇、氢气球等，其中飞机是人们主要使用的飞行器。航空飞行器向上飞行的最高高度一般距离地面20公里。航天是指人类使用飞行器在稠密大气层外的宇宙空间及地球以外的天体上的活动，飞行器主要包括火箭、卫星、飞船、航天飞机、空间站等。临近空间在距离地面20—100km高度，是连接航空和航天的新领域，主要飞行器为临近空间飞行器、空天飞机等。

航空与航天是20世纪最伟大和最辉煌的发明之一。航空不仅改变了人类的运输方式，而且极大地促进了社会经济发展，推动了冶金、材料、电子、自动控制、计算机、机电制造、电子等多个领域的迅猛发展。随着人类航空科学技术的进步，飞行器的飞行高度极限不断被刷新和打破，

航空为航天发展打下雄厚基础。航天的出现改变了以往人们天文观测、科学研究、材料制造、加工工艺的传统方式，推动了卫星通信、遥感技术、外层空间探测、高真空和微重力等应用，促进了人类空间资源的开发和利用。20世纪中后期，航天成为发达国家所争夺的经济建设、社会发展和军事领域的新制高点。

除了传统的航空航天领域，近年来各国逐渐兴起对"临界空间"的探索热潮。作为航空和航天的连接地带，临近空间有着"飞机上不去、导弹达不到、卫星下不来"等特点，在空天安全、信息通信、物流运输、军事打击等领域都有广泛应用需求，已经成为大国战略角力的重要领地。各国利用临近空间进行一系列的实验探测和科学研究，如法国与美国联合开展Strateole-2项目——利用超压气球探测研究热带气候过程；日本通过多时钟示踪器实现大气的高精度化测量。此外，临近空间飞行器的技术研究和应用探索也不断深入，2020年，由世界领先的电信和航空航天领域的行业领导者组建HAPS（high altitude platform station）联盟，致力于在平流层中使用高空飞行器来消除数字鸿沟；美国的维珍航空、SpaceX、中国的29基地等先后发射了亚轨道飞行器，对亚轨道空间的竞争正拉开大幕。

1 全球空天科技领域发展动态

1957 年 10 月，苏联成功发射世界上第一颗人造地球卫星，标志着人类开始跨入空天时代。经过 60 多年的发展，空天技术已使人类挣脱了地球引力，进入广袤无垠的太空，外层空间已成为世界航天大国（地区）角力的新领域，空天技术得到了各国（地区）的高度重视。近年来，航空航天大国都制定了雄心勃勃的空天技术发展战略和计划，着力提升进入空天和利用空天的能力，一批新兴国家也加入空天探索的行列，空天技术领域的国际合作空前活跃；一批有影响力的民营航天企业兴起，为空天这个传统上只有国家（地区）主体参与的领域注入了前所未有的活力，在全球范围内兴起新一轮空天探索热潮。

美国实施《国家安全太空战略》《美国国家航天政策》等，强调扩大国际合作、增强空间安全及发展商业航天，以强化航天领先地位，并借以巩固其全球"领导地位"。俄罗斯重整旗鼓，持续更新国家发展规划，规划了"2015 年前恢复，2020 年巩固，2030 年突破，2030 年后跨越"航天发展四个阶段，持续推进世界一流航天强国建设。2016 年，欧盟先后出台新版《欧洲航天战略》《为欧洲统一的空间战略迈向空间 4.0 时代》，强化了航天在国家（组织）发展中的作用。欧盟已打造了具有全球竞争力和创新性的航天工业，增强了其在安全环境下进入和利用空间的自主性，提升了其国际地位并促进了国际合作，使欧洲航天一体化成为现实。日本连续更新《宇宙基本计划》，制定了 2018—2034 年发展规划，将保障空间安全和航天军事应用作为首要目标，同时提升航天产业化水平，并将航天应用产业作为支撑国家大数据计划的关键基础设施。印度始终把航天视为提升大国地位的舞台，在强调独立自主

开展空间活动的同时，大范围开展国际合作，在持续五年规划的基础上规划了 2030 年航天发展愿景，航天预算每五年翻一番。

在航空领域，电推进和氢动力航空技术取得诸多进展，如美国开始研制以液态氨作为燃料和冷却剂的涡轮电动航空推进系统；德国宇航中心开发多项可用于未来航空运输系统的新型技术，包括新型飞机减排 / 降噪配置、电动 / 混动推进系统等。低碳治理下绿色技术的发展成为引领航空发展的新方向。2019 年，空客、波音等七家航空制造商的首席技术官发布联合声明，力争在 2050 年前实现航空运输行动小组（ATAG）提出的航空业净零碳排放目标，推动航空业可持续发展。2022 年 3 月，英国航空航天技术研究所（ATI）发布了"零排放飞行"（FlyZero）项目的多个技术路线图，支撑氢动力飞机在 2030 年代投入使用。

在航天领域，面向 2035 年，航天探索与利用进入新时代，智能制造、新型材料、量子技术等群体突破，将极大地提升火箭、卫星等航天器的性能，以新应用服务牵引的新型航天器将陆续出现，进而全面提升人类进出空间、利用空间、探索空间的能力。通信、导航、遥感卫星与地面信息系统广泛互联融合，形成空天地海一体化的广域信息网络，面向全球提供精准、实时、无缝、泛在的空间信息综合服务，载人探测走向火星等深空，近地太空旅游渐成趋势。2021 年 12 月 25 日，詹姆斯·韦布空间望远镜发射升空，目前该望远镜已传回大量天体图片，它所拍摄的"创生之柱"图像是迄今为止最清晰的恒星形成区域的图像。商业航天蓬勃发展，卫星应用与信息技术深度融合，将带动世界航天产业持续较快

发展。美国民营航天公司 SpaceX 率先研发可重复使用的火箭发射技术。2022 年 4 月，其研发的载人"龙"飞船搭载"猎鹰 9 号"火箭，成功携带四名乘客飞往国际空间站。此外，SpaceX 还发布了星舰及火星移民计划，针对火星开展更大星际飞船系统的开发。

2 我国空天科技领域战略动向

1958 年，钱学森、赵九章等老一辈科学家向国务院建议发展我国的科学卫星，并建立了相应的研究机构从事空间物理和科学卫星研究。20 世纪 60 年代初期，我国开始利用探空火箭、探空气球开展高层大气探测，标志着我国空天研究进入起步阶段。20 世纪 70 年代初期，开始利用"实践"系列科学探测与技术试验卫星进行系列研究，对近地空间环境中的带电粒子及其效应进行了较为详细的探测，获得了很多宝贵资料。

20 世纪 80 年代中期启动的国家高技术发展计划（即"863 计划"）和 1992 年启动的载人航天工程是推动我国空天科技事业的两个重大计划，实质性推动了我国空天科技各领域的全面发展。从 1987 年起，我国科学家利用返回式卫星完成了一批材料科学和生物技术的空天实验，包括砷化镓单晶的空间生长、α 碘酸锂单晶的溶液法生长、蛋白质单晶生长和空间细胞生长等。

1992 年，中国正式开展载人航天工程，并规划了三步走的发展战略：第一步，发射载人飞船；第二步，突破航天员出舱活动技术、空间飞行器交会对接技术；第三步，建造空间站。从神舟一号到神舟六号，我国共完成了 29 项空天科学与应用任务并获得成功，涉及地球观测和地球环境，空间生命科学、微重力流体科学和空间材料科学、空间天文、空间环境等广泛领域。目前正在开展的载人航天第二步工程（空间实验室）和规划中的第三步计划（空间站）将为开展创新性的空天研究、取得高水平科学成果开辟新的道路。

2001 年，国防科学技术工业委员会（国家航天局）批准正式开始"双星计划"。这是我国第一个以科学目标为牵引的空天研究计划，是我国空天科学事业新的里程碑，取得了一大批第一手的科学探测数据和突破性研究成果。2003 年，我国正式启用北斗一号区域卫星导航系统——"北斗卫星导航实验验证系统"，目前已实现卫星组网（GNSS）。2007 年 10 月成功发射的"嫦娥一号"开辟了我国深空探测的新纪元。嫦娥工程通过对月球的环绕探测、着陆巡视探测和样品返回三个阶段，获得了前所未有的月球知识。2021 年，中国空间站天和核心舱成功入轨，标志着我国空间站建造进入全面实施阶段。2022 年，中国天宫空间站首个实验舱"问天"成功发射，这是中国空间站第二个舱段，也是首个科学实验舱，标志着我国载人航天工程正式进入空间科学实验和技术探索的新阶段。然而，中国仍处于世界航天第二梯队位置，在航天运载器技术以及空间载人航天器技术等方面，距离美国、欧洲国家为代表的第一梯队航天强国还有一定差距。

在空天应用领域，我国过去几十年已经逐步形成气象、海洋、陆地和灾害与环境监测对地观测体系，建立了较为全面的地面系统和行业、领域应用系统。这些系统与卫星导航系统、卫星通信系统等空间技术系统相互支撑，推动了我国空天应用由试验应用型向业务服务型的转变，为国民经济建设提供了重要支撑。2022 年，国产大飞机 C919 大型客机获中国民用航空局颁发的型号合格证,标志着我国正式拥有了一款可以投入航线运营的单通道干线客机。此外,以大疆为代表的民用无人机也是我国航空领域发展的重要突破。但是,以通用航空领域为例,我国与美国在通用航空机场数量、布局密度以及配套运营体系方面仍有较大差距,仍需在安全高效、低成本化、规范化的通用航空飞行领域不断积累。

3 空天科技领域未来发展战略

(1) 完善空天科技发展新型举国体制

空天科技领域的科学探索和技术开发,涉及军地多主体、多部门,需要不断加强顶层统筹和力量协同。成立中央直属的中国空间局,统筹空天科学、技术和应用的协调发展,建立高规格、跨学科、融军民的决策咨询机制,开展国家空间安全、航天技术与产业发展、风险评估与市场分析等。在现有相关领域国家重点实验室和部门实验室的基础上,高起点筹备建设国家实验室,强化前沿科学探索引领功能,开展面向国家重大战略需求的空天科学探测与研究。此外,进一步推动民口高校深度参与航空航天事业,不断形成空天科技研发与学科建设、人才梯队建设协同共赢局面。

(2) 优化航天法规政策体系设计

明确中国航天的战略定位,确定强国目标、发展路径、政策措施等,着力推进航天法的立法进程,形成完备、配套的法律法规政策体系。建立相关机制规范空天科研生产准入/退出、基础设施使用以及空天产品民用许可等。优化发射审批流程,布局海上发射场,提升航天运输国际竞争力,推进卫星应用政策标准建设。持续推动空天基础设施建设和资源共享共用,在数据共享的基础上进一步推进多源卫星、系统运控、多类用户的综合统筹机制构建等。

(3) 打造完善的天地一体化观测网络

针对空天科技特点,在利用国外观测平台基础上,逐步实现我国自主研发及建设的观测系统,如天地一体化的空间天气保障系统、空间天气系列卫星、数字化近地空间保障平台、地球极盖探测基地、重力卫星测量系统、GNSS 等,为空天研究提供原始的测量数据,大幅提升原始创新能力和保障服务能力。

(4) 构建开放式产学研创新平台

在现有试验条件基础上,建立开放的技术使能平台,支持产学研用协同创新,及时对研究成果进行技术评价、熟化和转化,避免低水平重复研究,确保科技投入产生效益。在产学研协同创新中培养造就一批能冲击国际技术前沿、突破关键核心技术、推动产业转型升级的创新领军人才、学科带头人,培育一批科技创新能力强、综合交叉的高水平科研团队。

仿生工程领域
重大交叉前沿方向

一、仿生工程领域十大交叉前沿方向

近年来，仿生在社会经济发展中起到的作用愈显突出，渗透到人们工作生活的方方面面，仿生工程在医疗健康、工业制造、国防军工等产业领域应用逐步多元化、丰富化。仿生工程领域的发展基于生命科学、物质科学、信息科学、工程技术等多学科的交叉与融合，交叉前沿方向包括形态仿生、功能仿生和结构仿生等多个方面。

1 仿生嗅觉味觉传感器研发

生物嗅觉与味觉系统经过长期的生物进化过程，能快速、灵敏地检测识别不同的气味或味觉物质，在生物识别外界化学物质、防御有害物质侵入体内、寻找食物以及沟通交流等方面发挥着重要作用。仿生嗅觉味觉感知通过模拟自然感知的模式与功能，赋予仿生传感器与生物体一样的感知能力，其采用的传感技术将生物化学感受系统（如嗅觉与味觉）对生化分子检测的灵敏性进行了工程化实现。

仿生嗅觉和味觉传感器被称为仿生电子鼻与仿生电子舌。仿生嗅觉传感器的核心是结合嗅觉感知原理来实现高灵敏的痕量气味分子感知及高分辨的分子识别；仿生味觉传感器则是结合味觉感知原理来实现对一种或者多种化学分子的味觉感知，甚至对多种物质的整体味觉进行信息评价。

由于嗅觉及味觉感知目标包括成千上万种化学物质，研究多通道传感器阵列、高通量数据处理技术、模式识别系统及人工智能技术可有效推进仿生嗅觉及仿生味觉传感的发展。基于生物电子混合系统的仿生嗅觉及味觉传感技术旨在突破传统的检测手段，将活体动物、生物活性材料与传感器件耦合提取特异性响应，通过传感器将响应转化为可读取信号，从而实现与生物感觉系统相似的化学信息传递识别过程。

未来，仿生嗅觉及味觉感知传感器在无创医学诊断及治疗、食品工业嗅味测试、环境痕量气味分子监测、军事安全应用、生物战剂检测、智能机器人制造等领域中具有极大的发展前景，微纳制造、神经接口、人工智能等技术将持续为仿生传感领域带来革命性变化。

本领域咨询专家：万浩、王平、石烨、卢妍利、朱相丽、任　奎、任沁源、刘清君、李光、李铁风、吴飞、应义斌、范迪夏、柏浩。

2 人造电子皮肤

人造电子皮肤是一种可模拟人类皮肤感知能力且具备柔性延展性的仿生产品，它系统结合了组织再生材料和柔性电子器件的优势，在疾病诊断、组织修复、机能修复与增强、软体机器人应用等方面发挥重要作用，已成为近年来再生医学、信息电子等领域的研究热点。

具体交叉前沿方向包括：一是开发高分辨率多感知的碳纳米管等微纳电子材料，进一步提高人造电子皮肤的感知功能。二是电子皮肤的生物界面相容性和多功能集成，提升材料本身的力学性能以及与天然皮肤的匹配性（包括粘接力学）。

目前，已有学者利用超分子聚电解质水凝胶为人造电子皮肤的动态曲面提供了更优异的界面匹配和力学适应性，并实现了信息传递和对外界刺激的感知。三是开发研究更多类皮肤生理功能，并用于缺损皮肤的组织修复。一些新型仿生水凝胶已具有优异的生物学性能，如星型聚乙二醇-糖胺聚糖（starPEG-GAG）水凝胶、天然血小板水凝胶、复合伤口接触层（WCL）等能够选择性地隔离炎症趋化因子，为急性组织损伤止血，防止细菌增殖，并促进伤口愈合中的血管生成、胶原蛋白沉积和肉芽组织形成等。

3 硬组织仿生修复

自然界中，生物矿化是生物硬组织（如珍珠质、牙齿、骨骼和贝壳等）形成的重要环节，是生物通过合理设计有机物—材料复合物来实现进化的一种生物性策略。在生物矿化过程中，大量的有机基质特别是蛋白质介入到无机材料的形成过程，它们控制着材料的成核、生长、取向和组装，从而构建出性能优异的复合材料。基于此，人们提出了仿生矿化，即通过模拟自然界中生物矿物的结构，人工合成出结构可控、理化性质优异、生物相容性好的多级有序的复合材料。随着全球人口老龄化，有关人体硬组织的健康问题（如龋齿、牙缺损、骨缺损、骨质疏松等）日益凸显，这些硬组织的病变往往不可逆，借助硬组织仿生材料帮助人体重建硬组织生理功能，具有重大的发展前景。

具体交叉前沿方向包括：一是加强硬组织植入材料和诱导再生材料的设计与制备。如，牙和骨中含有丰富的Ⅰ型胶原纤维，牙本质修复和骨修复的一个重要过程就是胶原矿化。深入探究胶原蛋白的三螺旋结构，推动生物矿物质定向生长，并开发用于各种工程的潜在仿生材料，包括修复钙化组织（如骨骼和软骨）。二是优化基于寡聚体和磷酸钙纳米簇材料的矿化方法，实现全牙釉质的外延修复以及骨缺损和骨质疏松的体内修复。磷酸钙寡聚体可以诱导牙釉质上棒状磷灰石的外延晶体生长，并保留牙釉质的多级结构。目前，已在实验室实现牙釉质的再生重构。三是深入研究骨矿化机制，精准模拟骨组织的微观和宏观结构特征，研发高活性、功能仿生、生物相容性及生物诱导性强的骨缺损修复材料。

4 可穿戴柔性外骨骼

可穿戴柔性外骨骼融合了传感、控制、材料、计算等技术，可为人类增强身体机能、提供运动助力，是近年来人机结合纵深发展的重要成果。按照主要用途划分，可穿戴柔性外骨骼可分为人体增强型、康复训练型和运动辅助型三种，其中人体增强型一般用于军事领域，康复训练型和运动辅助型则更多应用于医疗健康领域，帮助人类进行肢体机能的训练与康复。可穿戴柔性外骨骼的设计结合了柔性驱动和可穿戴结构等特征，有效解决了刚性外骨骼人机交互舒适度与安全性差、控制难、检测精度有限、力学模型与传动效率精

度低等问题。柔性材料、驱动方式及控制策略、步态信息监测等是柔性外骨骼的关键技术。

具体交叉前沿方向包括：一是研发高刚度、符合生物力学要求的柔性材料，提高柔性助力系统人机运动相容性；二是提高人体运动意图的感知与识别准确度，优化基于压力传感器的力感知技术、生理电信号传感器技术，增强人机交互系统的同步性能；三是迭代升级学习控制策略、基于相变量的控制策略以及基于自适应振荡器的控制策略等算法，有效优化柔性外骨骼的助力策略与控制系统设计。

5 基于跨物种整合的类器官研发

常规的体外细胞培养体系中培养的细胞往往不能保留它们原有的器官功能和形态，类器官则可利用成体干细胞在体外培育，具备类似真实器官的复杂结构，并能部分模拟来源组织器官的生理功能。类器官在组织生物学、发育再生、疾病建模、器官移植技术改良、药物发现/疗效评估以及毒理学等研究中应用前景广泛，是体外疾病模型研究的重要前沿方向。

近年来，肺、肝、肾、肠等组织已作为体外模型被复制，出现了肺芯片、肝脏芯片、肾脏芯片、肠道芯片，可在一定程度上模拟真实器官的状态和环境。但这些体外模型并没有与真实生命系统产生连接，其成熟度仍有待提高，效用可能无法完全发挥。目前，斯坦福大学研究团队已成功将人类脑组织移植到大脑尚未发育成熟的新生

大鼠的体感皮层中，并发现该类器官能发育成熟、与大鼠细胞"共同进化"，部分能与神经环路整合，并在大鼠大脑中具有功能性。这种基于跨物种整合的类器官研发，对于深入探讨人脑发育和疾病的实验室研究具有重大意义，有望突破传统疾病研究模型的瓶颈，成为了解人体发育和疾病的体外研究强大手段，甚至彻底改变对人体的研究模式。但截至目前，人们只成功使用大鼠完成了人脑类器官跨物种实验。

未来，要在现有类器官基础上，设计更多嵌合的研究模型，更精准反映"真实人类器官"的生理条件，多维度、高内涵应用于精准医学的发展。此外，跨物种培养用于移植的人体器官兼容问题、培养具有类似人类感知能力的类脑器官等科技伦理问题也有待进一步探索。

6 人造叶绿体技术

随着全球工业化进程的开展，全球变暖与能源短缺问题逐渐凸显，寻求高效清洁的可再生能源成为全人类共同的课题。人造叶绿体技术是从结构与功能上模拟天然绿叶的光合作用，在收集光能的同时绿色高效合成所需的有机物。这项技术有望成为绿色生物工程研发的开端，变革精细化学品、药品制造方式、人造生物系统开发等，高效提供环境友好的新能源，加快"碳中和"进程，为解决能源问题和碳排放问题提供新技术方案。

人造叶绿体技术已能实现多种类型化学键的转换，并且在 H_2O 分解、CO_2 的还原和 N_2 固定还原方面取得了重要进展。2016 年，哈佛大学研究团队开发了一种基于新型钴—磷（Co-P）水分催化剂和富养罗尔斯通氏菌的仿生叶片，该叶片可视为利用人造叶绿体促进的高效光合作用系统，其转换效率高达 10%，比自然光合作用高出 10 倍。2020 年，德国科学家通过将菠菜的"捕光器"与 9 种不同生物体的酶结合，制造了人造叶绿体，这种人造叶绿体可在细胞外工作、收集阳光，并利用由此产生的能量将 CO_2 转化为富含能量的分子。这一成果被评为 2020 年世界十大科技进展之一。

人造叶绿体技术的发展作为仿生学与合成生物学交叉领域的重要进展，也是构建自养合成细胞领域的关键工作。具体交叉前沿方向包括：一是直接参与推动光合作用的蛋白质确认。目前已有科研团队尝试通过基因工程的手段来合成类似的自组装蛋白。未来将研究设计一个完善的人工系统，将这种光合作用扩大到工业生产的规模。二是人工光合固氮。该领域仍处于起步阶段，现有的光催化体系效率仍在微摩尔量级，完善人工光催化体系需进一步研究 N_2 分子的吸附和活化能力，提高 N_2 还原的光催化活性。三是人工光合作用转换体系对于 CH_4、C_2H_6 等烷烃的惰性 C(sp3)-H 键的活化和转换研究。

7 基于仿生设计的储能装置

许多自然生物具有能量收集、转化和储存的能力，如细胞膜内的超快离子运输现象、储能装置中的电极以及电解质中的离子扩散现象。基于此，人们设计创造了许多新型储能装置结构和组件（主要是可充电电池和超级电容器），这些仿生设计具备出色的物理、化学和机械性能。

通过模拟生物体内的能量转换机制研制出的仿生电解质具有绿色、安全以及低成本等优势，并且在化学稳定性和动力学特性等方面表现优异。受纤溶酶在血管内溶解血栓等生物体自愈现象的启发，多硫化物在金属硫电池中被充作"纤溶酶"，能够将电化学反应形成的失活的固体产物转化为液相，确保金属硫电池可持续循环利用。受树木通过树叶增加暴露在空气中表面积的启发，一种具有树叶—枝状结构的仿生微导管电极被设计用于高性能超级电容器，该设计可以增加电解质的可接触表面并促进离子的快速扩散，从而提升超级电容器的性能。经过合理的结构设计和与其他材料的融合应用，石墨烯基仿生材料也已被广泛用于能源相关应用。

尽管仿生设计为储能系统提供了新思路，但仍面临诸多材料和工程上的挑战：一是大多数自然界中真正的微/纳米结构已经变得相对复杂，人工合成材料仍然难以实现与之相当的复杂程度。

二是自然界中一个特定的结构可能起到多种作用，未来需重点研究满足多需求的多功能生物启发结构。三是在储能设备中将多种智能功能集成到一个结构中，需要对生物激发的信号传感和信息传输机理展开进一步探索。四是生物体在适应性变化后具有的自我修复能力难以仿制。

8 智能仿生导航技术

当前，全球导航系统大多是以卫星信号为基础，这种系统易受外界信号干扰，尤其在高度复杂的环境下卫星信号差，导航准确性易受影响。仿生导航是一项多学科交叉的新型自主导航技术，涉及神经学、计算机科学、地球科学等多学科知识。它以动物行为学和生理学为基础，通过模仿自然界中不同动物利用自然地理条件和自身导航特性设计一种仿生导航传感器来实现导航目的，具有极强的抗干扰能力。

仿生导航传感器主要包括仿生光罗盘、仿生磁罗盘、仿生复眼、仿生测线等。这些导航传感器借鉴了动物器官感知自然环境形成导航信息的机理和大脑内导航细胞处理信息的机制，可以将自然界的光、磁、压强和场景特征等信息源转化为载体运动的航向、位置、速度、姿态等导航信息，具有全自主、抗干扰、测量误差不随时间积累等优点。其中，仿生光罗盘技术研究热点为像素化偏振成像专用芯片和微小型化集成技术；仿生磁罗盘技术研究热点为新型生物量子仿生传感器、量子磁光效应敏感材料制备工艺、磁矢量测量技术、传感器误差机理分析与补偿方法、微小型化集成技术等；仿生复眼技术研究热点是仿生复眼结构设计、仿生复眼透镜的微纳制造技术、微光学耦合成像工艺、图像校正和高动态/超分辨方法等；仿生测线技术研究热点是水下微结构的设计与实验、实时漩涡流场感知等。

智能仿生导航技术主要涉及导航经验知识的表达与机器学习、多源异质导航信息柔性融合和面向任务的仿生路径规划等，应重点聚焦三维开放空间中运动的导航拓扑图研究、基于神经网络的组合导航精度提升研究、基于机器学习的任务运动策略研究。此外，现有仿生导航传感器存在功耗体积较大、算法稳定性不足等问题，未来仍需深入动物器官的感知机理、传感器结构设计、传感器加工工艺以及导航信息提取算法等研究；探索通过生物基因技术与微纳米加工技术制造微型化、集成化的仿生传感器，在保证小体积的情况下提升其灵敏度与精度等。

9 软体机器人制造

软体机器人由柔韧性材料构成，具有多自由度和连续形变能力，可以在较大范围内改变其形状和尺寸，并基于模仿自然界中软体动物的运动方式，提供在工业生产、勘探勘测、医疗服务、救援救灾、生物工程等领域新的技术应用途径。软体机器人大多采用弹性体、水凝胶、形状记忆高分子等合成高分子材料制作。这些柔性材料通常具有较强的机械形变能力和刺激响应性，如一些特种硅胶材质受到拉力时，断裂伸长率可高达700%，能有效解决刚性机器人环境适应力差的问题。

软体机器人朝着智能化、多功能化、微型化等方向发展，亟待建立一套完整的理论系统。这不仅

依赖于新型智能材料的进步，更需要机器智能技术的突破。具体涉及：一是加强控制系统研究。理想状态下的软体驱动器可以实现无限自由度，但由于控制维度的限制，目前的驱动形式还比较有限；同时，软体机器人通常需要大量传感器来提高其控制精度，但传感器数量的增加影响了控制的实时性。二是研发智能材料技术。现有智能材料在力学性能、成本以及使用寿命等方面还不能完全满足实际应用需求，其抗疲劳性能、自我修复能力以及稳定性等问题也亟待解决。三是聚焦机器人运动问题。当前软体机器人运动速度缓慢，依赖新型高效动力源；运动精度低，需通过丰富驱动器的结构设计、连接方式提高灵活性。

10 仿生扑翼飞行器

仿生扑翼飞行器通过模仿飞行生物肌肉、骨骼等结构的协同作用实现扑动、悬停、滑翔等多种飞行方式，具有较多的运动自由度和较强的机动性。仿生扑翼飞行器具有气动噪声小、仿生隐蔽性好等优点，在民用和军事领域有着广泛的应用前景，如能在狭小复杂空间及特殊恶劣环境下执行监听监控、目标搜索、勘探定位、军事打击等任务。

根据仿生对象及飞行器主要结构特征划分，仿生扑翼飞行器主要有仿鸟扑翼飞行器、仿蝙蝠扑翼飞行器和仿昆虫扑翼飞行器，其关键技术在于传动技术、尾翼控制技术和仿生起降技术。目前，传动技术的研究重点在于实现扑翼的仿生运动，如使用拍—扭—摆传动结构和展向折叠结构。尾翼控制技术是扑翼飞行器实现自由飞行、轨迹规划等功能的基础，能够有效提高飞行器的灵活性，使其可以在飞行中随时调整飞行姿态，扩大扑翼飞行器的应用范围。目前主流的尾翼主要有常规式尾翼、平尾翼和 V 型尾翼三种。在仿生起降技术方面，现有的扑翼飞行器大多采用人工抛掷的起飞方式，极大地限制了飞行器的应用。因此，提高扑翼飞行器的机动性、环境适应力、作战能力、起飞降落状态间的转化能力变得尤其重要。

为进一步改善仿生扑翼飞行器的性能，要持续研发微型飞行器动力装置、超微型特种功能装置、具有主动力感知与控制的新型轻便材料等，不断优化仿生神经智能控制技术、仿生物对环境的感知识别技术。具体涉及，深入研究扑翼飞行生物驾驭非定常流、非线性流体运动机理，明晰其运动能效性、灵活性、稳定性等内在力学机制；探究新材料、制造工艺和能源策略，如低密度、高强度、高刚性/高弹性的结构材料设计制备方法、高转化效率功能材料与器件的制备技术、高效高功率密度比的微型原动件设计制造技术等；创新控制算法、优化控制器设计，满足扑翼飞行器多自由度机电系统控制需求。

二、仿生工程领域文献计量分析

聚焦"仿生工程"领域十大交叉前沿研究方向，选取 Scopus 数据库收录的论文数据，通过相关检索获得各方向相关论文；并结合 SciVal 科研分析平台及可视化工具，对十大交叉前沿方向的研究现状及发展趋势进行文献计量学分析。（检索时间为 2022 年 11 月）

经检索，"仿生工程"领域十大交叉前沿方向 2017 年至今发表的文献数量为 215—5807 篇，其结果如图 0.1 所示。其中，文献数量最多的是方向 4，即可穿戴柔性外骨骼；文献数量最少的是方向 6，即人造叶绿体技术。

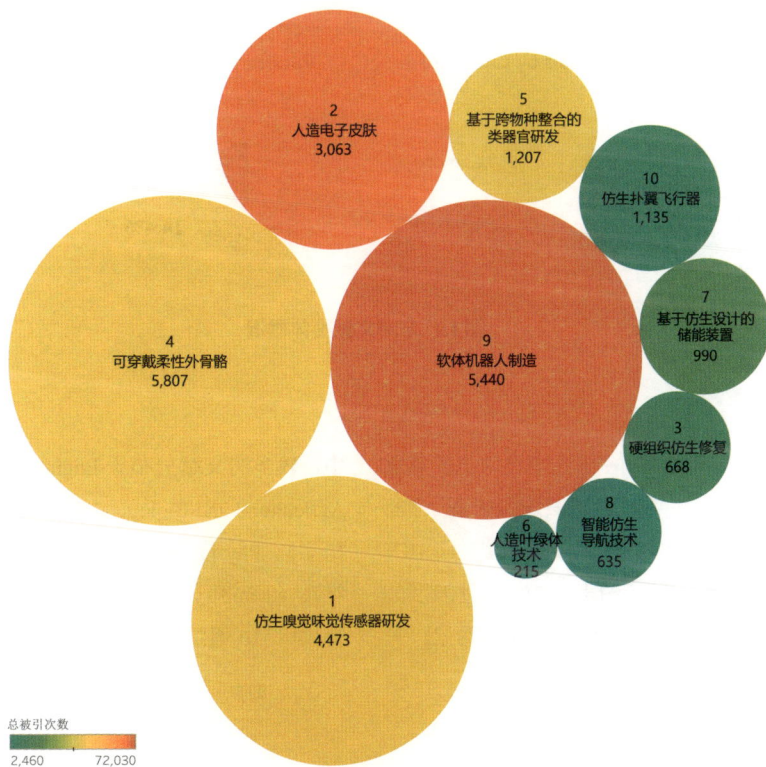

图 0.1 十大交叉前沿方向发文分布

1 仿生嗅觉味觉传感器研发

1.1 总体概况

通过 Scopus 数据库检索 2017 年至今发表的"仿生嗅觉味觉传感器研发"相关论文，并将其导入 SciVal 平台，最终共有文献 4473 篇，整体情况如图 1.1 所示。

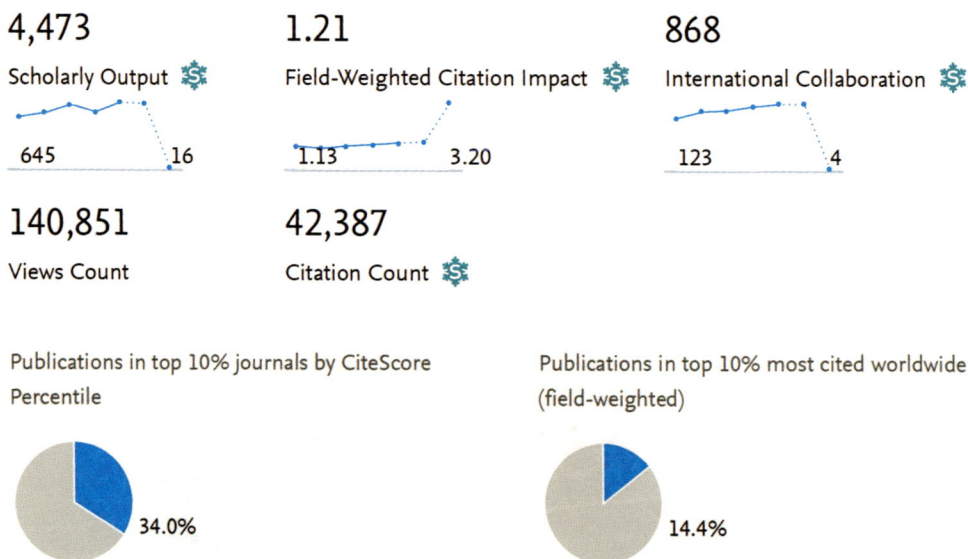

4,473
Scholarly Output

645　　　16

1.21
Field-Weighted Citation Impact

1.13　　　3.20

868
International Collaboration

123　　　4

140,851
Views Count

42,387
Citation Count

Publications in top 10% journals by CiteScore Percentile

34.0%

Publications in top 10% most cited worldwide (field-weighted)

14.4%

图 1.1 方向文献整体概况

2017 年至今发表的"仿生嗅觉味觉传感器研发"相关文献的学科分布情况，如图 1.2 所示。在 Scopus 全学科期刊分类系统（ASJC）划分的 27 个学科中，该研究方向文献涉及的学科较为广泛、学科交叉特性较为明显。其中，较多的文献分布于 Engineering（工程学）、Agricultural and Biological Sciences（农业与生物科学）、Physics and Astronomy（物理学与天文学）、Chemistry（化学）、Computer Science（计算机科学）等学科。

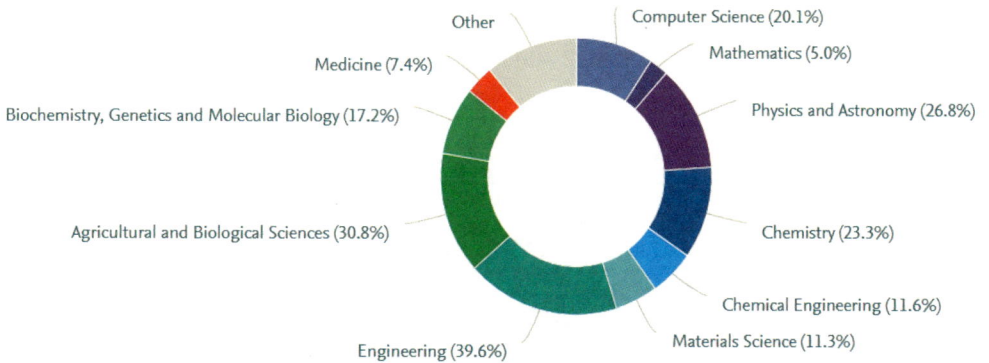

图 1.2 方向文献学科分布

1.2 研究热点与前沿

1.2.1 高频关键词

2017 年至今发表的"仿生嗅觉味觉传感器研发"相关文献的 TOP 50 高频关键词，如图 1.3 所示。其中，Odorants（异嗅物质）、Sensor Array（传感器阵列）、Volatile Organic Compounds（挥发性有机化合物）、Gas Sensor（气体传感器）、Taste（味觉）和 Smell（嗅觉）等是该方向出现频率最高的高频词。

图 1.3 2017 年至今方向 TOP 50 高频关键词词云图

从 2017 年至今方向 TOP 50 高频关键词的增长率情况看（如图 1.4 所示），该方向增长较快的关键词有 Ion Mobility Spectrometry（离子迁移谱）、Umami（鲜味）、Flavoring Agents（调味剂）、Flavors（风味）、Support Vector Machine（支持向量机）等。

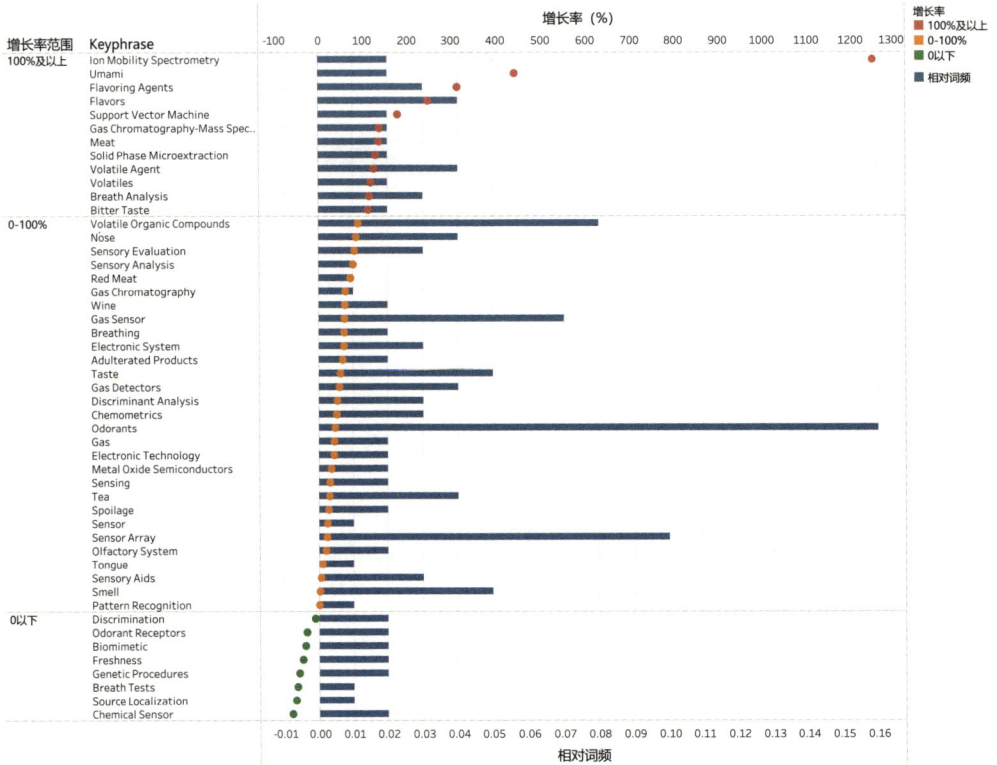

图 1.4 2017 年至今方向 TOP 50 高频关键词的增长率分布

1.2.2 方向相关热点主题（TOPIC）[1]

从 2017 年至今该方向发表的相关文献涉及的主要研究主题看（如图 1.5 所示），五个热点主题中该方向论文在主题论文中的占比[2]

最高的主题是 T.1297，"Electronic Tongues; Gas Sensor; Odors"（电子舌；气体传感器；气味），占比达到 63.35%，在该方向热点主题中最具

---

[1] 研究主题（Topic）是 SciVal 平台自带的基于 Scopus 数据库文献的直接引用关系聚类而成的文献簇，每个主题代表了一组具有相同研究兴趣或知识基础的论文集合，目前 SciVal 平台共有约 9.6 万个研究主题。

[2] 在主题论文中的占比是指该方向下某个主题的论文数量占 SciVal 平台上该主题论文总数的比重，体现了研究主题与该研究方向的相关度，占比越高说明该主题与方向的相关度越高。

相关性；同时，该主题的文献量也最大，达到 1141 篇，且显著性百分位为 98.25，在全球具有高关注度。五个热点主题中显著性百分位最高的主题是 T.2017，"Electronic Tongues; Breath Tests; Acetone"（电子舌；呼气试验；丙酮），达

到 99.051，具有高关注度和发展势头。该方向五个热点主题均呈现出较高的显著性百分位（大于 90），表明该方向整体上具有较高的全球关注度和较大的研究发展潜力。

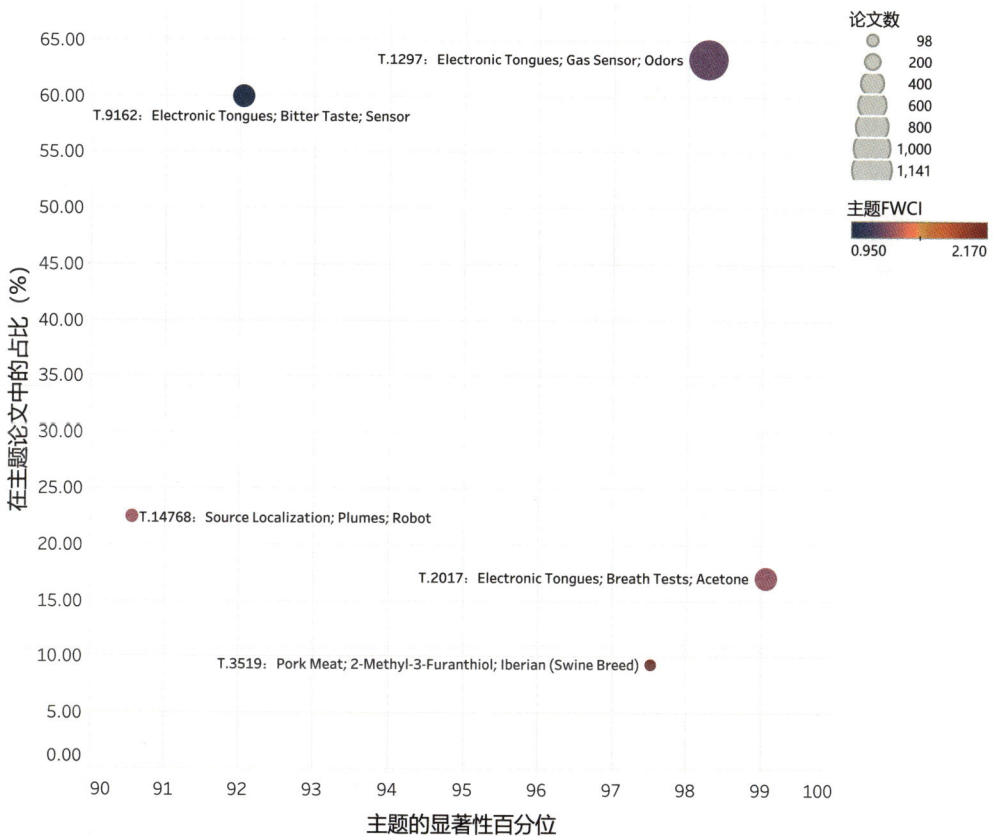

图1.5 2017年至今方向论文数最多的五个热点主题

1.3 高产国家 / 地区和机构

从 2017 年至今发表的方向相关文献主要的发文国家 / 地区看（如表 1.1 所示），该方向最主要的研究国家 / 地区有 China（中国）、United States（美国）、Italy（意大利）、India（印度）和 Spain（西班牙）等；从主要机构看（如图 1.6 所示），高产的机构包括 Zhejiang University（浙江大学）、Jiangnan University（江南大学）和 Nanjing Agricultural University（南京农业大学）等。

表 1.1 2017 年至今方向前十位高产国家 / 地区

序号	国家 / 地区	发文量	点击量	FWCI	被引次数
1	China	1707	41862	1.3	16489
2	United States	327	12322	1.42	5089
3	Italy	298	14974	1.25	3276
4	India	273	7586	0.92	1664
5	Spain	223	9800	1.37	2352
6	Japan	202	5063	0.76	974
7	Republic of Korea	179	5500	1.12	2156
8	Poland	151	6582	1.59	2289
9	Germany	135	4318	1.43	1094
10	United Kingdom	134	5097	1.25	1639

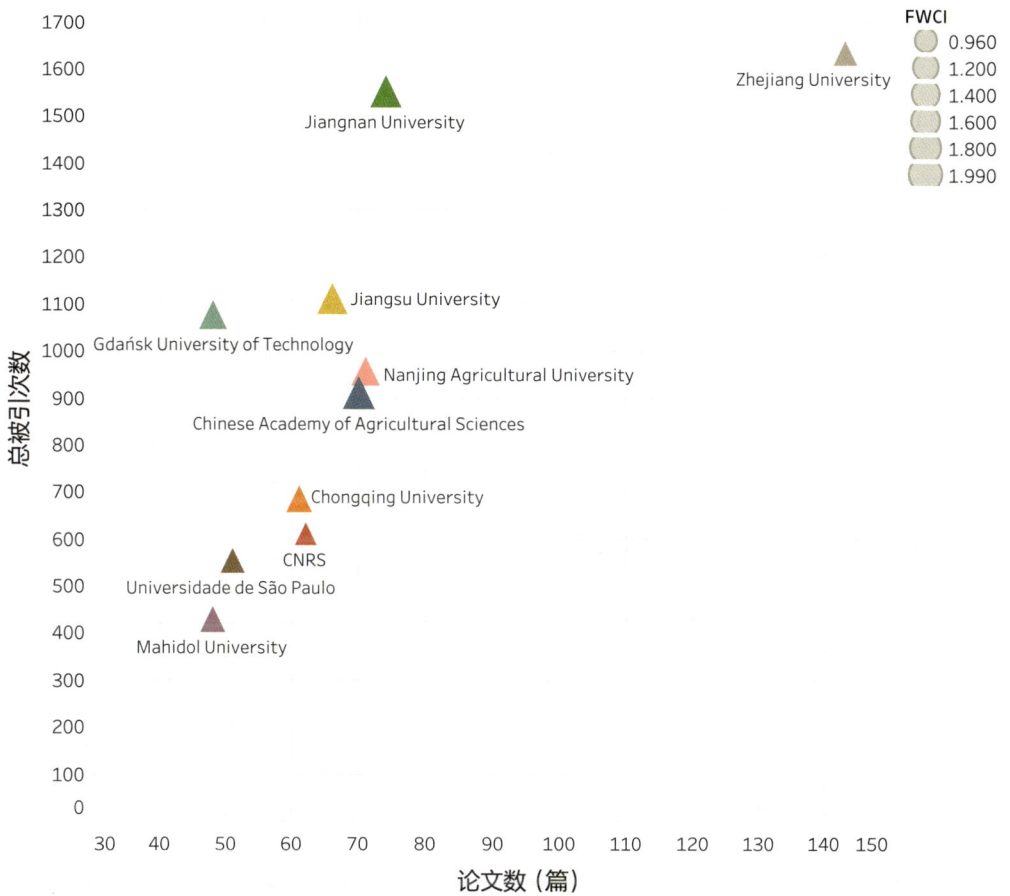

图1.6 2017年至今方向前十位高产机构

2 人造电子皮肤

2.1 总体概况

通过 Scopus 数据库检索 2017 年至今发表的"人造电子皮肤"相关论文，并将其导入 SciVal 平台，最终共有文献 3063 篇，整体情况如图 2.1 所示。

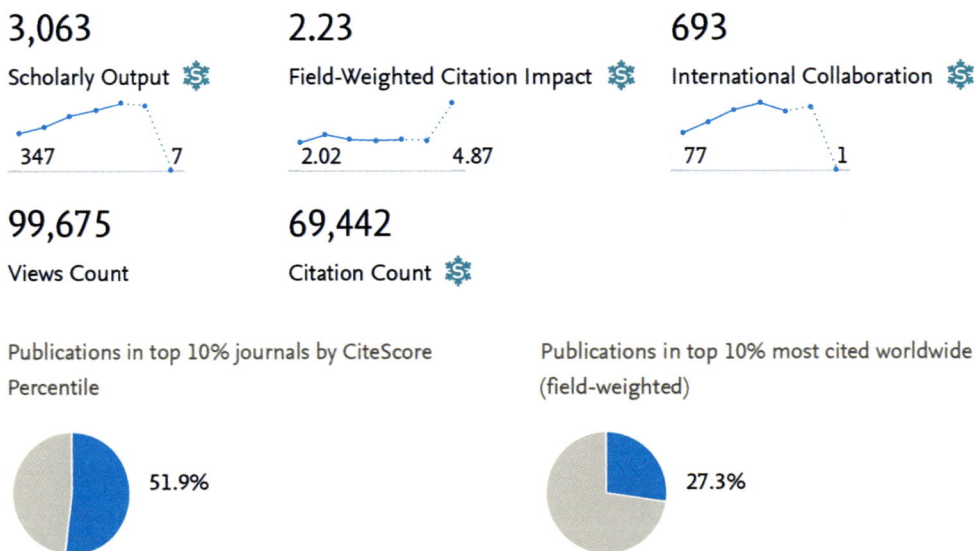

3,063
Scholarly Output

347   7

2.23
Field-Weighted Citation Impact

2.02   4.87

693
International Collaboration

77   1

99,675
Views Count

69,442
Citation Count

Publications in top 10% journals by CiteScore Percentile

51.9%

Publications in top 10% most cited worldwide (field-weighted)

27.3%

图 2.1 方向文献整体概况

2017 年至今发表的"人造电子皮肤"相关文献的学科分布情况，如图 2.2 所示。在 Scopus 全学科期刊分类系统（ASJC）划分的 27 个学科中，该研究方向文献涉及的学科较为广泛、学科交叉特性较为明显。其中，较多的文献分布于 Materials Science（材料科学）、Engineering（工程学）、Physics and Astronomy（物理学与天文学）、Chemistry（化学）、Medicine（医学）等学科。

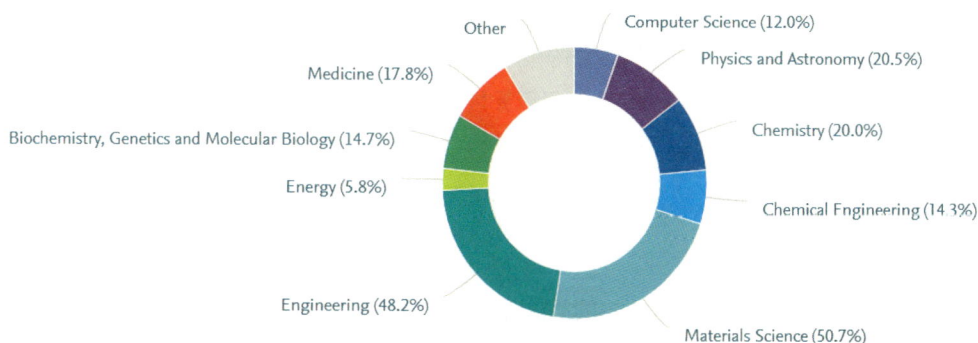

图 2.2 方向文献学科分布

2.2 研究热点与前沿

2.2.1 高频关键词

  2017 年至今发表的"人造电子皮肤"相关文献的 TOP 50 高频关键词，如图 2.3 所示。其中，Wearable Electronic Devices（可穿戴电子设备）、Artificial Skin（人工皮肤）、Skin（皮肤）、Pressure Sensor（压力传感器）和 Biomimetic（仿生）等是该方向出现频率最高的高频词。

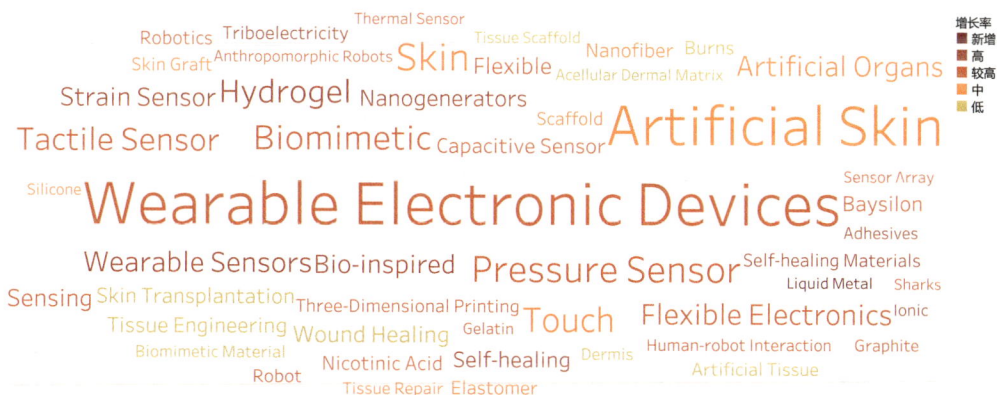

图 2.3 2017 年至今方向 TOP 50 高频关键词词云图

从 2017 年至今方向 TOP 50 高频关键词的增长率情况看（如图 2.4 所示），该方向增长较快的关键词有 Self-healing Materials（自修复材料）、Adhesives（粘合剂）、Self-healing（自修复）、Nanogenerators（纳米发电机）、Wearable Sensors（可穿戴传感器）等。此外，2017 年以来新增了高频关键词 Liquid Metal（液态金属）。

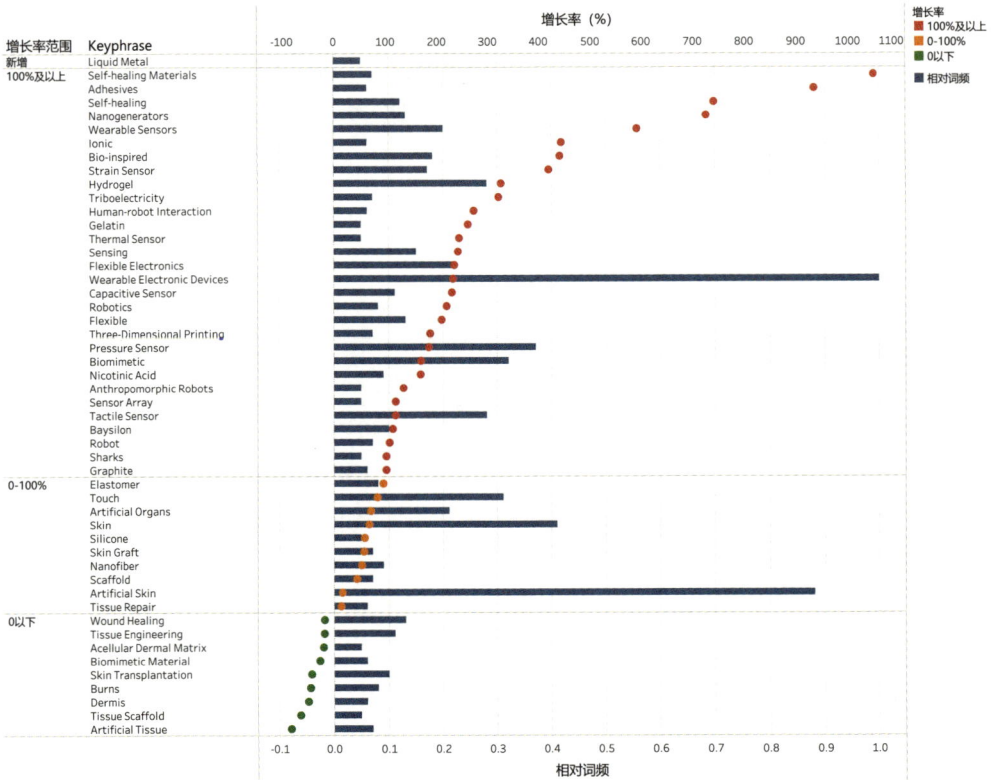

图 2.4 为一组条形与散点组合图，显示 2017 年至今方向 TOP 50 高频关键词的增长率分布。横轴上方为"增长率（%）"，范围 -100 至 1100；横轴下方为"相对词频"，范围 -0.1 至 1.0。图例"增长率"：■ 100% 及以上、■ 0-100%、■ 0 以下，■ 相对词频。

增长率范围与 Keyphrase：

- 新增：Liquid Metal
- 100% 及以上：Self-healing Materials、Adhesives、Self-healing、Nanogenerators、Wearable Sensors、Ionic、Bio-inspired、Strain Sensor、Hydrogel、Triboelectricity、Human-robot Interaction、Gelatin、Thermal Sensor、Sensing、Flexible Electronics、Wearable Electronic Devices、Capacitive Sensor、Robotics、Flexible、Three-Dimensional Printing、Pressure Sensor、Biomimetic、Nicotinic Acid、Anthropomorphic Robots、Sensor Array、Tactile Sensor、Baysilon、Robot、Sharks、Graphite
- 0-100%：Elastomer、Touch、Artificial Organs、Skin、Silicone、Skin Graft、Nanofiber、Scaffold、Artificial Skin、Tissue Repair
- 0 以下：Wound Healing、Tissue Engineering、Acellular Dermal Matrix、Biomimetic Material、Skin Transplantation、Burns、Dermis、Tissue Scaffold、Artificial Tissue

图 2.4 2017 年至今方向 TOP 50 高频关键词的增长率分布

2.2.2 方向相关热点主题（TOPIC）

从 2017 年至今该方向发表的相关文献涉及的主要研究主题看（如图 2.5 所示），显著性百分位最高的主题是 T.4469，"Strain Sensor; Flexible Electronics; Sensor"（应变传感器；柔性电子；传感器），达到 99.978，在全球具有高关注度和发展势头；同时，该主题的文献量也最大，达到 1063 篇；其 FWCI[1] 为 3.17，具有高引文影响力。五个热点主题中该方向论文在主

---

[1] 学科规范化的引文影响力是主题论文的被引用次数与相同学科、相同年份、相同类型论文平均被引次数的比值，可以体现该主题的影响力。

题论文中的占比最高的主题是 T.10068，"Burns; Acellular Dermal Matrix; Dermis"（烧伤；脱细胞真皮基质；真皮），占比为 22.95%，在该方向热点主题中最具相关性。五个热点主题中 FWCI 最高的主题为 T.3361，"Nanogenerators; Piezoelectric; Energy Harvesting"（纳米发电机；压电式；能量收集），高达 4.43，在全球中具有

高引文影响力；同时，该主题的显著性百分位为 99.973，具有高关注度和研究发展潜力。该方向五个热点主题中，有四个热点主题呈现出较高的显著性百分位（大于 92），表明该方向整体上具有较高的全球关注度和较大的研究发展潜力。

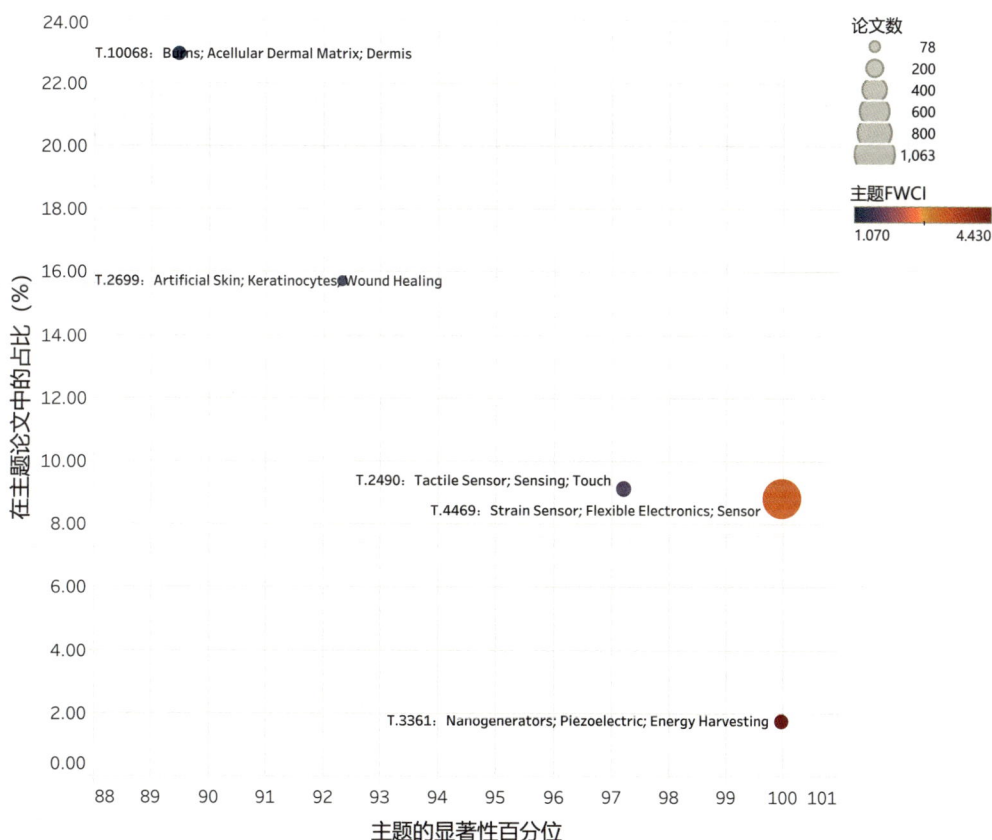

图 2.5 2017 年至今方向论文数最多的五个热点主题

2.3 高产国家 / 地区和机构

从 2017 年至今发表的方向相关文献主要的发文国家 / 地区看（如表 2.1 所示），该方向最主要的研究国家 / 地区有 China（中国）、United States（美国）、Republic of Korea（韩国）、 United Kingdom（英国）和 Japan（日本）等；从主要机构看（如图 2.6 所示），高产的机构包括 Chinese Academy of Sciences（中国科学院）、University of Chinese Academy of Sciences（中国科学院大学）和 Tsinghua University（清华大学）等。

表 2.1　2017 年至今方向前十位高产国家 / 地区

序号	国家 / 地区	发文量	点击量	FWCI	被引次数
1	China	1294	44869	2.94	36078
2	United States	585	23578	2.79	21307
3	Republic of Korea	276	10874	2.82	9791
4	United Kingdom	171	5127	2.38	3264
5	Japan	167	4508	1.34	2629
6	Italy	122	3951	1.39	1252
7	Germany	119	3495	2.08	2229
7	India	119	3690	1.69	1626
9	Canada	100	3568	2.04	2436
10	Singapore	94	4529	3.24	3862

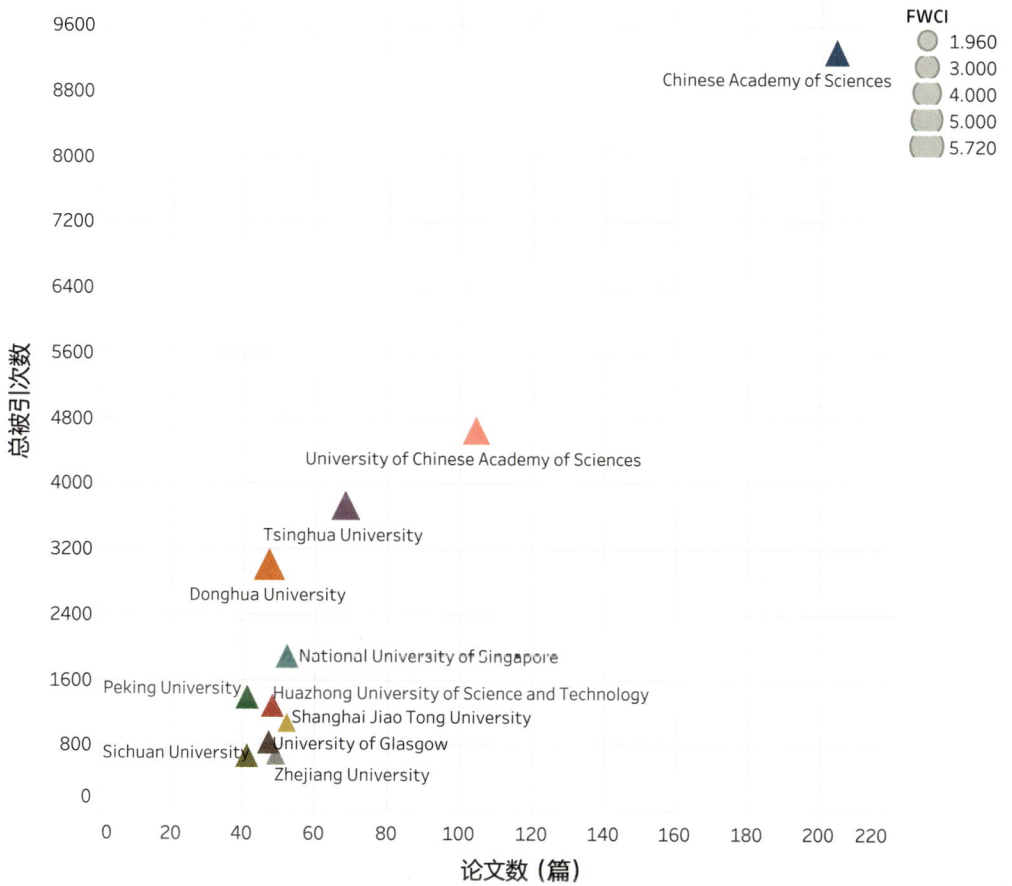

图 2.6 2017 年至今方向前十位高产机构

3 硬组织仿生修复

3.1 总体概况

通过 Scopus 数据库检索 2017 年至今发表的"硬组织仿生修复"相关论文，并将其导入 SciVal 平台，最终共有文献 668 篇，整体情况如图 3.1 所示。

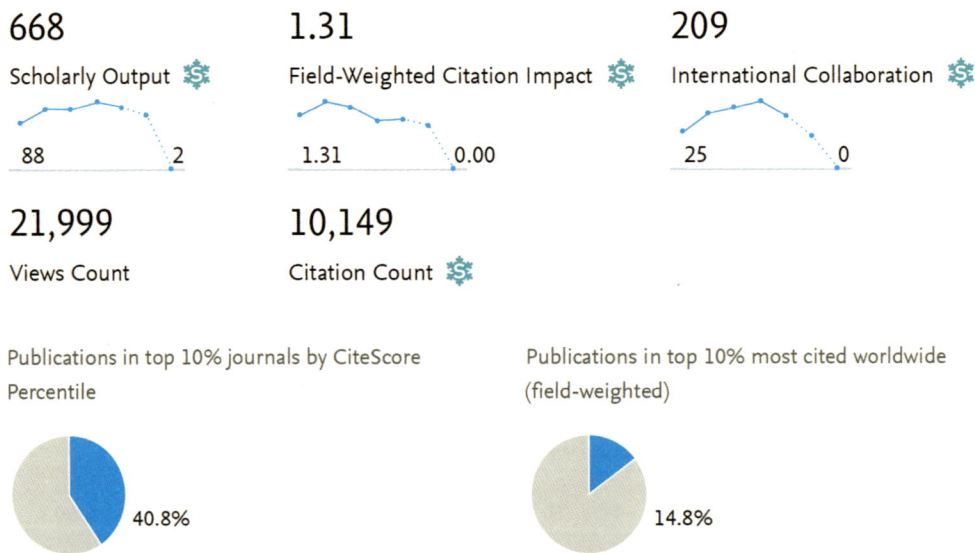

668
Scholarly Output

88 ———— 2

1.31
Field-Weighted Citation Impact

1.31 ———— 0.00

209
International Collaboration

25 ———— 0

21,999
Views Count

10,149
Citation Count

Publications in top 10% journals by CiteScore Percentile

40.8%

Publications in top 10% most cited worldwide (field-weighted)

14.8%

图 3.1 方向文献整体概况

2017 年至今发表的"硬组织仿生修复"相关文献的学科分布情况，如图 3.2 所示。在 Scopus 全学科期刊分类系统（ASJC）划分的 27 个学科中，该研究方向文献涉及的学科较为广泛、学科交叉特性较为明显。其中，较多的文献分布于 Materials Science（材料科学）、Engineering（工程学）、Biochemistry, Genetics and Molecular Biology（生物化学、遗传学与分子生物学）、Chemical Engineering（化学工程）、Chemistry（化学）等学科。

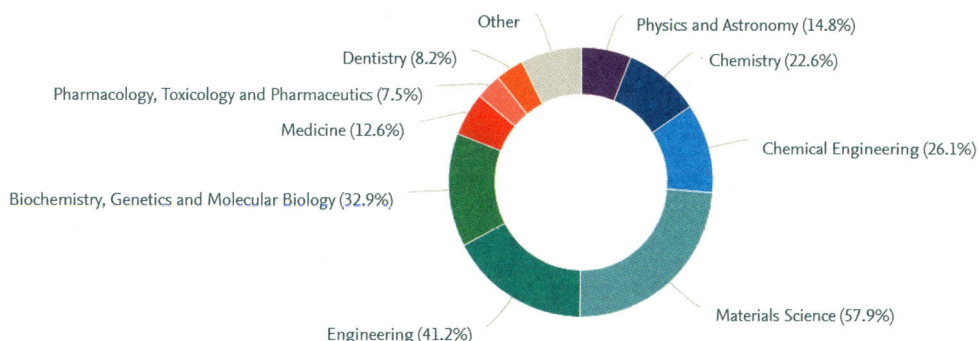

图 3.2 方向文献学科分布

3.2 研究热点与前沿

3.2.1 高频关键词

2017 年至今发表的"硬组织仿生修复"相关文献的 TOP 50 高频关键词，如图 3.3 所示。其中，Biomimetic（仿生）、Hydroxyapatite（羟基磷灰石）、Mineralization（矿化）、Biomineralization（生物矿化）和 Remineralization（再矿化）等是该方向出现频率最高的高频词。

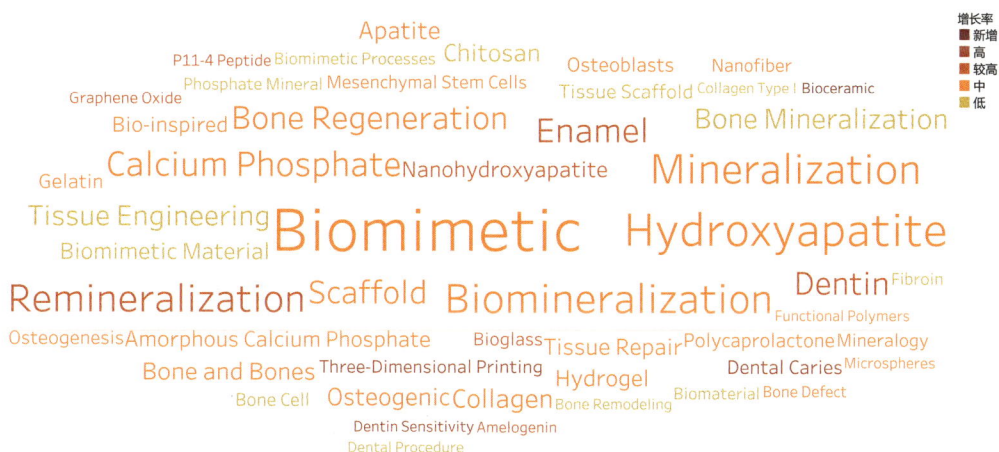

图 3.3 2017 年至今方向 TOP 50 高频关键词词云图

从 2017 年至今方向 TOP 50 高频关键词的增长率情况看（如图 3.4 所示），该方向增长较快的关键词有 Three-Dimensional Printing（3D 打印）、Dental Caries（龋齿）、Dentin Sensitivity（牙本质过敏）、P11-4 Peptide（P11-4 肽）、Dentin（牙本质）等。此外，2017 年以来新增了高频关键词 Bioceramic（生物陶瓷）。

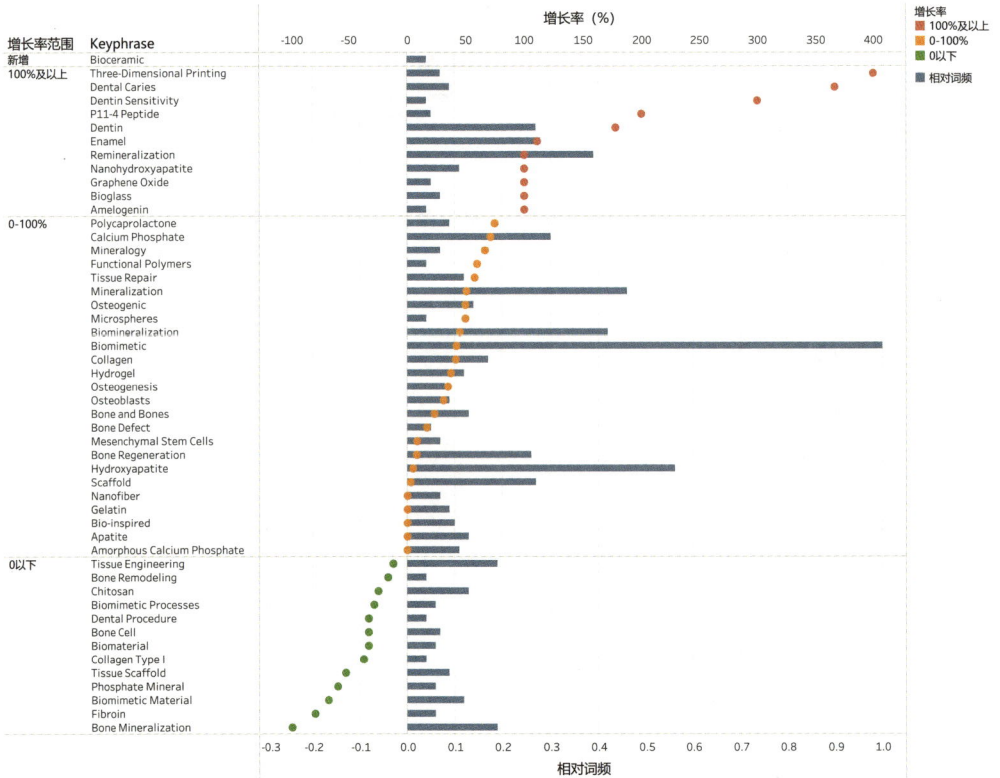

图 3.4 2017 年至今方向 TOP 50 高频关键词的增长率分布

3.2.2 方向相关热点主题（TOPIC）

从 2017 年至今该方向发表的相关文献涉及的主要研究主题看（如图 3.5 所示），五个热点主题中该方向论文在主题论文中占比最高的主题是 T.5125，"Cortical Bone; Bone And Bones; Nanoindentation"（皮质骨；骨和骨；纳米压痕），占比为 8.56%，在该方向热点主题中最具相关性；同时，该主题的文献量最大，且显著性百分位为 95.623，具有较高关注度和发展势头。显著性百分位最高的主题是 T.498，"Hydroxyapatites; Bioceramics; Bone And Bones"（羟基磷灰石；生物陶瓷；骨和骨），达到 99.41，在全球中具有高关注度和发展势头。该方向五个热点主题中，有四个热点主题呈现出较高的显著性百分位（大于 91），表明该方向整体上具有较高的全球关注度和较大的研究发展潜力。

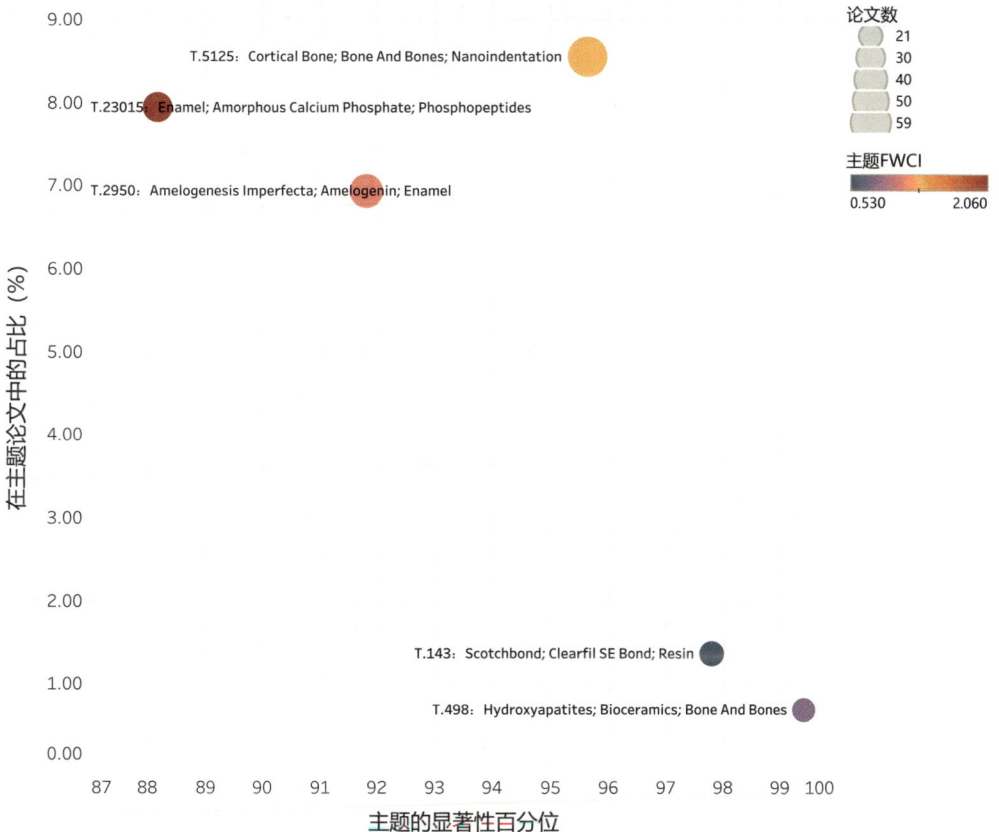

图 3.5　2017 年至今方向论文数最多的五个热点主题

3.3 高产国家 / 地区和机构

从 2017 年至今发表的方向相关文献主要的发文国家 / 地区看（如表 3.1 所示），该方向最主要的研究国家 / 地区有 China（中国）、United States（美国）、India（印度）、Germany（德国）和 Italy（意大利）等；从主要机构看（如图 3.6 所示），高产的机构包括 Sichuan University（四川大学）、Zhejiang University（浙江大学）和 CNRS（法国科学研究中心）等。

表 3.1 2017 年至今方向前十位高产国家 / 地区

序号	国家 / 地区	发文量	点击量	FWCI	被引次数
1	China	279	8468	1.37	4393
2	United States	130	5007	1.66	3087
3	India	46	1182	0.8	368
4	Germany	45	1365	1.58	775
5	Italy	39	2446	1.86	941
6	Brazil	28	785	0.97	386
7	Egypt	24	599	1.36	297
7	France	24	859	1.16	435
7	Republic of Korea	24	920	1.87	555
10	Japan	23	873	0.93	237

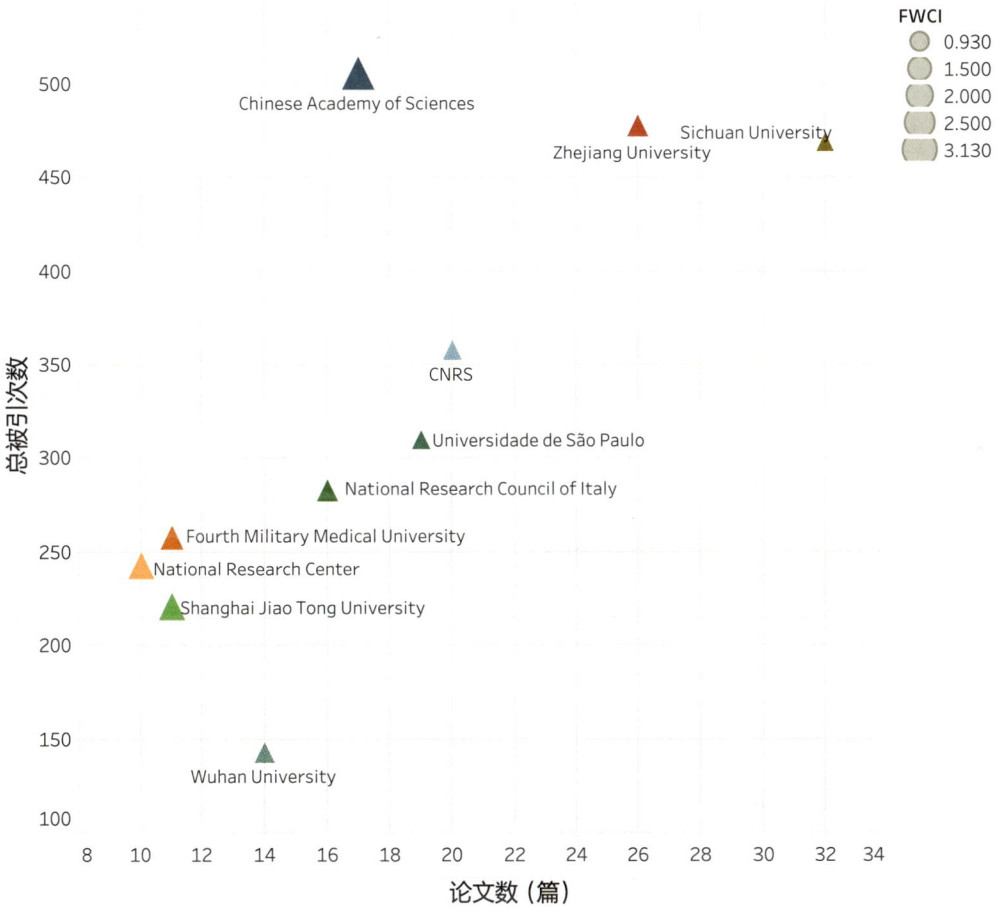

图3.6 2017年至今方向前十位高产机构

4 可穿戴柔性外骨骼

4.1 总体概况

通过 Scopus 数据库检索 2017 年至今发表的"可穿戴柔性外骨骼"相关论文，并将其导入 SciVal 平台，最终共有文献 5807 篇，整体情况如图 4.1 所示。

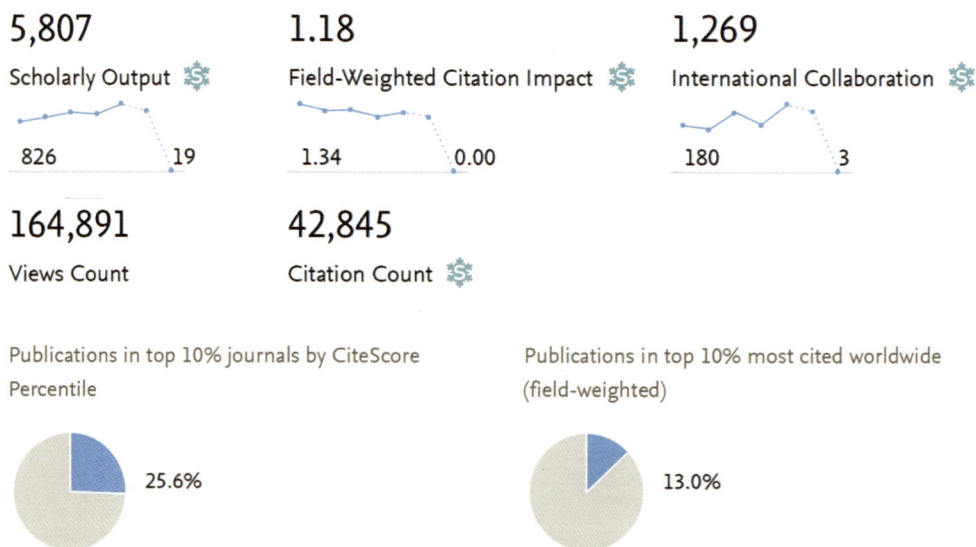

5,807
Scholarly Output

826   19

1.18
Field-Weighted Citation Impact

1.34   0.00

1,269
International Collaboration

180   3

164,891
Views Count

42,845
Citation Count

Publications in top 10% journals by CiteScore Percentile

25.6%

Publications in top 10% most cited worldwide (field-weighted)

13.0%

图 4.1 方向文献整体概况

2017 年至今发表的"可穿戴柔性外骨骼"相关文献的学科分布情况，如图 4.2 所示。在 Scopus 全学科期刊分类系统（ASJC）划分的 27 个学科中，该研究方向文献涉及的学科较为广泛、学科交叉特性较为明显。其中，较多的文献分布于 Engineering（工程学）、Computer Science（计算机科学）、Mathematics（数学）、Medicine（医学）、Physics and Astronomy（物理学与天文学）等学科。

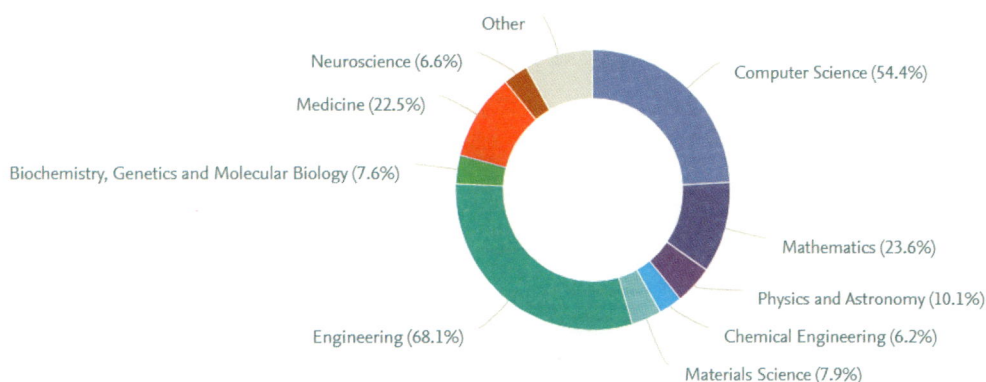

图 4.2 方向文献学科分布

4.2 研究热点与前沿

4.2.1 高频关键词

2017 年至今发表的"可穿戴柔性外骨骼"相关文献的 TOP 50 高频关键词，如图 4.3 所示。其中，Exoskeleton（外骨骼）、Rehabilitation（康复）、Rehabilitation Robot（康复机器人）、Robotic Exoskeleton（机器人外骨骼）和 Robotics（机器人学）等是该方向出现频率最高的高频词。

图 4.3 2017 年至今方向 TOP 50 高频关键词词云图

从 2017 年至今方向 TOP 50 高频关键词的增长率情况看（如图 4.4 所示），该方向增长较快的关键词有 Educational Robots（教育机器人）、Parallel Robot（并联机器人）、Walking Aids（助行器）、Leg Exoskeleton（下肢外骨骼）和 End Effectors（末端效应器）等。

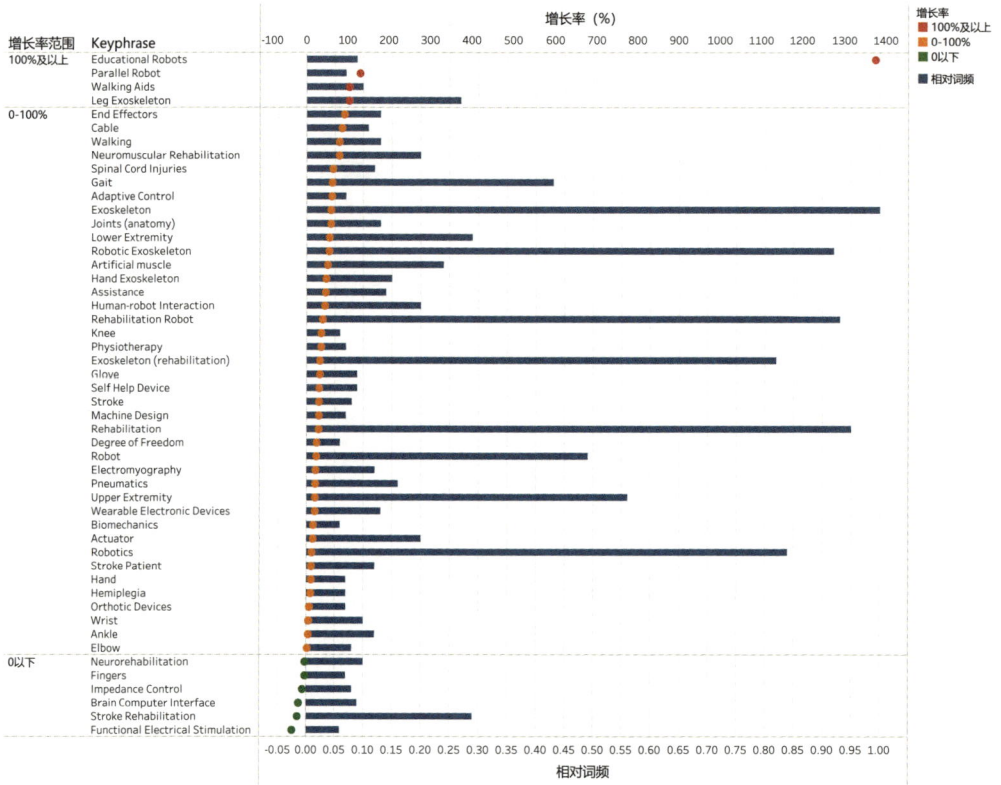

图 4.4 2017 年至今方向 TOP 50 高频关键词的增长率分布

4.2.2 方向相关热点主题（TOPIC）

从 2017 年至今该方向发表的相关文献涉及的主要研究主题看（如图 4.5 所示），五个热点主题中该方向论文在主题论文中占比最高的主题是 T.2099，"Exoskeletons; Upper Extremity; Stroke Rehabilitation"（外骨骼；上肢；中风康复），占比达到 53.58%，其次是 T.2501，"Exoskeletons; Robotics; Foot Orthoses"（外骨骼；机器人；足部矫形器），占比也达到了 38.39%，它们在该方向热点主题中具高相关性；同时，这两个主题也是该方向文献量最大的主题，都在 1500 篇左右，且显著性百分位分别达到 98.569 和 99.25，具有高关注度和发展势头。显著性百分位最高的主题是 T.753，"Human-Robot Interaction; Humanoid Robot; Man-Machine Systems"（人机交互；仿人机器人；人机系统），达到 99.769，具有高关注度和发展潜力。该方向五个热点主题均呈现出高的显著性百分位（大于 97），表明该方向整体上具有高全球关注度和研究发展潜力。

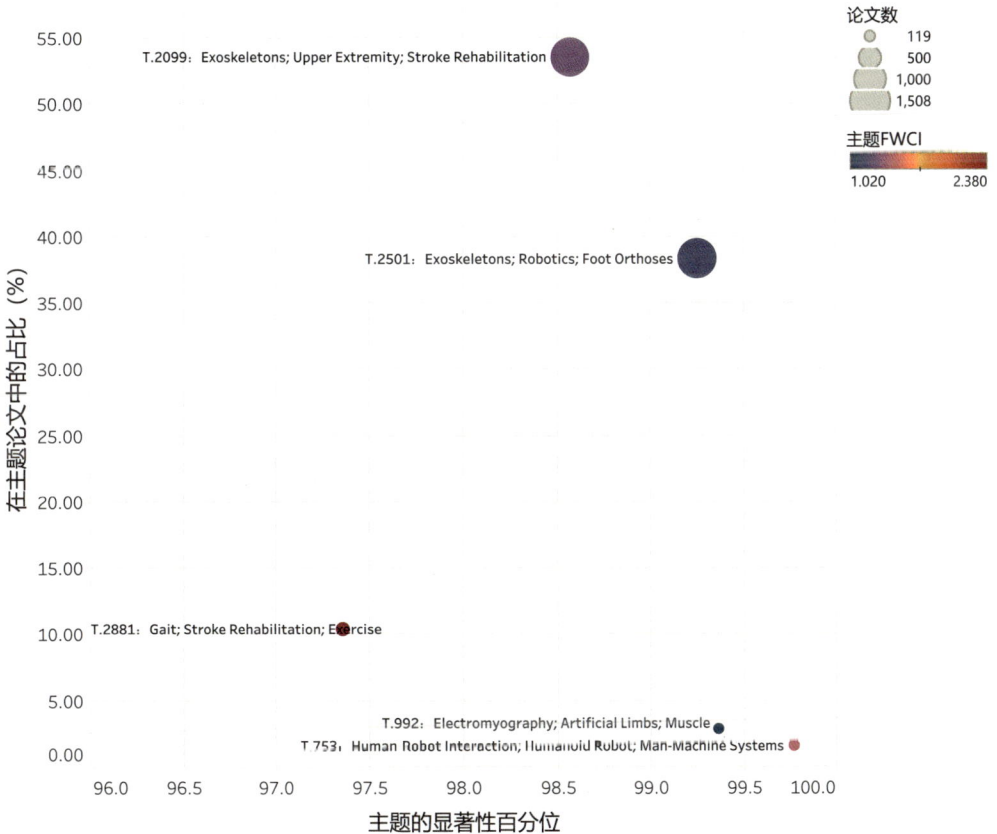

图 4.5 2017 年至今方向论文数最多的五个热点主题

4.3 高产国家 / 地区和机构

从 2017 年至今发表的方向相关文献主要的发文国家 / 地区看（如表 4.1 所示），该方向最主要的研究国家 / 地区有 China（中国）、United States（美国）、Italy（意大利）、Japan（日本）和 Republic of Korea（韩国）等；从主要机构看（如图 4.6 所示），高产的机构包括 Chinese Academy of Sciences（中国科学院）、Sant'Anna School of Advanced Studies（意大利比萨圣安娜高等学校）和 CSIC（西班牙高等科研理事会）等。

表 4.1 2017 年至今方向前十位高产国家 / 地区

序号	国家 / 地区	发文量	点击量	FWCI	被引次数
1	China	1594	37098	0.89	9713
2	United States	994	28980	1.44	11236
3	Italy	607	25868	1.74	6251
4	Japan	348	8641	1.06	1916
5	Republic of Korea	282	8099	1.03	2707
6	United Kingdom	270	9429	1.64	3002
7	Spain	233	8732	1.39	1882
8	Canada	231	6947	1.4	2371
9	Germany	218	6024	1.1	1590
10	Switzerland	146	5222	1.66	1816

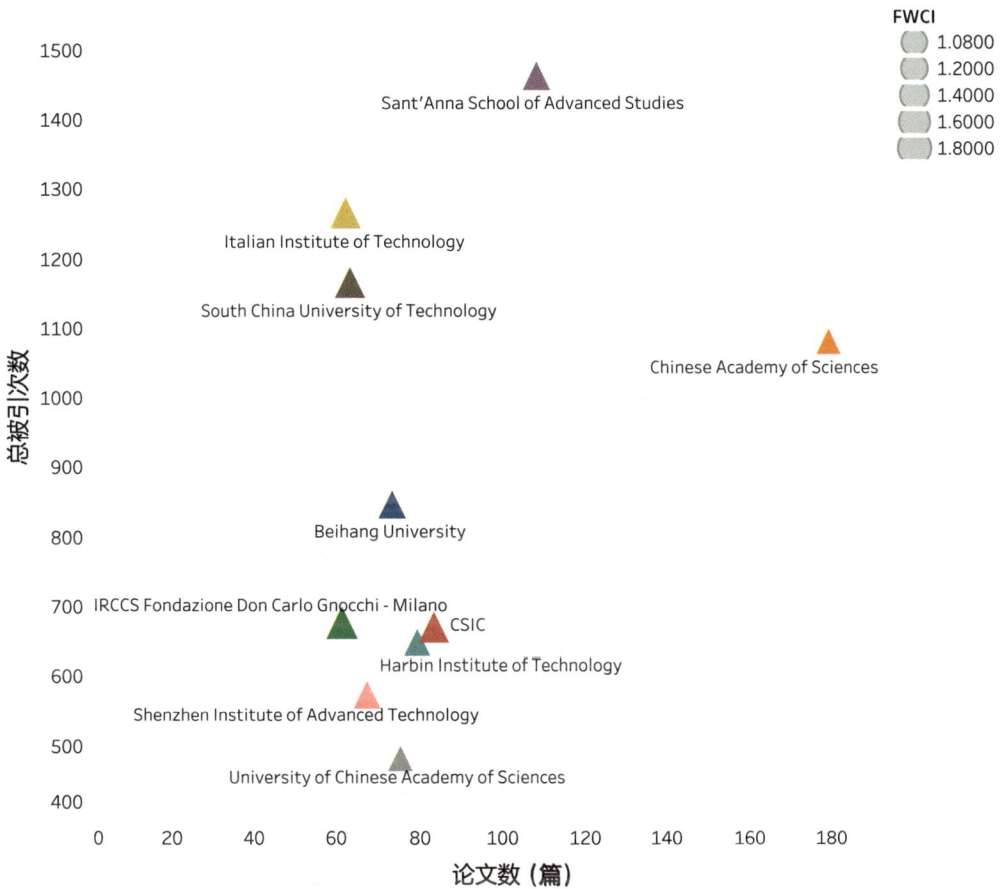

图 4.6 2017 年至今方向前十位高产机构

5 基于跨物种整合的类器官研发

5.1 总体概况

通过 Scopus 数据库检索 2017 年至今发表的"基于跨物种整合的器官研发"相关论文，并将其导入 SciVal 平台，最终共有文献 1207 篇，整体情况如图 5.1 所示。

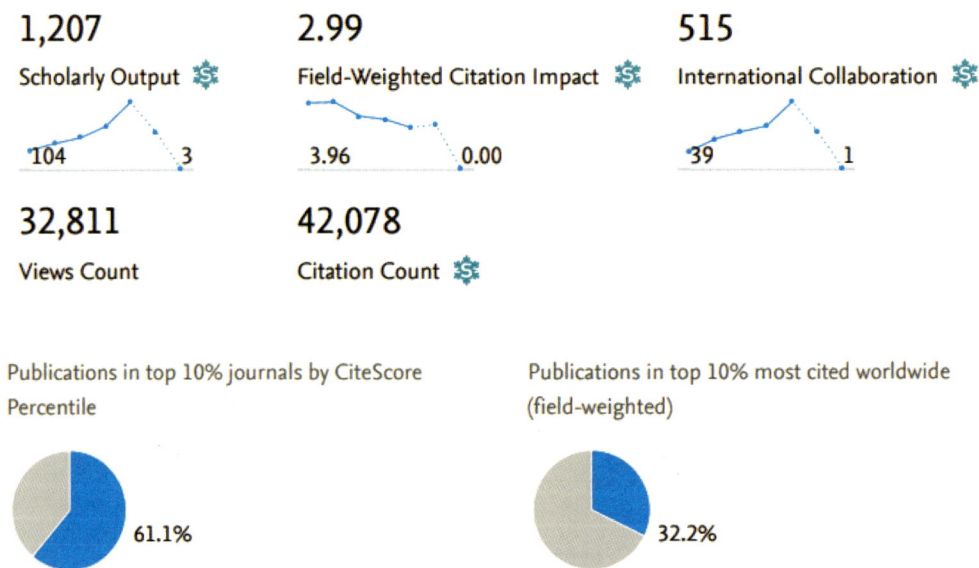

1,207
Scholarly Output

104 ⌃ 3

2.99
Field-Weighted Citation Impact

3.96 ⌄ 0.00

515
International Collaboration

39 ⌃ 1

32,811
Views Count

42,078
Citation Count

Publications in top 10% journals by CiteScore Percentile

61.1%

Publications in top 10% most cited worldwide (field-weighted)

32.2%

图 5.1 方向文献整体概况

2017 年至今发表的"基于跨物种整合的类器官研发"相关文献的学科分布情况，如图 5.2 所示。在 Scopus 全学科期刊分类系统（ASJC）划分的 27 个学科中，该研究方向文献涉及的学科较为广泛、学科交叉特性较为明显。其中，较多的文献分布于 Biochemistry, Genetics and Molecular Biology（生物化学、遗传学和分子生物学）、Medicine（医学）、Neuroscience（神经科学）、Immunology and Microbiology（免疫学与微生物学）和 Multidisciplinary（多学科）等学科。

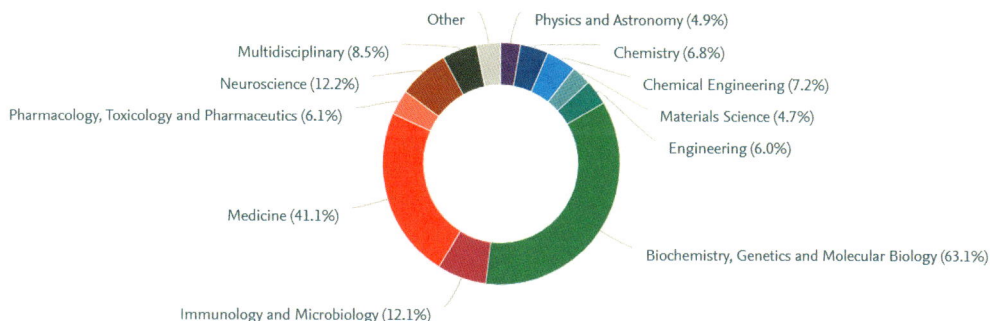

图 5.2 方向文献学科分布

5.2 研究热点与前沿

5.2.1 高频关键词

2017 年至今发表的"基于跨物种整合的类器官研发"相关文献的 TOP 50 高频关键词，如图 5.3 所示。其中，Organoids（类器官）、Cerebral Organoid（大脑类器官）、Pluripotent Stem Cells（多能干细胞）、Induced Pluripotent Stem Cells（诱导多能干细胞）和 Stem Cells（干细胞）等是该方向出现频率最高的高频词。

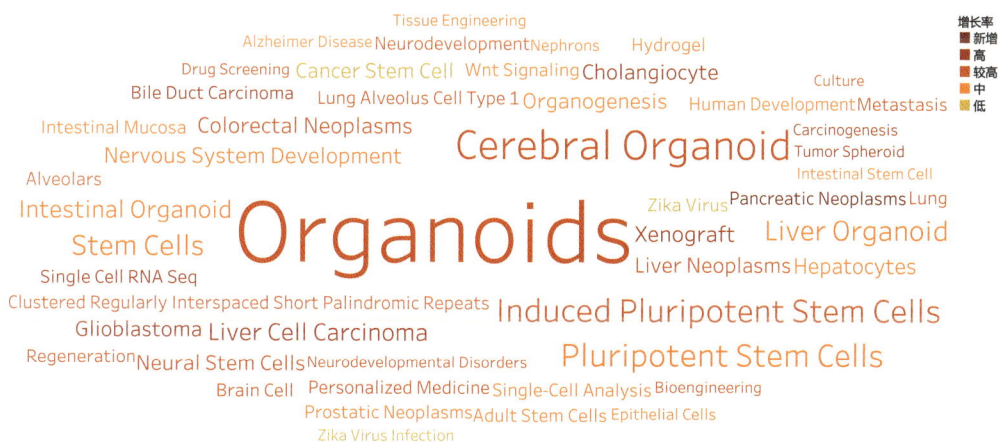

图 5.3 2017 年至今方向 TOP 50 高频关键词词云图

从 2017 年至今方向 TOP 50 高频关键词的增长率情况看（如图 5.4 所示），该方向增长较快的关键词有 Tumor Spheroid（肿瘤球状体）、Liver Cell Carcinoma（肝细胞癌）、Single Cell RNA Seq（单细胞 RNA 序列）、Glioblastoma（胶质母细胞瘤）和 Xenograft（异种移植物）等。此外，2017 年以来新增了高频关键词 Pancreatic Neoplasms（胰腺肿瘤）。

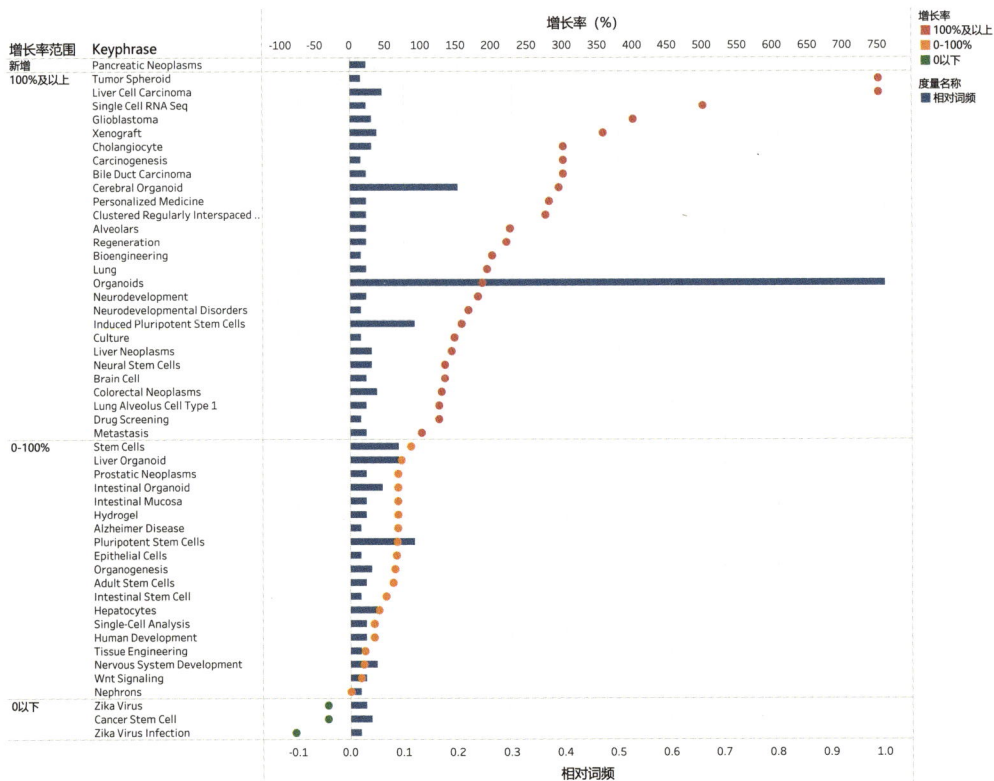

图 5.4 2017 年至今方向 TOP 50 高频关键词的增长率分布

5.2.2 方向相关热点主题（TOPIC）

从 2017 年至今该方向发表的相关文献涉及的主要研究主题看（如图 5.5 所示），显著性百分位最高的主题是 T.5517，"Organoids; Intestine Crypt; Stem Cells"（类器官；肠隐窝；干细胞），达到 99.68，在全球具有较高关注度和发展势头；同时，该主题的文献量也最大；其 FWCI 为 3.52，具有高引文影响力。五个热点主题中该方向论文在主题论文中占比最高的主题是 T.12102，"Alveolar Epithelial Cells; Organoids; Stem Cells"（肺泡上皮细胞；类器官；干细胞），占比为 6.67%，在该方向热点主题中最具相关性；同时，该主题的 FWCI 为 3.57，具有高引文影响力。五个热点主题中 FWCI 最高的主题是 T.2200，"Interneurons; Organoids; Animals"（中间神经元；类器官；动物），达到 3.6，具有高引文影响力。该方向五个热点主题的显著性百分位均超过 95，表明该方向在全球有较高的关注度和较大的研究潜力。

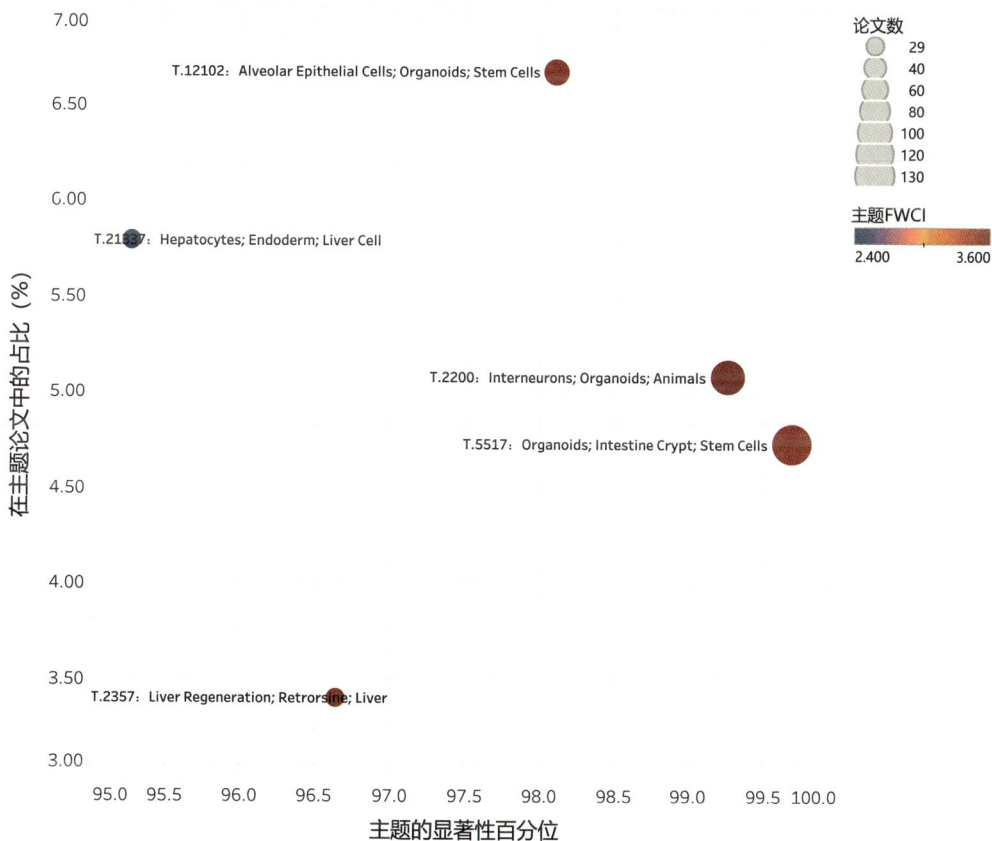

图 5.5 2017 年至今方向论文数最多的五个热点主题

5.3 高产国家 / 地区和机构

从 2017 年至今发表的方向相关文献主要的发文国家 / 地区看（如表 5.1 所示），该方向最主要的研究国家 / 地区有 United States（美国）、China（中国）、Germany（德国）、United Kingdom（英国）和 Japan（日本）等；从主要的机构看（如图 5.6 所示），高产的机构包括 Harvard University（哈佛大学）、Utrecht University（乌得勒支大学）和 Chinese Academy of Sciences（中国科学院）等。

表 5.1　2017 年至今方向前十位高产国家 / 地区

序号	国家 / 地区	发文量	点击量	FWCI	被引次数
1	United States	570	17254	3.65	24565
2	China	217	5026	2.65	5267
3	Germany	169	4548	2.79	5716
4	United Kingdom	126	4433	3.48	6217
5	Japan	119	3537	2.76	3884
6	Netherlands	118	3810	3.27	6039
7	Italy	79	2943	3.03	3210
8	Republic of Korea	53	1505	2.65	1815
9	Australia	52	1892	3.14	2591
10	Canada	51	1638	4.93	2992

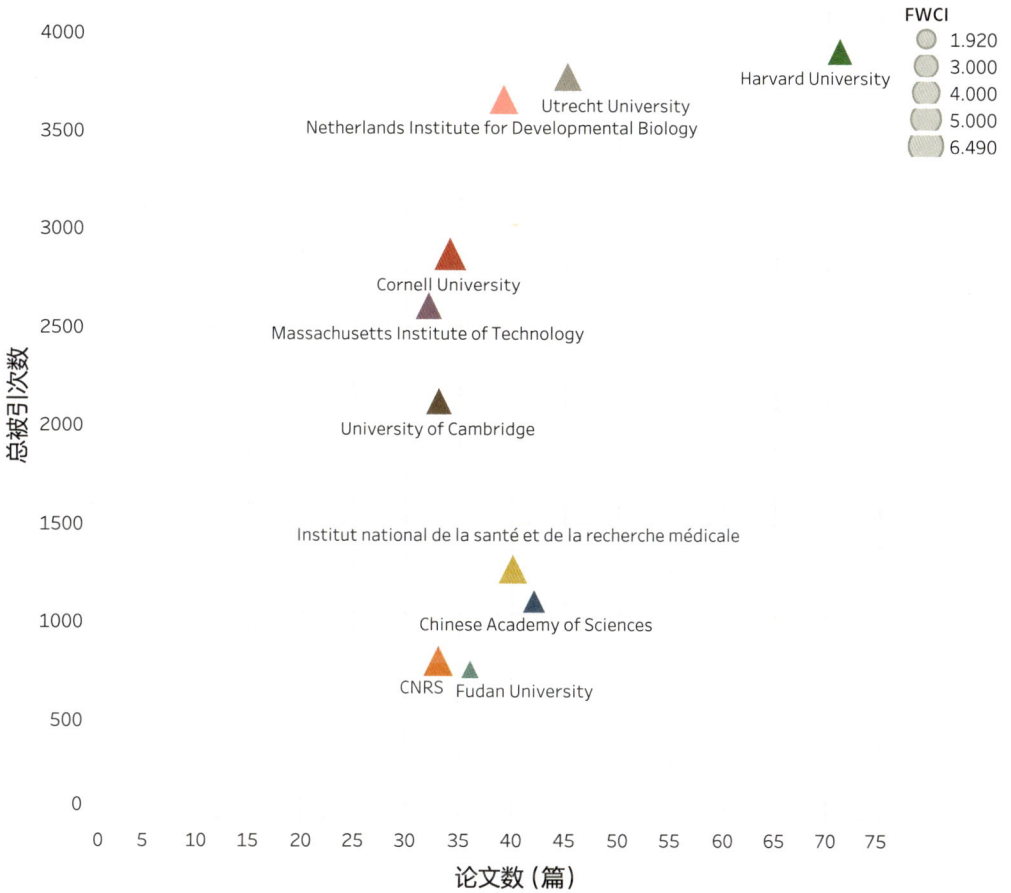

图 5.6 2017 年至今方向前十位高产机构

6 人造叶绿体技术

6.1 总体概况

通过 Scopus 数据库检索 2017 年至今发表的"人造叶绿体技术"相关论文，并将其导入 SciVal 平台，最终共有文献 215 篇，整体情况如图 6.1 所示。

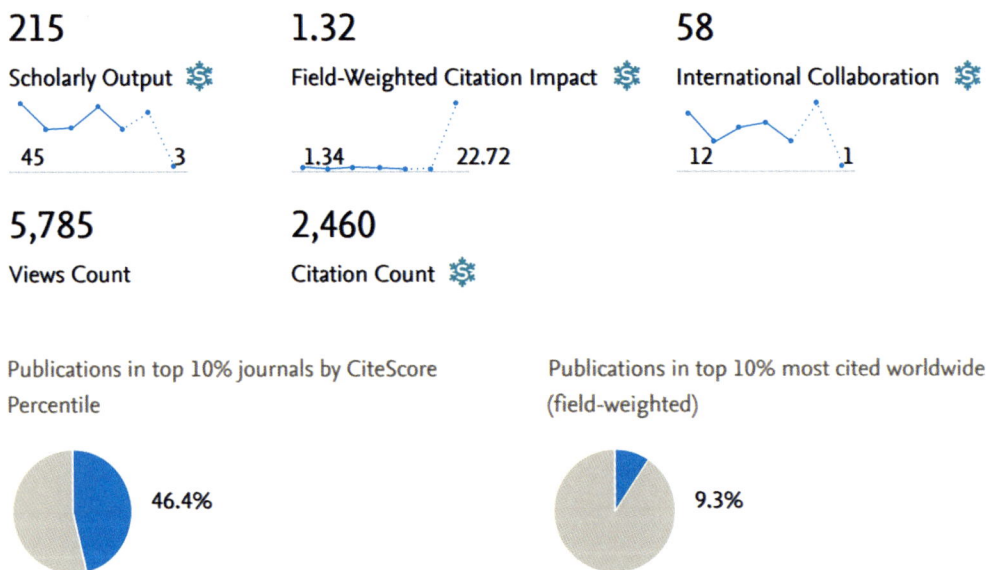

215
Scholarly Output

45   3

1.32
Field-Weighted Citation Impact

1.34   22.72

58
International Collaboration

12   1

5,785
Views Count

2,460
Citation Count

Publications in top 10% journals by CiteScore Percentile

46.4%

Publications in top 10% most cited worldwide (field-weighted)

9.3%

图 6.1 方向文献整体概况

2017 年至今发表的"人造叶绿体技术"相关文献的学科分布情况，如图 6.2 所示。在 Scopus 全学科期刊分类系统（ASJC）划分的 27 个学科中，该研究方向文献涉及的学科较为广泛、学科交叉特性较为明显。其中，较多的文献分布于 Biochemistry, Genetics and Molecular Biology（生物化学、遗传学和分子生物学）、Agricultural and Biological Sciences（农业和生物科学）、Chemistry（化学）、Chemical Engineering（化学工程）和 Environmental Science（环境科学）等学科。

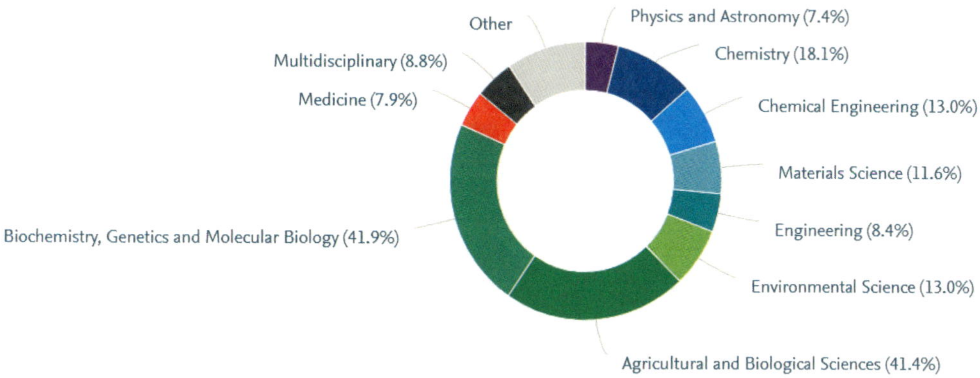

图 6.2 方向文献学科分布

6.2 研究热点与前沿

6.2.1 高频关键词

2017 年至今发表的"人造叶绿体技术"相关文献的 TOP 50 高频关键词，如图 6.3 所示。其中，Chloroplast（叶绿体）、Thylakoids（基质类囊体）、Artificial Photosynthesis（人工光合作用）、Chloroplast Genome（叶绿体基因组）和 Light Harvesting Complex（光采集综合体）等是该方向出现频率最高的高频词。

图 6.3 2017 年至今方向 TOP 50 高频关键词词云图

从 2017 年至今方向 TOP 50 高频关键词的增长率情况看（如图 6.4 所示），该方向增长较快的关键词有 Ultrastructure（超微结构）、Photocatalyst（光催化剂）、Microorganisms（微生物）、Biomimetic（仿生）和 Artificial Cells（人工细胞）等。此外，2017 年以来新增了高频关键词 Synthetic Biology（合成生物学）、Spinacia Oleracea（木犀菠菜）、Seaweed（海草）、Formic Acid（甲酸）、Energy Storage（能量存储）和 Colchicine（秋水仙碱）。

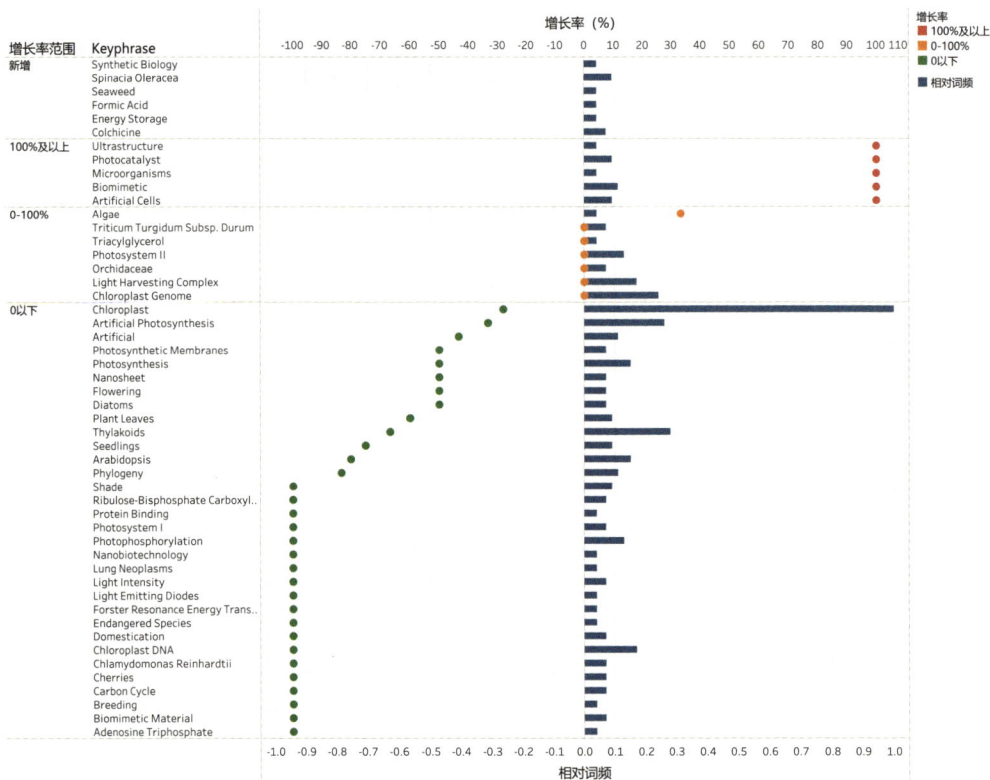

图 6.4 2017 年至今方向 TOP 50 高频关键词的增长率分布

6.2.2 方向相关热点主题（TOPIC）

从 2017 年至今该方向发表的相关文献涉及的主要研究主题看（如图 6.5 所示），五个热点主题中该方向论文在主题论文中占比最高的主题是 T.21475，"Photosynthesis; Thylakoids; Photoelectrochemical Cells"（光合作用；类囊体；光电化学电池），占比 1.91%，在该方向热点主题中最具相关性；同时，该主题也是该方向文献量最大的主题，其显著性百分位达到 94.683，在全球具有较高关注度和良好发展势头。显著性百分位最高的主题是 T.8585，"Nanocrystal; Zinc Oxide Nanoparticle; Ceric Oxide"（纳米晶体；氧化锌纳米粒子；二氧化铈），达到 99.771，在全球具有高关注度和发展势头；其 FWCI 为 2.61，具有较高引文影响力。该方向五个热点主题的显著性百分位均超过 90，表明该方向整体上具有较高的全球关注度和较大的研究发展潜力。

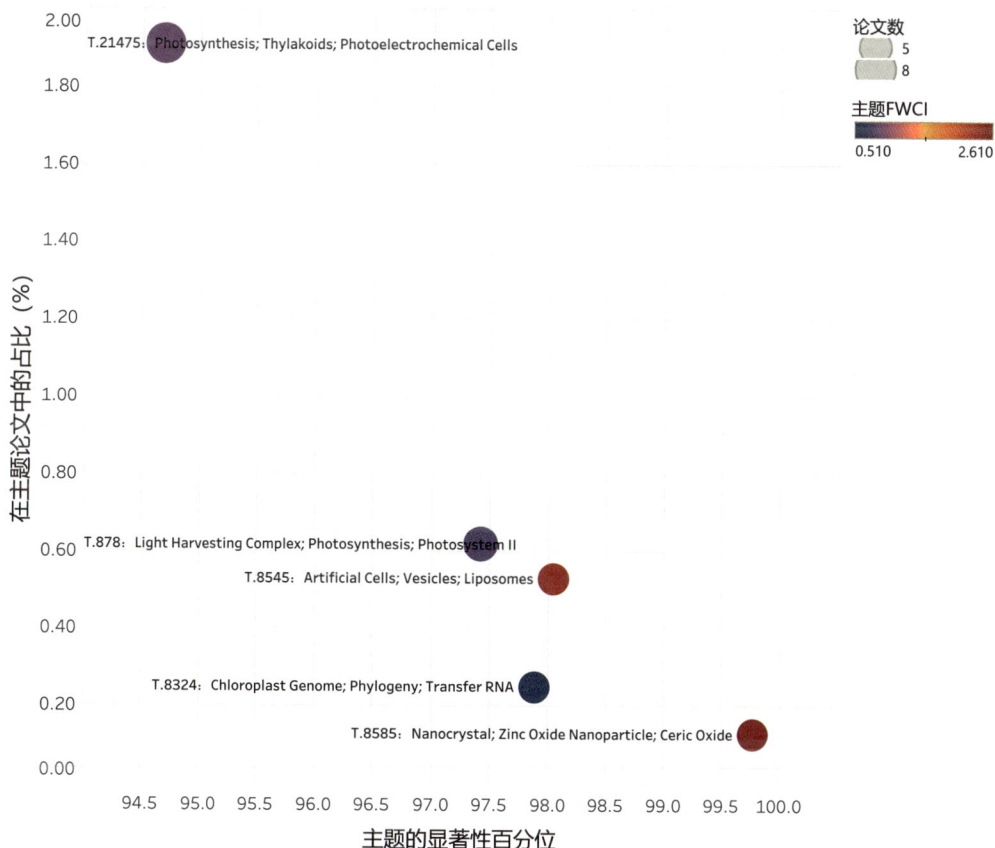

图 6.5 2017 年至今方向论文数最多的五个热点主题

6.3 高产国家 / 地区和机构

从 2017 年至今发表的方向相关文献主要的发文国家 / 地区看（如表 6.1 所示），该方向最主要的研究国家 / 地区有 China（中国）、United States（美国）、Japan（日本）、Germany（德国）和 Republic of Korea（韩国）等；从主要的机构看（如图 6.6 所示），高产的机构包括 Chinese Academy of Sciences（中国科学院）、CNRS（法国国家科学研究中心）、Peking University（北京大学）和 University of Chinese Academy of Sciences（中国科学院大学）等。

表 6.1 2017 年至今方向前十位高产国家 / 地区

序号	国家 / 地区	发文量	点击量	FWCI	被引次数
1	China	89	2106	1.73	995
2	United States	33	1517	1.27	554
3	Japan	22	375	0.97	262
4	Germany	19	563	1.4	342
5	Republic of Korea	15	452	0.86	147
6	France	13	492	1.78	271
7	Russian Federation	9	296	0.48	29
8	Australia	8	212	0.95	89
9	India	7	138	0.96	50
9	Spain	7	249	2.29	269

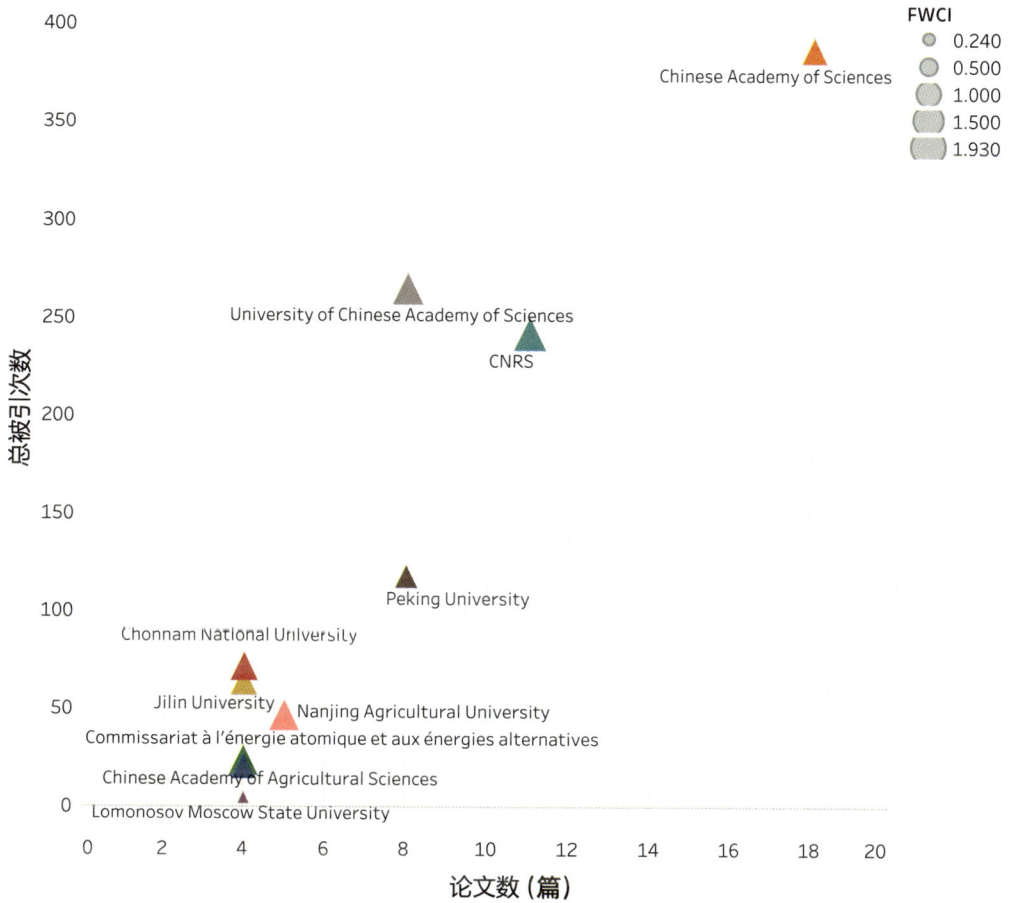

图 6.6 2017 年至今方向前十位高产机构

7 基于仿生设计的储能装置

7.1 总体概况

通过 Scopus 数据库检索 2017 年至今发表的"基于仿生设计的储能装置"相关论文，并将其导入 SciVal 平台，最终共有文献 990 篇，整体情况如图 7.1 所示。

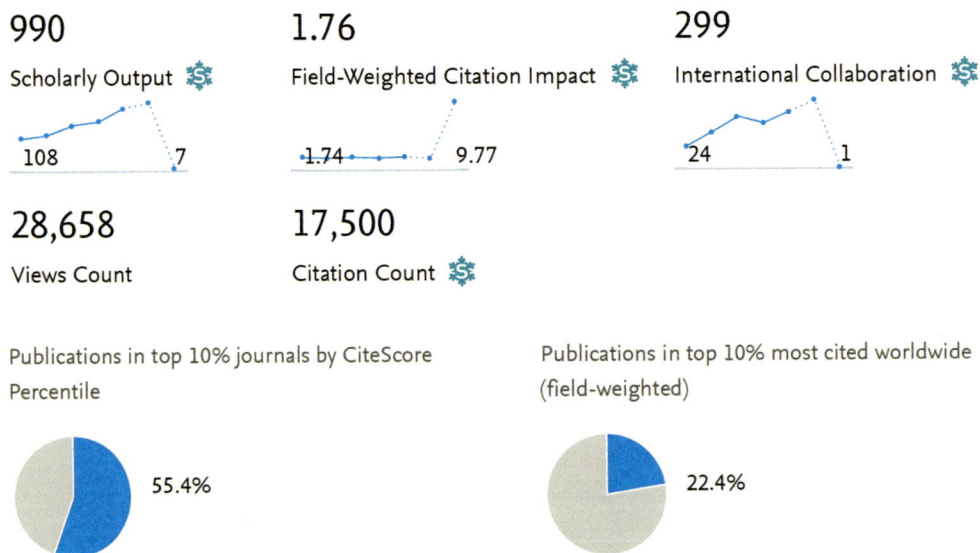

990
Scholarly Output

108 ————— 7

1.76
Field-Weighted Citation Impact

1.74 ————— 9.77

299
International Collaboration

24 ————— 1

28,658
Views Count

17,500
Citation Count

Publications in top 10% journals by CiteScore Percentile

55.4%

Publications in top 10% most cited worldwide (field-weighted)

22.4%

图 7.1 方向文献整体概况

2017 年至今发表的"基于仿生设计的储能装置"相关文献的学科分布情况，如图 7.2 所示。在 Scopus 全学科期刊分类系统（ASJC）划分的 27 个学科中，该研究方向文献涉及的学科较为广泛、学科交叉特性较为明显。其中，较多的文献分布于 Engineering（工程学）、Materials Science（材料科学）、Chemistry（化学）、Chemical Engineering（化学工程）和 Physics and Astronomy（物理学与天文学）等学科。

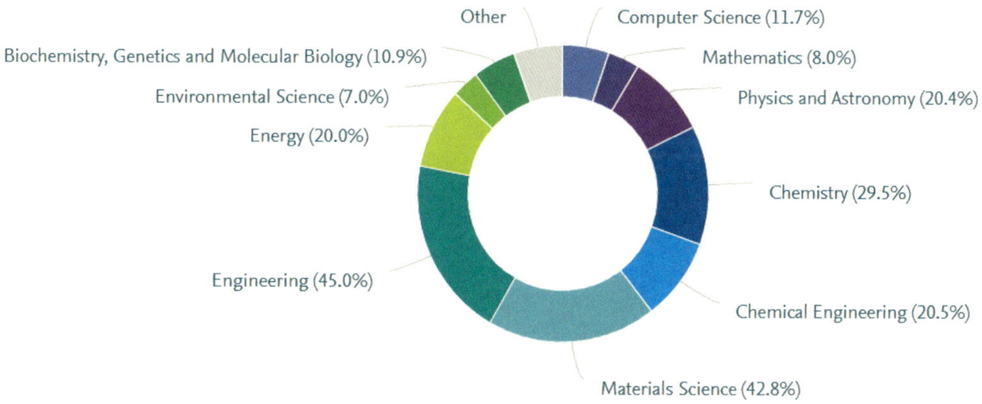

图 7.2 方向文献学科分布

7.2 研究热点与前沿

7.2.1 高频关键词

2017 年至今发表的"基于仿生设计的储能装置"相关文献的 TOP 50 高频关键词，如图 7.3 所示。其中，Biomimetic（仿生）、Bio-inspired（生物启发的）、Energy Harvesting（能量收集）、Biomimetic Material（仿生材料）和 Electrochemical Capacitors（电化学电容器）等是该方向出现频率最高的高频词。

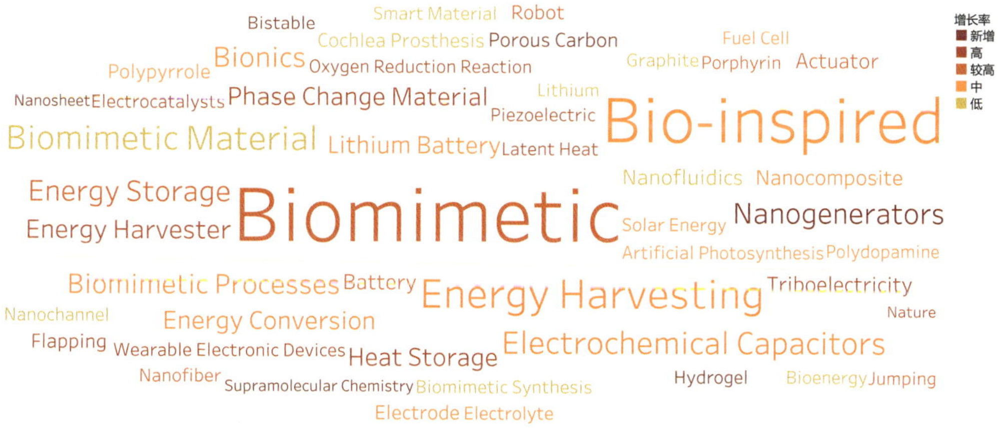

图 7.3 2017 年至今方向 TOP 50 高频关键词词云图

从 2017 年至今方向 TOP 50 高频关键词的增长率情况看（如图 7.4 所示），该方向增长较快的关键词有 Phase Change Material（相变材料）、Electrocatalysts（电催化剂）、Wearable Electronic Devices（可穿戴电子设备）、Latent Heat（潜热）和 Oxygen Reduction Reaction（氧化还原反应）等。此外，2017 年以来新增了高频关键词 Supramolecular Chemistry（超分子化学）、Porous Carbon（多孔碳）、Nanosheet（纳米片）、Nanogenerators（纳米发电机）、Hydrogel（水凝胶）和 Bistable（双稳态）。

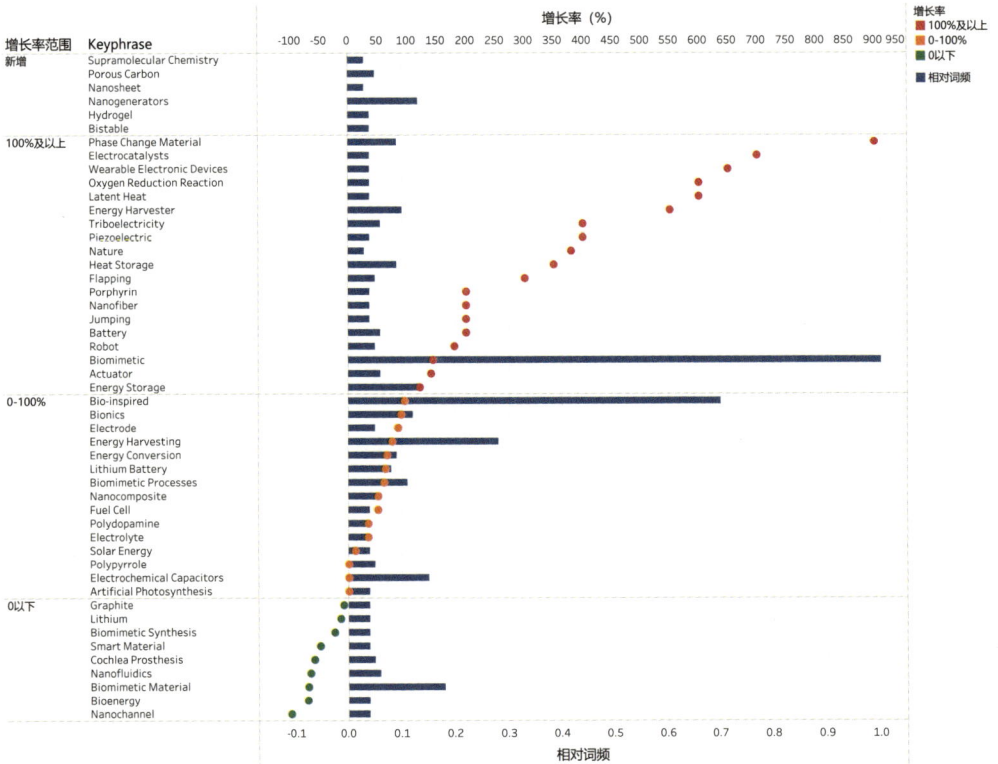

图 7.4 2017 年至今方向 TOP 50 高频关键词的增长率分布

7.2.2 方向相关热点主题（TOPIC）

从 2017 年至今该方向发表的相关文献涉及的主要研究主题看（如图 7.5 所示），五个热点主题中该方向论文在主题论文中的占比最高的主题是 T.10179，"Nanofluidics; Nanopores; Nanochannel"（纳米流体学；纳米颗粒；纳米通道），占比 2.56%，在该方向热点主题中最具相关性；同时，其显著性百分位达到 98.973，在全球具有较高的关注度；FWCI 为 1.98，具有高引文影响力。五个热点主题中 FWCI 最高的主题是 T.3361，"Nanogenerators; Piezoelectric;

Energy Harvesting"（纳米发电机；压电式；能量收集），达到 3.19，具有高引文影响力；同时，该主题的文献量也最大，其显著性百分位为 99.973，在全球具有高关注度。五个热点主题中显著性百分位最高的是 T.4469，"Strain Sensor; Flexible Electronics; Sensor"（应变传感器；柔性电子；传感器），达到 99.978，在全球具有高关注度和发展势头。该方向五个热点主题的显著性百分位均大于 98，表明该方向具有高全球关注度和研究发展潜力。

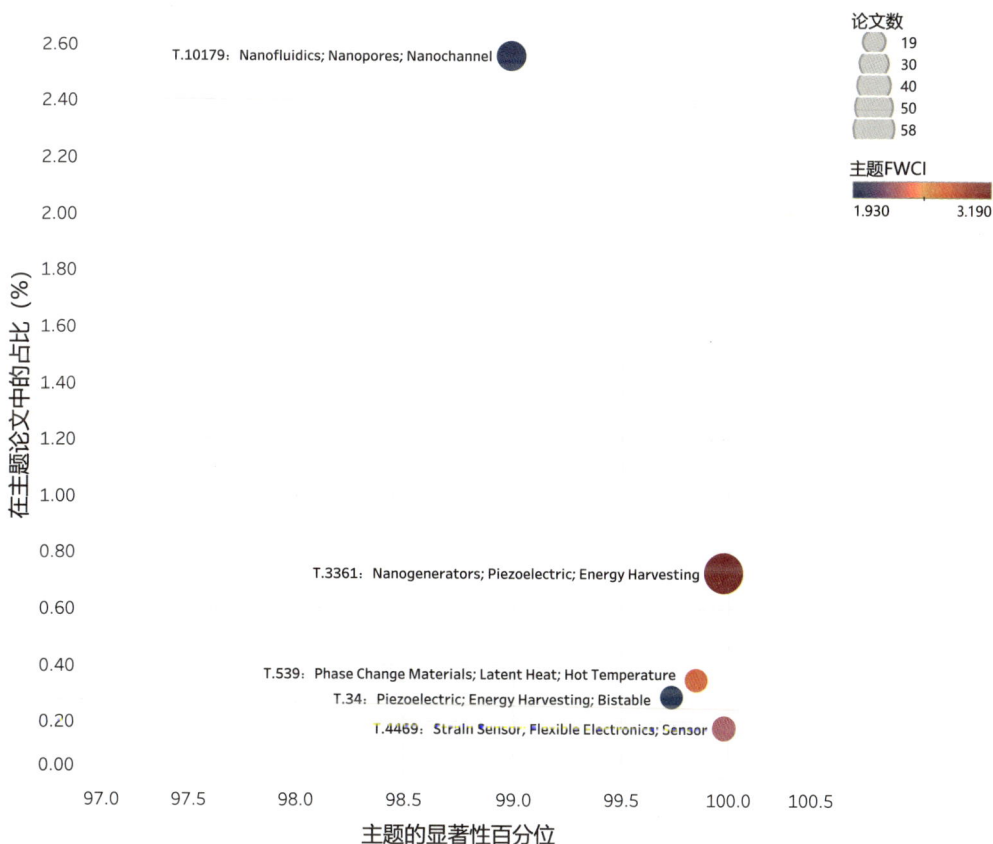

图 7.5 2017 年至今方向论文数最多的五个热点主题

7.3 高产国家 / 地区和机构

从 2017 年至今发表的方向相关文献主要的发文国家 / 地区看（如表 7.1 所示），该方向最主要的研究国家 / 地区有 China（中国）、United States（美国）、India（印度）、Republic of Korea（韩国）和 United Kingdom（英国）等；从主要的机构看（如图 7.6 所示），高产的机构包括 Chinese Academy of Sciences（中国科学院）、University of Chinese Academy of Sciences（中国科学院大学）和 Harbin Institute of Technology（哈尔滨工业大学）等。

表 7.1 2017 年至今方向前十位高产国家 / 地区

序号	国家 / 地区	发文量	点击量	FWCI	被引次数
1	China	467	14486	2.2	10483
2	United States	211	6548	2.07	4126
3	India	73	1490	1.54	714
4	Republic of Korea	62	1965	1.42	1265
5	United Kingdom	56	1583	2.07	1146
6	Australia	47	1474	1.59	844
6	Germany	47	1719	1.67	1027
8	France	30	892	1.59	431
9	Chinese Hong Kong	26	760	2.14	525
10	Canada	25	964	1.06	285
10	Japan	25	595	1.07	188

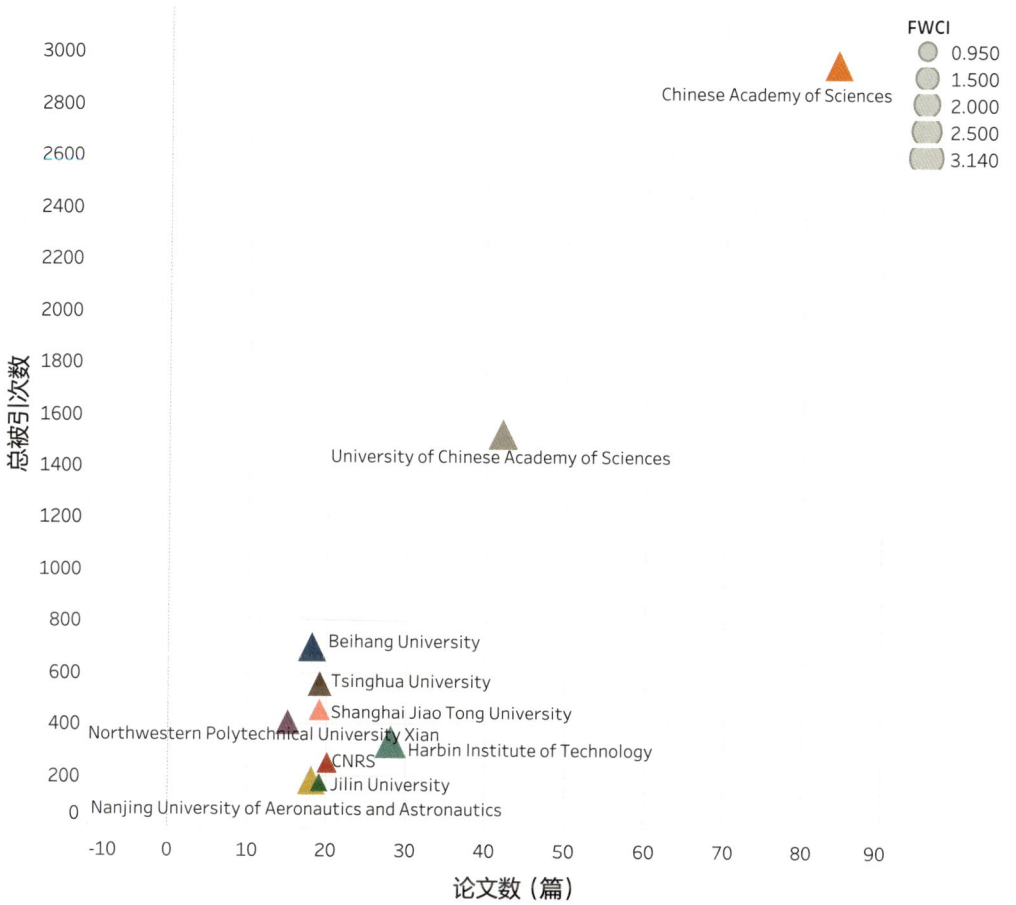

图 7.6 2017 年至今方向前十位高产机构

8 智能仿生导航技术

8.1 总体概况

通过 Scopus 数据库检索 2017 年至今发表的"智能仿生导航技术"相关论文，并将其导入 SciVal 平台，最终共有文献 635 篇，整体情况如图 8.1 所示。

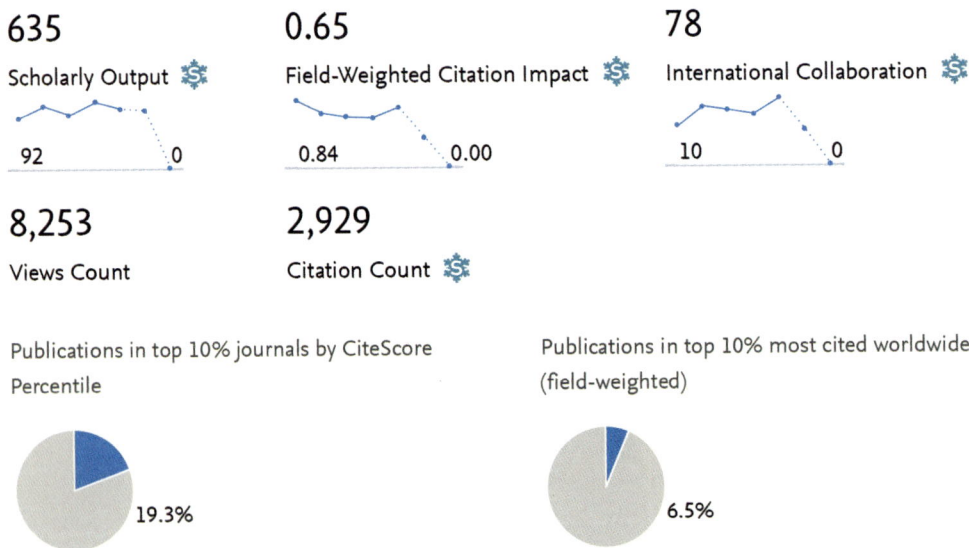

635
Scholarly Output

92   0

0.65
Field-Weighted Citation Impact

0.84   0.00

78
International Collaboration

10   0

8,253
Views Count

2,929
Citation Count

Publications in top 10% journals by CiteScore Percentile

19.3%

Publications in top 10% most cited worldwide (field-weighted)

6.5%

图 8.1 方向文献整体概况

2017 年至今发表的"智能仿生导航技术"相关文献的学科分布情况，如图 8.2 所示。在 Scopus 全学科期刊分类系统（ASJC）划分的 27 个学科中，该研究方向文献涉及的学科较为广泛、学科交叉特性较为明显。其中，较多的文献分布于 Engineering（工程学）、Physics and Astronomy（物理学与天文学）、Computer Science（计算机科学）、Mathematics（数学）、Materials Science（材料科学）等学科。

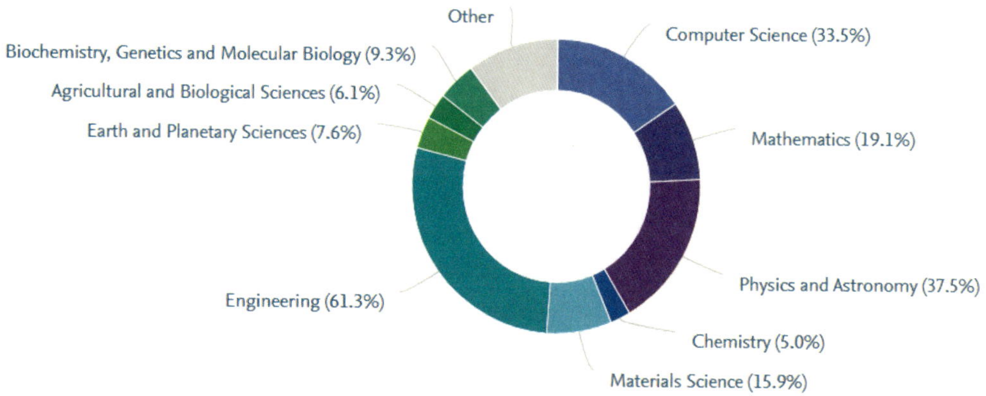

图 8.2 方向文献学科分布

8.2 研究热点与前沿

8.2.1 高频关键词

2017 年至今发表的"智能仿生导航技术"相关文献的 TOP 50 高频关键词,如图 8.3 所示。其中,Navigation(导航)、Compound Eye(复眼)、Geomagnetism(地磁)、Bio-inspired(生物启发的)和 Compass(罗盘)等是该方向出现频率最高的高频词。

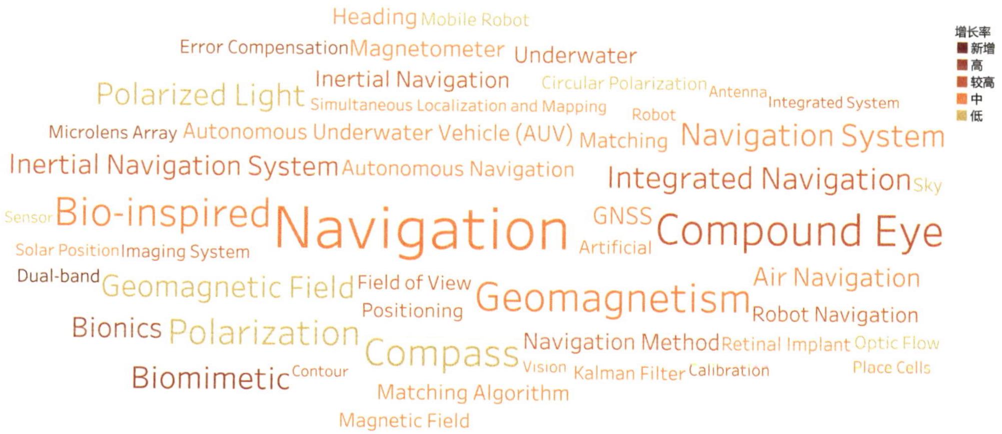

图 8.3 2017 年至今方向 TOP 50 高频关键词词云图

从 2017 年至今方向 TOP 50 高频关键词的增长率情况看（如图 8.4 所示），该方向增长较快的关键词有 Bionics（仿生学）、Biomimetic（仿生）、Microlens Array（微透镜阵列）、Error Compensation（误差补偿）、Calibration（校准）等。此外，2017 年以来新增了高频关键词 Dual-band（双频段）。

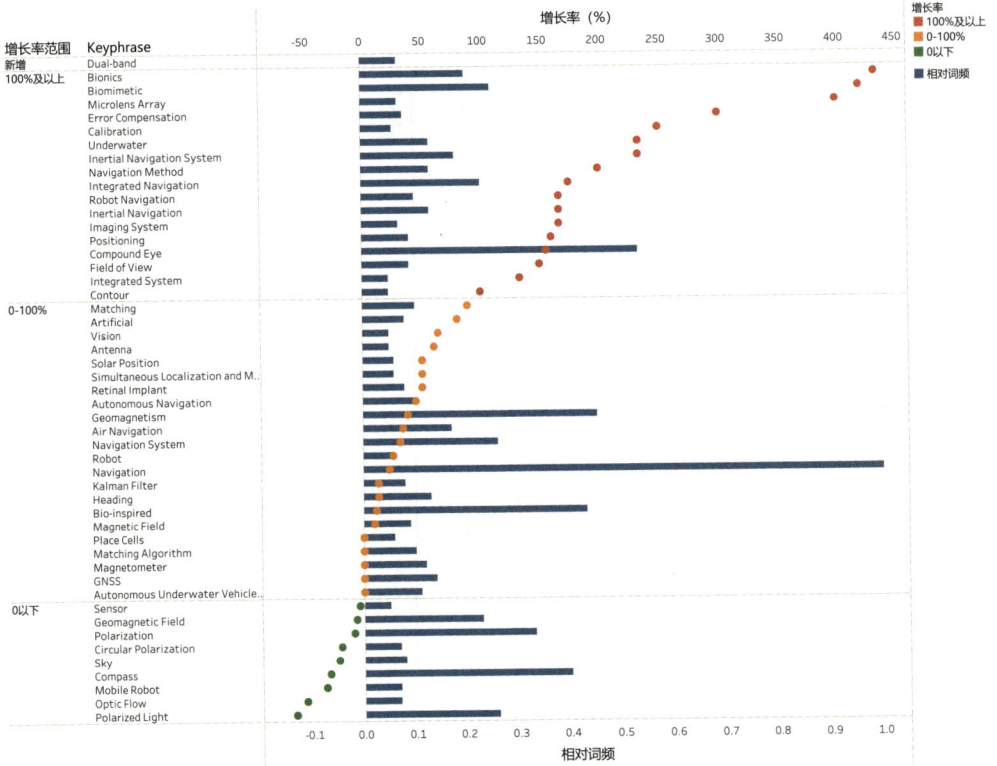

图 8.4 2017 年至今方向 TOP 50 高频关键词的增长率分布

8.2.2 方向相关热点主题（TOPIC）

从 2017 年至今该方向发表的相关文献涉及的主要研究主题看（如图 8.5 所示），五个热点主题中该方向论文在主题论文中占比最高的主题是 T.9603，"Cataglyphis; Polarization; Ants"（箭蚁；偏振；蚂蚁），占比达到 24.81%，在该方向热点主题中最具相关性；同时，该主题的文献量也最大，达到 130 篇。显著性百分位最高的主题是 T.4664，"Cryptochromes;

Columbidae; Animals"（隐花色素；鸠鸽科；动物），为 92.773，有较高的关注度。该方向五个热点主题中有一个主题的显著性百分位为 74.935，两个主题的显著性百分位分布在 80 至 90 之间，其余两个主题的显著性百分位在 90 以上，表明该方向各主题受到的全球关注度具有较大的差异。

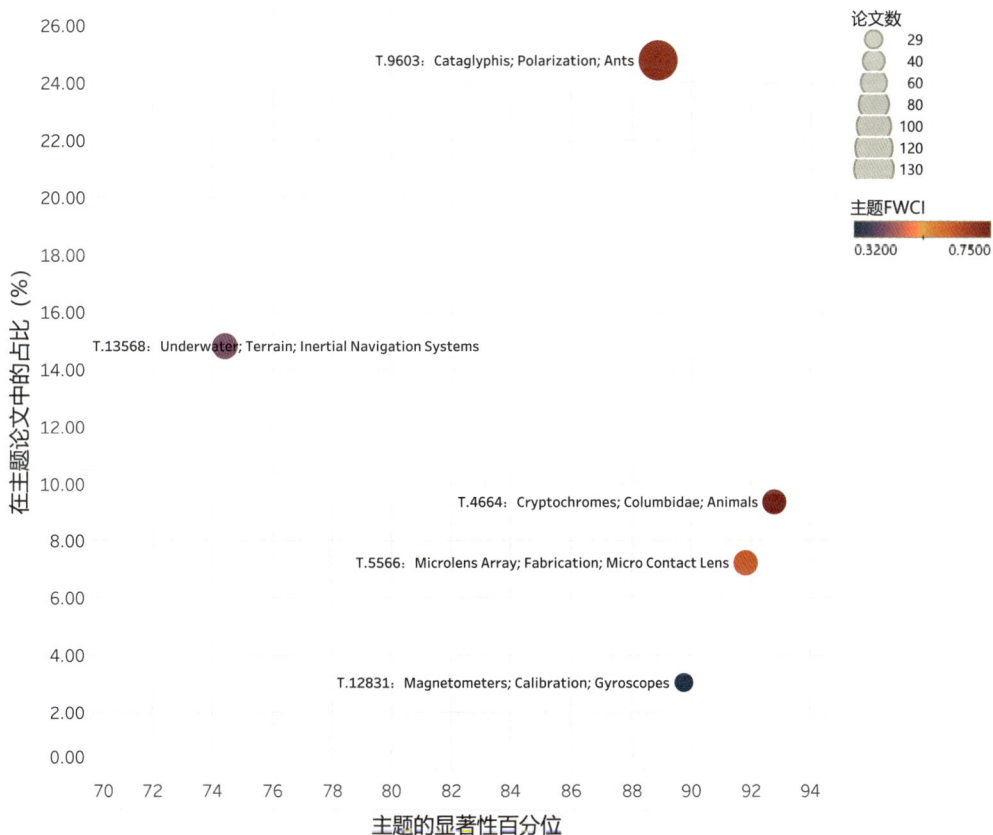

图 8.5 2017 年至今方向论文数最多的五个热点主题

8.3 高产国家 / 地区和机构

从 2017 年至今发表的方向相关文献主要的发文国家 / 地区看（如表 8.1 所示），该方向最主要的研究国家 / 地区有 China（中国）、United States（美国）、Germany（德国）、United Kingdom（英国）和 Republic of Korea（韩国）等；从主要机构看（如图 8.6 所示），高产的机构包括 Beihang University（北京航空航天大学）、National University of Defense Technology（国防科技大学）、Chinese Academy of Sciences（中国科学院）和 Dalian University of Technology（大连理工大学）等。

表 8.1　2017 年至今方向前十位高产国家 / 地区

序号	国家 / 地区	发文量	点击量	FWCI	被引次数
1	China	436	5362	0.57	1682
2	United States	58	955	0.87	460
3	Germany	37	749	1.54	565
4	United Kingdom	29	640	1.63	435
5	Republic of Korea	17	197	0.43	40
6	France	15	243	0.93	130
7	Australia	14	243	1.24	204
8	Japan	13	218	0.36	76
9	Italy	12	113	1.4	21
10	Russian Federation	11	134	0.71	22

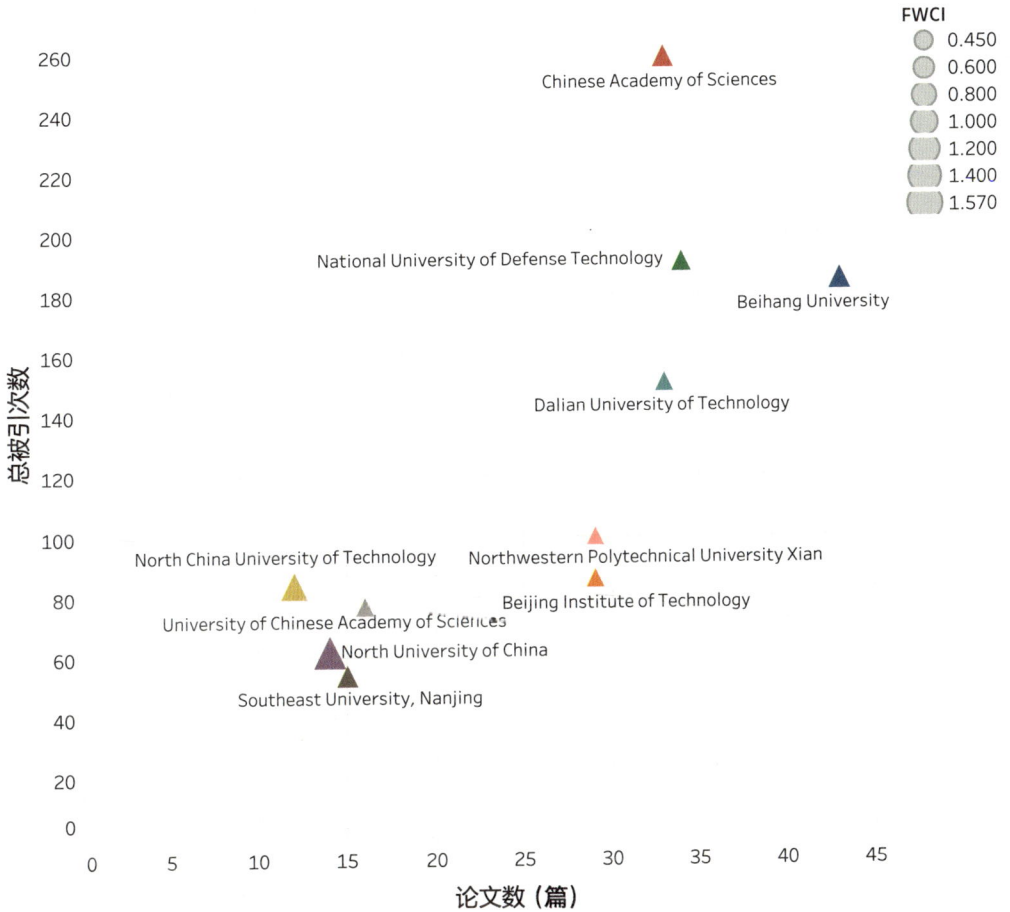

图 8.6 2017 年至今方向前十位高产机构

9 软体机器人制造

9.1 总体概况

通过 Scopus 数据库检索 2017 年至今发表的"软体机器人制造"相关论文，并将其导入 SciVal 平台，最终共有文献 5440 篇，整体情况如图 9.1 所示。

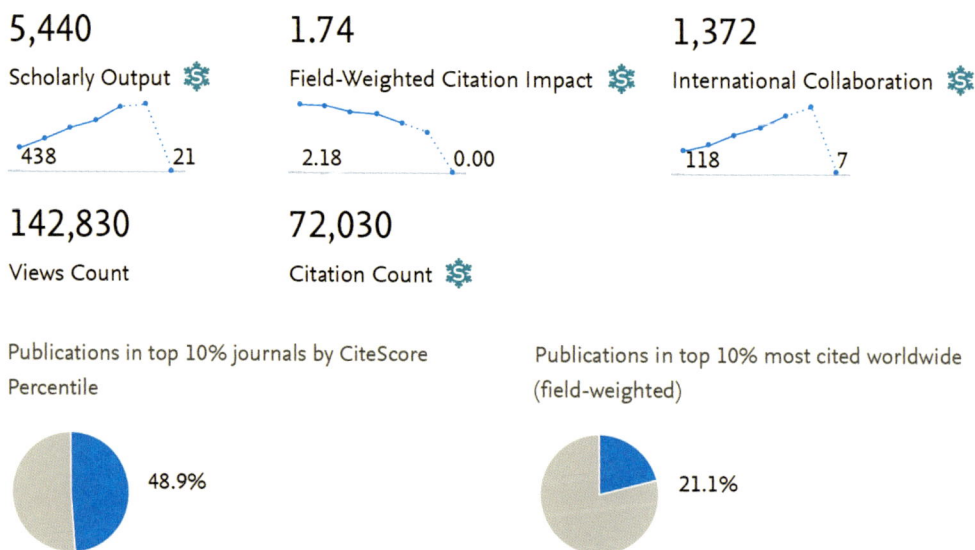

5,440
Scholarly Output
438 ⌐ 21

1.74
Field-Weighted Citation Impact
2.18 ⌐ 0.00

1,372
International Collaboration
118 ⌐ 7

142,830
Views Count

72,030
Citation Count

Publications in top 10% journals by CiteScore Percentile

48.9%

Publications in top 10% most cited worldwide (field-weighted)

21.1%

图 9.1 方向文献整体概况

2017 年至今发表的"软体机器人制造"相关文献的学科分布情况，如图 9.2 所示。在 Scopus 全学科期刊分类系统（ASJC）划分的 27 个学科中，该研究方向文献涉及的学科相对集中、学科交叉特性有其自身的特点。其中，较多的文献分布于 Engineering（工程）、Computer Science（计算机科学）、Mathematics（数学）、Materials Science（材料科学）、Physics and Astronomy（物理学与天文学）等学科。

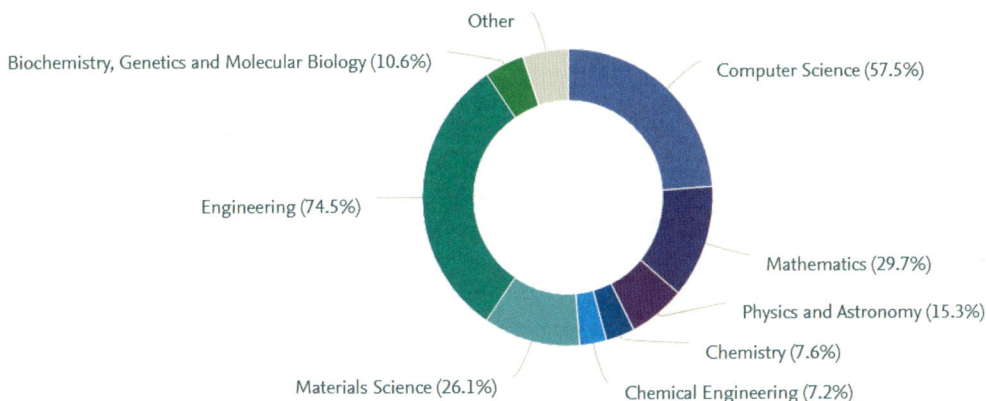

图 9.2 方向文献学科分布

9.2 研究热点与前沿

9.2.1 高频关键词

　　2017 年至今发表的"软体机器人制造"相关文献的 TOP 50 高频关键词，如图 9.3 所示。其中，Robotics（机器人学）、Robot（机器人）、Actuator（驱动器）、Pneumatics（气压传动）和 Grippers（夹持器）等是该方向出现频率最高的高频词。

图 9.3 2017 年至今方向 TOP 50 高频关键词词云图

从 2017 年至今方向 TOP 50 高频关键词的增长率情况看（如图 9.4 所示），该方向增长较快的关键词有 Robot Applications（机器人应用）、Agricultural Robots（农业机器人）、Liquid Crystal（液晶）、Soft Sensor（软体传感器）和 Continuum（连续体）等。

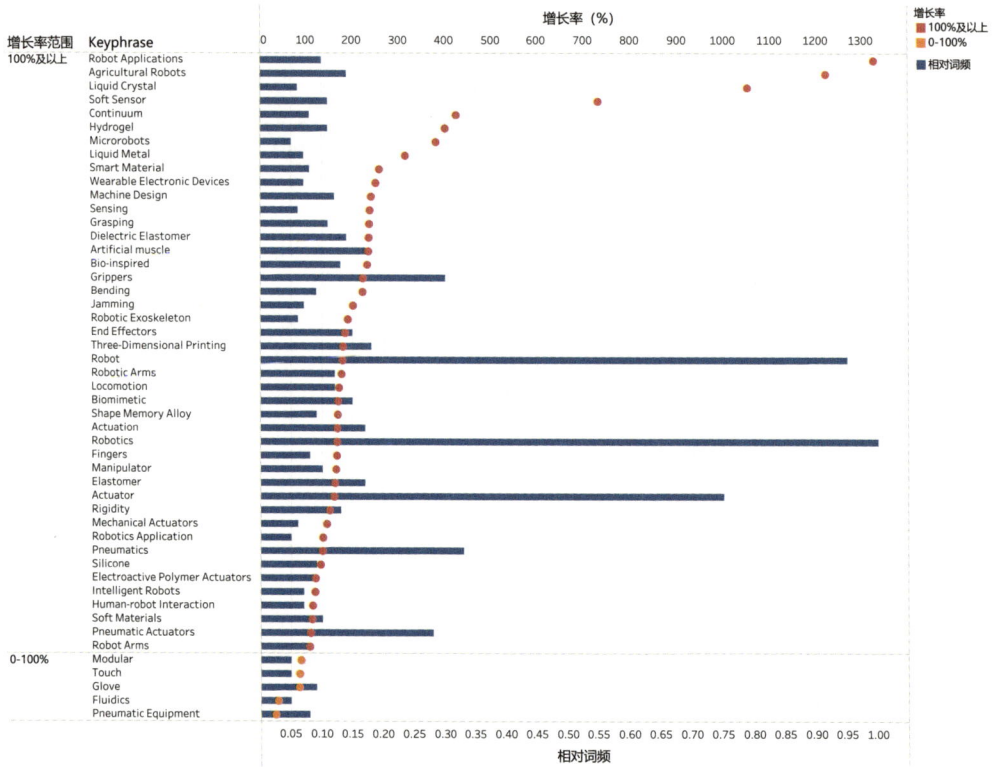

图 9.4　2017 年至今方向 TOP 50 高频关键词的增长率分布

9.2.2 方向相关热点主题（TOPIC）

从 2017 年至今该方向发表的相关文献涉及的主要研究主题看（如图 9.5 所示），五个热点主题中该方向论文在主题论文中占比最高的主题是 T.4630，"Pneumatic Actuators; Grippers; Robot"（气动驱动器；夹持器；机器人），占比达到 44.16%，在该方向热点主题中最具相关性；同时该主题的文献量也最大，达到 2229 篇；其显著性百分位为 99.651，在全球有高关注度和发展潜力。显著性百分位最高的主题是 T.4469，"Strain Sensor; Flexible Electronics; Sensor"（应变传感器；柔性电子；传感器），达到 99.978，在全球具有高关注度和发展势头。该方向五个热点主题的显著性百分位均在 98 以上，可见该方向整体上具有高全球关注度和较高的研究发展潜力。

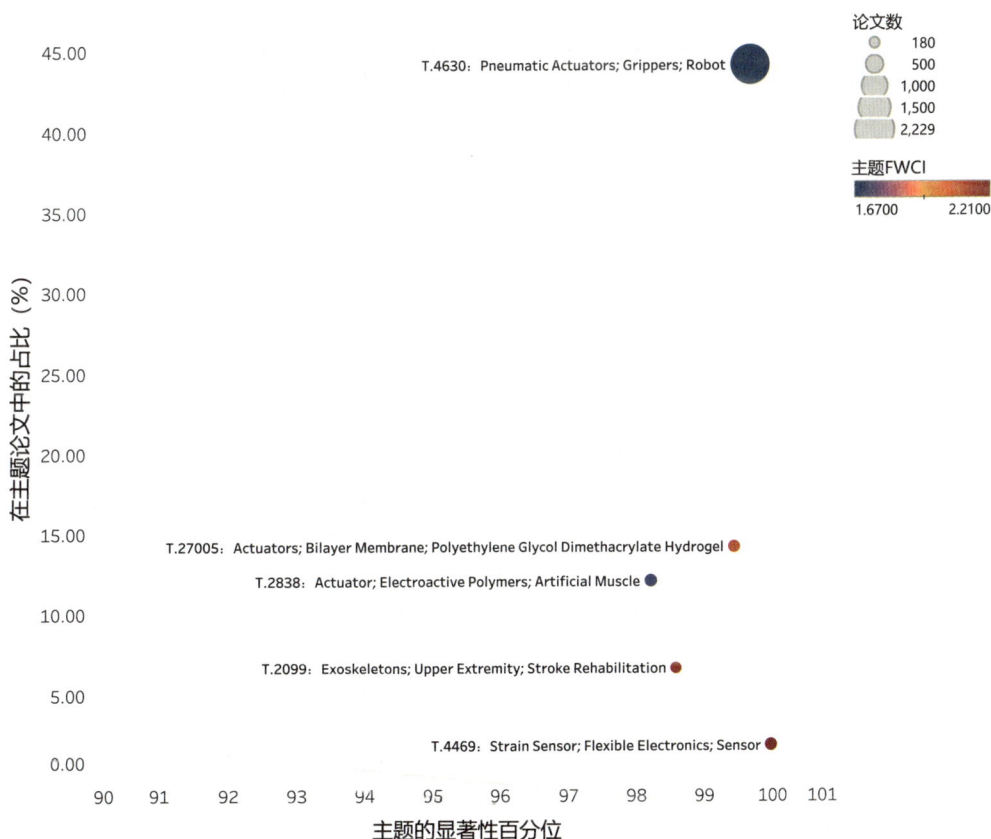

图 9.5 2017 年至今方向论文数最多的五个热点主题

9.3 高产国家 / 地区和机构

从 2017 年至今发表的方向相关文献主要的发文国家 / 地区看（如表 9.1 所示），该方向最主要的研究国家 / 地区有 China（中国）、United States（美国）、Japan（日本）、United Kingdom（英国）和 Italy（意大利）等；从主要机构看（如图 9.6 所示），高产的机构包括 National University of Singapore（国立新加坡大学）、Harvard University（哈佛大学）和 Chinese Academy of Sciences（中国科学院）等。

表 9.1 2017 年至今方向前十位高产国家 / 地区

序号	国家 / 地区	发文量	点击量	FWCI	被引次数
1	China	1490	40388	1.67	18124
2	United States	1469	40965	2.25	28780
3	Japan	483	10751	1.58	3940
4	United Kingdom	467	12428	1.66	5393
5	Italy	373	12600	2.15	6292
6	Germany	309	8123	2.08	4896
7	Republic of Korea	301	9704	1.6	4765
8	Singapore	223	7786	2.09	4864
9	Chinese Hong Kong	200	6470	2.08	3596
10	Switzerland	180	6429	2.71	4340

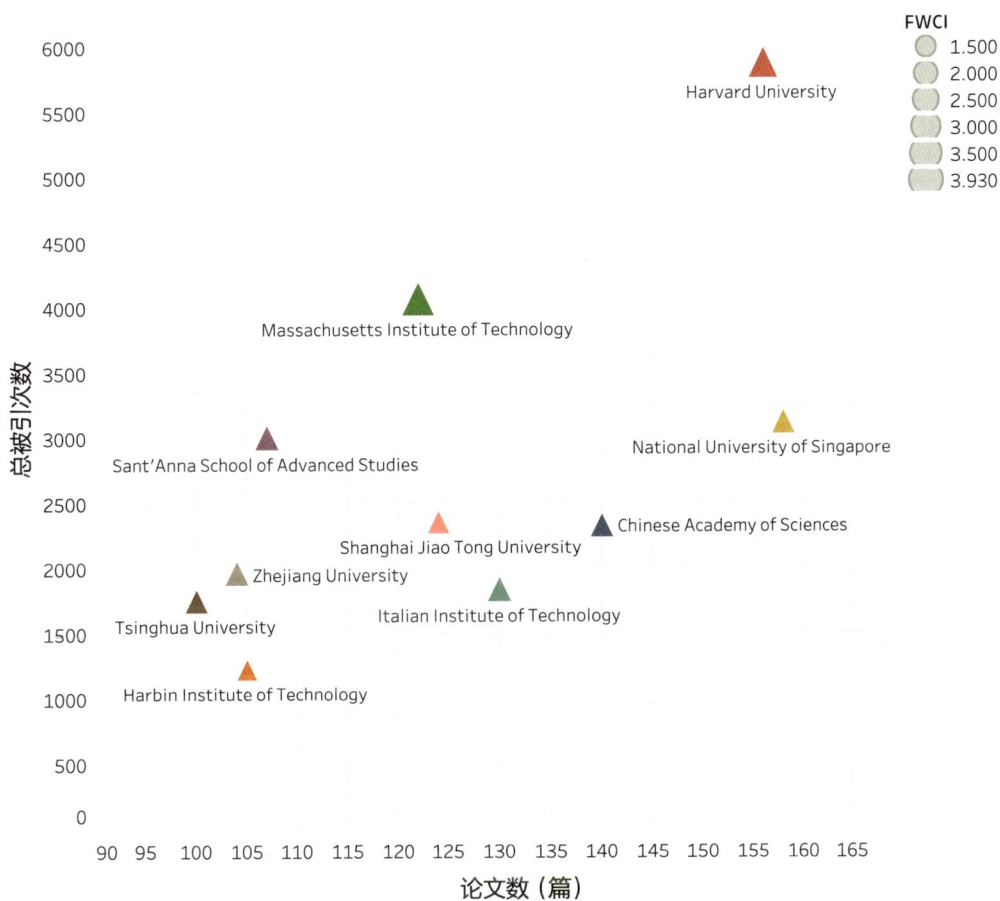

图 9.6 2017 年至今方向前十位高产机构

⑩ 仿生扑翼飞行器

10.1 总体概况

通过 Scopus 数据库检索 2017 年至今发表的"未来食品伦理与文化研究"相关论文，并将其导入 SciVal 平台，最终共有文献 217 篇，整体情况如图 10.1 所示。

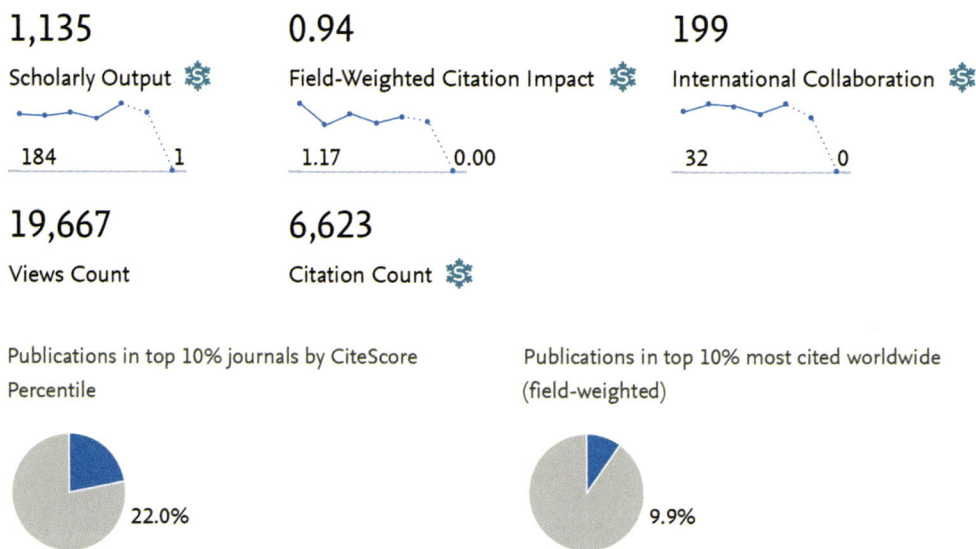

1,135
Scholarly Output

184 — 1

0.94
Field-Weighted Citation Impact

1.17 — 0.00

199
International Collaboration

32 — 0

19,667
Views Count

6,623
Citation Count

Publications in top 10% journals by CiteScore Percentile

22.0%

Publications in top 10% most cited worldwide (field-weighted)

9.9%

图 10.1 方向文献整体概况

2017 年至今发表的"仿生扑翼飞行器"相关文献的学科分布情况，如图 10.2 所示。在 Scopus 全学科期刊分类系统（ASJC）划分的 27 个学科中，该研究方向文献涉及的学科相对集中、学科交叉特性有其自身的特点。其中，较多的文献分布于 Engineering（工程学）、Computer Science（计算机科学）、Mathematics（数学）、Physics and Astronomy（物理学与天文学）和 Materials Science（材料科学）等学科。

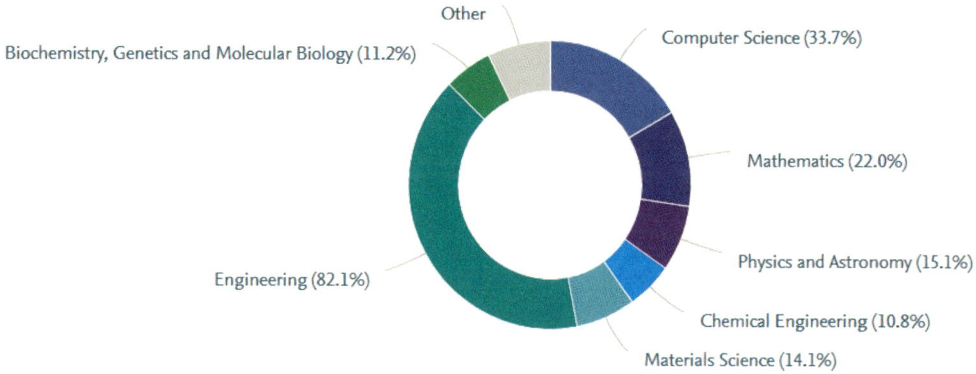

图 10.2 方向文献学科分布

10.2 研究热点与前沿

10.2.1 高频关键词

2017 年至今发表的"仿生扑翼飞行器"相关文献的 TOP 50 高频关键词，如图 10.3。其中 Flapping（振翅）、Micro Air Vehicle（微型飞行器）、Wings（翅膀）、Aerodynamics（空气动力学）和 Bio-inspired（生物启发的）等是该方向出现频率最高的高频词。

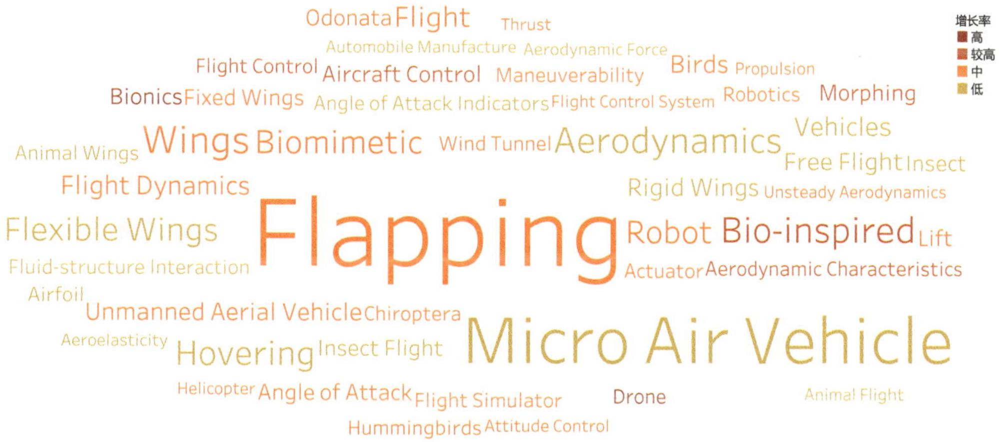

图 10.3 2017 年至今方向 TOP 50 高频关键词词云图

从 2017 年至今方向 TOP 50 高频关键词的增长率情况看（如图 10.4 所示），该方向增长较快的关键词有 Bionics（仿生学）、Drone（无人机）、Aerodynamic Characteristics（空气动力学特性）、Morphing（变形）和 Flight Control（飞行控制）等。

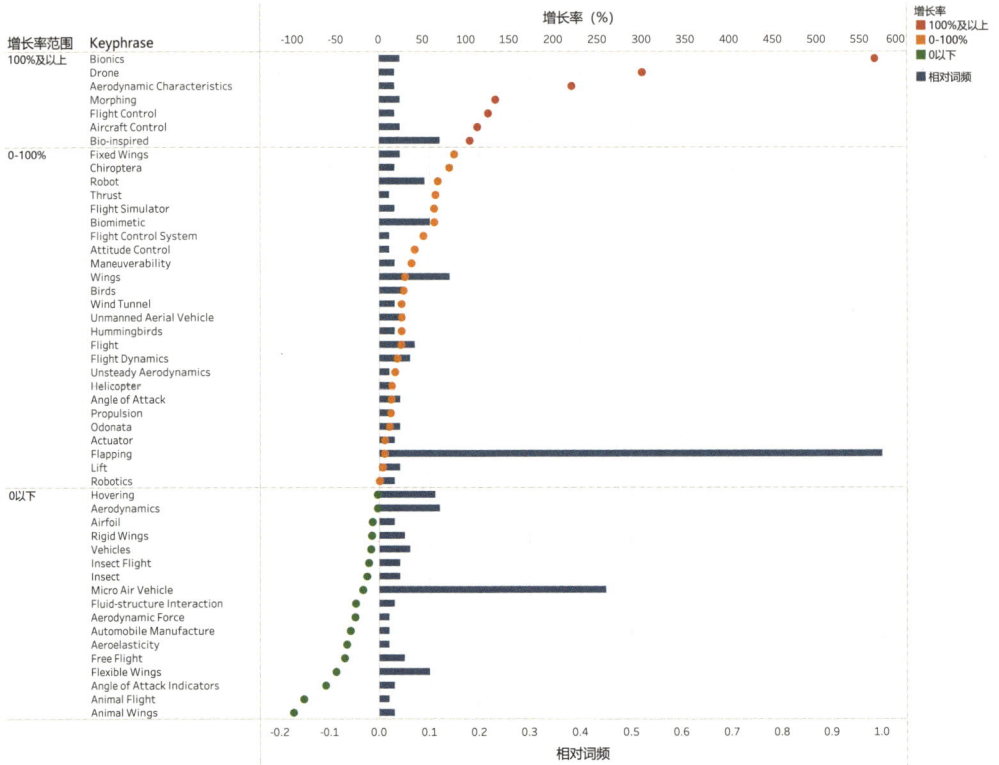

图 10.4 2017 年至今方向 TOP 50 高频关键词的增长率分布

10.2.2 方向相关热点主题（TOPIC）

从 2017 年至今该方向发表的相关文献涉及的主要研究主题看（如图 10.5 所示），五个热点主题中该方向论文在主题论文中占比最高的主题是 T.422，"Flapping; Micro Air Vehicle; Aerodynamics"（振翅；微型飞行器；空气动力学），占比达到 32.88%，在该方向热点主题中最具相关性；同时，该主题的文献量也最大，达到 793 篇；其显著性百分位为 97.862，在全球具有较高的关注度和发展势头。显著性百分位最高的主题是 T.1153，"Controller; Altitude Control; Vertical Takeoff and Landing"（控制器；高度控制；垂直起飞和降落），达到 99.619，具有高关注度和发展势头。该方向五个热点主题中，有四个热点主题呈现出较高的显著性百分位（大于 94），表明该方向整体上具有较高的全球关注度和较大的研究发展潜力。

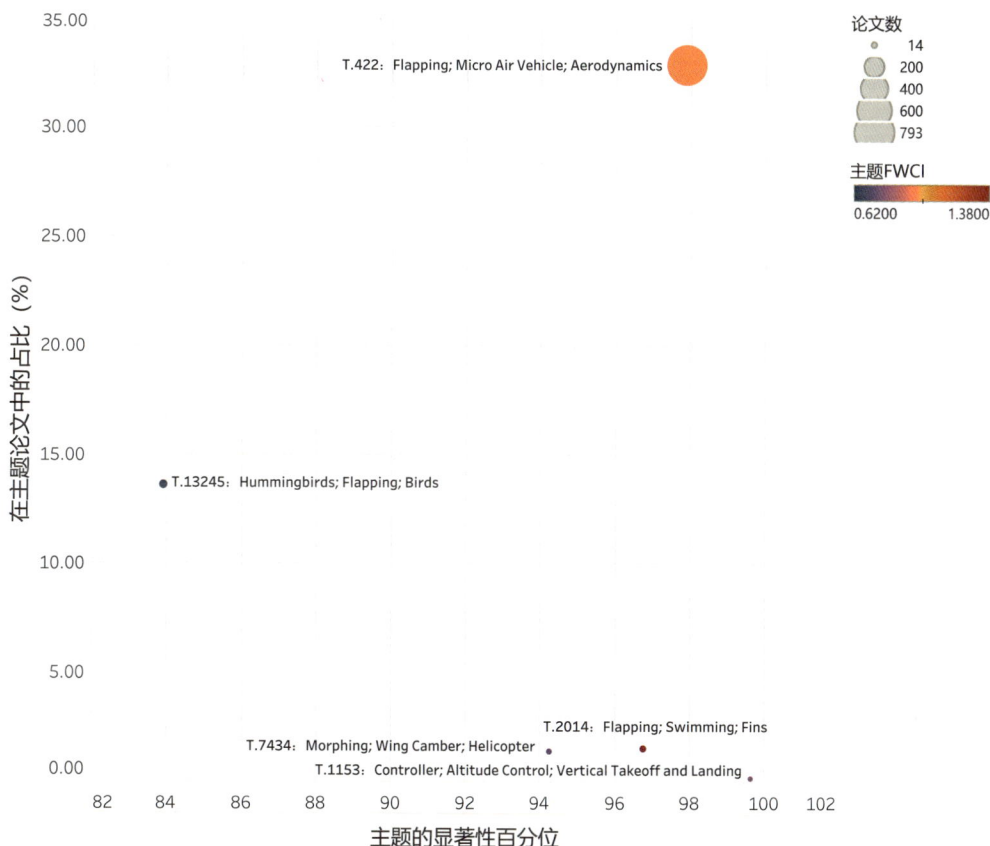

图 10.5 2017 年至今方向论文数最多的五个热点主题

10.3 高产国家 / 地区和机构

从 2017 年至今发表的方向相关文献主要的发文国家 / 地区看（如表 10.1 所示），该方向最主要的研究国家 / 地区有 China（中国）、United States（美国）、India（印度）、Republic of Korea（韩国）和 Japan（日本）等；

从主要机构看（如图 10.6 所示），高产的机构包括 Beihang University（北京航空航天大学）、Northwestern Polytechnical University（西北工业大学）和 Shanghai Jiao Tong University（上海交通大学）等。

表 10.1 2017 年至今方向前十位高产国家 / 地区

序号	国家 / 地区	发文量	点击量	FWCI	被引次数
1	China	389	6537	0.87	2133
2	United States	279	4442	1.3	2190
3	India	74	1388	0.48	149
4	Republic of Korea	72	1548	1.05	711
5	Japan	65	1258	0.98	340
6	Singapore	51	1096	0.89	380
7	Netherlands	40	766	1.37	342
8	United Kingdom	38	822	1.24	432
9	Australia	35	821	1.07	252
10	Malaysia	28	864	0.27	118

图 10.6 2017 年至今方向前十位高产机构

三、仿生工程领域发展速览

自古以来，人类就没有间断过对自然界各种生物的模仿，但仿生作为一门学科始于20世纪60年代初期，是生物科学与技术科学交叉融合的产物。仿生是指通过技术制造实现自然进化产生的生物系统功能，仿生工程则是人类研究生物具有的各种特殊功能和特性的机理，进而开发新材料、新技术、新工艺，包含发现—发明—创造等过程。近年来，随着生命科学、材料科学、工程学及信息科学等交叉融合发展，仿生技术和产物在概念启发、早期设计及结构相似等方面取得了突破和进展，在医疗、信息、机械、材料乃至国防军工、国家安全等领域产出了重要成果，展现出广阔的发展前景。目前，仿生工程解决了许多定向的功能性问题，但是在集成度、功能化以及智能化等多个层面与全真生物系统还相距甚远。未来，随着第四次工业革命下的创新研究范式变革，仿生工程研究将更加系统化、协同化、智能化、精细化。

1 全球仿生工程领域发展动态

"Bionic"希腊文的意思是研究生命系统功能的科学，由1960年斯蒂尔在美国俄亥俄州召开的美国第一届仿生学讨论会上提出。按照模仿对象的不同，仿生可分为三类。一是仿形，即以模仿生物形态结构、借鉴生物体材料功能为主要形式，例如飞机机翼的设计思路来源于对鸟类飞行时翅膀结构状态的研究。二是仿性，即借鉴生物个体、群体运动方式，或模仿生物与环境之间互动性、适应性，例如近期军队作战中采用的无人机蜂群作战模式。三是仿智，即对生物智慧的模仿，这是生物技术、信息技术、机械技术和人工智能等学科高度融合的结果，例如仿生算法的运用、脑机智能等。

目前，利用生物学基础理论和先进工程技术进行生物启发式的仿生工程创造已经成为全球不同领域进行创新性技术突破的重要手段。仿生工程技术也逐渐在由单一功能的实现逐渐向多功能的智能化综合集成转变。仿生工程技术的应用主要体现在民用和军用两个方面，对于民众生活质量的改善与提高，包括疾病的预防和健康的管理，乃至环境安全和治理，以及国防安全、生物防护、防控反恐等不同方面和领域都具有重大意义。

从全球范围看，欧美国家仿生工程化起步较早，当前仍占据领先地位，其中美国作为仿生工程领域的科学研究与工程开发的先行者，在仿生新材料、新技术等方面领先全球。美国拥有哈佛大学韦斯生物启发工程研究所（Wyss Institute for Biologically Inspired Engineering，Wyss）、麻省理工学院 K. Lisa Yang 仿生学中心（K. Lisa Yang Center for Bionics）、犹他大学仿生工程实验室（Bionic Engineering Lab）等一批著名的仿生工程研究机构。近年来，Wyss 与 DARPA 合作开发智能防护服（即柔性外骨骼，Soft Exosuit），显著降低了使用者的能量消耗；K. Lisa Yang 仿生学中心致力开发数字神经系统、改进大脑控制体外骨骼技术、助力仿生肢体重建；犹他大学仿生工程实验室发布了最高扭矩密度的自主动力髋关节外骨骼的设计、新一代仿生假肢、预估关节扭矩的声传感系统等重大成果；2020 年，罗格斯大学（Rutgers University）和意大利比萨大学（University of Pisa）合作研发一种采用 4D 打印技术制造的后向曲面倒钩仿生微针，仕经皮给药、组织伤口愈合、长期体内药物传递和生物传感方面具有良好的应用前景。

欧洲也是仿生工程研究的重要力量，近年来仿生技术发展迅猛。2019 年，英国巴斯大学学者研发出"仿生神经元"晶片，模仿真正大脑神经细胞，传递信号到其他神经细胞、肌肉及器官。该技术有望用于治疗瘫痪及阿尔茨海默病这类脑退化病症等。2021 年，受蜘蛛网启发，荷兰代尔夫特理工大学（Technische Universiteit Delft）研究人员设计出一种可在室温下工作的、极为精确的微芯片传感器——"蛛网纳米机械谐振器"。

同时，国际仿生工程市场前景广阔，涌现出一批仿生研究领域初创公司。德国费斯托（Festo）公司是欧洲著名的仿生机械研究企业，它将自动化技术与仿生技术相融合，生产了仿生机器蝙蝠、仿生蜻蜓机器人（BionicOpter）、仿生

水母等数十种机器生物。西班牙 Marsi Bionics 公司由西班牙国家研究委员会和马德里理工大学联合创立，开发了包括 MAK 动力膝关节矫形器和 ATLAS 机械外骨骼等多项仿生产品。英国 Open Bionics 公司曾成功研发一款时尚的多功能仿生手 Hero Arm，并通过与迪士尼合作开发了《星球大战》《漫威》《冰雪奇缘》等一系列仿生手产品。此外，澳大利亚悉尼大学研究团队开发了一种小体积的超螺旋人工肌肉，极大地推动了微型、软机器人技术的发展。

军事领域是仿生工程重要的应用场景，尤其仿生机器人与现代信息技术的融合，使其在军事侦查、感知、导航、攻击等方面具有不可替代的优势。2014 年起，DARPA 及美国各军种联合国防工业界相关部门大力推动包括"进攻性蜂群使能战术""快速轻量型自主飞行计划""班组 X 实验"等项目的研发测试工作，推动了各类仿生无人集群项目的研究。2021 年底，美国 DARPA"进攻性蜂群使能战术"项目完成了最后野外试验。美国东北大学与美国纳蒂克士兵研发与工程中心合作，共同研究章鱼、墨鱼等头足类动物的色素结节，使之能够用于伪装材料的织物制作。2022 年初，英国陆军发布了新版"机器人与自主系统战略"，并采购了大量的蜂群无人机以支持该战略；德国正在开发一款无人机蜂群战术级人工智能快速决策系统，预计 2024 年底完成。2022 年，法国武装部队公布了一个受鸟类和昆虫飞行运动启发的无人机项目，旨在通过模仿鸟类或昆虫的飞行来探索仿生无人机的隐身能力和性能。在"军队—2022"国际军事技术论坛，俄罗斯某公司展出一款 M-81 作战仿生机器狗，可以在战场上携带武器，执行多项军事任务。

2 我国仿生工程领域战略动向

2003 年，香山科学会议召开，明确了仿生研究的科学意义与前沿，提出了"仿生科学与技术"系统性基础研究的方向和优先发展的前沿领域和基本发展战略，有力推动了我国仿生领域科学研究的开展。2010 年，由吉林大学工程仿生教育部重点实验室联合 15 个国家的仿生学者牵头发起成立"国际仿生工程学会"，获得国务院的正式批准，随后学会会刊 *Journal of Bionic Engineering* 建立，标志着我国仿生工程研究的国际竞争力、学术地位的提升。整体来看，经过多年来的发展，我国仿生工程研究实力显著增强，但与欧美发达国家相比仍存在一定差距，尤其在医疗健康、工业制造等领域的应用差距较大。

仿生工程的发展要依托对生命运行规律、机理、结构及功能等的整体性、系统性认识。目前，我国已经组织筹建了一批仿生工程重点实验室与研究中心，聚焦药物开发、工程仿生、仿生机器人、仿生材料、仿生芯片等领域，取得了一批具有国际影响力的成果。如北京大学智能仿生设计实验室有关研究团队在发光章鱼捕食行为的灵感激发下，研发具有自适应抓取和感应能力的机器人抓取手，实现水下的自适应抓取和感应。吉林大学工程仿生教育部重点实验室聚焦地面机械脱附减阻仿生技术、仿生摩擦学与仿生材料、松软地面仿生行走技术、生物生产加工机械设计及仿生技术四个研究方向，在仿生材料、机械设计、仿生技术等方面取得了诸多成果。北京理工大学仿生机器人与系统教育部重点实验室产出了面向复杂环境适应的仿人机器人、人工双向神经接口技术、空间站智能服务机器人核心技术等代表性研究成果等等。

近年来，仿生工程技术运用领域逐渐拓宽，如临床医学与健康、工业制造、深空深地深海和极地探测等。在仿生材料方面，2019 年，北京航空航天大学在国际上首次成功研制了具有仿胶原的纳米纤维结构和连通微孔结构的可注射水凝胶材料 MANF（Microparticle Assembled Nano-Fibrous Hydrogels），极大地促进人骨髓间充质干细胞的成骨活性，具有良好的生物相容性和生物降解性，有利于骨损伤修复；2020 年中国科学技术大学研究团队制备出具有仿生结构的高性能可持续结构材料，具有比石油基塑料更好的机械性能与热性能，有望成为塑料的替代品；2021 年，中国科学院宁波材料所设计并制备了具有非对称结构的电控荧光色变水凝胶—石墨烯体系，进而构建了柔性仿生皮肤，用于模仿生物体皮肤的生理功能，有望使商用机器人在自然环境中更好地执行探索、检测甚至救援任务。

仿生机器人研究是我国发展较为迅速的前沿方向，起步并不比美欧晚太多，目前处于紧跟欧美仿生研究强国的位置。2020 年，同济大学研发仿生微型手术机器人，为超微创血栓清除提供新型医疗手段；2021 年，浙江大学研究团队自主研发了无需耐压外壳的深海仿生软体智能机器鱼，实现了全球首次在马里亚纳万米深海自主驱动，该成果有望大幅提高深海智能装备和机器人的应用能力；西北工业大学团队先后研制了"信鸽""小隼""金雀""蜂鸟""云鸮""信天翁"等不同特点的仿生飞行器，在中国 20 余个地区完成了 3000 余架次任务飞行。此外，仿生机器人稳步在我国军事领域投入使用。2018 年 11 月的第十二届珠海航展中，国内军工单位推出了可用于战场侦察以及弹药物资载运的小型军用四足机器人。不久前，国内某机器人研发机构公开展示了自主研制的四足战斗机器人系列"红翼前锋战斗机器犬"，搭载有小型激光雷达、热成像仪和夜视仪以及战术自组网络等先进电子设备，表明国产四足仿生机器人已经进入装备序列。

3 我国仿生工程领域未来发展战略

（1）创新仿生工程数据驱动型研究范式

加强信息技术与生物技术的交叉融合，为仿生工程潜在的突破提供强有力支撑。依托大数据、人工智能等新一代信息技术赋能仿生工程研究，加速解读并认识生命体运行规律、形态特征及系统协同机制等，尤其注重开展极限条件下生命体系研究，包括跨物种研究、协同进化研究，深化人类对各类生物体的认识，产出一批高质量仿生工程研究成果。

（2）面向国家重大需求加快仿生材料技术攻关

仿生材料在临床、制造、信息等多领域具有广阔的应用前景，对国防军工行业发展极为重要。未来，要面向国家战略需求，低成本、高效率制造新型仿生材料。一是要聚焦材料合成与生产制备工艺优化等问题，推动仿生材料工程应用与产业化，实现大规模精确的材料制造与加工成型。二是针对航空航天、极地等极端环境特殊需求，研发具有抗热冲击、超轻、抗电磁、抗低温等特殊功能的仿生材料。三是面向国防军工领域，研发满足未来战争智能化、无人化特点的环境敏感响应材料，研制新型器件。

（3）优化布局仿生工程产业

仿生的理念和技术在产业领域的应用日渐广泛，可以发挥其鲶鱼效应，使其成为牵引相关产业格局变化的先导力量。一是引导地方政府、产业基金、社会资源向仿生领域倾斜，加强政府采购管理，发挥国家产融合作平台作用，深化产融合作与投融资对接。二是优化相关产业注册评审流程，支持拥有发明专利或技术属于国内首创且国际领先，具有显著应用价值的设备、产品进入特别审批通道。三是建设仿生工程领域的产业技术基础公共服务平台，建设信息共享数据库，集中整合行业优势资源，提升全产业链竞争力。四是鼓励仿生工程与材料、电子信息、医药等行业跨领域合作，加快补齐和攻关制约产业发展的基础零部件、元器件、基础材料、基础工艺等短板，激发相关产业新活力。

（4）夯实仿生工程科技资源基础

科技资源基础决定仿生工程中长期可持续、高质量发展，其中人才队伍规模和质量最为关键，在仿生技术催生的新兴产业与国防军事领域，专业人才短缺的瓶颈更为明显。一是宣传仿生工程重大创新成果，加快仿生概念和仿生理念普及，吸引更多高素质人才进入仿生工程领域。二是推动仿生科学与生物学、工程学、理学等学科交叉融合，进一步凝练仿生特色，发挥学科群的协同效应。三是深化产学研合作，加快建设仿生工程交流平台和联合研究中心，尤其注重与海外顶尖科研机构、一流企业的深度合作，打造基础研究与产业化协同发展的一体化创新体系。

科技考古领域

重大交叉前沿方向

一、科技考古领域十大交叉前沿方向

中国考古学的百年历程，尤其是科技考古半个多世纪的发展历程证明，组织多学科联合攻关，对考古学的快速发展起到了巨大推动作用。本研究从多学科协同解决考古学问题、科技考古关键技术研发、考古技术装备改进升级、文物保护等角度出发，梳理了科技考古交叉前沿方向，为我国增强考古勘探发掘、科技检测分析、实验室考古、文物保护等方面能力提供参考，助力考古科技创新升级。

1 水下考古装备研发

随着海洋战略地位日益突显，世界各国积极开发利用海洋资源和空间，水下文化遗产作为重要的海洋资源引起广泛关注。中国海岸线绵长，海洋活动历时悠久，海上丝绸之路沿线存在丰富的水下文化遗产。但我国水下遗址多处于风大浪急、能见度差、水流多变、水下地形复杂的水域，因此水下考古调查主要依赖物探设备与技术，再辅之以专业人员探摸确认。

技术设备对水下考古至关重要，如通过各种物探设备来发现、确认和定位水下遗存，为水下测绘、摄影摄像、遗址清理、提取文物以及出水文物的初步处理和暂时保管提供支持。目前主要运用的有多波束探测系统、旁侧声呐系统、浅地层剖面仪、水下三维扫描仪、旋桨式流速仪、GPS 定位系统、遥控无人潜水器（ROV）、自主式水下航行器（AUV）等。中国第一艘水下考古工作船"中国考古 01 号"就曾专门改造物探设备间，安装了多束波系统、测扫声呐系统、测流系统、浅地层剖面系统、水下声学定位系统和 ROV 水下机器人系统。

目前的设备技术无法完全满足水下考古需求，如多波束声呐和旁侧声呐无法发现埋藏于海床下的文化遗存；浅地层剖面仪受扫测位置和分辨率的影响比较大；磁力仪对除金属外的其他材质遗物反应不够灵敏等。未来，解决海洋物探技术在水下考古的科学应用，要充分运用各种声呐技术、水下机器人等设备，加大对水下浅埋文物遗存探测技术、智能化水下文物探测与判别技术装置、

本领域咨询专家：刁常宇、刘斌、刘昭明、张晖、张国捷、陈虹、林留根、胡浩基、洪子健、郭怡、董亚波、蒋璐、潘春旭。

深海考古需求的自主式水下航行器（AUV）等研究，力求实现水下考古设备技术的便携化，降低水下考古成本，推动水下考古从广度到深度的全方位拓展。

2 古 DNA 技术在人类进化研究中的应用

古 DNA 是指古代遗址发掘的生物遗骸和古生物化石等古生物材料中提取到的具有遗传信息的生物大分子。古 DNA 研究是结合了分子生物学、考古学、古环境学、语言学的多学科研究，通过从保存良好的样品中获取极微量的古 DNA 片段，利用生物信息学技术将高度碎片化的 DNA 片段信息进行拼接，获取古代样本中遗传信息，重构古代生物的遗传历史和演化过程，再现人类的迁移过程以及动植物的驯化过程。

近年来，凸 DNA 研究取得了重要进展，如古 DNA 片段捕获技术的进步能够获取更多的内源古 DNA 片段信息，推动古 DNA 研究从线粒体片段研究扩展到全基因组研究。"解锁古土壤 DNA 的时代来临"（Ancient soil DNA comes of age）入选 *Science* 杂志"2021 年度十大科学突破"，该研究首次从世界不同洞穴遗址的沉积物里提取古核基因组以揭示相关物种演化，标志着沉积物古 DNA 研究正式进入全基因组时代。

但受限于 DNA 保存环境，目前大部分古基因组数据来源于寒冷干燥地区，亚洲南方、非洲、美洲、大洋洲等地区的古基因组数据还很有限。如何从更大的时间与空间尺度的样本中获取古 DNA，取得可靠和足量的古 DNA 序列信息仍然是难点和重点。未来可深入探索亚洲南方、非洲、美洲、大洋洲等地区的古基因组，进行更有针对性的研究。尽可能解读更大时空范围的遗传历史，在更宏大的时空框架里探讨人类起源和分布、种群扩散、更替和融合，古人类的灭绝等不为人知的远古世界图景。

3 基于古病理学的古代疾病分析

古病理学主要是通过古代人类遗骸来研究古代人类疾病的产生、演变和发展，探究考古发掘出土的人骨遗存上的异常变异，包括骨骼的畸形、创伤、关节炎、骨结核、各种代谢性疾病、口腔疾病、先天性病变及部分传染病（如麻风病、性病梅毒）等。通过人类疾病研究了解当时人类的生活方式、生业模式、社会组织关系、人群迁徙、信仰和习俗等。如"全球健康史项目"即是通过收集骨骼的发育和病理变量，计算每个个体健康指数，探讨健康状况的时空历史演变过程。

多学科理论与技术的引入是古病理学发展的重要趋势。伦理学和生物文化学等学科理论突破了传统认知，构架了一个更深入的古病理学理论体系；分子生物学、生态学、流行病学等引入，丰富了古病理研究的切入点；组织学、临床医学、成像技术和数据分析等技术的应用，使得研究数据的采集与分析更加科学。古代人类遗骸是研究古病理学的重要标本资料，如何单纯从人骨骨骼形态、损伤判断疾病类型及其病因仍然是古病理学面临的重点与难点。人骨状况的不确定及病理在骨骼上体现的不完整性使得正确观察和记录古人类遗骸病理状况成为古病理学迫切需要解决的问题。

4 多维度绝对年代分析测定

建立年代序列是考古研究的重中之重，年代变动可能直接影响学者对于各类考古实践的判断与解读，尤其对历史时期考古，测年精度至关重要。碳14自问世以来，已成为考古学应用最广泛的科技测年手段。为了进一步缩小碳14测年的误差，校正曲线、质谱加速器以及贝叶斯算法相继被引入碳14研究。目前，部分碳14的测年精度已经可以达到20~30年，但更精准的矫正曲线更

新及算法仍然是考古年代学的努力方向。

未来，在提高碳14精度的基础上，要更加准确选择测年技术展开综合年代判定和交叉验证，建立更加精确、全面的考古年代学序列数据库。在综合运用树木年轮法、放射测年法、释光测年法、地磁测年法等多种测年方法对遗迹遗物进行分析基础上，探索、开发并应用如电化学特征测年、材料性能参数时效曲线测年等新型测年方法。

5 冶金考古与矿料来源、制造工艺复原

冶金技术是文明发展的重要推动力。分析冶金技术和方法，探讨金属起源与传播、金属制作技术和工艺，揭示冶金技术与文明发展的相互关系，对于探究早期文明起源与发展的内在原因和技术动力有重要价值。

由于铜、锡、铅等金属矿床形成过程中的差异，铅同位素组成各有差异，加之其在青铜冶炼、铸造过程中不会发生分馏，通过电子等离子体质谱仪测量青铜器中铅同位素比值能够有效示踪矿石的来源。随着显微镜技术的发展，SEM和EDS的引入，以及CT技术的进步，青铜器表面形貌

及铸造痕迹更加清晰可辨，为匹配实验考古分析研究提供了基础。

分析数据的积累和阐释对于展示古代冶金技术的社会和文化价值至关重要，如利用大数据和GIS技术结合讨论金属流通关系。未来，可进一步探讨铅同位素和微量元素的对应关系；铜、锡等非传统稳定同位素分析技术在冶金考古中的运用；秉持考古与冶金的深度融合理念，更好地理解我国冶金技术和文明发展，以及东西方文化的交流和传播。

6 文物原位无损分析技术研发

利用现代分析检测方法对文物进行全方位的系统认识，制定科学合理的保护措施，最大限度保护文物的物质和文化信息，延长文物的保存寿命是考古领域发展的重要责任。原位无损分析技术秉持最小干预度原则，在不损伤被检测物体的物理性状和化学性质等前提下，获取其结构、性质、成分等物理化学信息，研究其内部和表面有无缺陷、结构是否异常或测定性能、组织状态等，

是对文物进行科学研究的重要手段。

目前较为广泛应用的文物原位无损或微损分析有：基于X光照相技术、红外成像技术、CT技术、多光谱成像技术、三维激光扫描技术等内部和表面影响分析；基于光学显微镜、电子显微镜对表面形貌观察和显微分析；基于X射线荧光光谱分析、激光剥蚀电感耦合等离子体质谱分析等化学组成分析；基于微区XRD、反射傅里叶变换

红外光谱、显微激光拉曼光谱等物质结构分析。

单独使用任何一种分析技术都无法完整认识文物，因此无损分析通常采用多种技术组合，综合发挥各类分析性能，进行相互比较和交叉印证。下一步，要建立起更为准确、科学的无损分析检测系统方法。此外，大部分分析检测仪器庞大且昂贵，限制了不可移动文物（如壁画、建筑等）无损分析研究的开展。现有部分便携式仪器的分析精度和广度仍有所欠缺。未来，要在已有扫描电镜、拉曼光谱仪和能谱仪研发组合设备基础上，研发集成多种功能和技术，能够适应多种文物保存状态，具有更高精度、更便携、低成本的仪器。

7 X 射线技术在陶瓷考古中的应用

陶瓷的发明、生产、流通和使用对于研究人类文明史，特别是早期文化史有重要意义。中国是陶瓷起源地之一，因此陶瓷考古始终是考古学重要的发展方向之一。现代科技分析手段的引入，陶瓷的化学成分测量和分析、结构分析、物相分析等逐步深入，为陶瓷的起源、原材料的种类、产地、烧制工艺的演化、产品流通以及窑系构建等研究提供了重要支撑。

目前，在众多科技分析手段中，X 射线技术占据着"半壁江山"，主要包括质子激发 X 射线荧光光谱（PIXE）、X 射线荧光光谱（XRF）、同步辐射 X 射线荧光（SRXRF）、同步辐射 X 射线荧光（SRXRF）、微区 X 射线荧光光谱（μ-XRF）用于胎釉成分分析，CT 断层扫描技术用于结构分析，X 射线衍射（XRD）用于物相分析、X 射线吸收精细结构谱（XAFS）用于色彩分析等。其中，X 射线光谱分析技术因具有微区、无损和可进行高含量元素定量分析等特点，是最重要的分析手段之一。随着便携式、可移动式 X 射线荧光分析仪器的推广，越来越多的古陶瓷分析结果被获知，为我们建立陶瓷研究的标样和基线提供了可能。

未来，不仅要解决 X 射线分析技术测定下限不理想、对轻元素分析困难、光斑尺寸较大等技术瓶颈，更要推动 X 射线技术与其他陶瓷分析技术，如中子活化分析、光学相干断层扫描、释光分析等分析数据有机结合，为古陶瓷科学分析数据库提供有效的统计分析模型和标样基线。

8 先民食物结构的稳定同位素分析

饮食活动不仅是人类生存的前提，也是人类进化的必要条件，更是人类社会和文化发展进步的重要动力。古代人类的饮食结构研究，是历史学和考古学研究的重要内容之一。重建古人类食物结构，可以揭示先民的生活方式，探索古人生存环境，并且为古代动植物变迁、农业起源和传播以及动植物驯化等提供有价值的信息。

由于不同的生物体食物来源不同导致骨骼中的稳定同位素组成存在较大差异，因此，人和动物骨骼（主要是骨胶原和生物磷灰石）的碳、氮、氧稳定同位素分析成为古人食物结构研究的最主要方式。根据同位素分馏效应，深入挖掘稳定同位素数据之间的关系，使用食谱模型分析方法即可获知农林牧副渔资源在食物来源中的比重。

目前，通过稳定同位素研究已经构筑起新石器时代到汉代的先民食物结构的基本认识，但离构建起符合中国饮食习惯的稳定同位素分析理论和稳定同位素数据库仍有差距。未来，要深入了解骨胶原和生物磷灰石的碳来源及其适用范围；开展单分子氨基酸稳定同位素分析；进一步精细同位素分馏机制；完善微损稳定同位素分析方法；优化（食物）残留物稳定同位素分析等。

9 石器工艺与功能的微痕分析

石器工艺与功能是新旧石器时代考古研究中的重大课题，为研究史前人类生存方式、行为模式、对环境的适应和改造等内容提供了重要资料。目前，微痕分析与残留物分析是判定器物类型和功能的主要研究手段。

微痕分析是指通过三维立体显微镜、扫描电子显微镜、激光扫描共聚焦显微镜等显微技术，观察保留在石器标本上肉眼不易观察或识别不到的痕迹，如擦痕、光泽、片疤等，并与模拟实验标本上的痕迹进行对照，进而判断其制作痕迹、使用痕迹。高分辨率的显微技术，借助图像处理技术和统计学方法，使得对石器的形态特征、破损程度进行定量研究成为可能，进而更好地对石器的工艺进行分类和定性。

仍需谨慎注意的是，影响石器微痕形态的因素有很多，包括石料、石器加工和使用、土壤埋藏及扰动、水流搬运以及动物或人为踩踏等。如何快速分辨不同类型的石器微痕是石器微痕分析应持续探索的方向。此外，要进一步推动石器考古的系统化、多元化、科学化，并结合残留物分析、力学分析、民族学、埋藏学等研究方法，快速搭建对比数据库，更好地理解石器工艺与功能，更科学地研究史前人类行为与生存状况。

10 基于人工智能的考古学数据库开发

我国文物资源规模巨大，可移动文物和不移动文物浩如烟海，文化遗产分布广泛、类型多样。根据文物普查我国可移动文物超过 1 亿件（套）、不可移动文物超过 76 万处。若仅靠人工对这些文物数据进行采集，不仅费工费时费力，还容易造成遗漏、误差等。整合不同材料和信息后作出解释是考古学研究的重要突破点。无论是传统的类型学分析，还是新型的科学技术手段，都离不开大量数据对比和基准建立。此外，从历史文化遗产资源管理和满足人民群众对文化消费需求的角度看，建立科学、统一、开源的考古学数据库也已迫在眉睫。

近年来，人工智能的发展无疑为考古学数据库的建立提供了可能。如卷积神经网络可以助力图像识别，辨别考古遗迹，提取文物图像信息等；算法分析可以重现文物残缺部分、拼接文物碎块，提高考古修复的准确性和科学性；通过深度学习，可形成考古文化知识图谱，支撑"数据驱动型"考古研究。

未来，通过人工智能技术，在考古数据库中整合考古发掘现场及遗迹遗物的传统数据、科学技术分析数据以及数字影像资料，建立并优化可共享的数据信息处理方式，拓展信息获取渠道；依托区块链技术整合零散的文化遗产数据并快速形成高速共享的数据库，助力完善文物预防性保护模式和预警机制，最终使文物考古资源真正实现可获得、可研究、可交流，并显著降低管理运营成本。

二、科技考古领域文献计量分析

聚焦"科技考古"领域十大交叉前沿研究方向，选取 Scopus 数据库收录的论文数据，通过相关检索获得各方向相关论文；并结合 SciVal 科研分析平台及可视化工具，对十大交叉前沿方向的研究现状及发展趋势进行文献计量学分析。（检索时间为 2022 年 10 月）

经检索，"科技考古"领域十大交叉前沿方向 2017 年至今发表的文献数量介于 383—4342 篇，其结果如图 0.1 所示。其中，文献数量最多的是方向 4，即多维度绝对年代分析测定；文献数量最少的是方向 9，即石器工艺与功能的微痕分析。

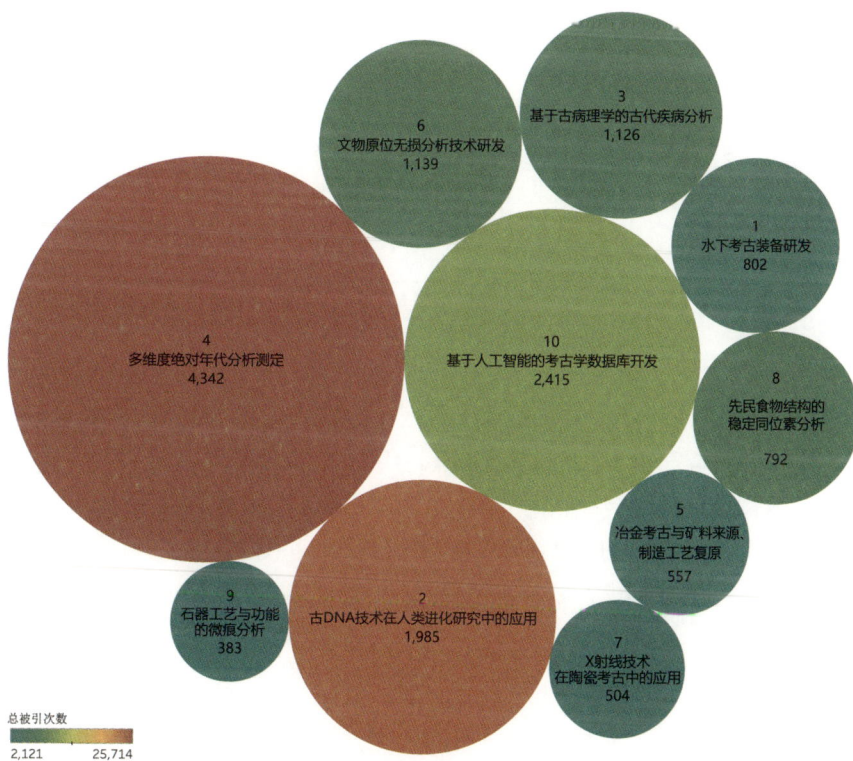

图 0.1 十大交叉前沿方向发文分布

1 水下考古装备研发

1.1 总体概况

通过 Scopus 数据库检索 2017 年至今发表的"水下考古装备研发"相关论文，并将其导入 SciVal 平台，最终共有文献 802 篇，整体情况如图 1.1 所示。

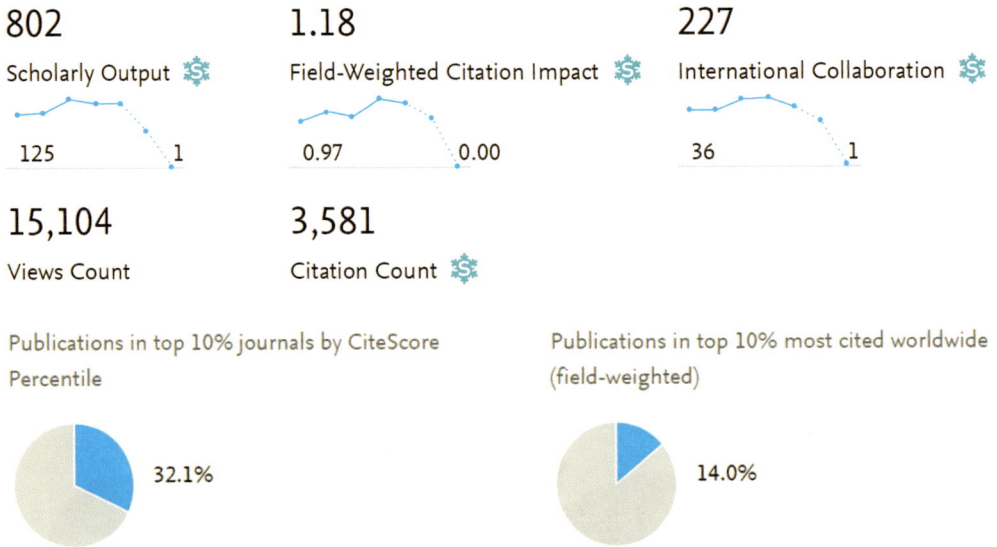

802
Scholarly Output

125　　　1

1.18
Field-Weighted Citation Impact

0.97　　　0.00

227
International Collaboration

36　　　1

15,104
Views Count

3,581
Citation Count

Publications in top 10% journals by CiteScore Percentile

32.1%

Publications in top 10% most cited worldwide (field-weighted)

14.0%

图 1.1　方向文献整体概况

2017 年至今发表的"水下考古装备研发"相关文献的学科分布情况，如图 1.2 所示。在 Scopus 全学科期刊分类系统（ASJC）划分的 27 个学科中，该研究方向文献涉及的学科较为广泛、学科交叉特性较为明显。其中，较多的文献分布于 Social Sciences（社会科学）、Arts and Humanities（艺术与人文）、Earth and Planetary Sciences（地球与行星科学）、Environmental Science（环境科学）、Engineering（工程学）等学科。

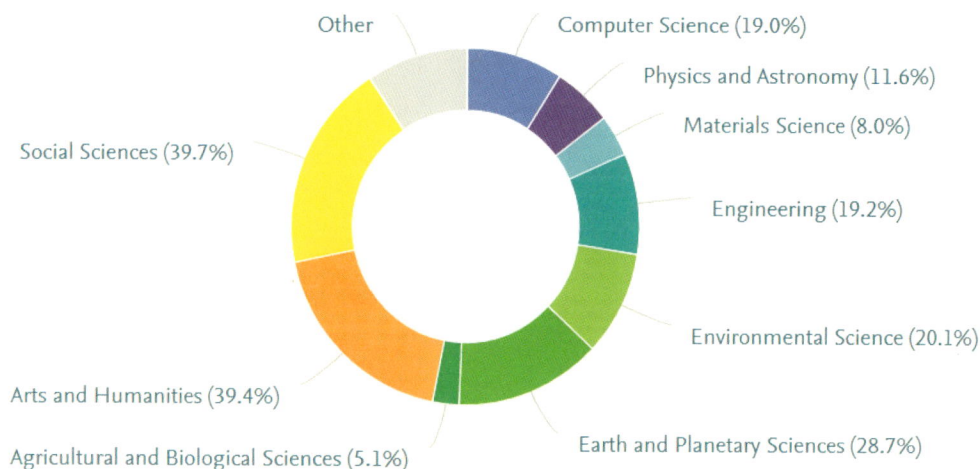

图1.2 方向文献学科分布

1.2 研究热点与前沿

1.2.1 高频关键词

2017 年至今发表的"水下考古装备研发"相关文献的 TOP 50 高频关键词，如图 1.3 所示。其中，Underwater（水下）、Underwater Cultural Heritage（水下文化遗产）、Underwater Archaeology（水下考古）、Archaeology（考古学）、Ship（船）等是该方向出现频率最高的高频词。

图1.3 2017 年至今方向 TOP 50 高频关键词词云图

从 2017 年至今方向 TOP 50 高频关键词的增长率情况看（如图 1.4 所示），该方向增长较快的关键词有 Heritage Sites（遗址）、Diving（潜水）、Black Sea（黑海）、Cultural Heritage（文化遗产）、Greece（希腊）等。

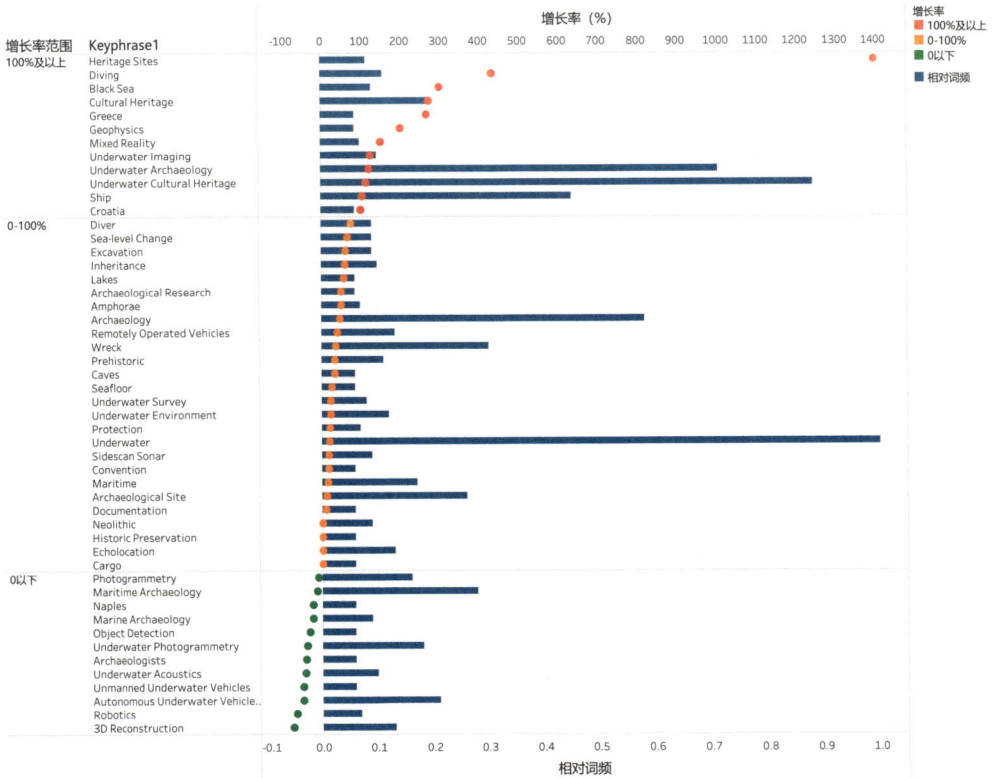

图 1.4　2017 年至今方向 TOP 50 高频关键词的增长率分布

1.2.2 方向相关热点主题（TOPIC）[1]

从 2017 年至今该方向发表的相关文献涉及的主要研究主题看（如图 1.5 所示），该方向文献量最大的主题是 T.21982，"Underwater Photogrammetry; Autonomous Underwater Vehicle (AUV); Camera"（水下摄影测量；水下自主航行器；摄像机），该主题的 FWCI[2]

---

[1] 研究主题（Topic）是 SciVal 平台自带的基于 Scopus 数据库文献的直接引用关系聚类而成的文献簇，每个主题代表了一组具有相同研究兴趣或知识基础的论文集合，目前 SciVal 平台共有约 9.6 万个研究主题。

[2] 学科规范化的引文影响力是主题论文的被引用次数与相同学科、相同年份、相同类型论文平均被引次数的比值，可以体现该主题的影响力。

为 1.56，具有较高引文影响力。显著性百分位[1] 最高的主题是 T.2754，"Underwater; Haze; Atmospheric Scattering"（水下；薄雾；大气散射），达到 99.383，在全球具有高关注度和发展势头。五个热点主题中该方向论文在主题论文中的占比[2] 最高的主题是 T.34408，"Underwater Cultural Heritage; Shipwrecks; China"（水下文

化遗产；沉船；中国)，达到 56.34%，在该方向热点主题中最具相关性。该方向五个热点主题中显著性百分位在 50 至 70 之间的主题有三个，另外两个主题的显著性百分位分别为 89.358、99.383，表明该方向各热点主题受到的全球关注度存在较大差异。

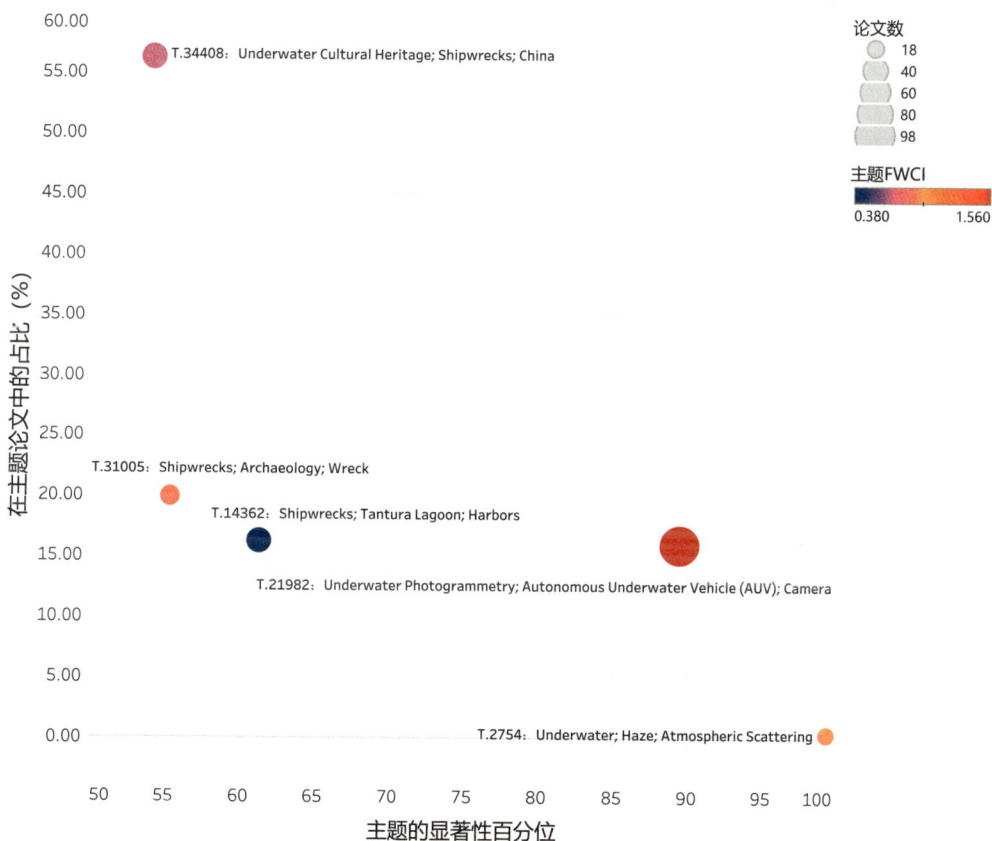

图1.5 2017年至今方向论文数最多的五个热点主题

---

[1] 显著性百分位体现了主题的显著度，它通过文章的被引用次数、浏览数和期刊的 CiteScore 指标计算得出，可以体现该主题的受关注度和发展势头。

[2] 在主题论文中的占比是指该方向下某个主题的论文数量占 SciVal 平台上该主题论文总数的比重，体现了研究主题与该研究方向的相关度，占比越高说明该主题与方向的相关度越高。

1.3 高产国家 / 地区和机构

从 2017 年至今发表的方向相关文献主要的发文国家 / 地区看（如表 1.1 所示），该方向最主要的研究国家 / 地区有 Italy（意大利）、United States（美国）、United Kingdom（英国）、Spain（西班牙）和 Greece（希腊）等；从主要机构看（如图 1.6 所示），高产的机构包括 CNRS（法国国家科学研究中心）、University of Calabria（卡拉布里亚大学）、Flinders University（弗林德斯大学）等。

表 1.1 2017 年至今方向前十位高产国家 / 地区

序号	国家 / 地区	发文量	点击量	FWCI	被引次数
1	Italy	158	5231	1.35	1243
2	United States	149	2277	1.11	699
3	United Kingdom	101	2004	2	734
4	Spain	62	1446	1.08	248
5	Greece	60	1754	2.17	505
6	Australia	55	1212	2.82	509
7	France	53	1406	1.22	439
8	China	52	820	0.67	177
9	Germany	30	704	1.44	259
10	Israel	27	649	1.83	279

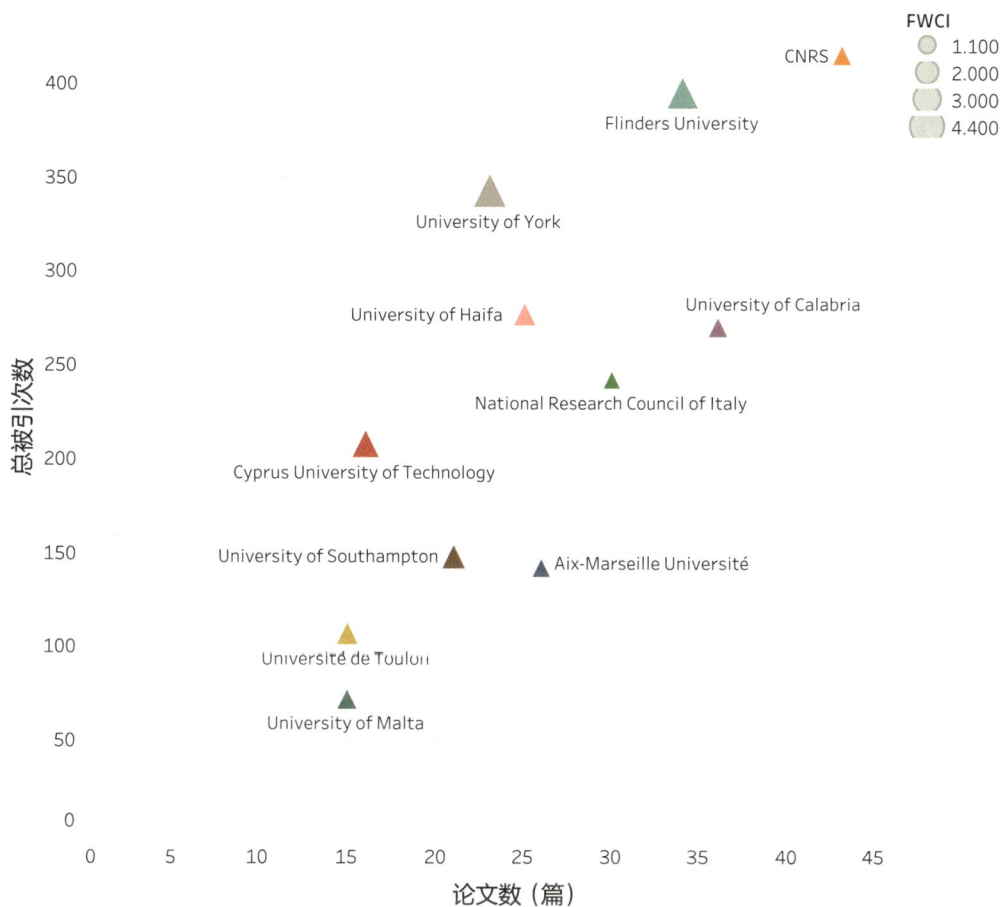

图1.6 2017年至今方向前十位高产机构

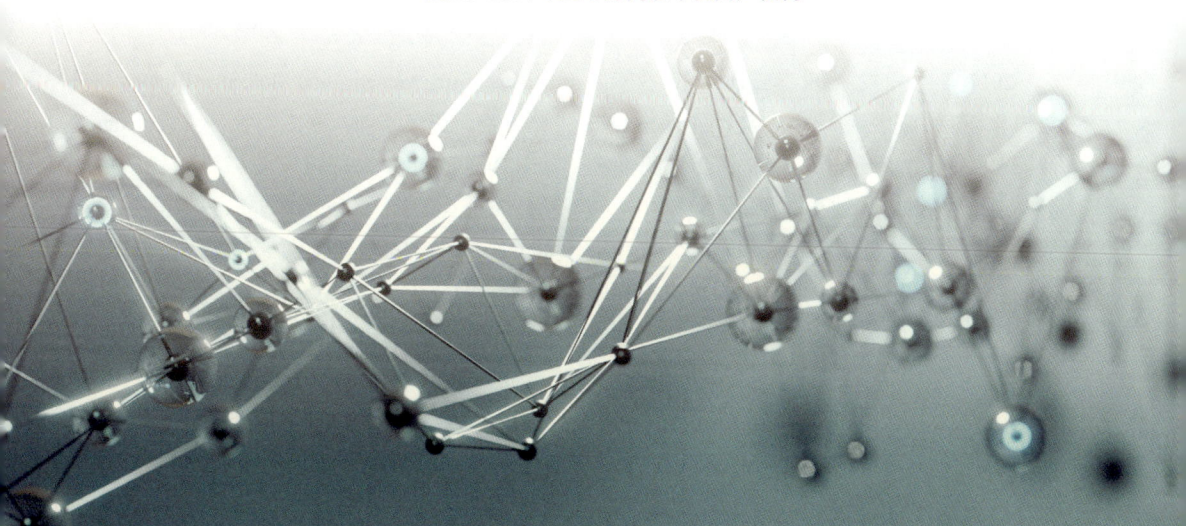

2 古 DNA 技术在人类进化研究中的应用

2.1 总体概况

通过 Scopus 数据库检索 2017 年至今发表的"古 DNA 技术在人类进化研究中的应用"相关论文，并将其导入 SciVal 平台，最终共有文献 1985 篇，整体情况如图 2.1 所示。

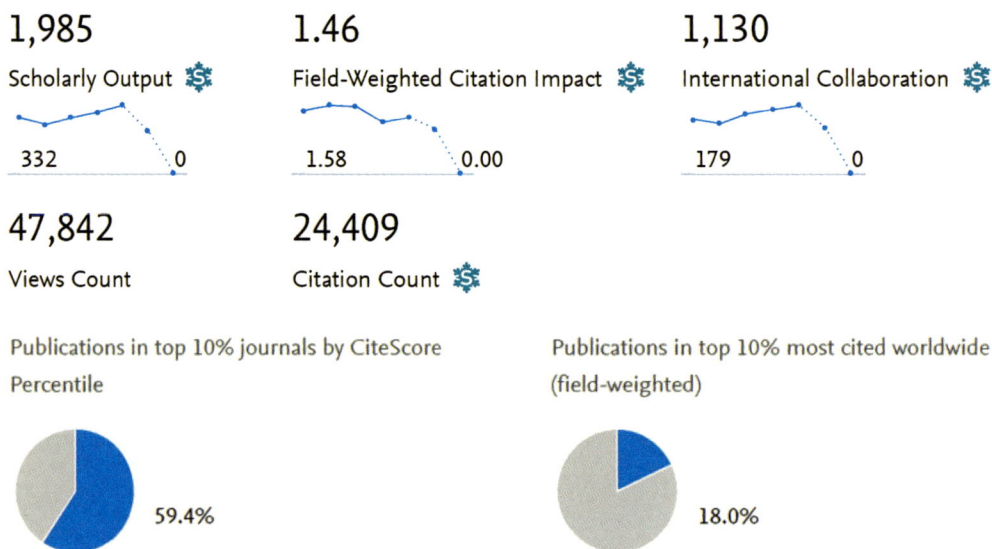

1,985
Scholarly Output

332 ────────── 0

1.46
Field-Weighted Citation Impact

1.58 ────────── 0.00

1,130
International Collaboration

179 ────────── 0

47,842
Views Count

24,409
Citation Count

Publications in top 10% journals by CiteScore Percentile

59.4%

Publications in top 10% most cited worldwide (field-weighted)

18.0%

图 2.1 方向文献整体概况

2017 年至今发表的"古 DNA 技术在人类进化研究中的应用"相关文献的学科分布情况，如图 2.2 所示。在 Scopus 全学科期刊分类系统（ASJC）划分的 27 个学科中，该研究方向文献涉及的学科较为广泛、学科交叉特性较为明显。其中，较多的文献分布于 Biochemistry, Genetics and Molecular Biology（生物化学、遗传学与分子生物学）、Agricultural and Biological Sciences（农业与生物科学）、Medicine（医学）、Multidisciplinary（多学科）、Social Sciences（社会科学）等学科。

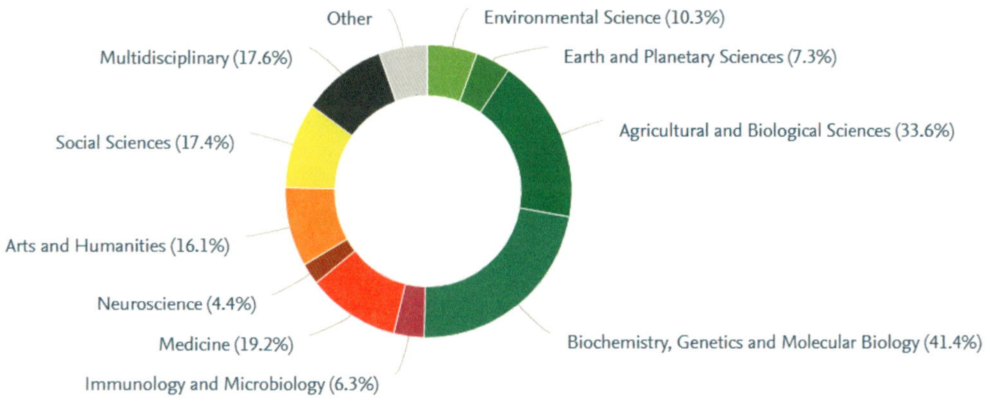

图 2.2 方向文献学科分布

2.2 研究热点与前沿

2.2.1 高频关键词

2017 年至今发表的"古 DNA 技术在人类进化研究中的应用"相关文献的 TOP 50 高频关键词，如图 2.3 所示。其中，Ancient DNA（古 DNA）、Paleogenomics（古基因组学）、Mitochondrial Genome（线粒体基因组）、Mitochondrial DNA（线粒体 DNA）、Archaeology（考古学）、Neolithic（新石器时代）等是该方向出现频率最高的高频词。

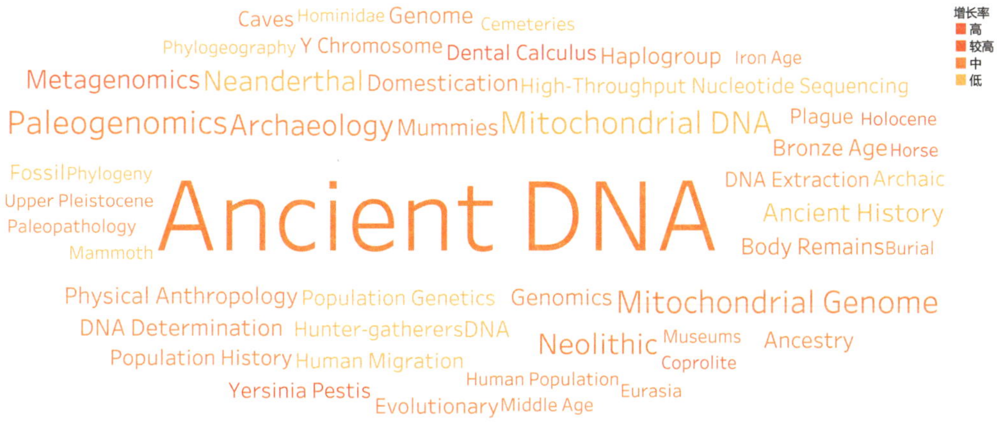

图 2.3 2017 年至今方向 TOP 50 高频关键词词云图

从 2017 年至今方向 TOP 50 高频关键词的增长率情况看（如图 2.4 所示），该方向增长较快的关键词有 Dental Calculus（牙结石）、Horse（马）、Holocene（全新世）、Yersinia Pestis（鼠疫杆菌）、Coprolite（粪化石）、Metagenomics（宏基因组学）等。

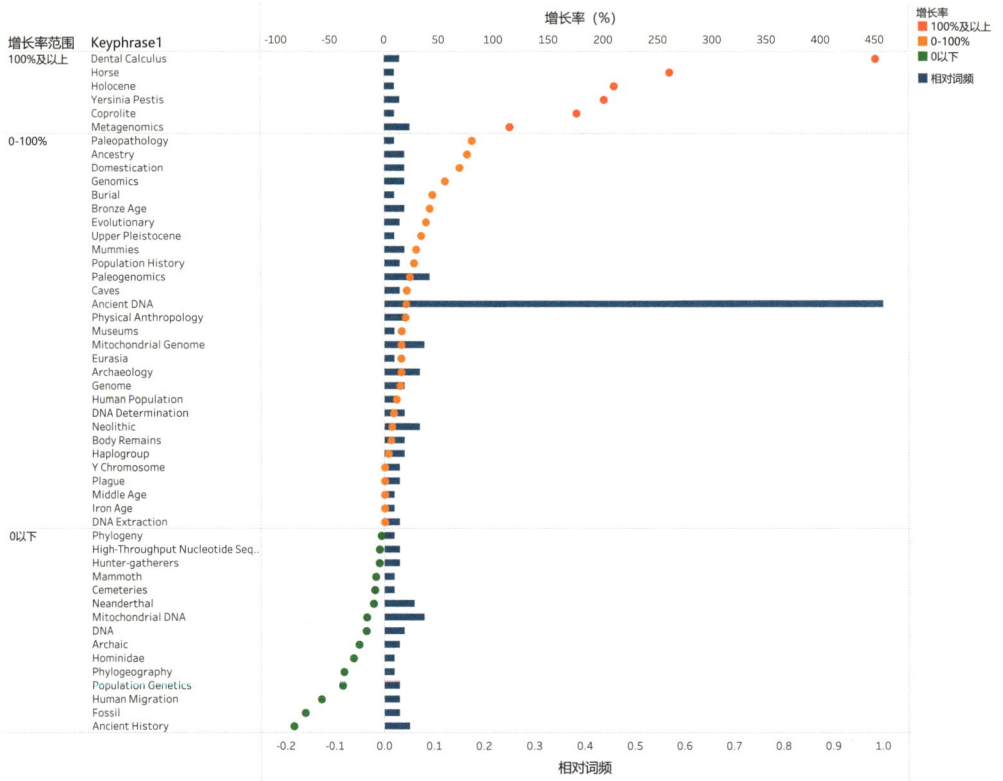

图 2.4　2017 年至今方向 TOP 50 高频关键词的增长率分布

2.2.2 方向相关热点主题（TOPIC）

从 2017 年至今该方向发表的相关文献涉及的主要研究主题看（如图 2.5 所示），五个热点主题中该方向论文在主题论文中占比最高的主题 T.7277，"Genome; Neanderthals; Anatomically Modern Humans"（基因组；尼安德特人；晚期智人），占比达到 46.14%，在该方向热点主题中最具相关性；同时，该主题的文献量最大，达到 801 篇；其显著性百分位为 99.26，在全球具有高关注度和发展势头。五个热点主题中 FWCI 最高的主题为 T.23673，"Biodiversity; Aphanomyces Astaci; Crayfish"（生物多样性；变形丝囊霉菌；小龙虾），达到 1.75，具有高引文影响力。该方向五个热点主题中有两个主题的显著性百分位分别为 79.346、81.651，其余三个主题的显著性百分位都在 90 以上，表明该方向整体上具有一定的全球关注度和研究发展潜力。

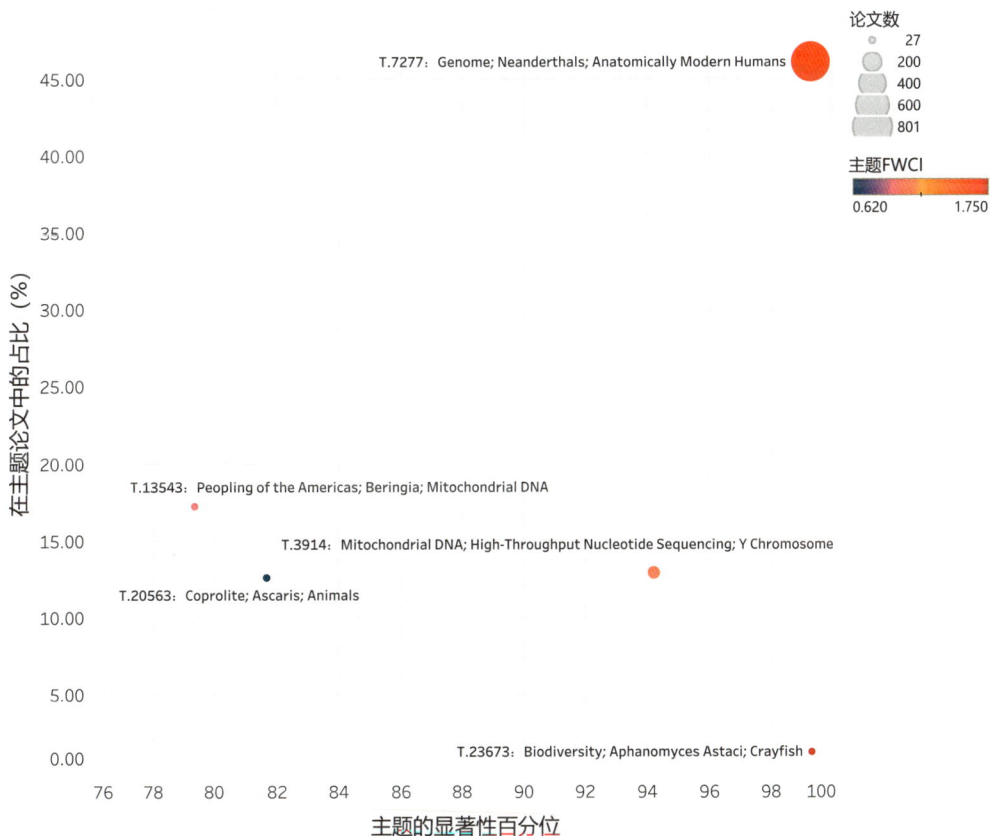

图 2.5 2017 年至今方向论文数最多的五个热点主题

2.3 高产国家 / 地区和机构

从 2017 年至今发表的方向主要的发文国家 / 地区看（如表 2.1 所示），该方向最主要的研究国家 / 地区有 United States（美国）、United Kingdom（英国）、Germany（德国）、France（法国）和 Denmark（丹麦）等；从主要的机构看（如图 2.6 所示），高产的机构包括 University of Copenhagen（哥本哈根大学）、CNRS（法国国家科学研究中心）、Max Planck Institute for the Science of Human History（马克斯·普朗克人类历史科学研究所）等。

表 2.1 2017 年至今方向前十位高产国家 / 地区

序号	国家 / 地区	发文量	点击量	FWCI	被引次数
1	United States	661	19256	2.19	12697
2	United Kingdom	490	17557	2.21	10423
3	Germany	443	15271	2.09	10309
4	France	244	9555	2.2	5788
5	Denmark	235	9706	2.24	6214
6	Australia	208	7459	2.04	4820
7	Italy	198	7804	1.66	3728
8	China	175	4607	1.7	2760
9	Spain	169	6407	1.96	3514
10	Canada	159	5157	1.97	2807
10	Russian Federation	159	7710	2.2	3773

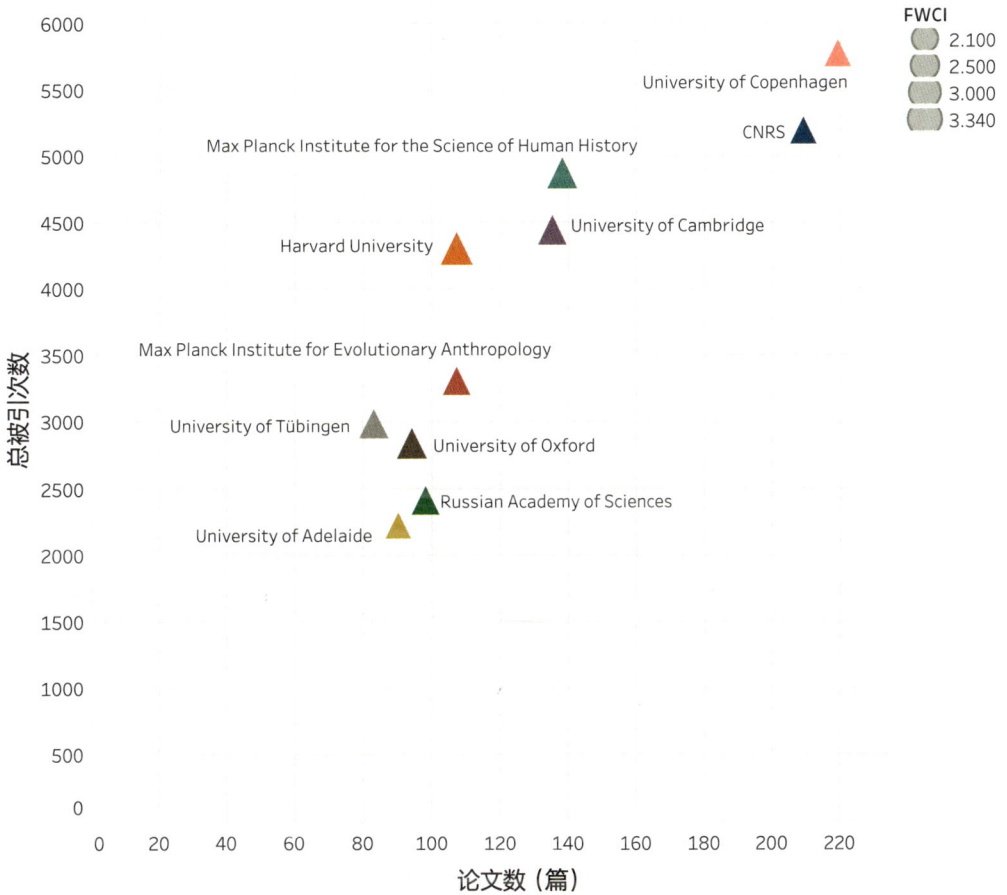

图2.6 2017年至今方向前十位高产机构

3 基于古病理学的古代疾病分析

3.1 总体概况

通过 Scopus 数据库检索 2017 年至今发表的"基于古病理学的古代疾病分析"相关论文，并将其导入 SciVal 平台，最终共有文献 1126 篇，整体情况如图 3.1 所示。

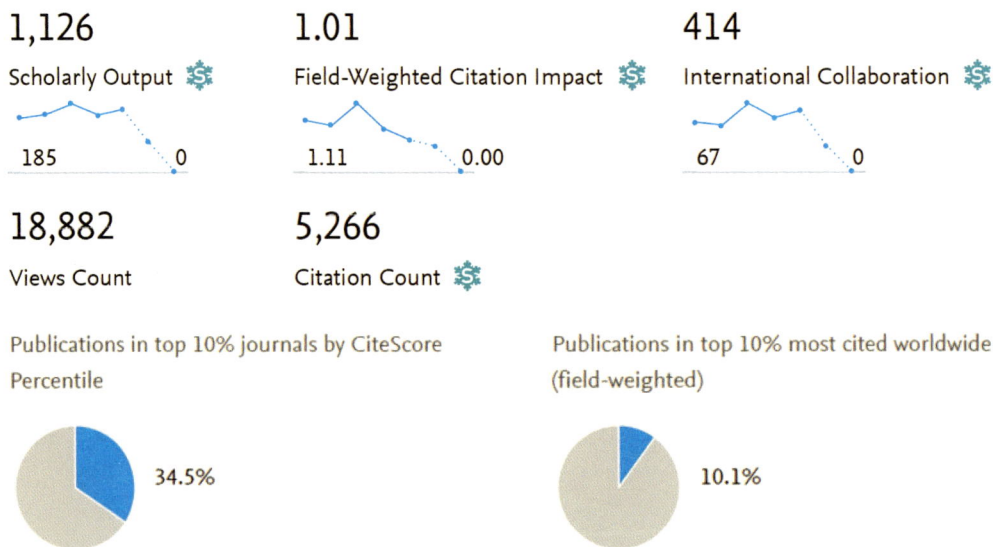

1,126
Scholarly Output

185 ———— 0

1.01
Field-Weighted Citation Impact

1.11 ———— 0.00

414
International Collaboration

67 ———— 0

18,882
Views Count

5,266
Citation Count

Publications in top 10% journals by CiteScore Percentile

34.5%

Publications in top 10% most cited worldwide (field-weighted)

10.1%

图 3.1 方向文献整体概况

2017 年至今发表的"基于古病理学的古代疾病分析"相关文献的学科分布情况，如图 3.2 所示。在 Scopus 全学科期刊分类系统（ASJC）划分的 27 个学科中，该研究方向文献涉及的学科较为广泛、学科交叉特性较为明显。其中，较多的文献分布于 Medicine（医学）、Arts and Humanities（艺术与人文）、Social Sciences（社会科学）、Biochemistry, Genetics and Molecular Biology（生物化学、遗传学与分子生物学）、Agricultural and Biological Sciences（农业与生物科学）等学科。

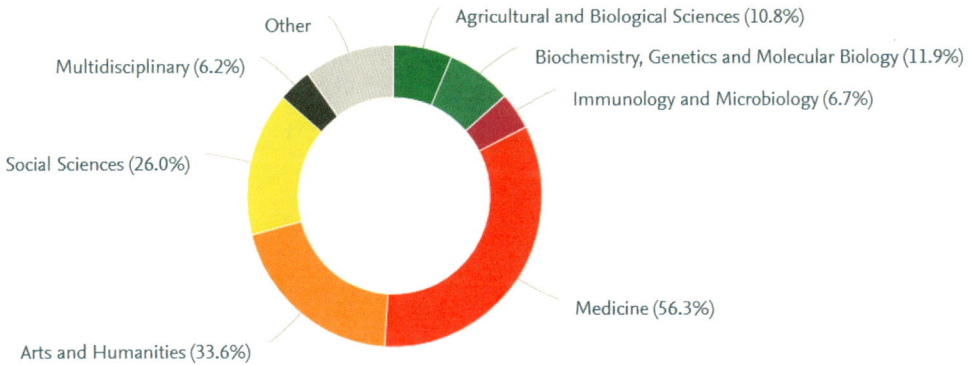

图 3.2 方向文献学科分布

3.2 研究热点与前沿

3.2.1 高频关键词

2017 年至今发表的"基于古病理学的古代疾病分析"相关文献的 TOP 50 高频关键词，如图 3.3 所示。其中，Paleopathology（古病理学）、Mummies（木乃伊）、Archaeology（考古学）、Body Remains（人体遗骸）、Ancient History（古代史）等是该方向出现频率最高的高频词。

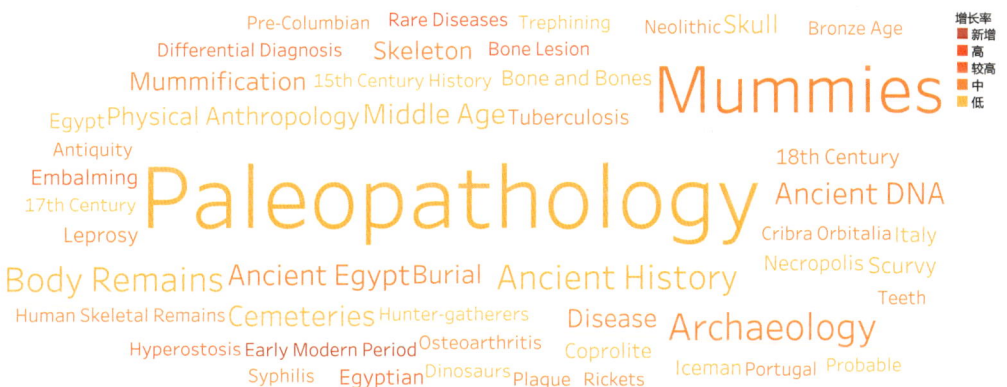

图 3.3 2017 年至今方向 TOP 50 高频关键词词云图

从 2017 年至今方向 TOP 50 高频关键词的增长率情况看（如图 3.4 所示），该方向增长较快的关键词有 Rare Diseases（罕见疾病）、Bone Lesion（骨骼损伤）、Hyperostosis（骨肥厚）、Embalming（防腐处理）、Egyptian（埃及）等，近五年的词频增长率均超过了 100%。此外，2017 年以来新增了高频关键词 Early Modern Period（近代早期）。

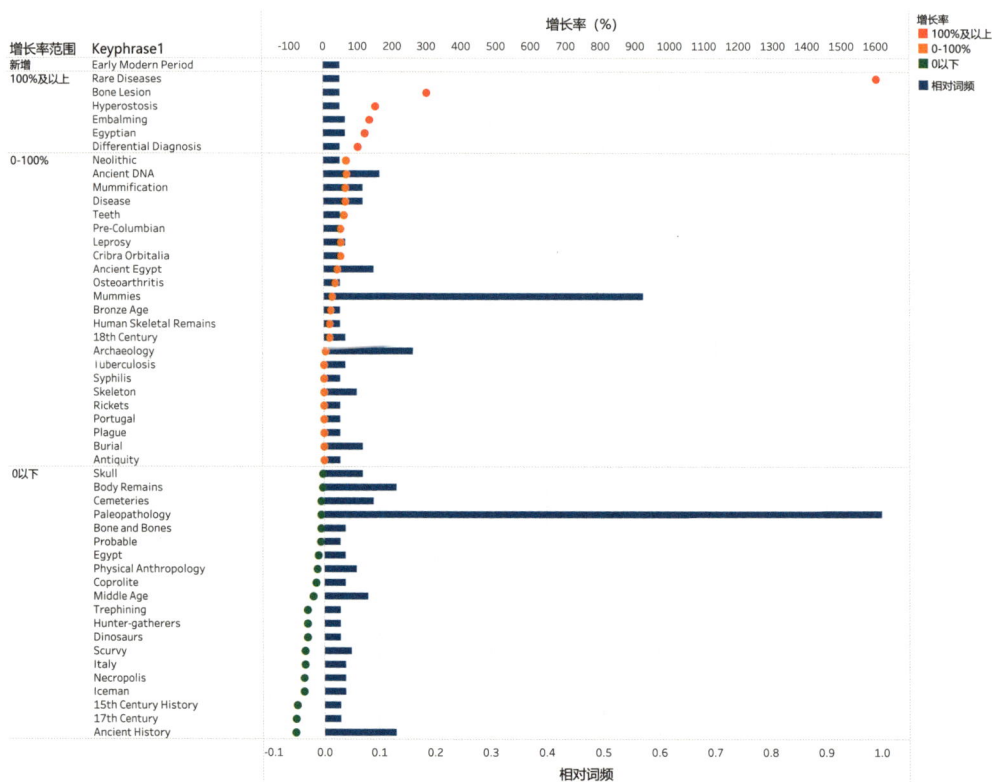

图3.4 2017年至今方向 TOP 50 高频关键词的增长率分布

3.2.2 方向相关热点主题（TOPIC）

从 2017 年至今该方向发表的相关文献涉及的主要研究主题看（如图 3.5 所示），显著性百分位最高的主题是 T.20830，"Scurvy; Vitamin C; Osteomalacia"（坏血病；维生素 C；骨软化症），为 84.246，具有一定的全球关注度；该主题的 FWCI 为 2.23，具有高引文影响力。五个热点主题中该方向论文在主题论文中占比最

高的主题是 T.28247，"Paleopathology; Cancer; Cemeteries"（古病理学；癌症；墓地），占比达到 45.32 %，在该方向热点主题中最具相关性。该方向的五个热点主题中显著性百分位在 80 至 90 之间的主题有三个，另外两个主题的显著性百分位分别为 65.647、77.066，表明该方向各主题受到的全球关注度具有较大的差异。

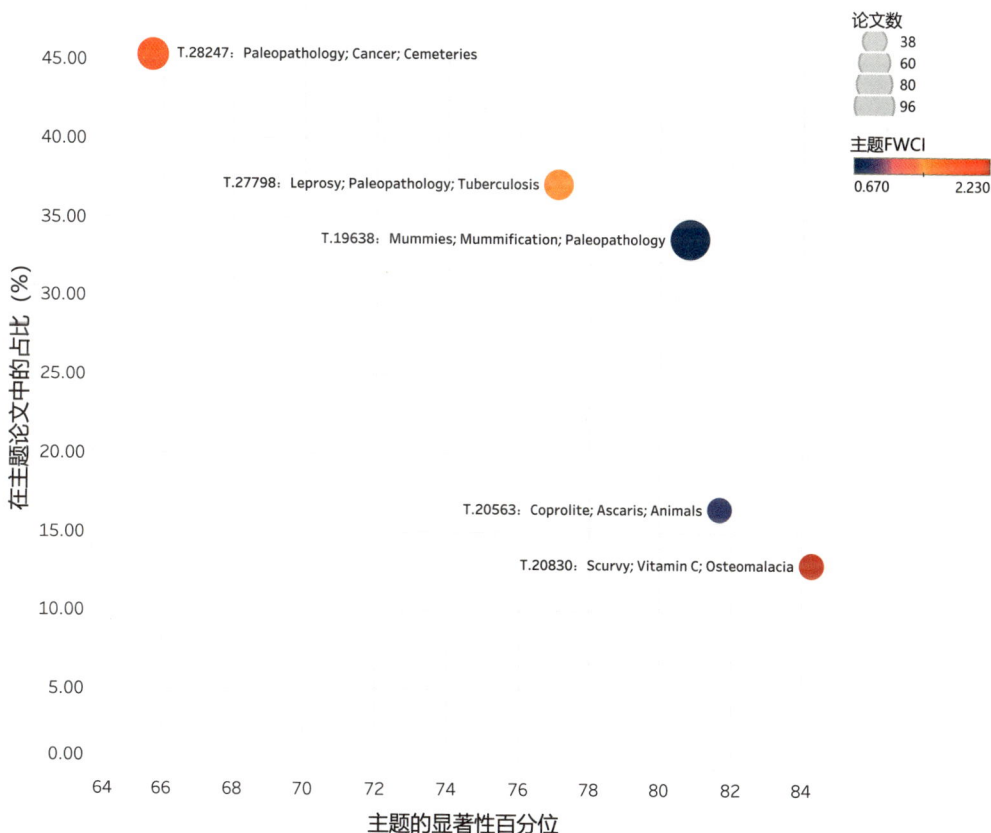

图3.5 2017年至今方向论文数最多的五个热点主题

3.3 高产国家 / 地区和机构

从 2017 年至今发表的方向相关文献主要的发文国家 / 地区看（如表 3.1 所示），该方向最主要的研究国家 / 地区有 United States（美国）、Italy（意大利）、United Kingdom（英国）、Germany（德国）和 France（法国）等；从主要的机构看（如图 3.6 所示），高产的机构包括 CNRS（法国国家科学研究中心）、University of Zurich（苏黎世大学）、University of Pisa（比萨大学）等。

表 3.1 2017 年至今方向前十位高产国家 / 地区

序号	国家 / 地区	发文量	点击量	FWCI	被引次数
1	United States	290	4764	1.46	1670
2	Italy	214	4852	0.94	1319
3	United Kingdom	163	3395	1.84	1370
4	Germany	115	2437	0.89	927
5	France	99	1812	0.64	331
6	Spain	79	1396	0.63	407
7	Switzerland	63	1551	1.04	629
8	Canada	61	1508	1.95	720
9	Australia	51	1074	1.44	543
10	Russian Federation	46	946	0.65	81

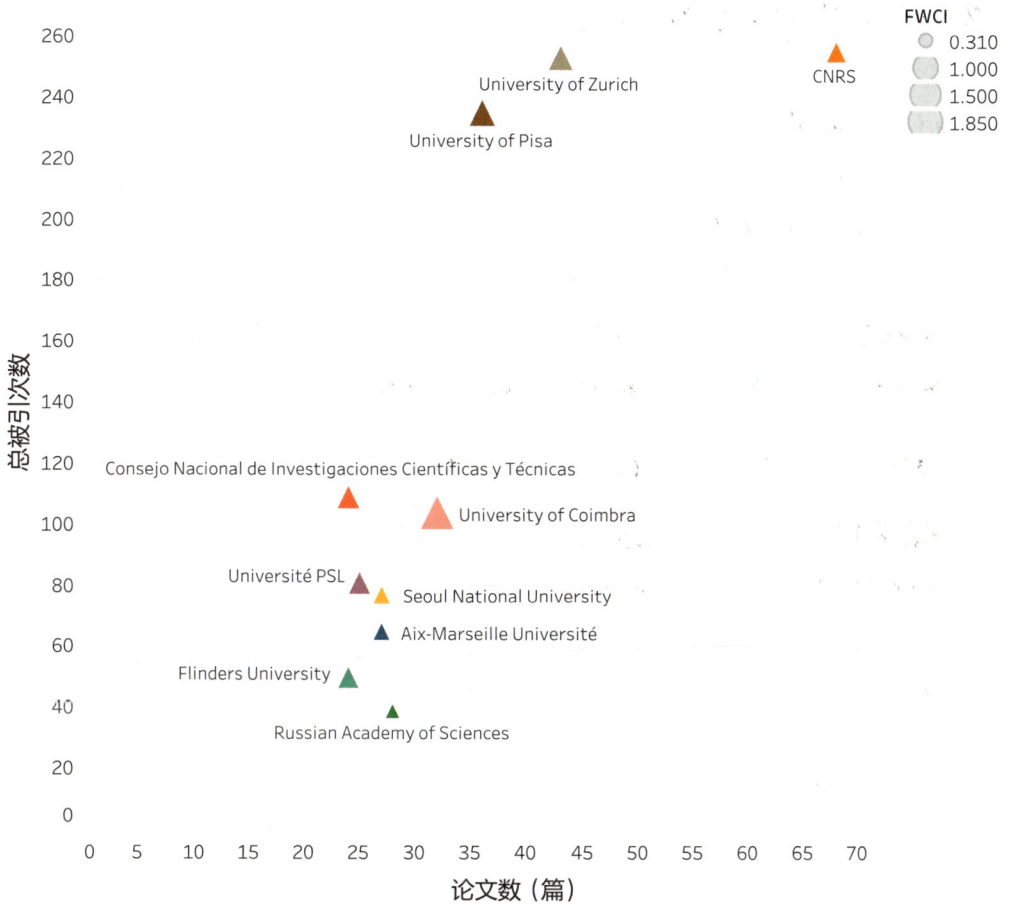

图 3.6 2017 年至今方向前十位高产机构

4 多维度绝对年代分析测定

4.1 总体概况

通过 Scopus 数据库检索 2017 年至今发表的"多维度绝对年代分析测定"相关论文，并将其导入 SciVal 平台，最终共有文献 4342 篇，整体情况如图 4.1 所示。

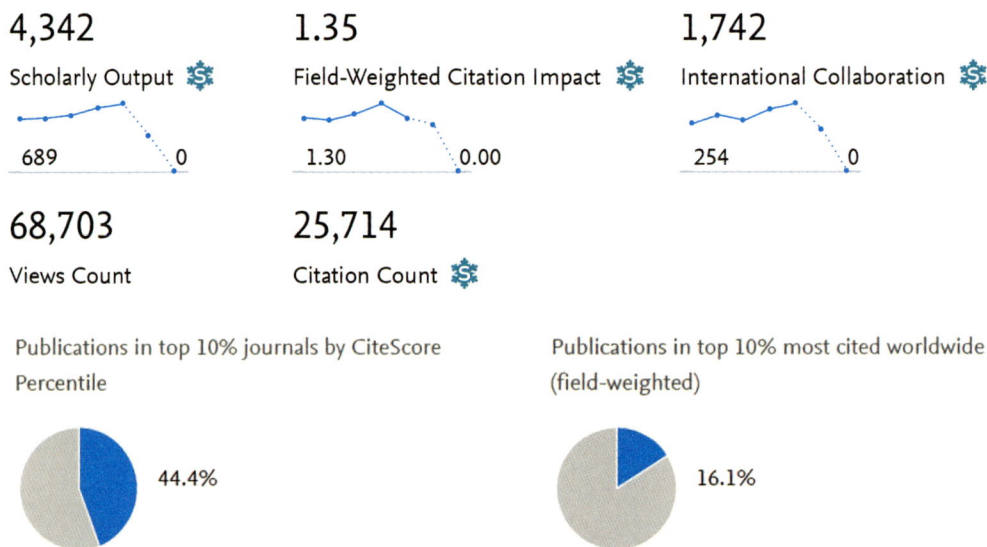

4,342
Scholarly Output

689   0

1.35
Field-Weighted Citation Impact

1.30   0.00

1,742
International Collaboration

254   0

68,703
Views Count

25,714
Citation Count

Publications in top 10% journals by CiteScore Percentile

44.4%

Publications in top 10% most cited worldwide (field-weighted)

16.1%

图 4.1 方向文献整体概况

2017 年至今发表的"多维度绝对年代分析测定"相关文献的学科分布情况，如图 4.2 所示。在 Scopus 全学科期刊分类系统（ASJC）划分的 27 个学科中，该研究方向文献涉及的学科相对集中、学科交叉特性有其自身的特点。其中，较多的文献分布于 Arts and Humanities（艺术与人文）、Social Sciences（社会科学）、Earth and Planetary Sciences（地球与行星科学）、Agricultural and Biological Sciences（农业与生物科学）、Environmental Science（环境科学）等学科。

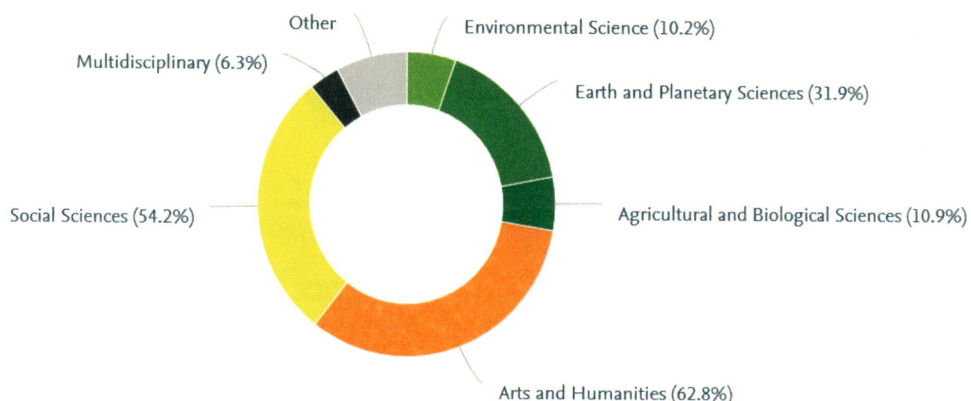

图 4.2 方向文献学科分布

4.2 研究热点与前沿

4.2.1 高频关键词

2017 年至今发表的"多维度绝对年代分析测定"相关文献的 TOP 50 高频关键词，如图 4.3 所示。其中，Chronology（年表）、Radiocarbon Dating（放射性碳测年法）、Archaeology（考古学）、Neolithic（新石器时代）、Carbon 14（碳 14）等是该方向出现频率最高的高频词。

图 4.3 2017 年至今方向 TOP 50 高频关键词词云图

从 2017 年至今方向 TOP 50 高频关键词的增长率情况看（如图 4.4 所示），该方向增长较快的关键词有 Hunter-gatherers（狩猎采集者）、Upper Palaeolithic（旧石器时代晚期）、Early Iron Age（铁器时代早期）、Cemeteries（墓地）、Middle Age（中世纪）等。

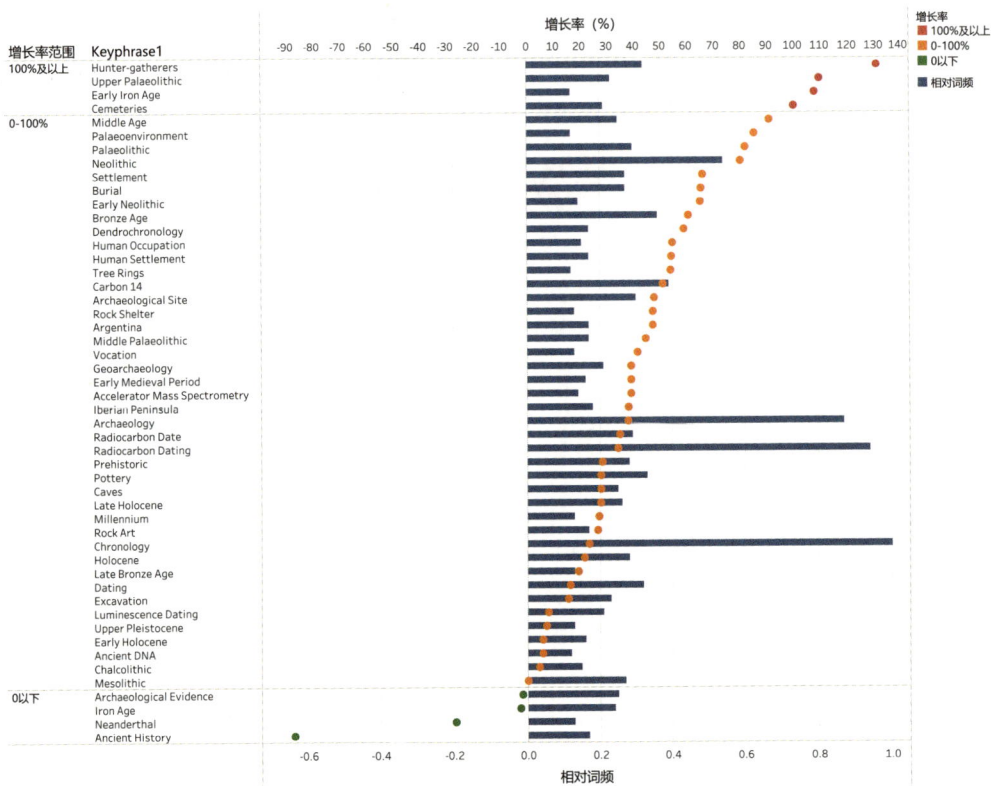

图 4.4 2017 年至今方向 TOP 50 高频关键词的增长率分布

4.2.2 方向相关热点主题（TOPIC）

从 2017 年至今该方向发表的相关文献涉及的主要研究主题看（如图 4.5 所示），显著性百分位最高的主题是 T.3394，"Bone Collagen; Diet; Palaeodietary Reconstruction"（骨胶原蛋白；饮食；古饮食重建），达到 97.406，在全球具有较高关注度和发展势头。五个热点主题中该方向论文在主题论文中占比最高的主题是 T.35034，"Bayes Theorem; Radiocarbon Dates; Carbon 14"（贝叶斯公式；放射性碳测年法；

碳 14），占比达到 41.57%，在该方向热点主题中最具相关性。FWCI 最高的主题为 T.8571，"Phytoliths; Neolithic; Bronze Age"（植物群落；新石器时代；青铜时代），达到 2.23，具有高引文影响力。该方向五个热点主题中，有四个热点主题呈现出较高的显著性百分位（大于 92），表明该方向整体上具有较高的全球关注度和较大的研究发展潜力。

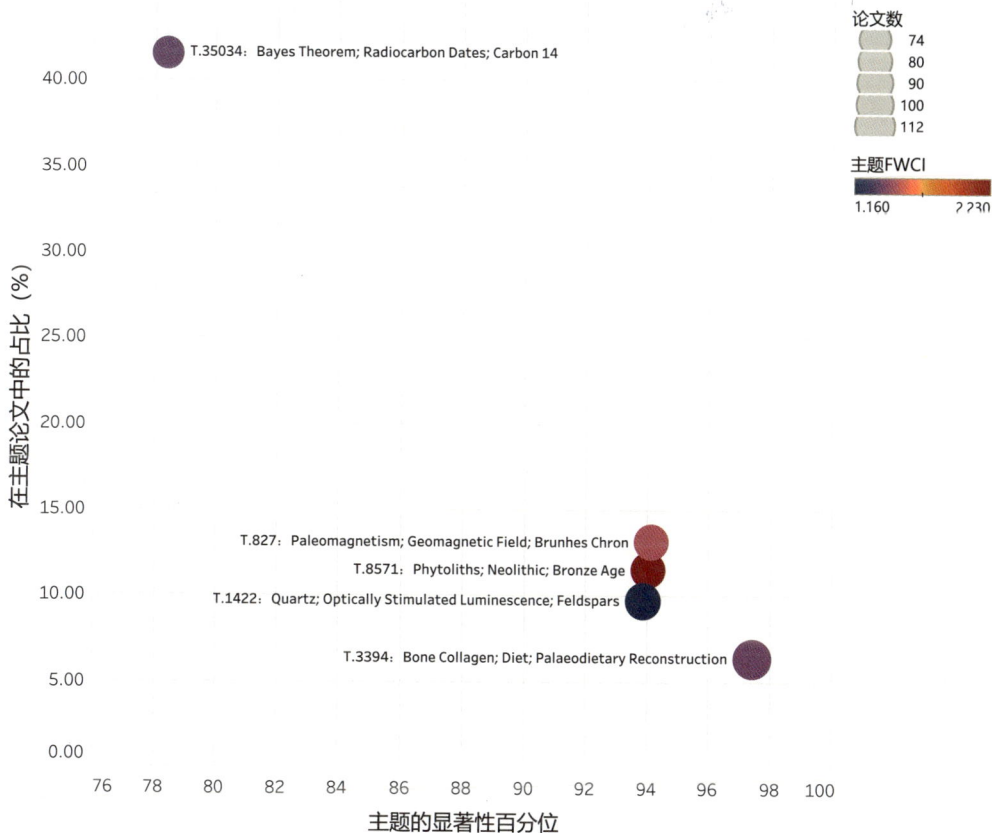

图 4.5 2017 年至今方向论文数最多的五个热点主题

4.3 高产国家 / 地区和机构

从 2017 年至今发表的方向相关文献主要的发文国家 / 地区看（如表 4.1 所示），该方向最主要的研究国家 / 地区有 United States（美国）、United Kingdom（英国）、Germany（德国）、Spain（西班牙）和 France（法国）等；

从主要的机构看（如图 4.6 所示），高产的机构包括 CNRS（法国国家科学研究中心）、Russian Academy of Sciences（俄罗斯科学院）、University of Oxford（牛津大学）等。

表 4.1 2017 年至今方向前十位高产国家 / 地区

序号	国家 / 地区	发文量	点击量	FWCI	被引次数
1	United States	851	15460	2.19	9591
2	United Kingdom	709	14803	2.53	9034
3	Germany	537	11656	2.52	7062
4	Spain	492	9680	1.19	2894
5	France	491	10192	2.61	6074
6	Russian Federation	461	7034	0.95	1224
7	Italy	340	8826	2.45	4290
8	China	273	4515	2.86	3686
9	Australia	270	6815	3.31	4887
10	Canada	196	3936	2	2022

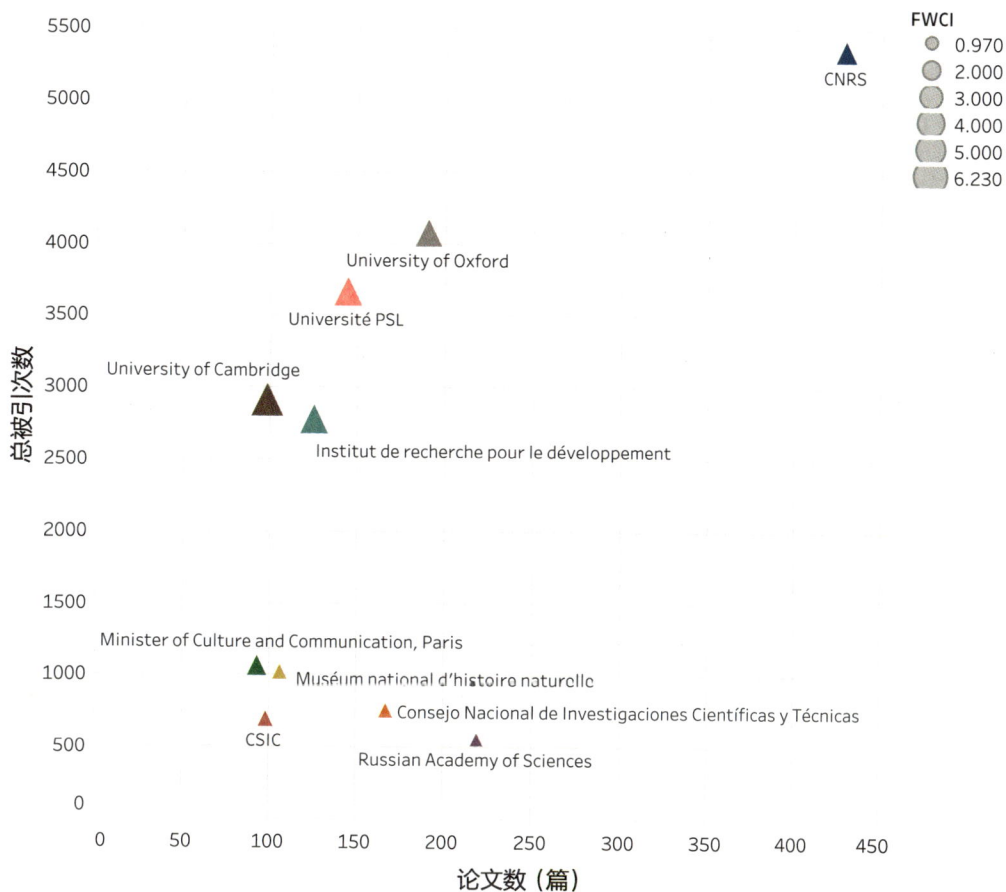

图4.6 2017年至今方向前十位高产机构

5 冶金考古与矿料来源、制造工艺复原

5.1 总体概况

通过 Scopus 数据库检索 2017 年至今发表的"冶金考古与矿料来源、制造工艺复原"相关论文，并将其导入 SciVal 平台，最终共有文献 557 篇，整体情况如图 5.1 所示。

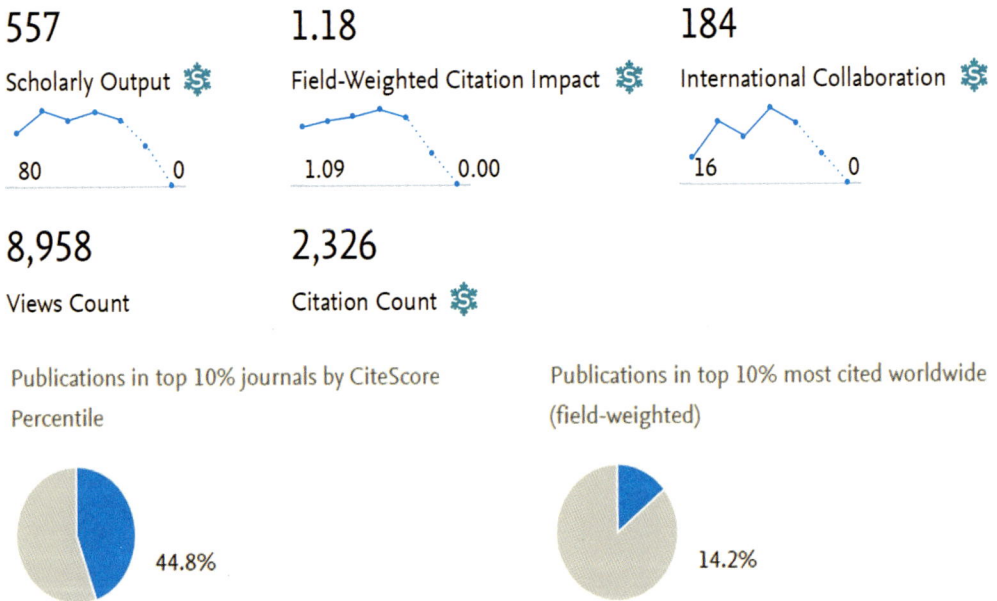

557

Scholarly Output

80 — 0

1.18

Field-Weighted Citation Impact

1.09 — 0.00

184

International Collaboration

16 — 0

8,958

Views Count

2,326

Citation Count

Publications in top 10% journals by CiteScore Percentile

44.8%

Publications in top 10% most cited worldwide (field-weighted)

14.2%

图 5.1 方向文献整体概况

2017 年至今发表的"冶金考古与矿料来源、制造工艺复原"相关文献的学科分布情况，如图 5.2 所示。在 Scopus 全学科期刊分类系统（ASJC）划分的 27 个学科中，该研究方向文献涉及的学科较为广泛、学科交叉特性较为明显。其中，较多的文献分布于 Arts and Humanities（艺术与人文）、Social Sciences（社会科学）、Earth and Planetary Sciences（地球与行星科学）、Materials Science（材料科学）、Engineering（工程学）等学科。

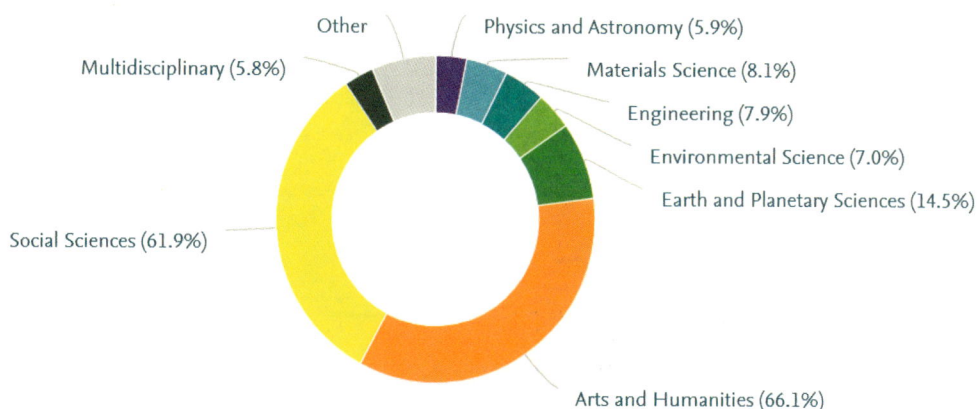

图 5.2 方向文献学科分布

5.2 研究热点与前沿

5.2.1 高频关键词

2017 年至今发表的"冶金考古与矿料来源、制造工艺复原"相关文献的 TOP 50 高频关键词，如图 5.3 所示。其中，Metallurgy（冶金学）、Bronze Age（青铜时代）、Slag（矿渣）、Smelting（冶炼）、Archaeology（考古学）等是该方向出现频率最高的高频词。

图 5.3 2017 年至今方向 TOP 50 高频关键词词云图

从 2017 年至今方向 TOP 50 高频关键词的增长率情况看（如图 5.4 所示），该方向增长较快的关键词有 Radiocarbon Dating（放射性碳测年法）、Cemeteries（墓地）、Urals（乌拉尔）、Copper Ore（铜矿石）、Archaeometallurgy（冶金考古）、Ancient Metallurgy（古代冶金）等。此外，2017 年以来新增了高频关键词 Ancient History（古代史）。

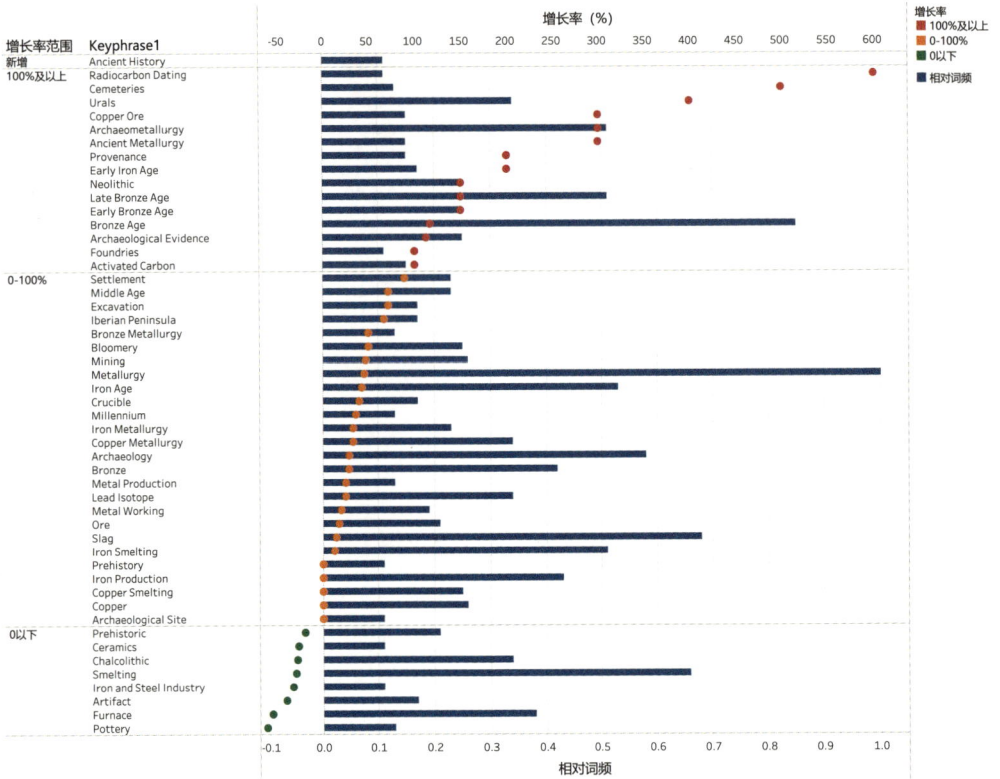

图 5.4 2017 年至今方向 TOP 50 高频关键词的增长率分布

5.2.2 方向相关热点主题（TOPIC）

从 2017 年至今该方向发表的相关文献涉及的主要研究主题看（如图 5.5 所示），显著性百分位最高的主题是 T.8571，"Phytoliths; Neolithic; Bronze Age"（植物岩；新石器时代；青铜时代），达到 94.025，在全球具有较高关注度和发展势头；该主题的 FWCI 为 2.7，具有高引文影响力。五个热点主题中该方向论文在主题论文中占比最高的主题是 T.24219，"Artifact;

Uluburun; Arsenical Copper"（手工制品；乌鲁布伦沉船；砷铜），占比为 25.42%，在该方向热点主题中最具相关性；同时，该主题的文献量也最大，有 61 篇；FWCI 为 2.36，具有高引文影响力。该方向五个热点主题中显著性百分位在 60 至 80 之间的主题有三个，另外两个主题的显著性百分位分别为 81.362、94.025，表明该方向各主题受到的全球关注度具有较大的差异。

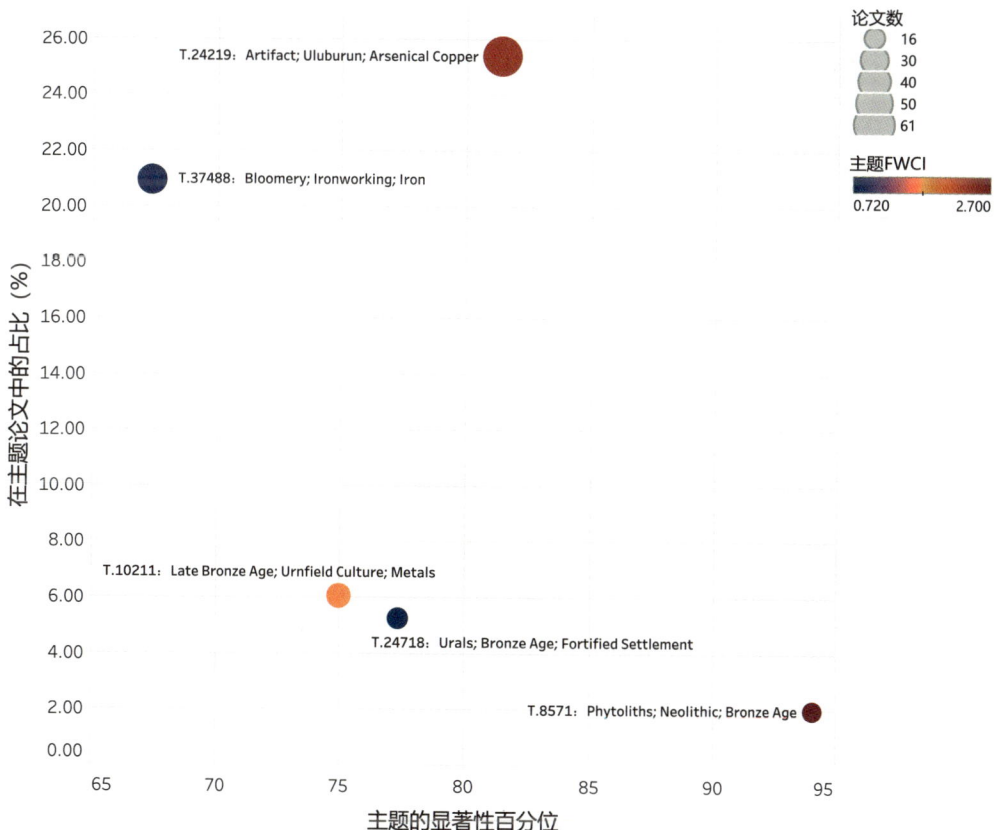

图 5.5 2017 年至今方向论文数最多的五个热点主题

5.3 高产国家 / 地区和机构

从 2017 年至今发表的方向相关文献主要的发文国家 / 地区看（如表 5.1 所示），该方向最主要的研究国家 / 地区有 United Kingdom（英国）、United States（美国）、Russian Federation（俄罗斯）、France（法国）和 Germany（德国）等；从主要的机构看（如图 5.6 所示），高产的机构包括 CNRS（法国国家科学研究中心）、Russian Academy of Sciences（俄罗斯科学院）、University College London（伦敦大学学院）等。

表 5.1 2017 年至今方向前十位高产国家 / 地区

序号	国家 / 地区	发文量	点击量	FWCI	被引次数
1	United Kingdom	88	1629	2.06	704
2	United States	75	1064	2.04	564
3	Russian Federation	60	986	0.56	94
4	France	55	1073	1.32	375
5	Germany	50	936	1.92	439
6	China	47	598	1.29	196
7	Spain	46	1055	1.34	253
8	Italy	42	1035	1.28	206
9	Poland	23	353	1.1	108
10	Czech Republic	22	465	0.79	92

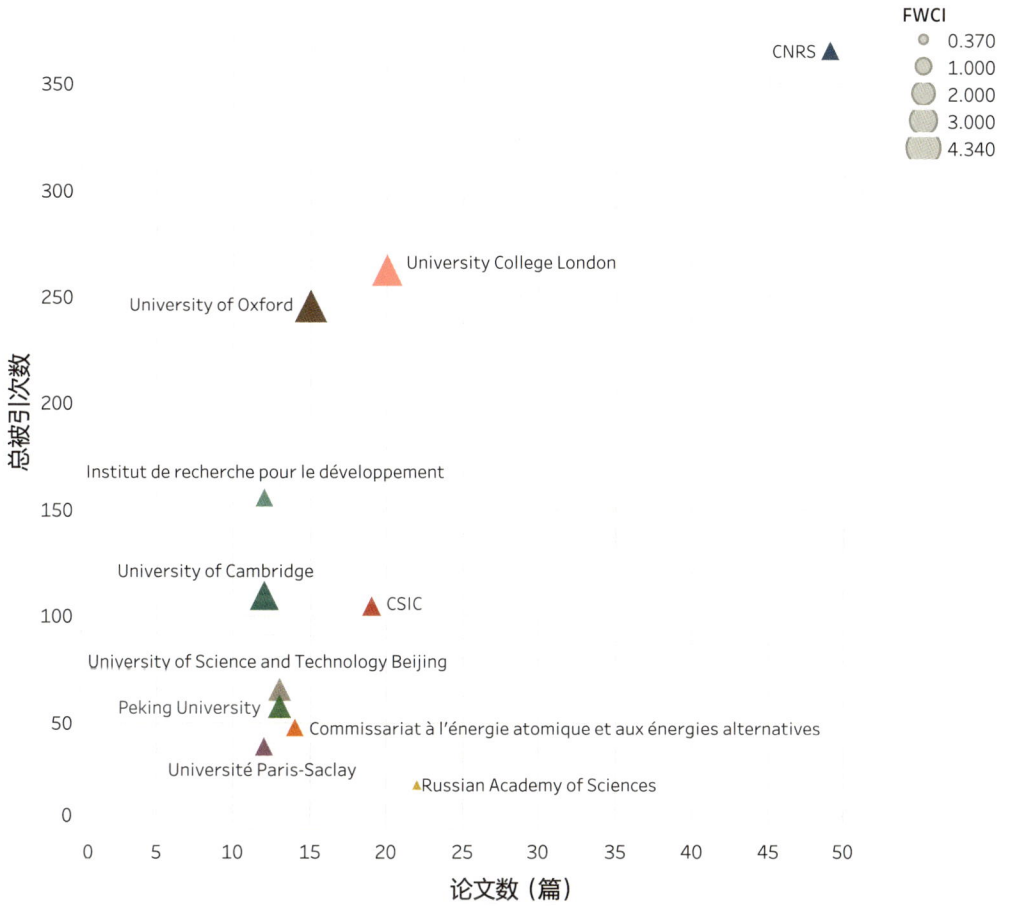

图 5.6 2017 年至今方向前十位高产机构

6 文物原位无损分析技术研发

6.1 总体概况

通过 Scopus 数据库检索 2017 年至今发表的"文物原位无损分析技术研发"相关论文，并将其导入 SciVal 平台，最终共有文献 1139 篇，整体情况如图 6.1 所示。

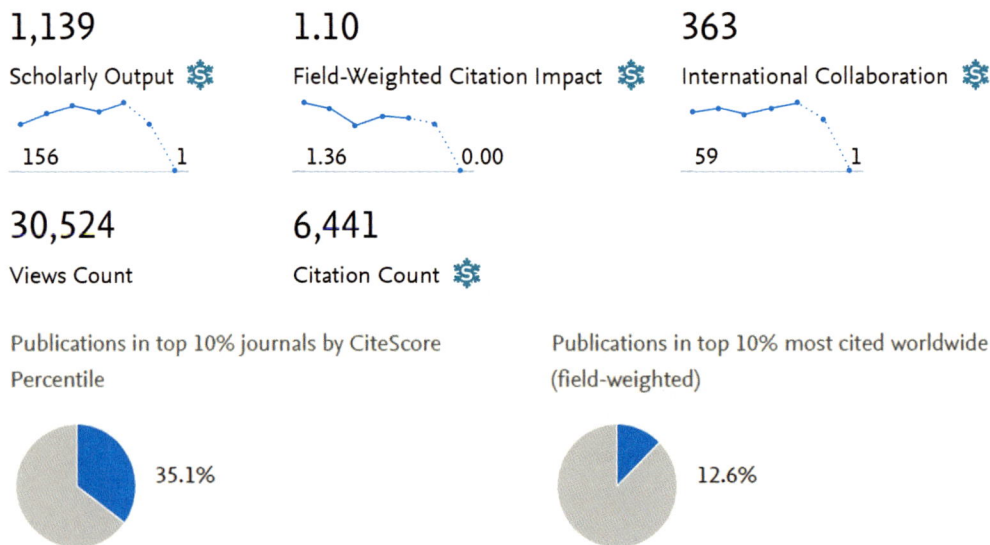

1,139
Scholarly Output

156   1

1.10
Field-Weighted Citation Impact

1.36   0.00

363
International Collaboration

59   1

30,524
Views Count

6,441
Citation Count

Publications in top 10% journals by CiteScore Percentile

35.1%

Publications in top 10% most cited worldwide (field-weighted)

12.6%

图 6.1 方向文献整体概况

2017 年至今发表的"文物原位无损分析技术研发"相关文献的学科分布情况，如图 6.2 所示。在 Scopus 全学科期刊分类系统（ASJC）划分的 27 个学科中，该研究方向文献涉及的学科较为广泛、学科交叉特性较为明显。其中，较多的文献分布于 Arts and Humanities（艺术与人文）、Engineering（工程学）、Physics and Astronomy（物理学与天文学）、Social Sciences（社会科学）、Materials Science（材料科学）等学科。

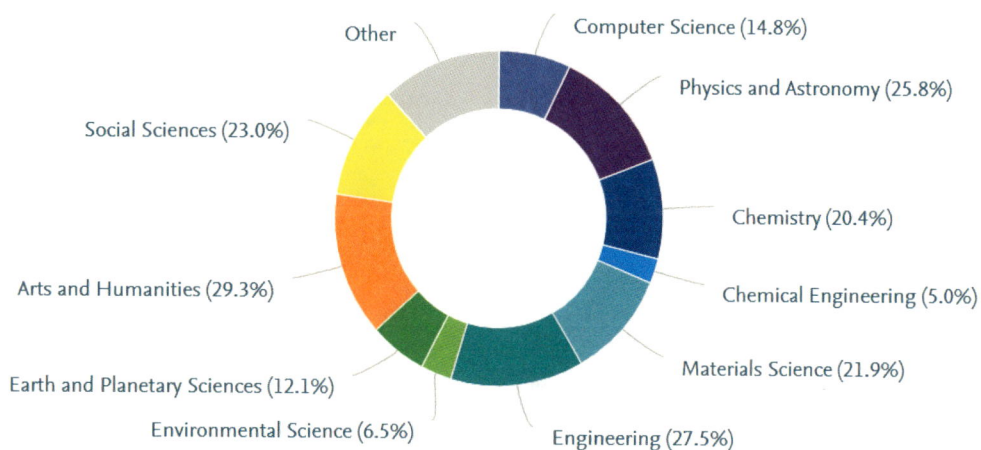

图 6.2 方向文献学科分布

6.2 研究热点与前沿

6.2.1 高频关键词

2017 年至今发表的"文物原位无损分析技术研发"相关文献的 TOP 50 高频关键词，如图 6.3 所示。其中，Cultural Heritage（文化遗产）、Nondestructive Testing（无损检测）、Archaeology（考古学）、Ground Penetrating Radar（探地雷达）、Non-destructive Analysis（无损分析）、X Ray Fluorescence（X 射线荧光）等是该方向出现频率最高的高频词。

图 6.3 2017 年至今方向 TOP 50 高频关键词词云图

从 2017 年至今方向 TOP 50 高频关键词的增长率情况看（如图 6.4 所示），该方向增长较快的关键词有 Egyptian（埃及的）、Hyperspectral Imaging（高光谱成像技术）、Relics（文物）、Timber（木材）、X Ray Fluorescence Spectrometry（X射线荧光光谱法）、Archaeometry（考古定年学）等。

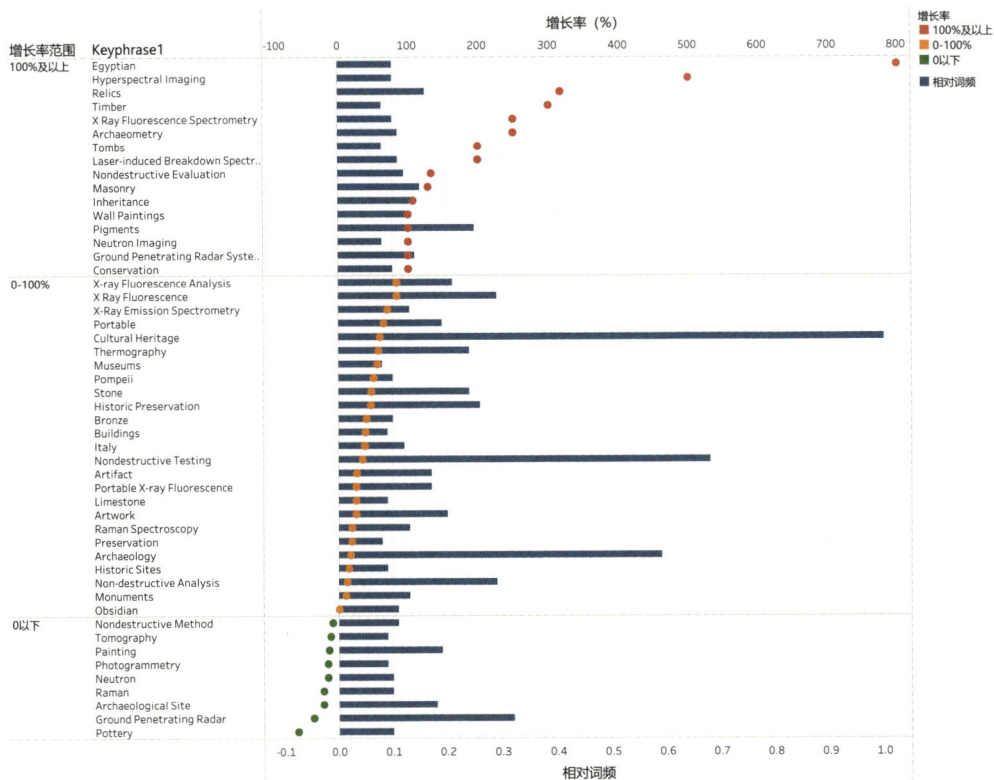

图 6.4 2017 年至今方向 TOP 50 高频关键词的增长率分布

6.2.2 方向相关热点主题（TOPIC）

从 2017 年至今该方向发表的相关文献涉及的主要研究主题看（如图 6.5 所示），显著性百分位最高的主题是 T.10761，"Methodology; Photogrammetry; Information Modeling"（方法论；摄影测量学；信息建模），达到 98.886，在全球具有高关注度和发展势头。五个热点主题中该方向论文在主题论文中占比最高的主题是 T.1676，"Methodology; Pigment Identification; Polychrome"（方法论；色素鉴定；

彩色），占比为 7%，在该方向热点主题中最具相关性；该主题文献量最大，达到 162 篇；其显著性百分位达到 98.129，在全球具有高关注度和良好发展势头。该方向五个热点主题中显著性百分位在 95 以上的主题有四个，另外一个主题的显著性百分位为 87.589，表明该方向整体上具有较高的全球关注度和较大的研究发展潜力。

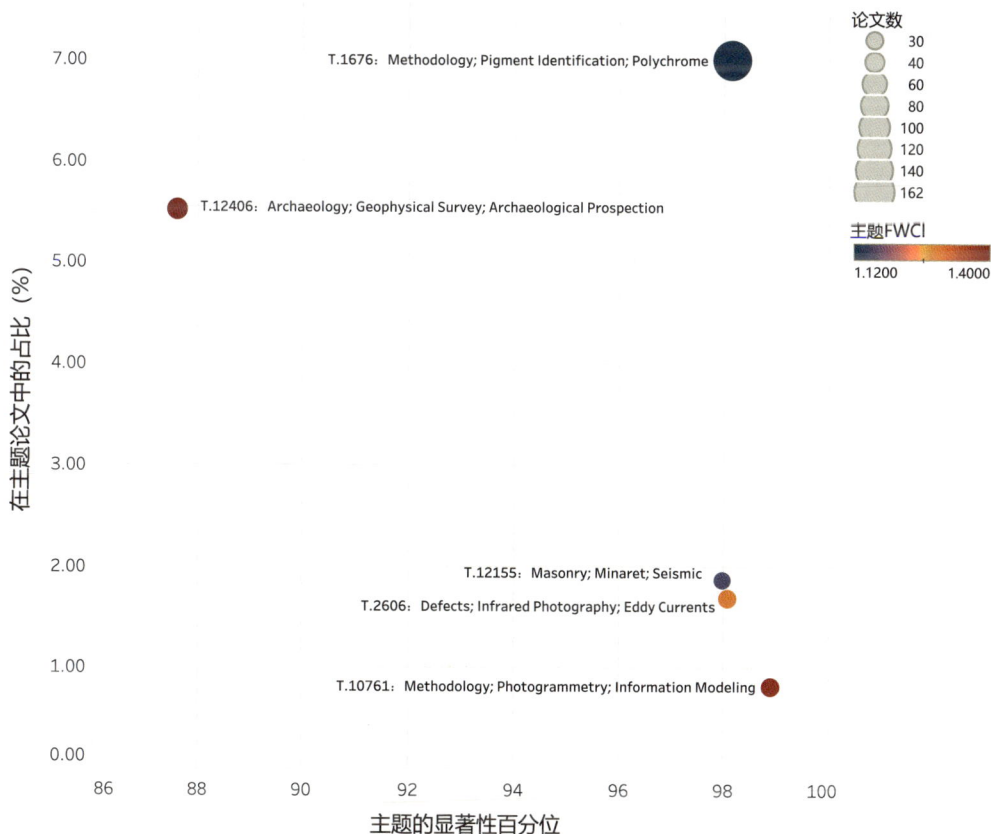

图 6.5 2017 年至今方向论文数最多的五个热点主题

6.3 高产国家 / 地区和机构

从 2017 年至今发表的方向相关文献主要的发文国家 / 地区看（如表 6.1 所示），该方向最主要的研究国家 / 地区有 Italy（意大利）、China（中国）、Spain（西班牙）、United States（美国）和 United Kingdom（英国）等；从主要的机构看（如图 6.6 所示），高产的机构包括 National Research Council of Italy（意大利国家研究委员会）、CNRS（法国国家科学研究中心）、University of Florence（佛罗伦萨大学）等。

表 6.1 2017 年至今方向前十位高产国家 / 地区

序号	国家 / 地区	发文量	点击量	FWCI	被引次数
1	Italy	386	14332	1.26	2790
2	China	139	2351	0.86	612
3	Spain	115	4429	1.38	777
4	United States	101	2204	1.17	699
5	United Kingdom	98	2649	1.19	652
6	France	90	2445	1.26	678
7	Germany	72	1600	1.02	492
8	Greece	44	1086	1.22	323
9	Belgium	32	1028	1.35	284
9	Russian Federation	32	1106	1.02	243

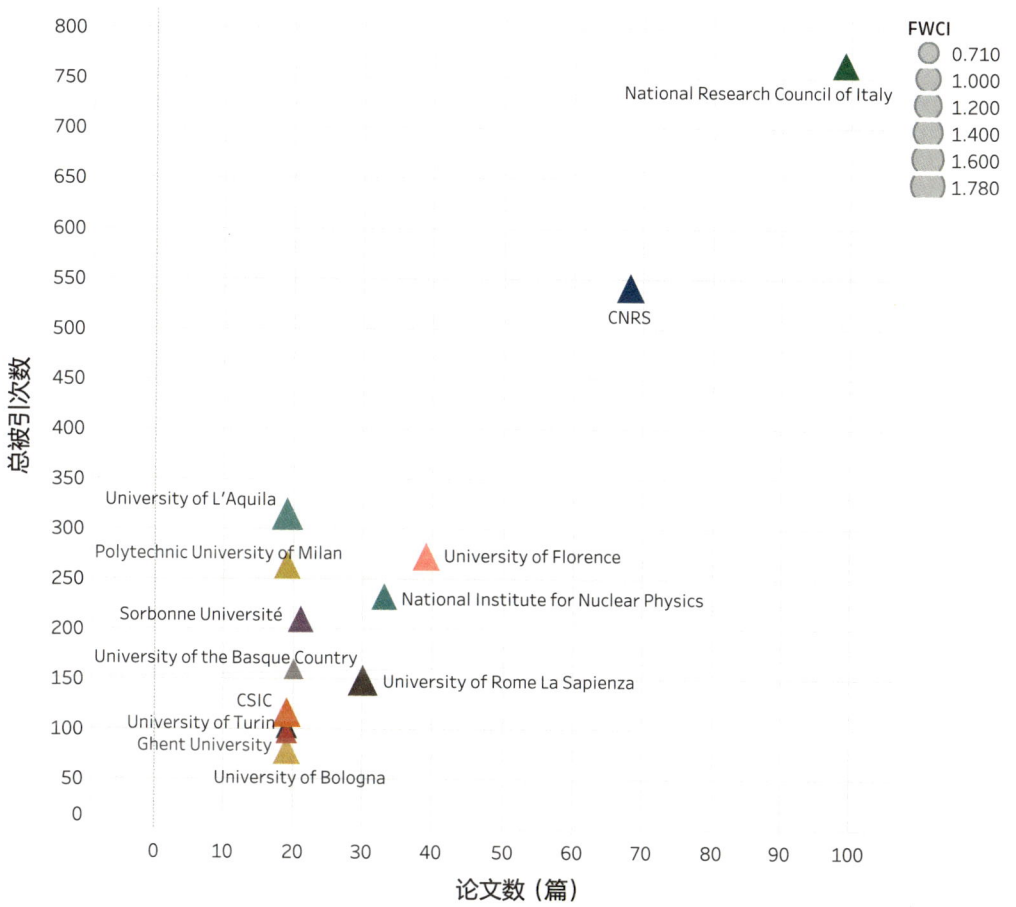

图 6.6 2017 年至今方向前十位高产机构

7 X 射线技术在陶瓷考古中的应用

7.1 总体概况

通过 Scopus 数据库检索 2017 年至今发表的"X 射线技术在陶瓷考古中的应用"相关论文，并将其导入 SciVal 平台，最终共有文献 504 篇，整体情况如图 7.1 所示。

504
Scholarly Output

79　　　0

1.08
Field-Weighted Citation Impact

1.35　　　0.00

187
International Collaboration

24　　　0

10,567
Views Count

2,170
Citation Count

Publications in top 10% journals by CiteScore Percentile

40.8%

Publications in top 10% most cited worldwide (field-weighted)

11.7%

图 7.1 方向文献整体概况

2017 年至今发表的"X 射线技术在陶瓷考古中的应用"相关文献的学科分布情况，如图 7.2 所示。在 Scopus 全学科期刊分类系统（ASJC）划分的 27 个学科中，该研究方向文献涉及的学科较为广泛、学科交叉特性较为明显。

其中，较多的文献分布于 Arts and Humanities（艺术与人文）、Social Sciences（社会科学）、Materials Science（材料科学）、Chemistry（化学）、Physics and Astronomy（物理学与天文学）等学科。

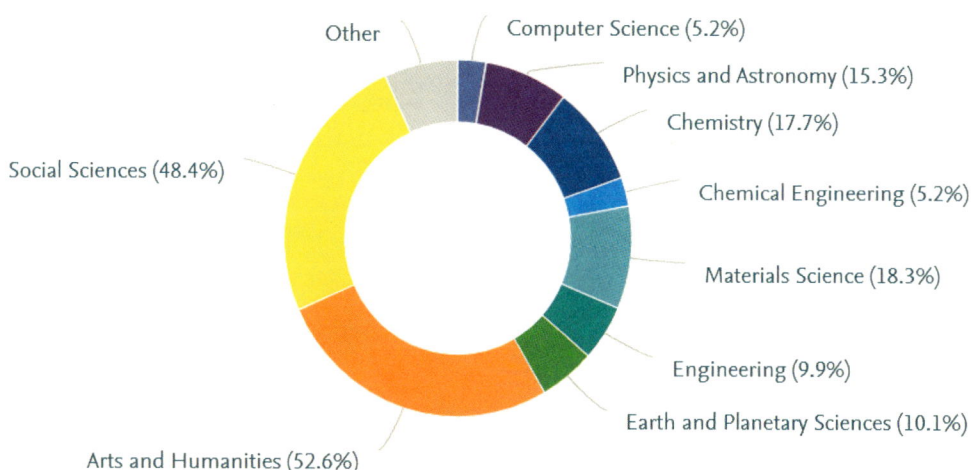

图7.2 方向文献学科分布

7.2 研究热点与前沿

7.2.1 高频关键词

2017 年至今发表的"X 射线技术在陶瓷考古中的应用"相关文献的 TOP 50 高频关键词，如图 7.3 所示。其中，Pottery（陶器）、Ceramics（陶瓷）、Glaze（釉）、Archaeological Ceramic（陶瓷考古）、X Ray Fluorescence（X 射线荧光）等是该方向出现频率最高的高频词。

图7.3 2017年至今方向TOP 50高频关键词词云图

　　从 2017 年至今方向 TOP 50 高频关键词的增长率情况看（如图 7.4 所示），该方向增长较快的关键词有 Mortar（研钵）、Cooking（烹饪）、Byzantine Empire（拜占庭帝国）、Firing Temperature（着火温度）、Neolithic（新石器时代）、Middle Age（中世纪）等。此外，2017 年以来新增了高频关键词 Late Antique（古代晚期）。

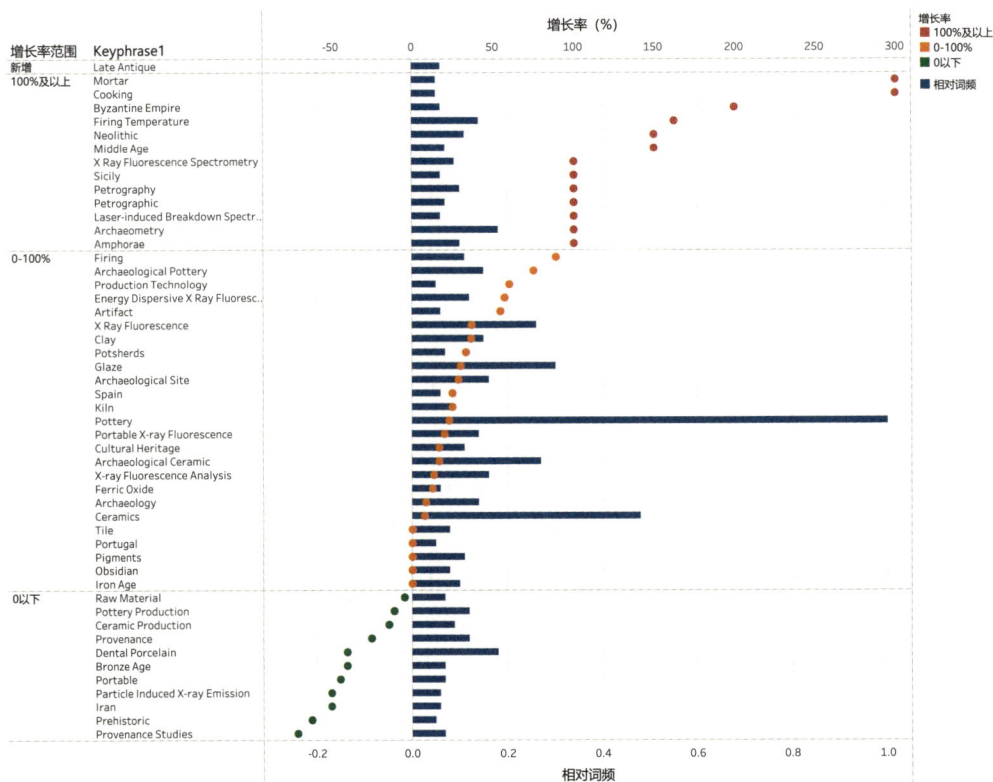

图 7.4 2017 年至今方向 TOP 50 高频关键词的增长率分布

7.2.2 方向相关热点主题（TOPIC）

从 2017 年至今该方向发表的相关文献涉及的主要研究主题看（如图 7.5 所示），五个热点主题中该方向论文在主题论文中占比最高的主题是 T.10379，"Pottery; Ceramics; Amphorae"（陶器；陶瓷；双耳细颈瓶），占比达到 27.13%，在该方向热点主题中最具相关性；该主题文献量最大，达到 191 篇；其显著性百分位达到 90.569，在全球具有较高的关注度。显著性百分位最高的主题是 T.1676，"Methodology; Pigment Identification; Polychrome"（方法论；色素鉴定；彩色），达到 98.129，在全球具有高关注度和发展势头。该方向五个热点主题中显著性百分位在 70 至 80 之间的主题有两个，显著性百分位在 90 以上的主题有两个，另外一个主题的显著性百分位为 89.498，表明该方向整体上具有一定的全球关注度和研究发展潜力。

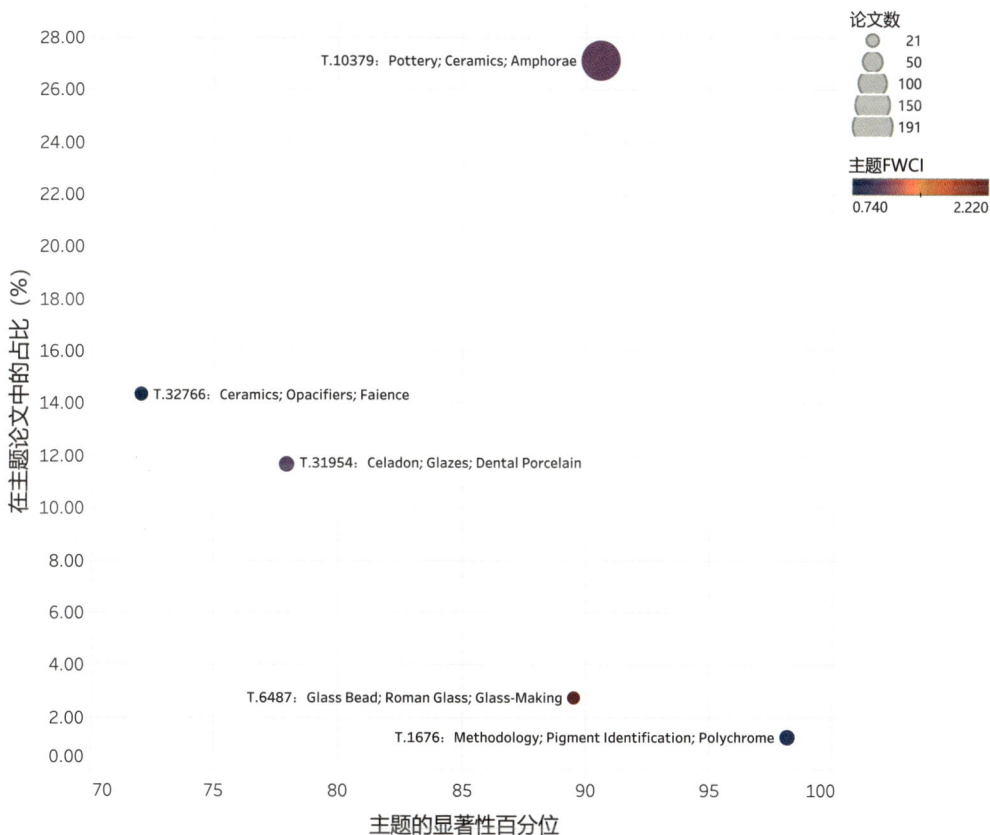

图 7.5 2017 年至今方向论文数最多的五个热点主题

7.3 高产国家 / 地区和机构

从 2017 年至今发表的方向相关文献主要的发文国家 / 地区看（如表 7.1 所示），该方向最主要的研究国家 / 地区有 Italy（意大利）、Spain（西班牙）、United States（美国）、China（中国）和 France（法国）等；从主要的机构看（如图 7.6 所示），高产的机构包括 CNRS（法国国家科学研究中心）、University of Barcelona（巴塞罗那大学）、National Research Council of Italy（意大利国家研究委员会）等。

表 7.1 2017 年至今方向前十位高产国家 / 地区

序号	国家 / 地区	发文量	点击量	FWCI	被引次数
1	Italy	100	3207	1.11	643
2	Spain	78	2002	0.99	301
3	United States	54	738	1.32	228
4	China	48	714	1.54	270
5	France	40	726	0.97	211
6	United Kingdom	37	680	2.21	187
7	Russian Federation	27	475	0.82	48
8	Germany	26	470	1.26	132
9	Greece	21	524	1.59	122
10	Brazil	20	452	0.68	87
10	Portugal	20	534	0.88	80
10	Romania	20	297	0.76	35

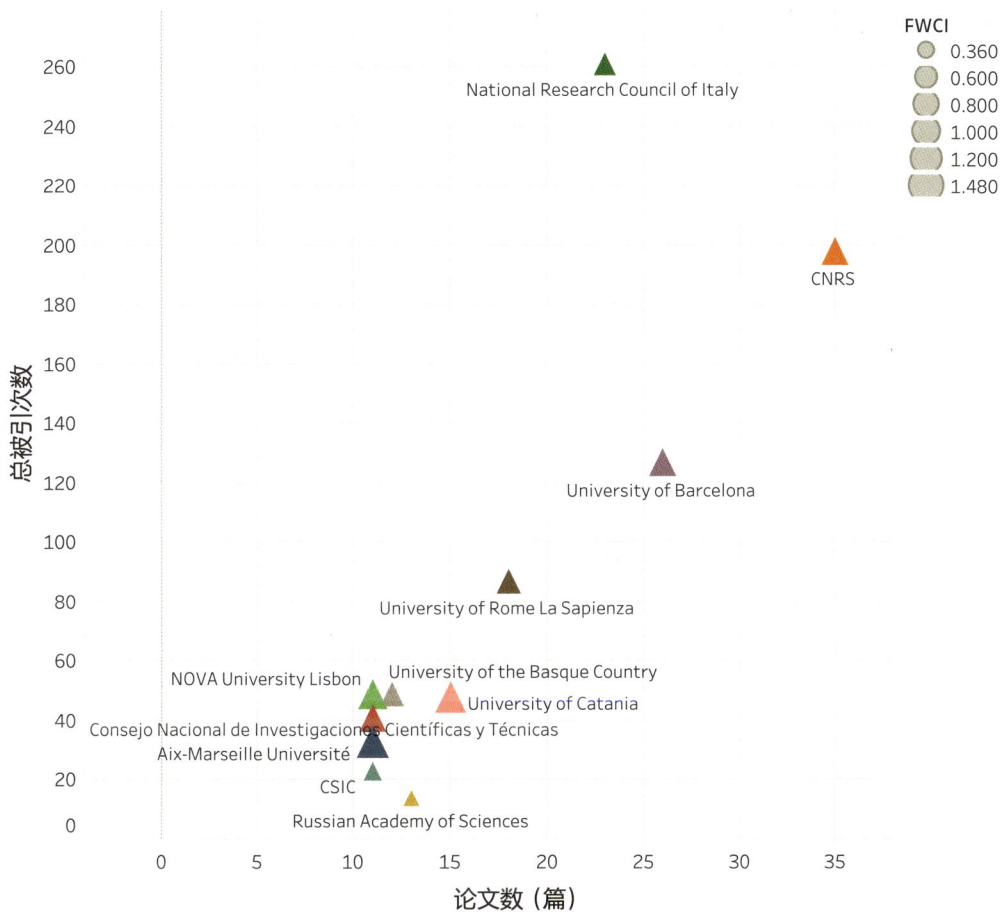

图 7.6 2017 年至今方向前十位高产机构

8 先民食物结构的稳定同位素分析

8.1 总体概况

通过 Scopus 数据库检索 2017 年至今发表的"先民食物结构的稳定同位素分析"相关论文,并将其导入 SciVal 平台,最终共有文献 792 篇,整体情况如图 8.1 所示。

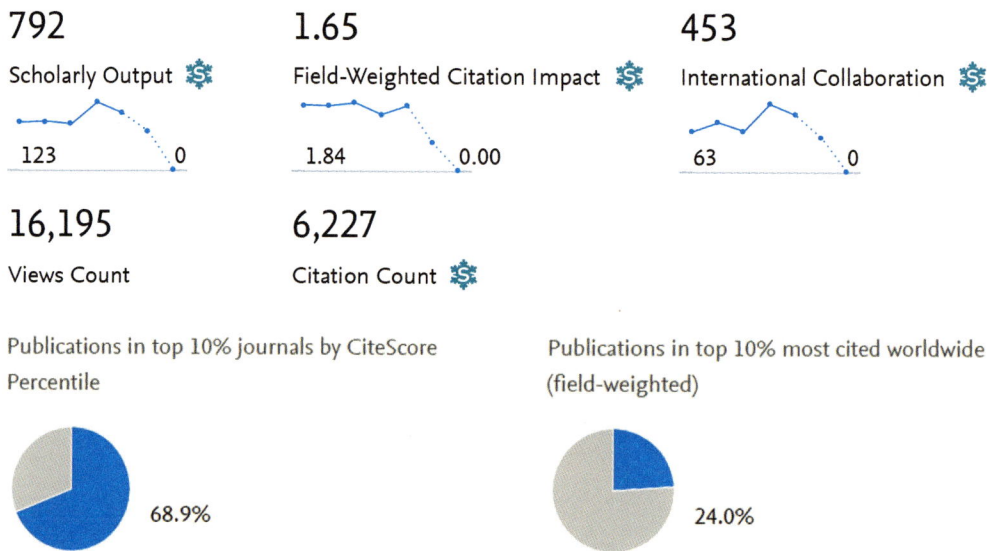

792
Scholarly Output

123　　　0

1.65
Field-Weighted Citation Impact

1.84　　　0.00

453
International Collaboration

63　　　0

16,195
Views Count

6,227
Citation Count

Publications in top 10% journals by CiteScore Percentile

68.9%

Publications in top 10% most cited worldwide (field-weighted)

24.0%

图 8.1 方向文献整体概况

2017 年至今发表的"先民食物结构的稳定同位素分析"相关文献的学科分布情况,如图 8.2 所示。在 Scopus 全学科期刊分类系统(ASJC)划分的 27 个学科中,该研究方向文献涉及的学科较为广泛、学科交叉特性较为明显。

其中,较多的文献分布于 Social Sciences(社会科学)、Arts and Humanities(艺术与人文)、Earth and Planetary Sciences(地球与行星科学)、Multidisciplinary(多学科)、Environmental Science(环境科学)等学科。

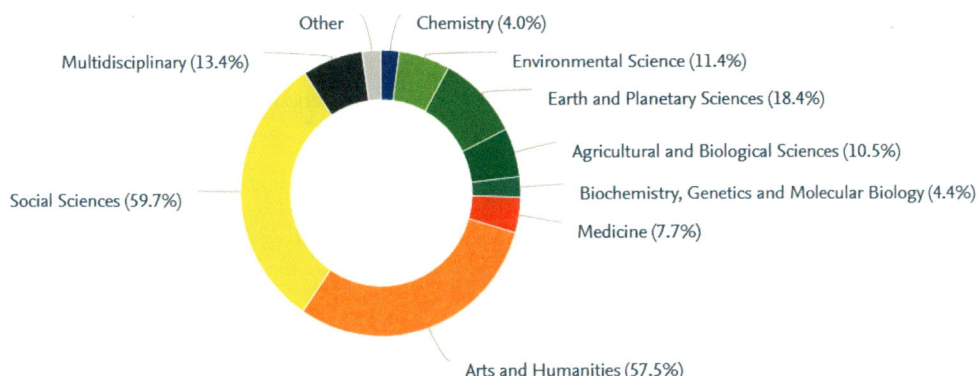

图 8.2 方向文献学科分布

8.2 研究热点与前沿

8.2.1 高频关键词

2017 年至今发表的"先民食物结构的稳定同位素分析"相关文献的 TOP 50 高频关键词，如图 8.3 所示。其中，Stable Isotope（稳定同位素）、Nitrogen Isotope（氮同位素）、Archaeology（考古学）、Stable Isotope Analysis（稳定同位素分析）、δ^{15}N（氮 -15 自然丰度）等是该方向出现频率最高的高频词。

图 8.3 2017 年至今方向 TOP 50 高频关键词词云图

从 2017 年至今方向 TOP 50 高频关键词的增长率情况看（如图 8.4 所示），该方向增长较快的关键词有 Zooarchaeology（动物考古学）、Dog（犬）、Millet（黍类）、Dental Calculus（牙结石）、Subsistence Strategies（生存策略）等。此外，2017 年以来新增了高频关键词 Early Medieval Period（中世纪早期）。

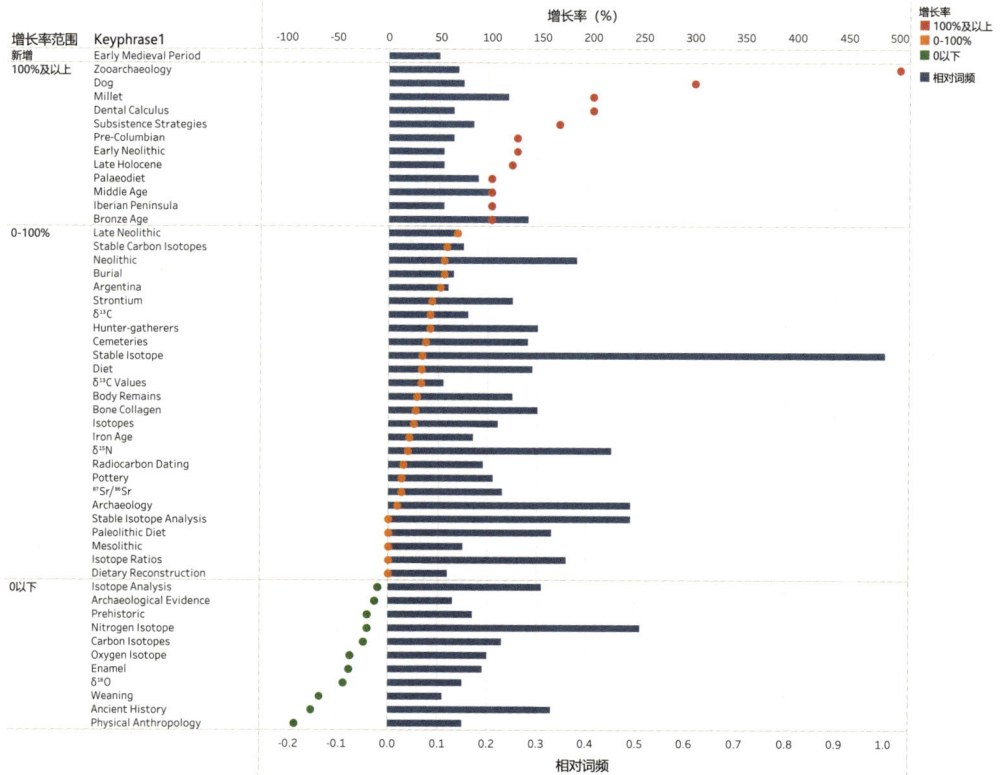

图 8.4 2017 年至今方向 TOP 50 高频关键词的增长率分布

8.2.2 方向相关热点主题（TOPIC）

从 2017 年至今该方向发表的相关文献涉及的主要研究主题看（如图 8.5 所示），五个热点主题中该方向论文在主题论文中占比最高的主题是 T.3394，"Bone Collagen; Diet; Palaeodietary Reconstruction"（骨胶原蛋白；饮食；古饮食重建），占比达到 21.32 %，在该方向热点主题中最具相关性；该主题文献量最大，达到 376 篇；其显著性百分位为 97.406，在全球具有较高关注度。显著性百分位最高的主题是 T.3302，

"Stable Nitrogen Isotopes; Trophic Structure; Fish"（氮稳定同位素；营养结构；鱼），达到 97.568，在全球具有较高关注和发展势头。FWCI 最高的主题为 T.21341，"Lipid; Birch Bark Tar; Pottery"（脂质；桦树树皮焦油；陶器），达到 2.51，具有高引文影响力。该方向五个热点主题中，有四个主题呈现出较高的显著性百分位（大于 90），表明该方向整体上具有较高的全球关注度和较大的研究发展潜力。

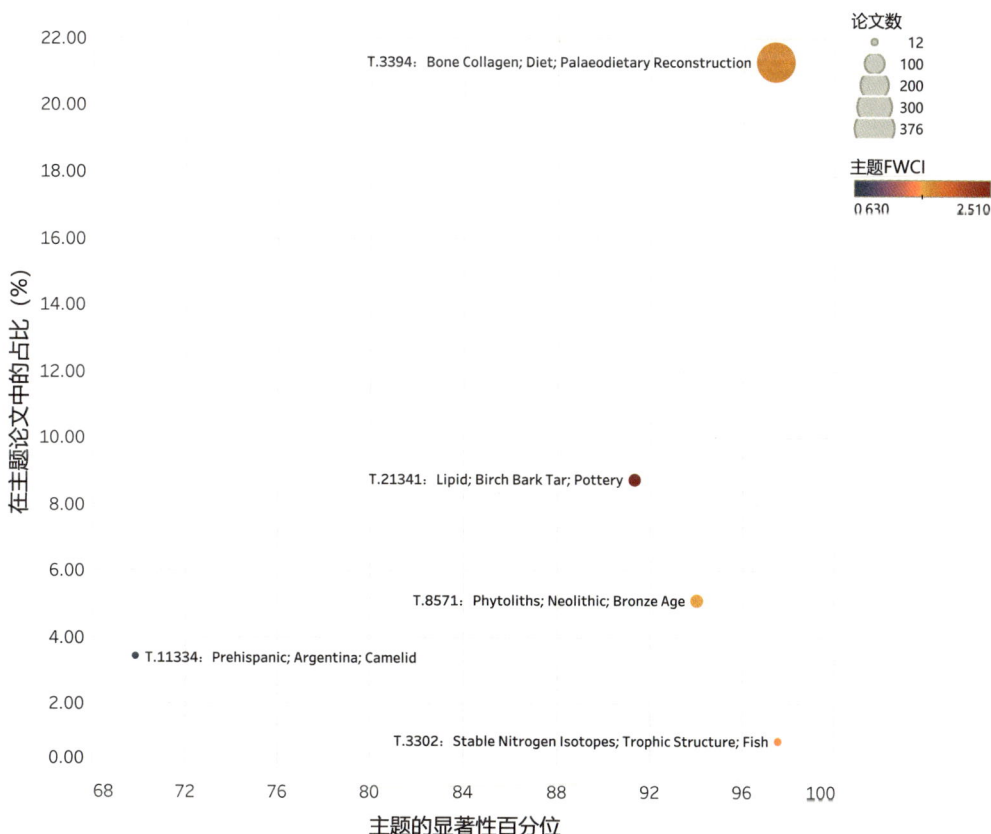

图8.5 2017 年至今方向论文数最多的五个热点主题

8.3 高产国家 / 地区和机构

从 2017 年至今发表的方向相关文献主要的发文国家 / 地区看（如表 8.1 所示），该方向最主要的研究国家 / 地区有 United States（美国）、United Kingdom（英国）、Germany（德国）、Canada（加拿大）和 France（法国）等；从主要的机构看（如图 8.6 所示），高产的机构包括 CNRS（法国国家科学研究中心）、University of Oxford（牛津大学）、University of York（约克大学）等。

表 8.1 2017 年至今方向前十位高产国家 / 地区

序号	国家 / 地区	发文量	点击量	FWCI	被引次数
1	United States	238	4898	1.71	2085
2	United Kingdom	212	5231	2.01	2274
3	Germany	136	3461	1.87	1624
4	Canada	108	2136	2.16	897
5	France	94	2128	2.09	809
6	China	74	1041	1.46	590
6	Spain	74	1991	2.02	746
8	Italy	50	1693	1.6	596
9	Argentina	47	556	1.2	237
10	Australia	40	1198	1.84	660

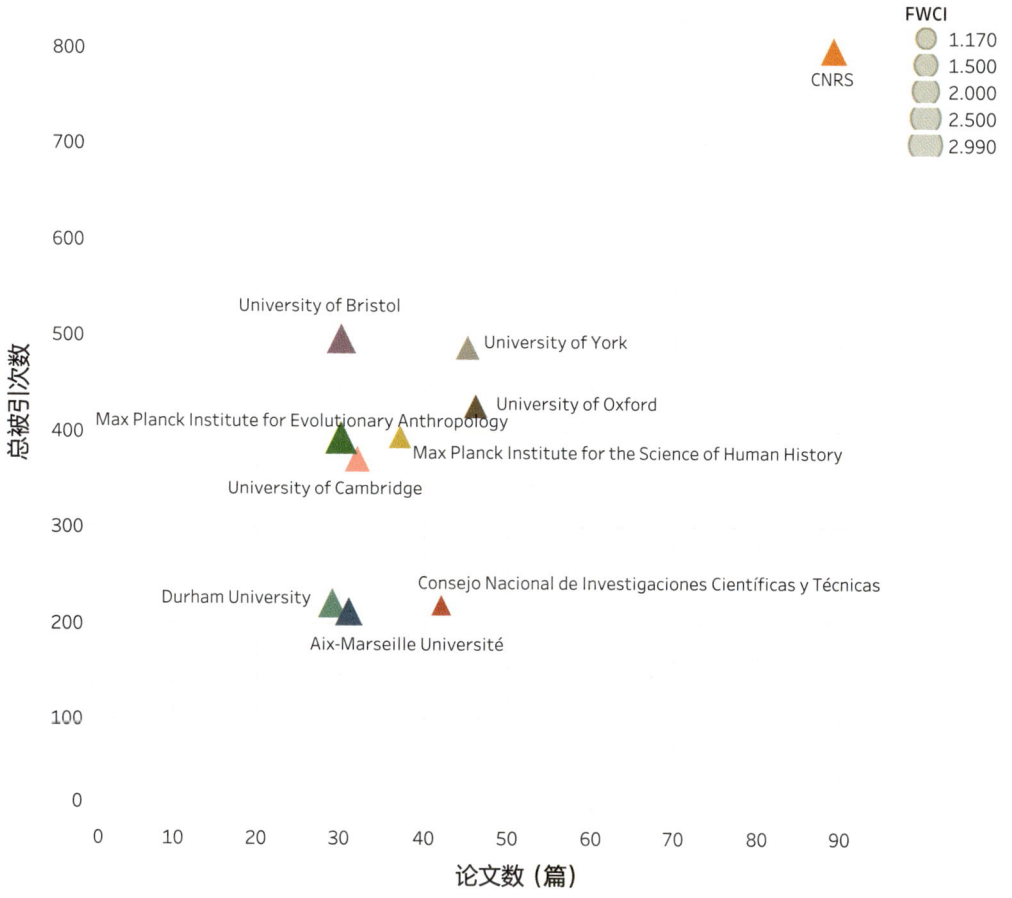

图 8.6 2017 年至今方向前十位高产机构

9 石器工艺与功能的微痕分析

9.1 总体概况

通过 Scopus 数据库检索 2017 年至今发表的"石器工艺与功能的微痕分析"相关论文，并将其导入 SciVal 平台，最终共有文献 383 篇，整体情况如图 9.1 所示。

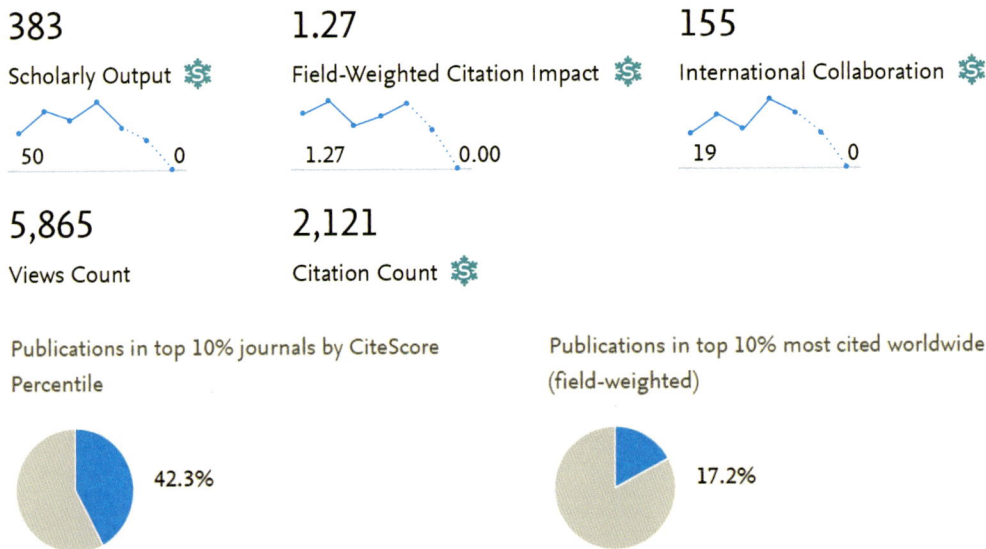

383
Scholarly Output

50 ——— 0

1.27
Field-Weighted Citation Impact

1.27 ——— 0.00

155
International Collaboration

19 ——— 0

5,865
Views Count

2,121
Citation Count

Publications in top 10% journals by CiteScore Percentile

42.3%

Publications in top 10% most cited worldwide (field-weighted)

17.2%

图9.1 方向文献整体概况

2017 年至今发表的"石器工艺与功能的微痕分析"相关文献的学科分布情况，如图 9.2 所示。在 Scopus 全学科期刊分类系统（ASJC）划分的 27 个学科中，该研究方向文献涉及的学科相对集中、学科交叉特性具有自身特色。其中，较多的文献分布于 Arts and Humanities（艺术与人文）、Social Sciences（社会科学）、Earth and Planetary Sciences（地球与行星科学）、Multidisciplinary（多学科）、Agricultural and Biological Sciences（农业与生物科学）等学科。

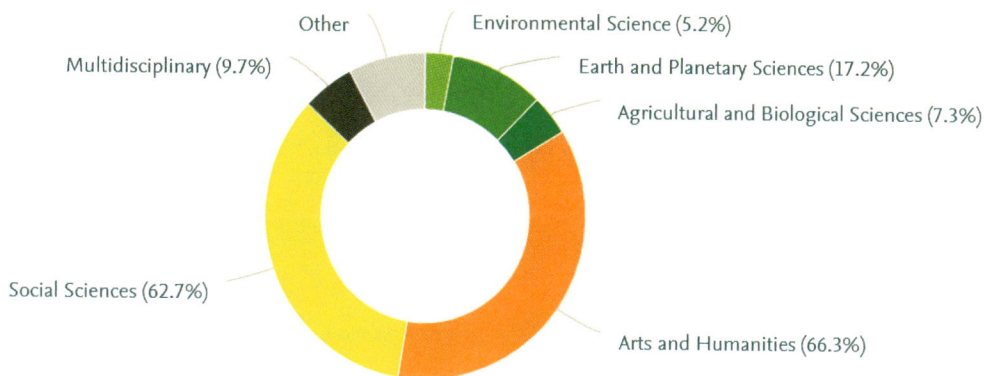

图 9.2 方向文献学科分布

9.2 研究热点与前沿

9.2.1 高频关键词

2017 年至今发表的"石器工艺与功能的微痕分析"相关文献的 TOP 50 高频关键词，如图 9.3 所示。其中，Use-wear（微痕）、Stone（石料）、Stone Tools（石器）、Archaeology（考古学）、Use-wear Analysis（微痕分析）等是该方向出现频率最高的高频词。

图 9.3 2017 年至今方向 TOP 50 高频关键词词云图

从 2017 年至今方向 TOP 50 高频关键词的增长率情况看（如图 9.4 所示），该方向增长较快的关键词有 Use-wear Analysis（微痕分析）、Quarries（采石场）、Lithics（石器）、Early Holocene（全新世早期）、Use-wear（微痕）等。此外，2017 年以来新增的高频关键词有 Upper Palaeolithic（旧石器时代晚期）、Petrography（岩相学）、Olduvai Gorge（奥杜威峡谷）、Oldowan（奥尔德沃文化）、Lower Palaeolithic（旧石器时代早期）、Late Bronze Age（青铜时代晚期）、Hillforts（山堡）、Ground Stone（磨细石料）、Chalcolithic（铜石并用时代）、Acheulean（阿舍利时期）。

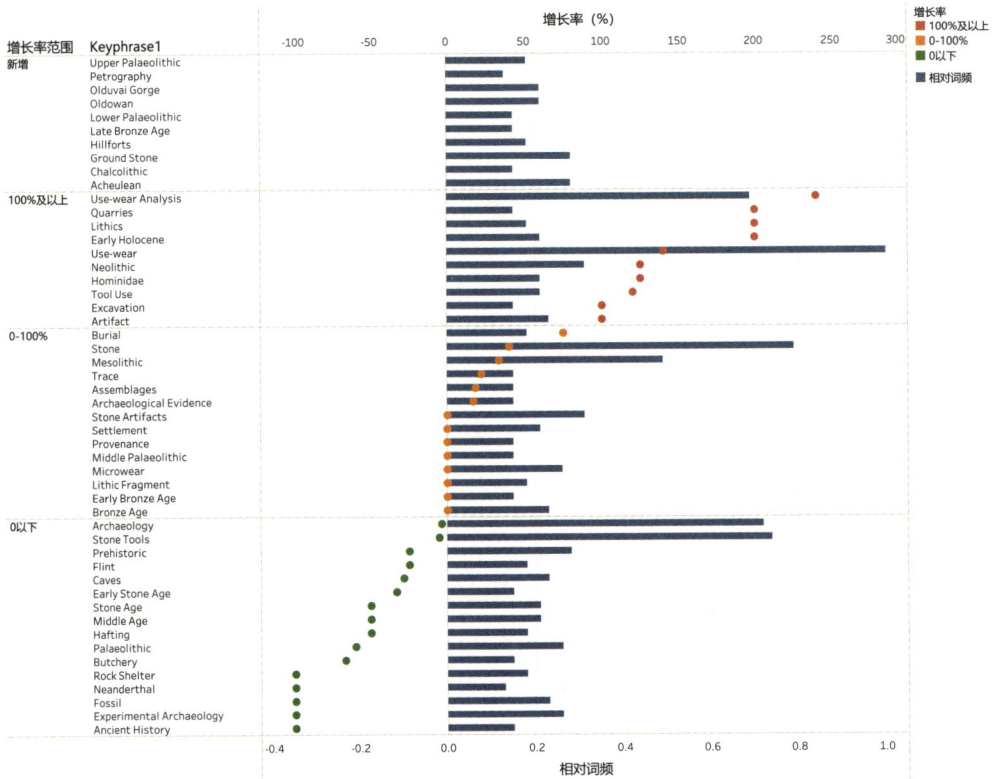

图 9.4 2017 年至今方向 TOP 50 高频关键词的增长率分布

9.2.2 方向相关热点主题（TOPIC）

从 2017 年至今该方向发表的相关文献涉及的主要研究主题看（如图 9.5 所示），显著性百分位最高的主题是 T.4632，"Sibudu; Mesolithic; Republic Of South Africa"（西布杜洞穴；中石器时代；南非共和国），达到 95.585，在全球具有较高关注度和发展势头；FWCI 为 2.12，具有高引文影响力。五个热点主题中该方向论文在主题论文中占比最高的主题是 T.23683，"Tool Use; Microwear; Stone Tools"（工具使用；微穿戴；石器），占比达到 20.9 %，在该方向热点主题中最具相关性。该方向五个热点主题中，有四个主题的显著性百分位在 88 以上，表明该方向整体上具有一定的全球关注度和研究发展潜力。

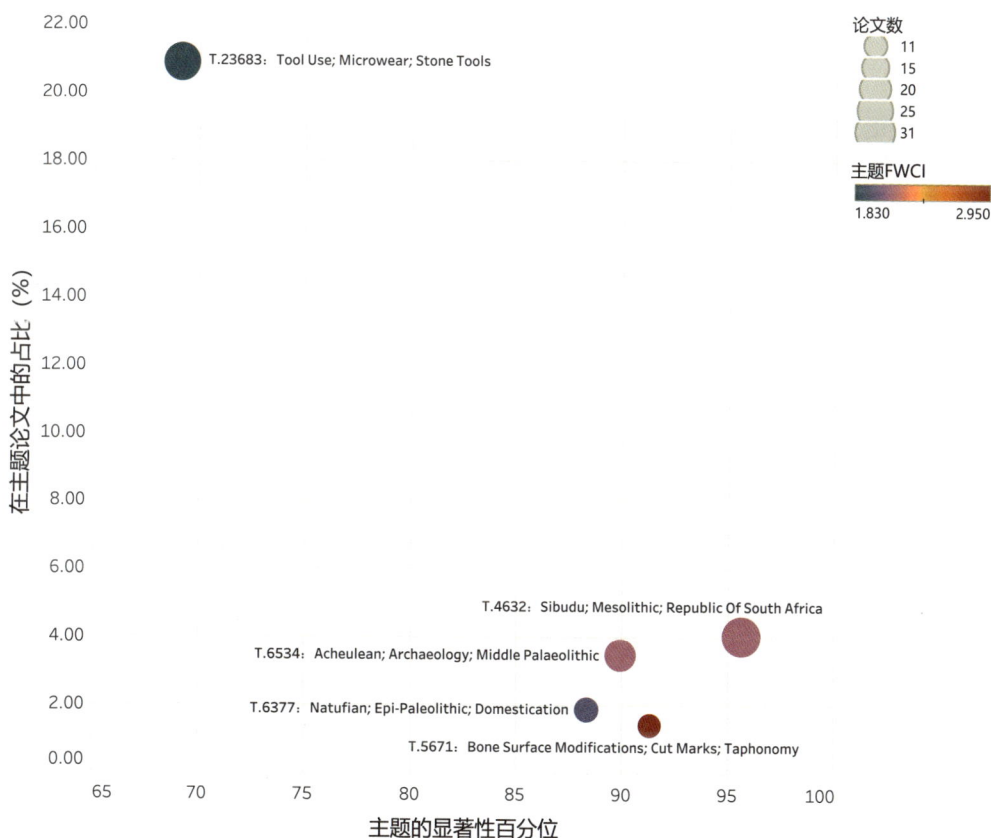

图 9.5 2017 年至今方向论文数最多的五个热点主题

9.3 高产国家 / 地区和机构

从 2017 年至今发表的方向相关文献主要的发文国家 / 地区看（如表 9.1 所示），该方向最主要的研究国家 / 地区有 United States（美国）、Spain（西班牙）、United Kingdom（英国）、Russian Federation（俄罗斯）和 Germany（德国）等；从主要的机构看（如图 9.6 所示），高产的机构包括 CNRS（法国国家科学研究中心）、Russian Academy of Sciences（俄罗斯科学院）、University of the Witwatersrand（威特沃特斯兰德大学）等。

表 9.1 2017 年至今方向前十位高产国家 / 地区

序号	国家 / 地区	发文量	点击量	FWCI	被引次数
1	United States	75	1465	1.9	790
2	Spain	54	1142	1.68	392
2	United Kingdom	54	1033	2.08	470
4	Russian Federation	48	598	0.5	72
5	Germany	42	668	1.66	287
6	Italy	41	721	1.35	238
7	France	35	602	1.6	229
8	Australia	28	535	1.83	318
9	Canada	26	412	1.39	160
10	South Africa	24	379	2.04	175

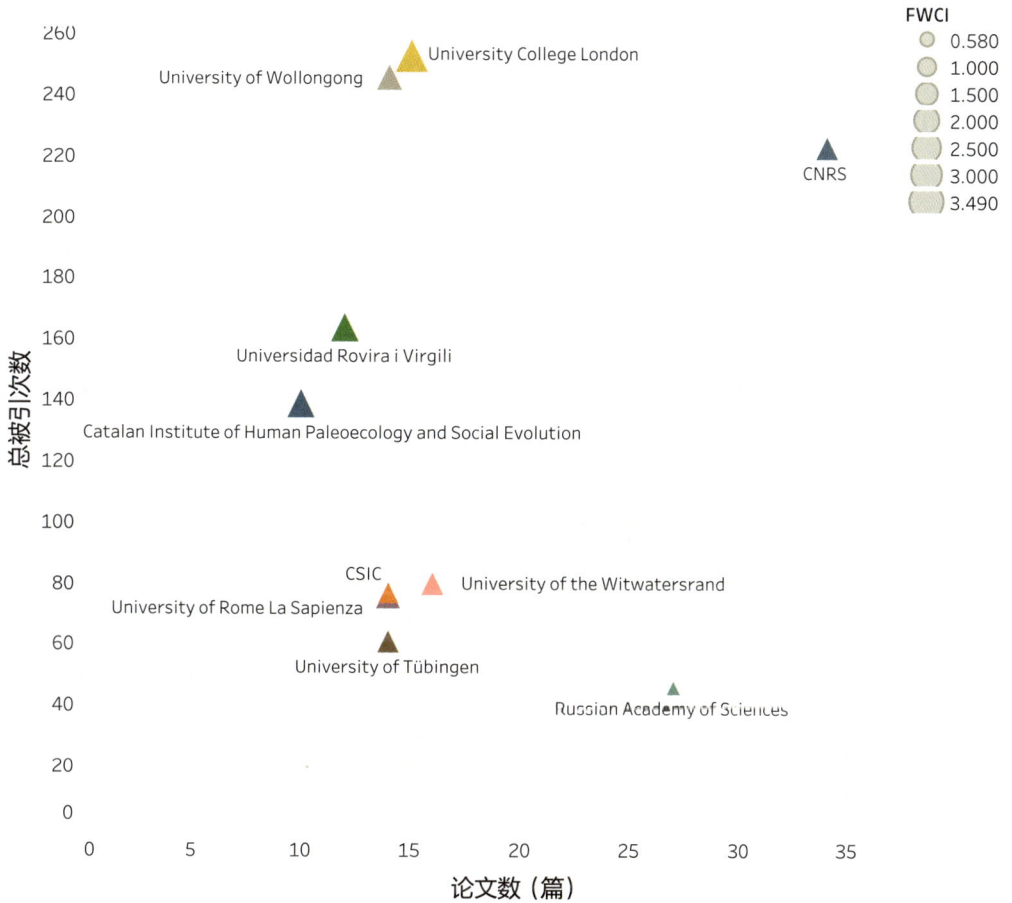

图9.6 2017年至今方向前十位高产机构

10 基于人工智能的考古学数据库开发

10.1 总体概况

通过 Scopus 数据库检索 2017 年至今发表的"基于人工智能的考古学数据库开发"相关论文，并将其导入 SciVal 平台，最终共有文献 2415 篇，整体情况如图 10.1 所示。

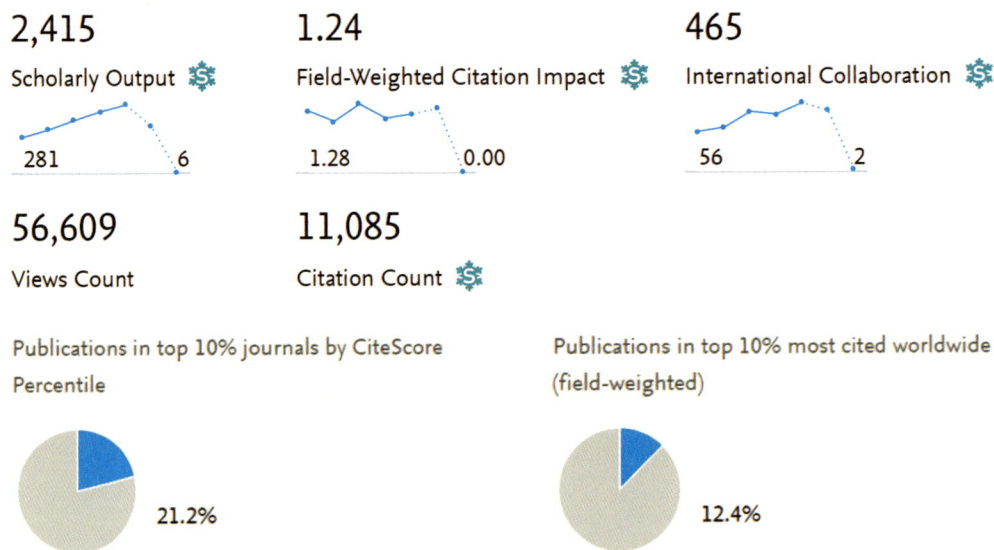

2,415
Scholarly Output

281 — 6

1.24
Field-Weighted Citation Impact

1.28 — 0.00

465
International Collaboration

56 — 2

56,609
Views Count

11,085
Citation Count

Publications in top 10% journals by CiteScore Percentile

21.2%

Publications in top 10% most cited worldwide (field-weighted)

12.4%

图 10.1 方向文献整体概况

2017 年至今发表的"基于人工智能的考古学数据库开发"相关文献的学科分布情况，如图 10.2 所示。在 Scopus 全学科期刊分类系统（ASJC）划分的 27 个学科中，该研究方向文献涉及的学科较为广泛、学科交叉特性较为明显。其中，较多的文献分布于 Computer Science（计算机科学）、Engineering（工程学）、Social Sciences（社会科学）、Mathematics（数学）、Arts and Humanities（艺术与人文）等学科。

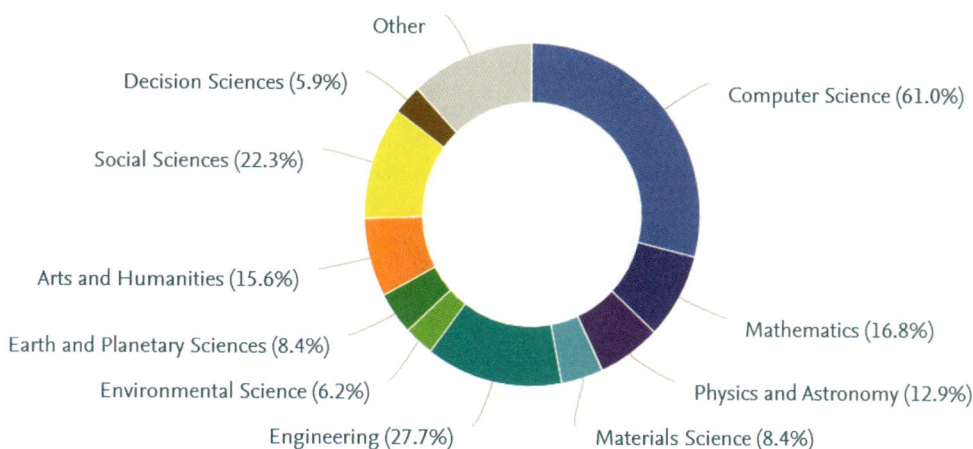

图10.2 方向文献学科分布

10.2 研究热点与前沿

10.2.1 高频关键词

2017年至今发表的"基于人工智能的考古学数据库开发"相关文献的TOP 50高频关键词，如图10.3。其中，Cultural Heritage（文化遗产）、Archaeology（考古学）、Historic Preservation [历史（文物）保护]、Inheritance（继承物）、Museums（博物馆）、Intangible Cultural Heritage（非物质文化遗产）等是该方向出现频率最高的高频词。

图10.3 2017年至今方向TOP 50高频关键词词云图

从 2017 年至今方向 TOP 50 高频关键词的增长率情况看（如图 10.4 所示），该方向增长较快的关键词有 Blockchain（区块链）、Transfer of Learning（学习迁移）、Deep Neural Network（深度神经网络）、Deep Learning（深度学习）、Image Recognition（图像识别）、Convolution（卷积）等。此外，2017 年以来新增了高频关键词 Character Recognition（字符识别）。

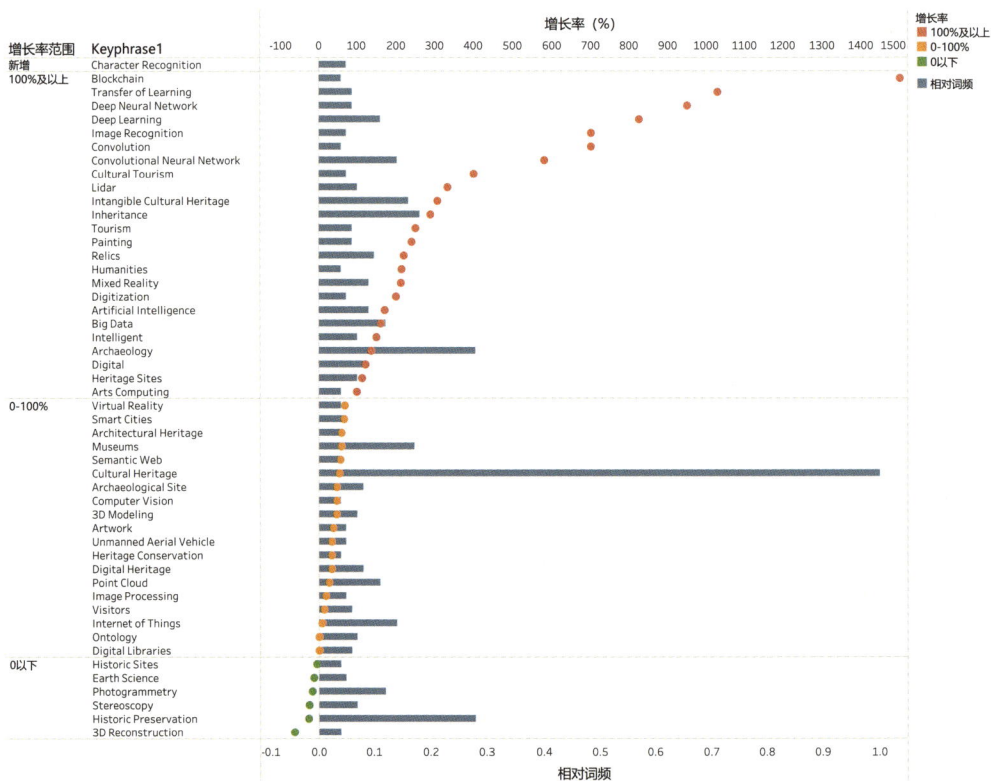

图10.4 2017年至今方向TOP 50高频关键词的增长率分布

10.2.2 方向相关热点主题（TOPIC）

从 2017 年至今该方向发表的相关文献涉及的主要研究主题看（如图 10.5 所示），显著性百分位最高的主题是 T.4338，"Object Detection; Deep Learning; IOU"（目标检测；深度学习；交并比），达到 99.997，在全球具有高关注度和发展势头。五个热点主题中该方向论文在主题论文中占比最高的主题是 T.37441，"Internet of Things; Ranking Function; Art Collection"（物联网；排序功能；艺术收藏），占比达到 17.25%，

在该方向热点主题中最具相关性。FWCI 最高的主题为 T.19642，"Archaeological Features; Cropmark; Remote Sensing"（考古特征；作物标记；遥感），达到 4.19，具有高引文影响力。该方向五个热点主题中，有两个主题的显著性百分位分别为 79.905、79.522，另外三个主题的显著性百分位都在 94 以上，表明该方向整体上具有一定的全球关注度和研究发展潜力。

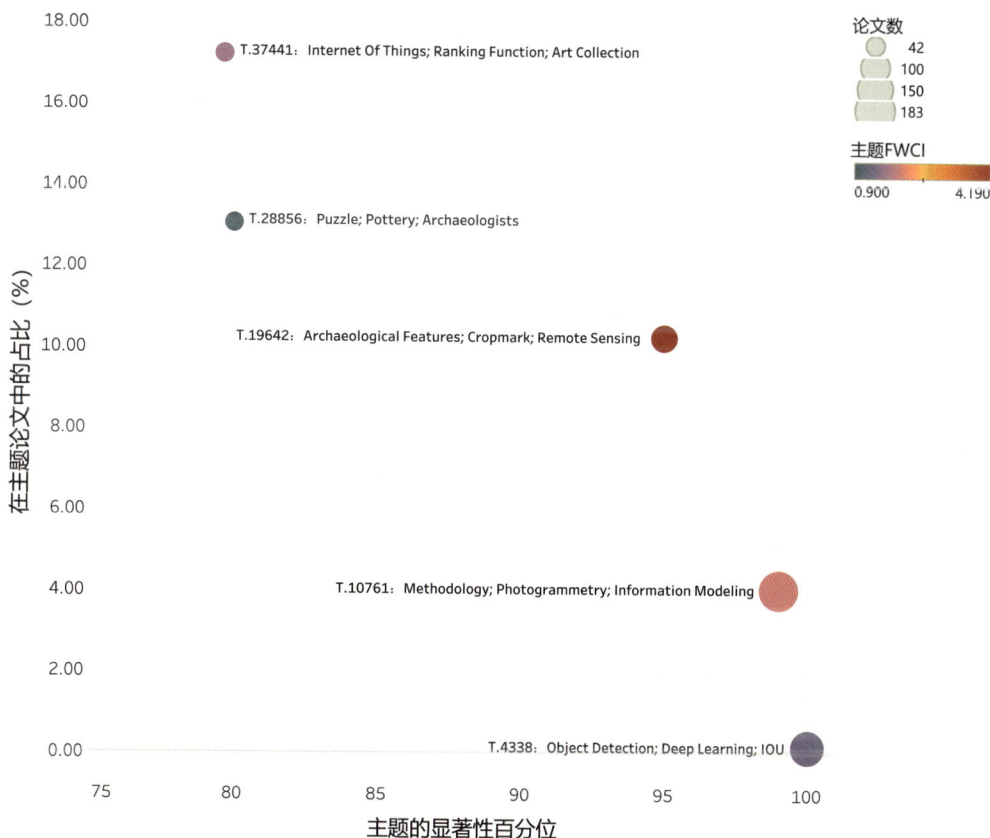

图 10.5 2017 年至今方向论文数最多的五个热点主题

10.3 高产国家／地区和机构

从 2017 年至今发表的方向相关文献主要的发文国家／地区看（如表 10.6 所示），该方向最主要的研究国家／地区有 Italy（意大利）、China（中国）、United States（美国）、United Kingdom（英国）和 France（法国）等；从主要的机构看（如图 10.6 所示），高产的机构包括 CNRS（法国国家科学研究中心）、National Research Council of Italy（意大利国家研究委员会）、University of Naples Federico Ⅱ（那不勒斯费德里克二世大学）等。

表 10.1 2017 年至今方向前十位高产国家／地区

序号	国家／地区	发文量	点击量	FWCI	被引次数
1	Italy	476	16998	1.74	3478
2	China	471	8154	0.73	1377
3	United States	202	4074	1.91	1279
4	United Kingdom	157	3761	2.16	1064
5	France	142	2889	1.32	823
6	Spain	131	4480	1.48	975
7	Greece	122	3461	2.05	872
8	Germany	99	1893	1.9	410
9	India	92	1774	0.95	368
10	Russian Federation	52	1784	1.01	296

FWCI
- 0.770
- 2.000
- 3.000
- 4.180

University of Naples Federico II

CNRS

National Technical University of Athens

Polytechnic University of Milan   Chinese Academy of Sciences

University of Salerno

National Research Council of Italy

Marche Polytechnic University

University of Bologna
University of Rome La Sapienza

总被引次数

论文数（篇）

图 10.6 2017 年至今方向前十位高产机构

三、科技考古领域发展速览

科技考古基于考古学的研究思路，借用自然科学领域的技术、方法和理论分析和研究古代物质遗存，获取古代人类活动信息并进行深入解读，发掘古代遗物遗迹中的"潜信息"，探索人与自然的关系，厘清古代人类社会发展历史。如今科技考古的研究视野不断拓展，研究内容的深度和广度不断提升，研究方法推陈出新，其发展水平已成为衡量考古学研究水平的重要标尺。

1 全球科技考古领域发展动态

碳14测年的应用、牛津大学考古与艺术史实验室的建立，标志着科技考古的诞生。其后，新方法、新设备、新技术不断涌现，在考古研究领域的应用愈加广泛。欧美的一些学术组织开始建立起全球性的考古数据库，以期在更大范围内研究讨论"人类起源""农业起源""文明起源"等考古学议题，如欧洲考古学家协会在欧盟"地平线计划2020"资助下建立起考古数据库平台ARIADNE plus，有效整合考古数据集，利用虚拟云环境支撑基于数据的考古学研究。瑞士研究团队通过语言学、考古学和古DNA研究的交叉融合，发布了东北亚迄今为止最大的语言学和考古学定量研究数据库。

科技考古技术在运用中不断推陈出新。目前，碳14在考古测年技术中依然占据主导地位，随着质谱加速器（AMS）、树木年轮校正及贝叶斯模型的使用，技术测年更加精确、使用范围更加广泛。*Radiocarbon*公布了最新年代校正曲线

IntCal20，提升了全新世多个区段碳14校正曲线的精度，优化了校正曲线的算法。线轨迹X射线断层成像技术也开始应用于大型木质文物的无损测年研究。古DNA的检测范围日益广泛，除人骨、动物、植物DNA外，病菌和线粒体的DNA检测也为构建人类进化史、迁移史和健康史提供了更多证据。同时，更多的同位素被应用于人类食性研究。除碳、氮传统稳定同位素外，锶、硫、锌等同位素在探索早期现代人饮食中取得一定进展。此外，古蛋白质研究也为探寻早期人类生活提供了另一个维度的证据，如通过人牙结石蛋白质分析可以了解当时乳制品消费情况。

多学科交叉融合为科技考古带来了新的契机。如生物医学病理学的天狼猩红染色，结合光学、数字及电子显微镜观察，可检测动物骨骼、肌肉和胶原蛋白的遗存。此方法证明了青铜时代匕首不单是礼器，也是日常实用器。再如，通过质谱仪检测出土食物在密闭容器里的挥发性分子，进而可分析食

品成分，为探究食物种类提供了新思路。

新的设备也逐渐应用在考古领域，如利用可以产生中子和 μ 子束流的散裂中子源 ISIS 进行罗马硬币成分分析，发现原本纯银的硬币掺入了 10% 的铜，部分硬币含银量仅为 86%，证明罗马当时发生了货币危机；如伽马射线光谱仪可以检测被掩埋的建筑物或文物中元素衰变所发出的辐射，帮助研究人员在挖掘之前识别埋藏物的成分。

计算机和人工智能的发展也给科技考古提供了新的动力。如通过计算机算法对高质量的基因组测序进行遗传变异模式识别，进而建立全人类家谱，识别尚未认知的人类活动；运用机器学习识别暴露在火中的燧石工具，研究古代人类遭受的火灾；通过搭建烟雾弥散模拟模型解释封闭空间中的空气循环和烟雾路径，从而证实在旧石器时代人们就能够在穴居的洞穴内选出壁炉最佳位置；搭建本地适应性考古潜力模型（LAMAP），利用已知考古的信息评估尚未勘查过地区的考古

潜力，用于寻找游牧狩猎采集者可能扎营的景观；以及通过不同算法调整基于运动恢复结构（structure form motion）的近距离摄影测量的点云数据，建立适用于考古学研究领域的算法模型，将人骨三维模型重建误差控制在 1 毫米之内，使搭建更高效、效果更逼真、数据更精确等。

此外，科技考古手段在实践中逐渐多元综合，多技术集成成为主流。如在成分分析中，会同时运用扫描电镜、电子色散 X 射线光谱和基于同步加速器的 X 射线衍射，更加全面、准确地了解物质组成；以无人机搭载激光雷达扫描设备进一步提高了数字测量技术在遗址探查上的精度和广度；激光消融断层扫描成像、3D 成像并结合植物 DNA，为深入研究人类驯化植物历史提供了支撑。此外，专为考古设计的新型设备也开始崭露头角，如模拟海龟造型的水下机器人 U-CAT，以及专为狭小空间数据收集而生的 SPOT 机器狗。

2 我国科技考古领域战略动向

2021 年 12 月印发的《"十四五"文物保护和科技创新规划》全面部署了文物保护和考古事业，其中专辟"提升考古工作能力和科技考古水平"一章，明确提出"加强现代科学技术在考古中的应用，鼓励多学科领域协同合作，推动科技测年、环境考古、动物考古、植物考古、冶金考古、同位素分析、微量元素分析、DNA 研究、有机残留物分析等科技考古分支发展"等具体要求。2022 年 4 月发布的《"十四五"考古工作专项规划》中针对"推动考古科技创新"提出了三项重点任务，包括考古科学实验室建设、考古科学关键技术研发与综合应用和考古技术装备提升，旨在全面提升科技考古科研环境和条件，推动考古工作中科技分析常规化，增强科技考古能力。

近年来，我国科技考古有机融合了多种方法和技术，呈现出研究视野不断拓展、研究内容不断丰富、研究方法不断创新等特点。其中，最重要的趋势是以大项目、大遗址集成研究为主线，以重点课题、重点技术突破为带动，推进科技考古在考古发掘研究中蓬勃发展、与传统考古深度融合。多家专业院所共建的"环境考古实验室""分子古生物学实验室"和"年代学与动植物考古实验室"强调跨学科融合，并运用大数据、云计算、人工智能等前沿技术手段，发掘更丰富的历史信息，为解释历史面貌提供多维度支撑。

如"中华文明探源工程"联合年代学、体质人类学、病理学、分子生物学等学科，在绝对年代探索、环境变化揭示、生业模式演进、人类骨

骼重建等领域取得进展，为探讨早期人群迁徙、流动和社会文化发展提供了新的线索和实证。在良渚、二里头、殷墟、三星堆等大遗址发掘研究中，科技考古被广泛应用，呈现出多学科融合、多团队合作等特点。如在河南黄泛区考古工作中，建立了考古移动实验室，在发掘的同时，对搜集到的材料展开成分分析、粒度分析和磁化率分析。又如在三星堆遗址发掘过程中，组建植物学、动物学、地质学等多学科团队，充分运用现代科技手段，建设考古发掘舱、集成发掘平台、多功能发掘操作系统，构建起传统考古、实验室考古、科技考古、文物保护深度融合的中国考古全新工作模式。

人群交流演化、农业起源、生业模式、人地关系等方面研究成果显著，新方法、新领域、新进展层出不穷。中国首张适用于生物领域的锶同位素等值线图已建立。生物分类生境指数（THI）分析与动物考古学的统计分析（MNI）相结合，探讨古环境以及人类对环境资源的利用。古 DNA 片段捕获技术的进步和古基因组图谱的建立，推动陕西、新疆、西藏等遗址的古人群研究取得了突破性进展，进一步明晰中国南北古人群分化格局、迁徙融合进程，揭示了其自 9500 年以来的主体连续性。此外，遗传分化指数 Fst、遗传距离、几何形态测量、生物力学分析等新方法被应用于人群演化历史研究之中。CT 扫描、多视角三维影像等技术被应用于古代人类骨骼重建研究之中。

同时，便携式、低成本设备的出现，极大推动了科技考古研究工作的开展，如便携式红外光谱仪、手持式拉曼光谱仪、三维激光扫描、无人机等。同时，集成运用测绘、遥感、三维重建、地理信息系统、虚拟现实、数据库和网络等数字考古技术，对考古现场空间信息进行综合分析研究，越来越成为考古勘探、发掘的"标配"，在北方地区、黄河中游地区、长江中下游地区的古代城址和墓葬研究中发挥了重要作用。

随着中国考古在实物和数据两方面的大量积累，建设国家考古资源共享服务平台迫在眉睫。目前，中国社会科学院考古研究所开始实施中国动物遗存标本数据库建设试点项目；国家文物局考古研究中心和北京大学联合建立"中华文明国家文物基因库"，将集资料存储、考古研究、科技分析、保护修复、成果展示于一体。此外，碳氮稳定同位素、青铜器泥芯科技分析、蛋白质组学等数据库也初具规模。

3 我国科技考古领域未来发展战略

（1）推动科技考古与考古学研究深入融合

在考古实践中，要处理好"技术"与考古"学问"之间的关系，聚焦考古问题，选择切实可行的技术路线，防止陷入"两张皮"的尴尬。以区系类型学思路指导科技考古，在系统总结一个考古学文化内科技考古某一方向研究的基础上，开展不同时期、不同地区的文化与文化之间的比较研究，从中归纳分析它们之间是否存在连续性、关联性、变异性、差异性等，力争在全国甚至全球范围内全面认识科技考古某个具体方向研究。进一步强调科技考古的学科规范，完善独特的知识体系和方法论体系，制定田野考古中科技考古的工作手册，规定各类科技考古的取样方法等。

（2）加强科技考古标本库和数据库建设

随着考古活动大量展开，发掘出土的人骨、动植物遗存、冶金遗存、陶瓷遗存、纺织物遗存等数量巨大，其中蕴含着珍贵而丰富的文物科技资源。为科学整合、妥善保存、合理利用和全面共享各类文物科技资源，亟待建设全国性和区域性的科技考古标本库、数据库。此外，还要进一步完善全国考古发掘信息管理系统，建立文物数字化标准规范体系，健全数据管理和开放共享机制，加大文物数据保护力度，促进考古和文物的数字信息安全有序的公开、共享。

（3）加大科技考古资金投入与政策支持

科技考古研究几乎全要依赖于各类大中小型分析仪器设备，而科技考古移动实验室、考古方舱、考古智慧云台等设备通常价格不菲。为此，要加大对科技考古的资金投入，进一步完善经费保障机制，拓宽科技考古研究渠道。同时，抢救性考古发掘工作具有非计划性、多线程并进，以及出土文物的不可预见性等特点，预算制经费管理机制难以支持应急科技考古工作需求，所以要建立并优化与考古发掘活动相适应的经费使用和管理机制。

（4）加快培养科技考古复合型人才队伍

科技考古需要多学科尤其是理工农医专业背景人员的大量参与，而目前科技考古及文物保护领域研究从业者学科背景相对单一，人文社会科学专业背景人员比例过大。随着考古事业向高精尖方向拓展，必须吸引更多具有自然科学专业背景的研究人员投身科技考古。为此，要引导已设考古专业的高校做好科技考古教育教学，全面系统讲授科技考古的思路、方法和实践案例，提升教学质量和精品课程数量；引导从事田野考古发掘和研究的人员掌握科技考古技能，强化考古从业人员的科技考古意识，培养更多一专多能的复合型科技考古人才。

附录 1：海洋领域文献计量分析

摘要

本报告基于 Web of Science 核心合集和 IncoPat 专利数据库，统计了 2012—2021 年全球海洋领域研究论文和专利数据，从文献计量学角度反映全球海洋研究的时空分布、研究热点、主要贡献国家和重要研究机构，揭示海洋科技发展态势、把握科技前沿、明晰我国与传统海洋强国的差距。

报告发现，2012—2021 年全球海洋科学主要发文国家有美国、中国、英国、德国、法国、澳大利亚等，发文量 TOP10 国家的论文总数占全球海洋科学论文的 75% 以上，其中美国和中国具有显著优势。从国际合作看，英、德、法三国的国际合作论文占比均接近 80%，美国国际合作论文占比达到 53.21%，中国国际合作论文占比仅为 37.46%，且发文量在 TOP10 国家中最低。

从物理海洋学、海洋化学、海洋地质学、海洋生物学四个主要分支学科发文情况看，论文在数量上均呈持续增长态势。其中，物理海洋学、海洋化学、海洋地质学发文量 TOP5 国家均为美国、中国、英国、德国和法国；海洋生物学有所不同，TOP5 为美国、中国、澳大利亚、英国和西班牙。同时，不同国家论文整体的研究关注区域略有不同，美国的研究区域覆盖全球所有海洋区域，而中国的研究重心在中国近海，英、德、法的高频地域关键词重合度较高（如大西洋、南极地区、南大洋、印度洋、北海等）。

分析中国国家自然科学基金（NSFC）、美国国家科学基金（NSF）和英国自然环境研究理事会基金（NERC）的资助情况可知，NSFC 资助论文的研究区域更多地集中在中国近海和大江大河入海口；NSF 的研究区域除了美国濒临的海洋和海湾外，还较多地包括了南北极地区；南北极地区也是 NERC 资助论文的重点研究方向之一。从高频词的统计来看，不同基金资助论文的研究热点也不尽相同：三个基金共同关注的热点包括海洋酸化、浮游生物、气候变化、稳定同位素等；而 NSF 和 NERC 共同关注的热点包括海冰、碳循环、全新世（Holocene）等。NSFC 资助论文的热点包括微塑料、重金属、沉积物、多环芳烃等；NSF 资助论文的热点包括珊瑚礁等；NERC 资助论文的热点包括孔虫、综合大洋钻探计划、海鸟等。

从全球海洋技术专利申请情况看，2012—2021 年，中国申请的海洋技术发明专利数约占全球发明专利申请数的一半，其他国家海洋技术发明申请数的增长速度低

为准确把握智慧海洋领域交叉前沿方向，我们对海洋领域学术发表和技术创新进行了整体分析，形成了数万字的《海洋领域文献计量分析》报告。篇幅所限，报告编入本书过程中做了适当删减。报告由浙江大学中国科教战略研究院和浙江大学图书馆联合撰写，执行负责人为陈振英（浙江大学图书馆情报分析中心主任）、吴伟（浙江大学中国科教战略研究院科研主任），其他参与人员包括（以姓氏笔画排序）冯家浩、朱嘉赞、李红、周云平、周敏、赵惠芳、徐恺咏、熊进苏等，报告完成时间为 2022 年 10 月。

于中国，部分国家的年度申请数呈逐渐减少的趋势。全球海洋技术发明专利申请数 TOP10 的申请人中，中国机构占七席，包括四所大学以及三家大型集团公司；韩国机构占两席（大宇造船和三星重工）；挪威机构占一席（PGS 地球物理公司）。各国发明专利申请均集中于海洋油气资源开发技术。中、韩、日等亚洲国家重点关注与海洋污染治理相关技术，欧美国家则同时重点关注与海洋勘探相关技术。

从海洋技术专利运营情况看，韩国专利授权率最高，其次是美国和日本。西班牙、德国、中国、英国申请的专利授权率较低，低于全球的平均表现。韩国的专利维持率最高，其次是日本，中国和德国专利维持率与全球平均水平一致，美国的专利维持率则略微低于全球平均水平。

从海洋技术国际申请情况看，美国是 PCT 申请数占比最多的国家，其 PCT 申请数达到全球 PCT 申请数的 19.85%。其次是中国和日本，PCT 申请数占比均超过了 10%。韩国排名第四。然而从 PCT 申请数占本国专利申请数的百分比看，中国的表现最弱。虽然中国海洋技术专利申请十分活跃，但对专利的技术先进性、市场价值等质量内涵重视不足。海洋技术专利 PCT 申请的热点包括海洋风能开发（海上风力发电技术）、水下航行器、海洋生物开发、海水淡化、水听器和地震勘测、船舶动力和推进系统等。

一、海洋科学研究现状及发展

本报告将海洋科学分为物理海洋学、海洋地质与地球物理学、海洋生物学和海洋化学，并分别呈现其发展态势，包括主要海洋大国发展概况、研究热点和合作情况等，同时对中美英三国最主要的三个基金的海洋科学类资助项目及海洋科学的基金资助论文进行数据挖掘。

■（一）全球海洋科学研究概览

检索 Web of Science 数据库，获取 2012—2021 年全球发表的海洋科学相关研究论文 28 万余篇[1]，以此数据集作为海洋科学研究部分的分析基础[2]。

1. 全球发展总览

全球海洋科学论文年度发展态势如图 1 所示。2012—2021 年，全球海洋科学论文在数量上呈持续增长态势，从 21185 篇增至 38091 篇，增幅达 79.8%。从高被引论文[3]数看，10 年间全球海洋科学研究 ESI 高被引论文逐年增长，共计 2012 篇，但高水平论文的增幅低于整体论文的增幅，增长率为 65.13%。

---

[1] 文献类型为 Article，检索时间为 2022 年 4 月。

[2] 海洋科学文献集集的确定方式是：分别以物理海洋学、海洋化学、海洋地质学和海洋生物学四个分支学科的专业术语与"海洋"大概念词组合检索。如"海洋"以 ocean、sea、marine、coast、shore、beach 等词及其衍生体 underwater、subsea、submarine、seabed、offshore、submersible、abyssal、tsunami、arctic 构成基本检索词。

[3] 高被引论文是指按 ESI 学科领域和出版年统计的引文数排名前 1% 的论文。ESI 高被引论文占比可用于评价高水平科研，并且能够展示某一机构论文产出在全球最具影响力的论文中的百分比情况。

图 1 海洋科学研究论文年度发展态势（2012—2021 年）

2. 主要贡献国

2012—2021 年，全球近 220 个国家 / 地区参与了海洋科学研究，其中论文数在 1000 篇以上的国家近 50 个。图 2 展示了 2012—2021 年海洋科学发文量 TOP10 国家的发文情况。10 个国家发文总数为 214306 篇，占全球海洋科学论文的 75% 以上。美国和中国是海洋科学论文产出最多的两个国家，在发文量上具有显著优势，美国 10 年总发文量达 77408 篇，占全球总发文量的 27.18%，遥遥领先于其他各国；中国排名第二，10 年共发表论文 54489 篇，占全球总发文量的 19.13%。其他主要发文国家还包括英国、德国、法国、澳大利亚等，其发文量占全球海洋科学总发文量的比例均低于 10%。

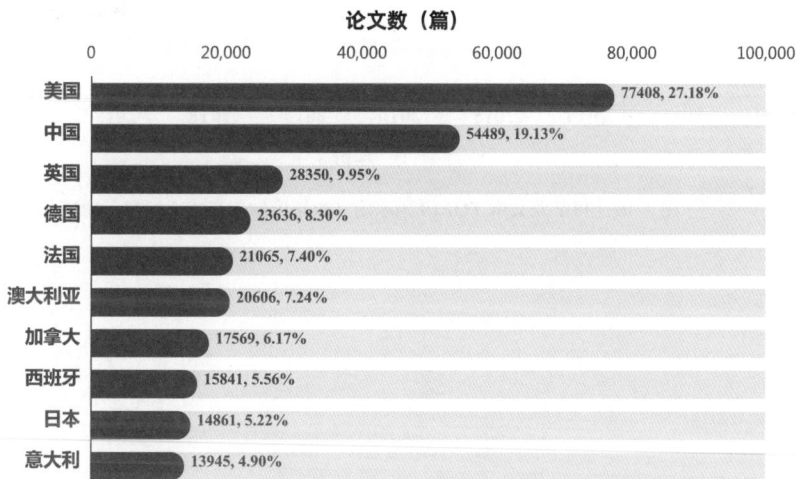

图 2 海洋科学研究发文量 TOP10 国家发文情况[1]（2012—2021 年）

---

[1] 统计各国发文量占该学科全球论文百分比时对多国合作论文中各国的论文量均计数 1 次，即多国合作论文会被多次计算，因此各国的发文量占该学科全球论文百分比之和会大于 100%。

图 3 展示了海洋科学研究发文量 TOP10 贡献国家的年度发文变化情况[1]。整体来看，河流的总宽度呈现出前窄后宽的特征，表明发文量 TOP10 国家的年度总发文数逐年增加。代表中国（红色河流）、美国（深蓝色河流）的两分支河流宽度之和在多数时间窗口中超过总河流宽度一半，表明中美两国是海洋科学研究最主要的贡献国家。从河流分支宽度变化情况来看，除中国外其他国家的分支河流宽度变化相对平稳，说明英美等传统海洋强国在海洋科学领域的发文量增长较为稳定，而代表中国的分支河流宽度则随时间的变化显著增加，并于 2021 年超过美国，说明中国年度发文增长速度快，显示出中国的后发优势，现已成为海洋科学领域发文量最多的国家。

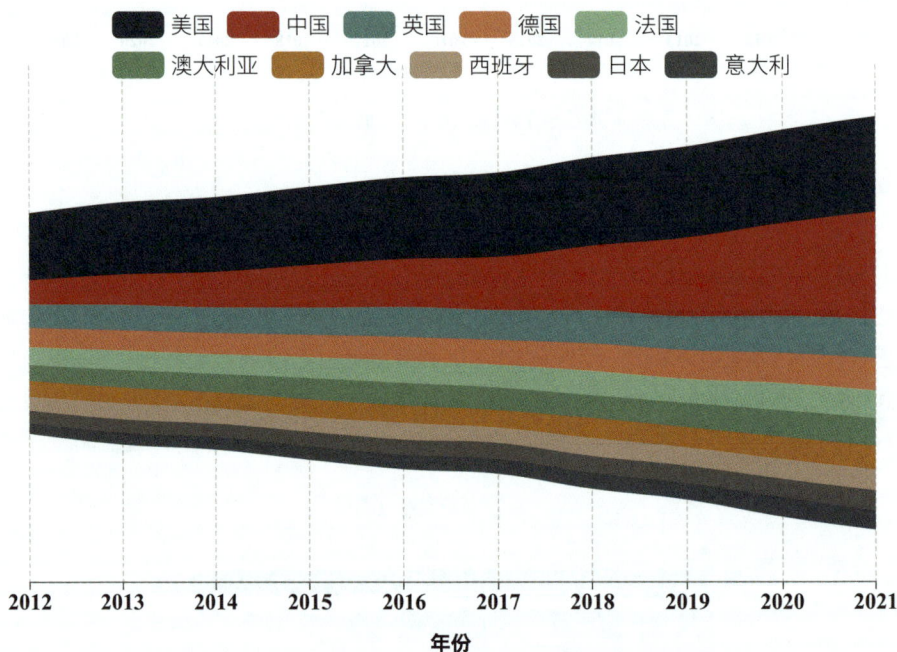

图 3 海洋科学发文量 TOP10 国家论文数年度发展态势（2012—2021 年）

---

[1] 图中不同颜色的分支河流分别对应一个主要贡献国家，同一时间窗口中，对应的河流宽度越宽表明该国发文产出越多。

3. 国际合作

2012—2021 年，全球海洋科学研究的国际合作论文数共计 110624 篇，其中有 40 余个国家 / 地区的国际合作论文数超过 1000 篇。表 1 为国际合作论文数 TOP10 国家的国际合作论文及占比情况。结果显示，美国的国际合作论文数量位居全球首位，达到 41183 篇，其国际合作论文占比达到 53.21%；英、德、法这 3 个欧洲国家的国际合作论文数分别位列第二、四、五，与美国存在一定的差距，但其国际合作论文占比均接近 80%；此外，澳大利亚、加拿大、西班牙的国际合作论文数也均在 10000 篇以上，国际合作论文占比均接近 70%；中国的国际合作论文数位列第三，达到 20408 篇，但国际合作论文占比仅为 37.46%，在 10 个国家中排名末位，说明中国的海洋科学研究以自主研究为主。（见表 1）

表 1 海洋科学国际合作论文数 TOP10 国家分布（2012—2021 年）

国家	国际合作论文数	国际合作论文占比	
美国	41183		53.21%
英国	22187		78.26%
中国	20408		37.46%
德国	18490		78.22%
法国	16396		77.84%
澳大利亚	14159		68.74%
加拿大	12203		69.49%
西班牙	10851		68.52%
意大利	8749		62.74%
日本	7535		50.71%

4. 学科分布

　　海洋科学论文涵盖 142 个 Web of Science 学科（以下简称 WoS 学科）类别。环境科学是该领域研究涉及最多的学科，10 年总发文量达到 68776 篇，占全部论文的 24.15%；海洋和淡水生物学次之，发文量达到 64385 篇；其他发文较多的 WoS 学科还有地球科学，多学科、海洋学、生态学、地球化学和地球物理学、渔业学等。对比 2012—2016 年、2017—2021 年两个年段发文量排名前十的 WoS 学科分布情况可知（如图 4 所示），各学科的发文量均有所增长，特别是环境科学学科，从 2012—2016 年的发文量第二上升至 2017—2021 年的首位，表明海洋与环境科学相关的研究近年越来越受到关注和重视。（见图 4）

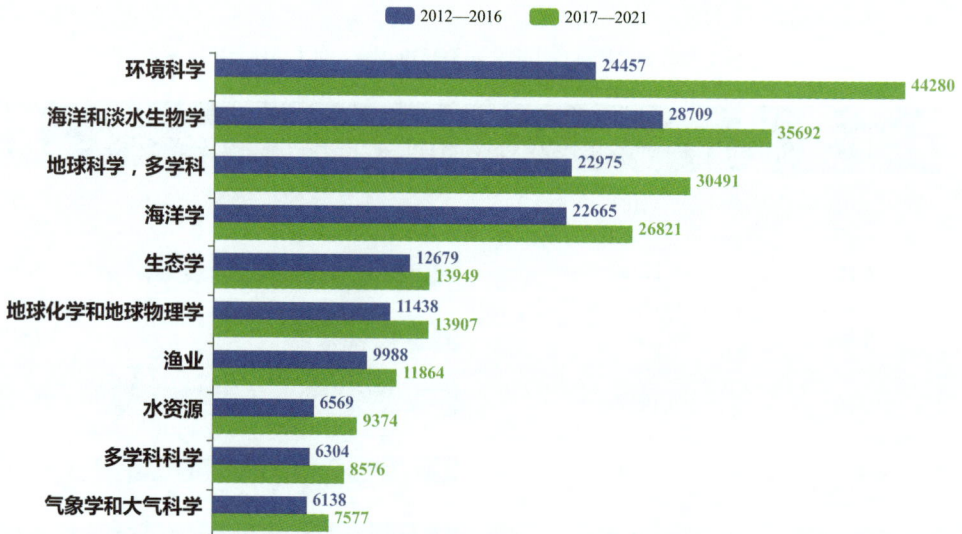

图 4　海洋科学在 2012—2016 年与 2017—2021 年间 WoS 学科分布对比

5. 期刊分布

　　2012—2021 年，海洋科学 284803 篇论文共发表在 1698 种期刊上。其中 2012—2016 年与 2017—2021 年收录论文数量排名前十的期刊如表 2 所示（共 13 种），共计发表 48676 篇，占全部论文总数的 17.09%；载文量超过 4000 篇的期刊有 *Science of the Total Environment*、*Marine Pollution Bulletin*、*Geophysical Research Letters*、*Journal of Geophysical Research Oceans* 以及 *Plos One*，它们是海洋科学研究成果的重要载体。（见表 2）

---

[1] Web of Science 学科是科睿唯安公司提供的一种基于期刊的学科分类体系，其学科划分细致、范围宽广，由 250 多个自然科学、社会科学与艺术人文领域的学科构成。

表2 2012—2016 年与 2017—2021 年发文数 TOP10 期刊分布对比

期刊名称	学科名称	2012—2016 年		2017—2021 年	
		论文数	排名	论文数	排名
Science of the Total Environment	环境科学	1124	9	4082	1
Marine Pollution Bulletin	环境科学、海洋和淡水生物学	2239	2	3881	2
Frontiers in Marine Science	环境科学、海洋和淡水生物学	335	87	3611	3
Scientific Reports	多学科科学	802	23	2751	4
Geophysical Research Letters	地球科学，多学科	1856	5	2515	5
Journal of Geophysical Research Oceans	海洋学	2137	4	2432	6
Estuarine Coastal and Shelf Science	海洋和淡水生物学、海洋学	1447	6	1850	7
Plos One	多学科科学	3060	1	1788	8
Marine Ecology Progress Series	生态学、海洋和淡水生物学、海洋学	2215	3	1726	9
Remote Sensing	环境科学、地球科学、多学科 影像科学和照相技术、遥感	254	112	1701	10
Earth and Planetary Science Letters	地球化学和地球物理学	1319	7	1293	16
Atmospheric Chemistry and Physics	环境科学、气象学和大气科学	986	10	1195	19
Biogeosciences	生态学、地球科学，多学科	1175	8	902	29

从发文数排名前十的期刊分布变化来看，2012—2016 年，收录海洋科学领域论文的期刊种类为 1494 种，TOP10 期刊所涉及 WoS 学科主要为多学科科学、环境科学、海洋和淡水生物学、生态学、海洋学等；2017—2021 年，收录海洋科学领域论文的期刊种类为 1581 种，较五年前增加了 87 种，TOP10 期刊所涉及 WoS 学科增加了影像科学和照相技术、遥感。从期刊的发文量排名变化来看，涉及环境科学学科的期刊排名上升十分明显，如 *Science of the Total Environment* 的发文量排名从第 9 位上升至首位，*Frontiers in Marine Science* 的发文量排名从 87 位上升至第 3 位，*Remote Sensing* 的发文量排名从 112 位上升至第 10 位，这也与海洋科学论文的学科分布变化一致，说明海洋科学与环境科学相结合的研究逐渐增多。收录海洋科学领域论文的期刊十分多元，充分显示了海洋科学研究的学科交叉特征。

6. 主要研究机构

2012—2021 年，全球发表海洋科学论文的机构共 60947 家，其中 2012—2016 年与 2017—2021 年间发文数量排名前十的机构共 12 所，如表 3 所示。此 12 所机构 10 年间共发文 43983 篇，占全部论文数的 15.44%，机构分属美国、中国和法国（各 4 所）。10 年发文量最多的机构为美国国家海洋和大气管理局，达 7091 篇，法国国家发展研究院和中国科学院大学分别位居发文数第二、第三，发文量分别为 6657 篇和 6120 篇。（见表 3）

表 3 2012—2016 年与 2017—2021 年发文数 TOP10 研究机构对比

机构名称	机构名称（中文）	2012—2016 年		2017—2021 年	
		论文数	排名	论文数	排名
University of Chinese Academy of Sciences	中国科学院大学	1690	7	4430	1
Institut de Recherche pour le Developpement, IRD	法国国家发展研究院	2701	2	3956	2
National Oceanic and Atmospheric Administration, NOAA	美国国家海洋和大气管理局	3397	1	3694	3
Ocean University of China	中国海洋大学	1642	9	2896	4
China University of Geosciences	中国地质大学	1385	15	2886	5
Qingdao National Laboratory for Marine Science and Technology	青岛海洋科学与技术试点国家实验室	207	300—400	2835	6
Institut Français de Recherche pour l'Exploitation de la Mer, IFREMER	法国海洋开发研究院	1734	6	2431	7
Institut National des Sciences de l'Univers du CNRS, INSU	法国国家科学研究中心国家宇宙科学研究所	2506	3	2428	8
Sorbonne Universite	索邦大学	1891	5	2319	9
University of Washington	华盛顿大学	1592	10	2049	10
United States Geological Survey	美国地质勘探局	1978	4	2020	11
Woods Hole Oceanographic Institution	伍兹霍尔海洋研究所	1669	8	1839	15

从发文数排名前十的机构分布变化来看，2012—2016 年，海洋科学论文的发文机构共有 28612 所，主要包括美国国家海洋和大气管理局、法国国家发展研究院、法国国家科学研究中心国家宇宙科学研究所、美国地质勘探局等；2017—2021 年，海洋科学论文发文机构共有 45319 所，主要包括中国科学院大学、法国国家发展研究院、美国国家海洋和大气管理局、中国海洋大学等，发文机构数量

增幅达到 58.39%。从两个五年机构的发文量排名变化来看，十二所机构中排名上升的四所机构均来自中国，分别是中国科学院大学、中国地质大学、中

国海洋大学和青岛海洋科学与技术试点国家实验室。其中，青岛海洋科学与技术试点国家实验室的表现尤为突出，2017—2021 年发文数位居全球第六。

■（二）海洋科学大国学术发表情况

本部分以科研论文为基础，分别对海洋科学四个主要分支学科的发展概况、主要贡献国家及其研究热点进行分析。

1. 物理海洋学

本节基于物理海洋学关键词，结合相关 WoS 学科制定检索式，利用 Web of Science 数据库获取 2012—2021 年全球发表的物理海洋学相关论文，以此数据集作为分析基础。

物理海洋学是以物理学的理论、技术和方法，研究海洋中的物理现象及其变化规律，尤其是海水运动和海水物理性质，研究海洋水体与大气圈、岩石圈和生物圈相互作用的科学。物理海洋学所揭示的关于海水的动力和热力性质与过程，是海洋科学中其他分支学科的理论基础，其他分支学科，都与物理海洋学有密切的关系并在一定程度上依赖于物理海洋学。[1]

2012—2021 年，全球共发表物理海洋学论文 56338 篇，10 年间论文数量呈持续增长态势且近 5 年增长尤为明显，10 年增幅达 97.46%，高于海洋科学及其他三个分支学科，表明物理海洋学是海洋科学研究中关注度较高的分支学科。（见图 5）

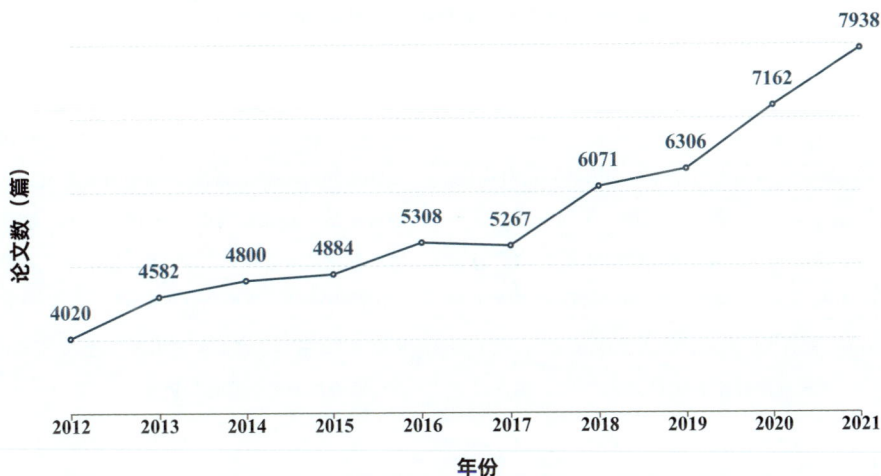

图 5 物理海洋学论文年度发展态势（2012—2021 年）

---

[1] 中国海洋学会 . 中国学科史研究报告系列 • 中国海洋学学科史 [M]. 北京 : 中国科学技术出版社，2015 :95.

2017—2021 年，全球 182 个国家 / 地区发表了物理海洋学研究论文，美国与中国分别居全球第一、二位。发文数 TOP15 国家中欧洲占八席，亚洲占四席，北美洲占两席，大洋洲占一席。

论文数（篇）

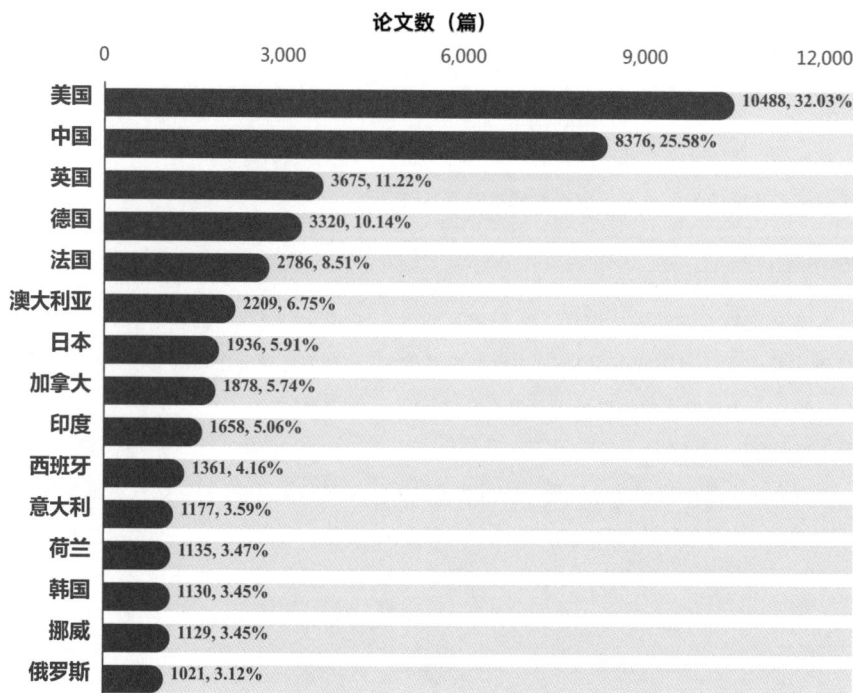

图 6 物理海洋学发文数 TOP15 国家 [1]（2017—2021 年）

物理海洋学发文 TOP5 国家分别是美国、中国、英国、德国和法国，五国的论文表现详见表 4。从各国物理海洋论文数量看，美国与中国具有绝对优势，论文数远远多于英、德、法三国。美国海洋科学研究实力强劲，五年发文量达到 10488 篇，占全球该领域的 30% 以上，CNCI[2] 为 1.30，高被引论文占比为 0.93%，但其国际合作论文占比远低于英、德、法三国。中国物理海洋学发文量为 8376 篇，占全球该领域的 25%，CNCI 为 0.98，国际合作论文占比仅为 44.23%，均在五国中排名最末位，但第一 / 通信论文占比达到 92.01%，远高于其他四国。英国、德国物理海洋学的发文量均占全球 10% 以上，法国物理海洋学发文量占全球 8.52%。英、德、法三国物理海洋的国际合作论文占比均高于 80%，第一 / 通信论文占比在 55% 左右，除了与美国合作外，三国之间及与其他欧洲国家的合作相当紧密。（见表 4）

---

[1] 统计各国发文量占该领域全球论文百分比时对多国合作论文中各国的论文量均计数 1 次，即多国合作论文会被多次计算，故各国发文量占该领域全球论文百分比之和会大于 100%。

[2] 学科规范化的引文影响力（Category Normalized Citation Impact，CNCI）：能够表征一组论文在学科层面上的相对影响力水平，即该组论文在每个学科中发表论文的实际被引频次与全球该学科同年同类型（Article 或 Review 类型）论文的平均被引频次的比值之均值，常用以衡量科研质量。一般以 1.00 为分界，大于 1.00 表示科研产出影响力高于平均水平，小于 1.00 则低于平均水平。

表 4 物理海洋学发文数 TOP5 国家论文表现（2017—2021 年）

国家	论文数	CNCI		篇均被引		ESI 高被引论文占比		国际合作论文占比		第一通信论文占比	
美国	10488		1.30		10.41		0.93%		59.14%		67.73%
中国	8376		0.98		7.20		0.57%		44.26%		92.01%
英国	3675		1.51		11.83		1.62%		80.68%		54.18%
德国	3320		1.41		11.18		1.15%		80.24%		55.45%
法国	2786		1.46		11.46		1.37%		80.80%		54.77%

美国物理海洋学论文中前五十关键词中包含太平洋（Pacific）、大西洋（Atlantic）、南大洋（Southern Ocean）、南极地区（Antarctic Regions）、北冰洋（Arctic Ocean）、南海（South China Sea）、格陵兰岛（Greenland）、墨西哥湾（Gulf of Mexico）等地域关键词，此外冰川（Glacier）、飓风（Hurricanes）、厄尔尼诺—南方涛动（El Nino-Southern Oscillation）、气旋风暴（Cyclonic Storms）也是美国物理海洋研究论文出现频次较多的主题词。从高频主题词看，美国物理海洋研究最主要的区域是太平洋、大西洋和两极地区（Antarctic Regions、Arctic Ocean、Southern Ocean）。值得注意的是，南海（South China Sea）也在美国物理海洋研究的重要对象之列。

中国物理海洋学论文中出现频次较高的地域关键词有南海（South China Sea）、黄海（Yellow Sea）、太平洋（Pacific）、东海（East China Sea）、长江（Yangtze River）、东亚（East Asian）等；海面温度（Sea Surface Temperature）、厄尔尼诺—南方涛动（El Nino-Southern Oscillation）、季风

（Monsoon）、气旋风暴（Cyclonic Storms）、飓风（Hurricanes）等也是被提及频次较高的主题词。从高频次关键词看，中国物理海洋学首要关注的研究区域是中国近海和海岸带相关区域，海洋—大气相互作用、海洋气象、海洋中尺度过程等是重点关注的研究主题。

整体来看，英国、德国和法国发文的高频关键词重合度较高，频次最高的地域关键词均是大西洋（Atlantic）、南极地区（Antarctic Regions）、北大西洋（North Atlantic）、南大洋（Southern Ocean）、印度洋（Indian Ocean）、北海（North Sea）；气候模型（Climate Models）、海面温度（Sea Surface Temperature）、海平面变化（Sea Level Change）、水团（Water Mass）、厄尔尼诺—南方涛动（El Nino-Southern Oscillation）等是三国物理海洋研究中较多关注的主题词。但三国也有不同的地域关键词，如地中海（Mediterranean Sea）仅为法国的高频关键词，波罗的海（Baltic Sea）仅为德国的高频关键词。

---

[1] 受数据可获取量限制，此处年限设定为五年。

2. 海洋化学

本节基于海洋化学领域的关键词，结合相关 WoS 学科制定检索式，利用 Web of Science 数据库获取 2012—2021 年全球海洋化学相关论文，以此数据集作为分析基础。

海洋化学是研究海洋环境中化学物质的组成、含量、分布、结构、存在形式、相互作用、转移变化规律，以及分离、提取和开发利用海洋化学资源的学科[1]，研究内容包括海水化学、海洋沉积物学、海洋生物化学和海洋界面物理化学及其相互作用等。海洋化学与海洋生物学、海洋地质学和物理海洋学等有着紧密联系，研究内容相互渗透、相互交叉。

2012—2021 年，全球海洋化学领域论文共计 185941 篇，在数量上呈持续快速增长态势，10 年增幅达 96.74%，增幅高于海洋科学，略低于物理海洋学。（见图 7）

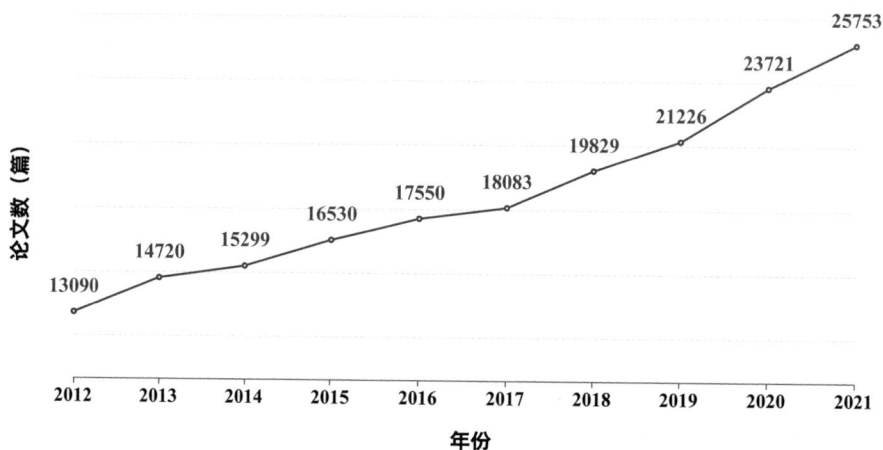

图 7 海洋化学论文年度发展态势（2012—2021 年）

2017—2021 年，全球有 200 多个国家/地区发表海洋化学领域论文 108652 篇，其中发文数 TOP15 的国家共发表论文 93044 篇（如图 8 所示），占全球该领域论文总量的 85.63%。发文数 TOP15 国家中，欧洲占据七席，亚洲占四席，美洲占三席，大洋洲占一席。（见图 8）

---

[1] 国家海洋局海洋科技情报研究所《中国海洋年鉴》编辑部. 中国海洋年鉴·1986[M]. 北京：海洋出版社，1988 :524.

论文数（篇）

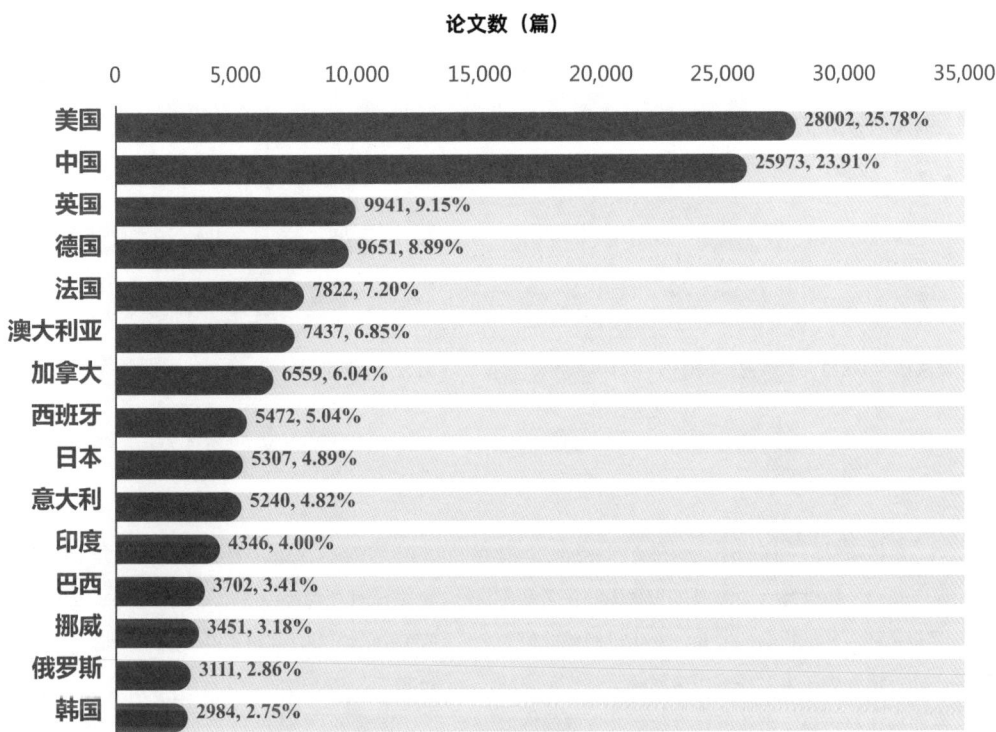

图 8 海洋化学发文数 TOP15 国家 [1]（2017—2021 年）

2017—2021 年，海洋化学领域论文数最多的五个国家分别是美国、中国、英国、德国、法国，五国海洋化学的论文总量占全球该领域论文的 62.1%。美国海洋化学领域的五年发文量超过 28000 篇，论文数量居全球第一，占全球该领域论文的 25.78%。中国海洋化学领域的五年发文量超过 25000 篇，论文数量仅次于美国，占全球该领域论文的 23.91%。英国、德国、法国论文数与中美两国有较大差距。

从论文影响力 CNCI 和 ESI 高被引论文占比看，

五国之间差距不明显，其中英国的表现略佳，中国排名最末。从国际合作看，英国、法国、德国的国际合作论文占比较高，均超过 80%；美国超过 50%；中国国际合作论文占比最低，为 31.17%。但中国的第一 / 通信论文占比最高，占比为 92.48%。美国与中国、英国、德国、法国等均有较多合作，英国、德国、法国之间相互合作程度较为紧密，中国和法国之间合作相对较少。（见表 5）

---

[1] 统计各国发文量占该领域全球论文百分比时对多国合作论文中各国的论文量均计数 1 次，即多国合作论文会被多次计算，故各国发文量占该领域全球论文百分比之和会大于 100%。

表 5 海洋化学发文数 TOP5 国家论文表现（2017—2021 年）

国家	论文数	CNCI		ESI 高被引论文占比		国际合作论文占比		第一通信论文占比	
美国	28002		1.35		1.26%		57.69%		69.85%
中国	25973		1.20		1.16%		31.17%		92.48%
英国	9941		1.59		1.83%		83.25%		52.50%
法国	7822		1.41		1.41%		80.89%		55.73%
德国	9651		1.47		1.36%		80.99%		56.53%

总体来看，五国海洋化学研究存在一些共同的研究热点：如对海水和海洋沉积物中的化学物质、营养元素、有机物等的分布、变化机制等的研究。此外，随着海洋生态环境污染问题受到广泛关注，海洋微塑料污染、海洋酸化、藻华暴发等问题成为全球海洋化学领域的研究热点。从地域关键词来看，五国的海洋化学研究具有较强的区域性特征，重点聚焦其濒临的海洋和近海；此外，极地也是美、英、德、法等国海洋化学研究的重要对象之一。各国海洋化学的一些研究主题与其地质地貌环境密切相关，如美、英、德、法四国共同的高频词"冰川""珊瑚礁"；英、德、法三国共同的高频词"地幔""石灰岩"；中国和美国共同的高频词"湖泊""湿地"，美国的"盐沼"、法国的"岩浆"、中国的"三角洲"等。

五国共同的高频主题词包括沉积物（Sediment）、海水（Sea Water）、盐度（Salinity）、河口（Estuaries）、浮游生物（Phytoplankton）、藻华（Algal Bloom）、微塑料（Microplastic）等，说明这是五国海洋化学领域共同的研究热点。冰川（Glacier）、碳循环（Carbon Cycle）、海洋酸化（Ocean Acidification）、同位素（Isotopes）、稳定性同位素（Stable Isotope）、珊瑚及珊瑚礁（Coral（Reefs））、藻类（Diatoms）是

美国、英国、德国、法国共同的高频主题词。中国和美国对湖泊（Lakes）、湿地（Wetlands）、气溶胶（Aerosol）、红树（Rhizophoraceae）进行了较多研究。

美国出现频次较高的地域关键词有太平洋（Pacific）、大西洋（Atlantic）、墨西哥湾（Gulf of Mexico）、南大洋（Southern Ocean）、南极地区（Antarctic Regions）、北极（Arctic）、北冰洋（Arctic Ocean）等。美国海洋化学领域特色关键词有石油污染（Oil Pollution）、气旋风暴（Cyclonic Storms）、盐沼（Salt Marsh）等。

中国出现频次较高的地域关键词有南海（South China Sea）、中国南部（South China）、黄海（Yellow Sea）、东海（East China Sea）、渤海（Bohai Sea）、长江（Yangtze River）、黄河（Yellow River）、三角洲（River Deltas）等。中国海洋化学领域特色关键词有锆石（Zircon）、重金属（Heavy Metal）、多环芳烃（Polycyclic Aromatic Hydrocarbons）、污染源解析（Source Apportionment）、季风（Monsoon）等。

英国、法国、德国出现频次均较高的地域关键词包括大西洋（Atlantic）、南极地区（Antarctic Regions）、北大西洋（North Atlantic）、南大洋

（Southern Ocean）、印度洋（Indian Ocean）、北海（North Sea）等；三国也有不同的地域关键词，如地中海（Mediterranean）和西地中海（Western Mediterranean）仅为法国的高频关键词，波罗的海（Baltic Sea）仅为德国的高频关键词，格陵兰岛（Greenland）只是英国的高频关键词。从研究内容看，除了冰川（Glacier）、碳循环（Carbon Cycle）、海

洋酸化（Ocean Acidification）、同位素（Isotopes）、稳定性同位素（Stable Isotope）、珊瑚（Coral）、珊瑚礁（Coral Reefs）、藻类（Diatoms）等主题词之外，三国共同主题词还有地幔（Earth Mantle）、石灰岩（Limestone）等。此外，英国的特色关键词包括海洋环境（Marine Environment），法国的特色关键词有岩浆（Magma）等。

3. 海洋地质学

本节基于海洋地质领域的关键词，结合相关 WoS 学科制定检索式，利用 Web of Science 数据库获取 2012—2021 年全球发表的海洋地质学相关论文，以此数据集作为分析基础。

海洋地质学是研究海底固态圈层的结构特征、物质组成和演化规律，海底固态圈层与水圈和生物圈相互作用和耦合机理，以及由此产生的资源和环境效应的学科。它包括狭义的海洋地质学、海洋地球物理学、海洋地球化学、古海洋学等。[1] 随着深

潜器、海洋遥感卫星等一系列新技术的发展与应用，海洋地质学科飞速发展，成为解决海洋科学领域重大基础理论问题的重要组成部分，呈现出多学科相互渗透与交叉的发展特征。[2]

2012—2021 年，全球海洋地质领域论文共计 47428 篇，在数量上呈持续增长的态势，但近三年增长趋势略有放缓，十年增幅为 45.13%，低于海洋科学的增长幅度。（见图 9）

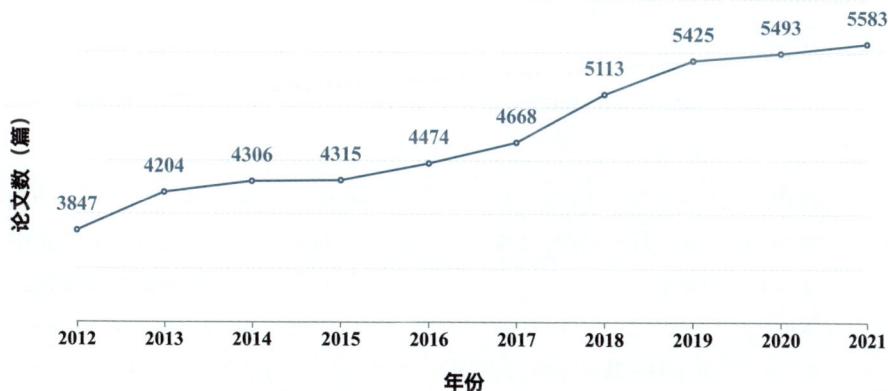

图 9 海洋地质学论文年度发展态势（2012—2021 年）

---

[1] 孙鸿烈. 地学大辞典 [M]. 北京：科学出版社，2017：1423.

[2] 吴秀平，张涛，宋姗姗，等. 国际海洋地质领域研究发展态势 [J]. 地质通报，2021，40（2）:233-242.

2017—2021 年，全球近 172 个国家 / 地区共发表海洋地质领域论文 26282 篇，发文数 TOP15 的国家共发表论文 22987 篇，占全球该领域论文总量的 87.46%。发文数 TOP15 国家中，欧洲占九席，美洲占三席，亚洲占两席，大洋洲占一席。（见图 10）

论文数（篇）

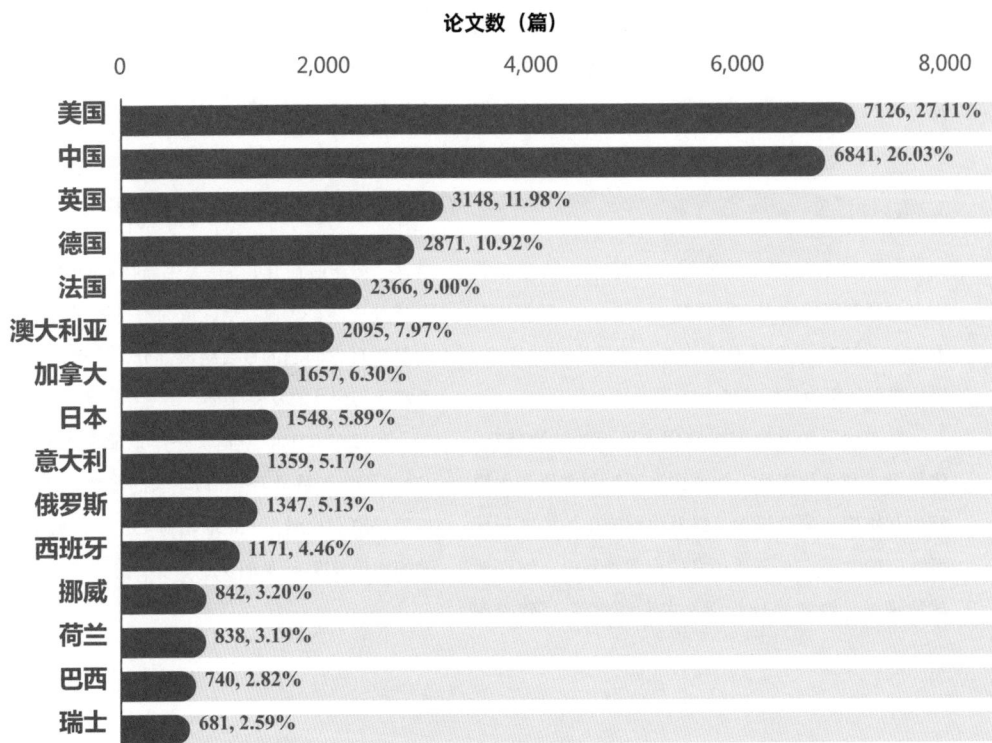

图 10　海洋地质学发文数 TOP15 国家（2017—2021 年）

2017—2021 年，海洋地质学领域论文数最多的五个国家分别是美国、中国、英国、德国、法国。美国五年总发文量达到 7126 篇，占比为 27.11%；中国次之，五年共发表论文 6841 篇，占比为 26.03%；位居第三的英国的发文量为 3148 篇，与中、美两国存在着较大差距。美国和中国在发文数量上具有显著优势，而英国在研究影响力方面的表现略占优势，CNCI 达到 1.56，在五个国家中最高，中国的 CNCI 值在五国中最低，为 1.09。从高被引论文占比看，五个国家差异不大。从第一 / 通信论文占比看，中国第一 / 通信论文占比高达 92.08%，远高于其他四个国家。在国际合作方面，各国则呈现出不同特点，英国、法国和德国同为欧洲国家，国际合作论文占比均达到 80% 以上，且相互之间以及与美国间的合作较为紧密；美国国际合作论文占比为 63.84%，合作国家范围较广；中国的国际合作论文占比仅为 43.65%，在五国之中最低，主要合作国家有美国、澳大利亚、德国等。现阶段中国在海洋地质领域的研究区域主要为南海（参见下文），这可能也是中国在该领域国际合作论文占比较低的原因之一。（见表 6）

表 6 海洋地质学发文数 TOP5 国家论文表现（2017—2021 年）

国家	论文数	CNCI		ESI 高被引论文占比		国际合作论文占比		第一通信论文占比	
美国	7126		1.33		0.51%		63.84%		66.56%
中国	6841		1.09		0.35%		43.65%		92.08%
英国	3148		1.56		0.44%		82.66%		52.38%
法国	2366		1.42		0.38%		81.78%		57.19%
德国	2871		1.44		0.52%		83.56%		53.61%

美国海洋地质论文中出现频率较高的地域关键词包括太平洋（Pacific）、大西洋（Atlantic）、南极地区（Antarctic Regions）等，此外，沉积物（Sediment）、同位素（Isotopes）、地幔（Earth Mantle）、碳酸盐岩（Carbonate）、构造地质学（Tectonics）、俯冲（地质）[Subduction（Geology）]、脊（Ridge）、地球化学（Geochemistry）、冰川（Glacier）、痕量元素（Trace Elements）等为美国海洋地质研究中出现频次较多的主题词。从高频关键词来看，太平洋、大西洋及南极地区等是美国研究的重点区域，海底沉积物、地球化学、海底地质构造、俯冲带、冰川等为美国重点关注的研究方向。

南海（South China Sea）为中国海洋地质论文中出现频率较高的地域关键词，沉积物（Sediment）、地幔（Earth Mantle）、俯冲（地质）[Subduction（Geology）]、构造盆地（Structural Basins）、锆石（Zircon）、构造地质学（Tectonics）、地球化学（Geochemistry）、岩浆（Magma）、地质年代学（Geochronology）等为中国海洋地质研究中出现频次较多的主题词。由此可见，中国在海洋地质领域的研究重心集中在中国近海，特别是南海地区；中国重点关注的研究方向主要有海底沉积物、俯冲带、

地球化学、海底地质构造、海底火山、地质年代等。

英、法、德三国高频关键词的重合度较高，如大西洋（Altantic）和南极地区（Antarctic Regions）为三国论文中出现频次较高的地域关键词，沉积物（Sediment）、地幔（Earth Mantle）、同位素（Isotopes）、碳酸盐岩（Carbonate）、俯冲（地质）[Subduction（Geology）]、脊（Ridge）、俯冲带（Subduction Zone）、海洋地壳（Oceanic Crust）、古海洋学（Paleoceanography）等为三国海洋地质研究中关注程度较高的主题词，主要涉及海底沉积物、地球化学、俯冲带、古海洋学等研究方向。三国也有其特色的关键词，如海平面（Sea Level）、大洋中脊玄武岩（Mid-ocean Ridge Basalt）、冰架（Ice Shelf）等为英国的高频关键词，构造盆地（Structural Basins）、太平洋（Pacific）、全新世（Holocene）、白垩纪（Cretaceous）等为德国的高频关键词，构造地质学（Tectonics）、橄榄石（Olivine）、地中海（Mediterranean Sea）、地震活动（Seismicity）等为法国的高频关键词，说明三国在海平面变化、地质年代、海洋地质构造、海底地震等研究方向上各有侧重。

4. 海洋生物学

本节基于海洋生物学领域的关键词，结合相关 WoS 学科制定检索式，利用 Web of Science 数据库获取 2012—2021 年全球发表的海洋生物学相关论文，以此数据集作为分析基础。

海洋生物学是研究海洋生物的形态、分类、生理、生态、遗传以及海洋环境因子（如底质、水温、光照、水深、海水成分和海水运动等）对海洋生物的生长、发育、繁殖和数量变动等的影响，从而控制和利用海洋生物的科学。[1] 海洋生物学既是生命科学一个重要分支，也是海洋科学的一个主要学科。作为综合性交叉学科，海洋生物学研究内容十分宽泛，主要包括功能生物学、生态学和生物多样性三个方面内容。

2012—2021 年，全球海洋生物学领域共有论文 75305 篇，发文整体上呈增长态势，10 年增幅为 42.97%，低于海洋科学，增幅在四个主要分支学科中最慢。（见图 11）

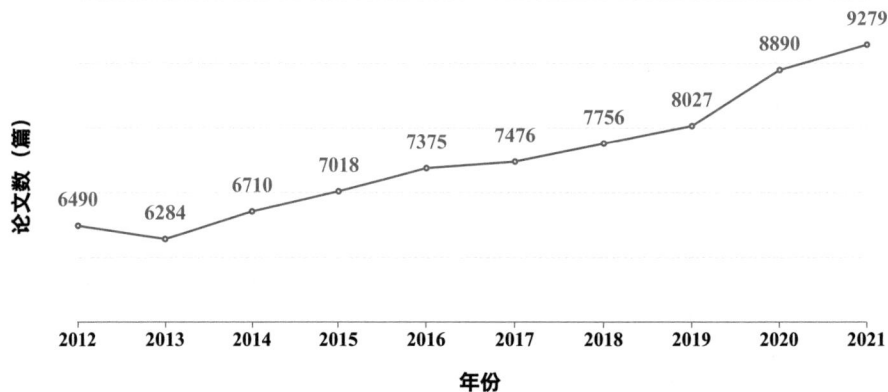

图 11 海洋生物学论文年度发展态势（2012—2021 年）

2017—2021 年，全球近 200 个国家 / 地区共发表海洋生物学领域论文 41428 篇。从地域分布来看，海洋生物学领域发文 TOP15 的国家中欧洲占七席，美洲占四席，亚洲占三席，大洋洲占一席。（见图 12）

---

[1] 路甬祥. 现代科学技术大众百科：科学卷 [M]. 杭州：浙江教育出版社，2001 :638.

论文数（篇）

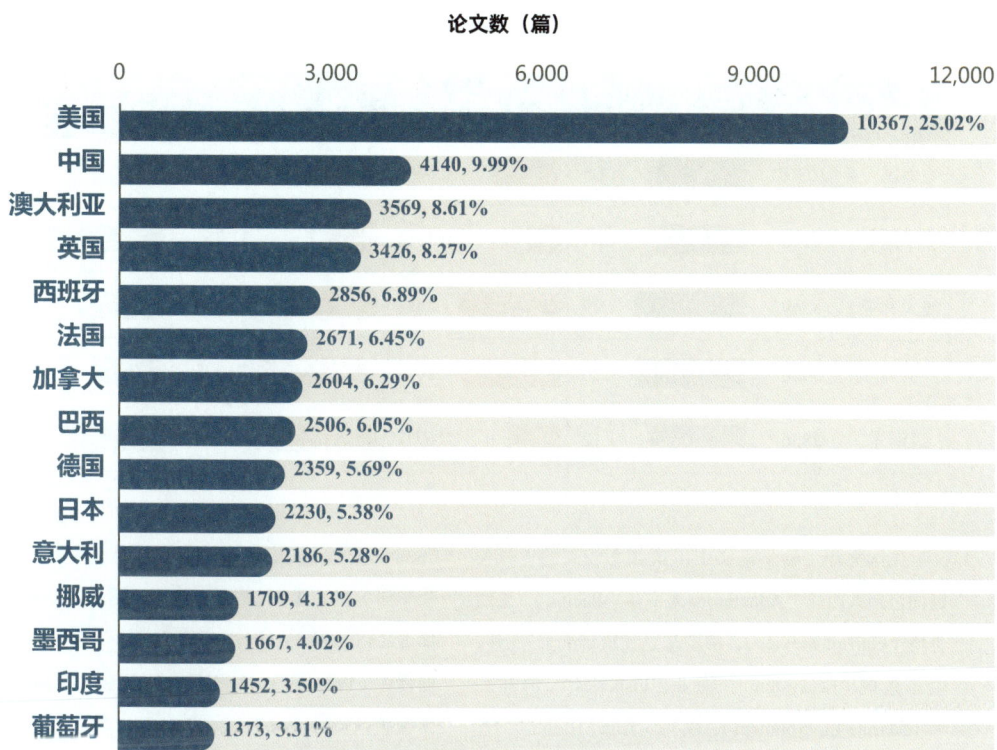

图 12 海洋生物学发文数 TOP15 国家（2017—2021 年）

海洋生物学的 TOP5 发文贡献国与物理海洋学、海洋化学、海洋地质略有不同，为美国、中国、澳大利亚、英国、西班牙，法国和德国两个海洋科学强国在海洋生物学领域发文量分别位列第六、第九名。从各国海洋生物学研究论文表现看，美国在国际竞争中占据绝对优势，在发文数量上遥遥领先达10367 篇，占全球该领域发文总量的 25.02%。中国的发文量排名第二，发表海洋生物学论文 4140 篇，占全球该领域发文量的 9.99%。澳大利亚论文发文贡献位列第三，且论文影响力表现较佳，CNCI 达到

1.29，高被引论文百分比为 1.34%，两个指标均为五国中最高。从第一／通信论文占比来看，中国第一／通信论文占比高达 92.13%。在国际合作方面，英国、西班牙的国际合作论文百分比最高，均超过 70%；澳大利亚的国际合作论文占比仅次于欧洲国家，达到 65.09%，其与美国、英国的合作较为紧密；美国与英国、西班牙、德国、澳大利亚、中国等国家都有广泛的合作，其国际合作论文占比为 47.31%；中国的国际合作论文占比最低，为 31.35%，存在较大的提升空间。（见表 7）

表 7 海洋生物学发文数 TOP5 国家论文表现（2017—2021 年）

国家	论文数	CNCI	ESI 高被引论文占比	国际合作论文占比	第一通信论文占比
美国	10367	1.05	0.87%	47.31%	75.48%
中国	4140	1.04	0.43%	31.35%	92.13%
澳大利亚	3569	1.29	1.34%	65.09%	69.09%
英国	3426	1.26	1.26%	79.33%	55.43%
西班牙	2856	1.12	0.67%	70.69%	65.44%

美国海洋生物学论文中出现频率较高的地域关键词包括大西洋（Atlantic）、太平洋（Pacific）、墨西哥湾（Gulf of Mexico）、佛罗里达（Florida）。此外，生态系统（Ecosystem）、渔业（Fisheries）、海洋环境（Marine Environment）、藻华（Algal Bloom）、食物网（Food Web）、海洋酸化（Ocean Acidification）、赤潮（Red Tide）、油污染（Oil Pollution）也是美国海洋生物学研究论文出现的频次较多的专业主题词。从地域关键词看，美国的海洋生物学研究地域主要为本国周边海域，包括大西洋、太平洋、墨西哥湾、佛罗里达等地。

中国海洋生物学研究论文的高频地域关键词包括南海（South China Sea）、黄海（Yellow Sea）、东海（East China Sea）、渤海（Bohai Sea）。海水（Sea Water）、水产养殖（Aquaculture）、藻华（Algal Bloom）、海洋酸化（Ocean Acidification）、重金属（Heavy Metal）、绿潮（Green Tide）等均为频次较高的专业主题词。从地域关键词看，中国海洋生物学研究主要立足于本国四大近海领域，研究重点关注海洋生态环境等主题。

澳大利亚海洋生物学研究论文的高频地域关键词包括西澳大利亚州（Western Australia）、南大洋

（Southern Ocean），反映出南大洋是澳大利亚海洋生物学研究的重要对象之一。生态系统（Ecosystem）、渔业（Fisheries）、海洋环境（Marine Environment）、捕食者（Predator）、大堡礁（Great Barrier Reef）、海洋保护区（Marine Protected Areas）等是频次较高的主题词，说明大堡礁是澳大利亚海洋生物学领域研究的重点对象。

英国海洋生物学论文出现频次较高的地域关键词包括大西洋（Atlantic）、北海（North Sea）、南极地区（Antarctic Regions）、南大洋（Southern Ocean）等。生态系统（Ecosystem）、海洋环境（Marine Environment）、生物多样性（Biodiversity）、渔业（Fisheries）、无脊椎动物（Invertebrates）、微塑料（Microplastic）等也是频次较高的主题词。从高频关键词看，英国海洋生物学研究除了重点关注近海（大西洋、北海）以外，南极也是其重点研究对象。2010 年，英国海洋科学合作委员会发布《英国海洋科学战略 2010—2025》，提出的三个高级优先战略领域中两个是海洋生物相关领域——理解海洋生态系统的运作机制、维持和提高海洋生态系统的经济效益。

西班牙和英国关键词比较接近，大西洋是两国

都重点关注的地域，海洋环境、生物多样性、渔业、微塑料是两国海洋生物学研究较多关注的主题。西班牙海洋生物学论文中出现频次较高的地域关键词包括地中海（Mediterranean Sea）、大西洋（Atlantic）、比斯开湾（Bay of Biscay）等。海洋环境（Marine Environment）、生物多样性（Biodiversity）、渔业（Fisheries）、引进物种（Introduced Species）、微塑料（Microplastic）等是频次较高的主题词。

■ （三）海洋科学大国基金资助状况

本部分以 2019—2021 年[1] 中国国家自然科学基金（NSFC）、美国国家科学基金（NSF）和英国自然环境研究理事会基金（NERC）为例，对三个基金资助项目情况以及基金资助的海洋科学论文进行梳理与挖掘，探析海洋大国对海洋科学的资助方向和资助热点。

1. 中国国家自然科学基金（NSFC）

2019—2021 年，NSFC 共资助了 1670 个海洋类项目，资助总额达 11.78 亿元；每年资助项目都在 500 项以上。三年来，NSFC 资助最多的海洋学科方向为生物海洋学与海洋生物资源，受资助项目数超过 300 个；其次是海洋地质学与地球物理学和物理海洋学，受资助项目数超过 200 个；海洋生态学与环境科学的受资助项目数接近 200 项；以上 4 个方向的资助金额均超过 1 亿元。

（1）资助论文概况

在 Web of Science 数据库中检索获取 2019—2021 年 NSFC 资助的海洋科学论文共计 17261 篇，以此数据集作为分析基础。

NSFC 资助的海洋科学领域发文数排名 TOP10 的机构为：中国科学院大学、中国地质大学、中国海洋大学、中国科学院海洋研究所、中山大学、中国科学院南海海洋研究所、厦门大学、南京大学、浙江大学和华东师范大学（见表 8）。其中，中国科学院大学三年来受 NSFC 资助发表论文共 2361 篇，位居第一。中国地质大学、中国海洋大学发表的 NSFC 资助论文均超过 1300 篇。十家机构中，国际合作论文占比最高的是中国地质大学（52.12%），其次是厦门大学（47.11%）和南京大学（45.32%）。尽管华东师范大学论文数仅为全国第十，但其 CNCI 与 ESI 高被引论文占比两项指标排名第一，说明其论文质量较高。

---

[1] 以近三年为观测时段符合热点分析对时间轴的特殊要求，利于反映最新进展。

表 8 NSFC 资助的海洋科学论文数 TOP10 机构（2019—2021 年）

序号	机构名称	论文数	CNCI	ESI 高被引论文占比	国际合作论文占比
1	中国科学院大学	2361	1.09	0.51%	33.97%
2	中国地质大学 [1]	1391	1.37	1.01%	52.12%
3	中国海洋大学	1351	0.93	0.15%	33.60%
4	中国科学院海洋研究所	741	0.91	0.40%	32.25%
5	中山大学	647	1.11	0.62%	38.18%
6	中国科学院南海海洋研究所	608	0.91	0.33%	35.03%
7	厦门大学	571	1.07	0.35%	47.11%
8	南京大学	556	1.42	1.62%	45.32%
9	浙江大学	540	1.21	1.11%	35.74%
10	华东师范大学	519	1.52	2.50%	42.97%

2019—2021 年，中国海洋大学承担的项目数和获得的资助金额最多，三年来共获资助 161 个项目，经费达 14101 万元；中国科学院海洋研究所居第二，中国科学院南海海洋研究所位居第三。三家机构三年承担的项目均在 100 个以上，资助金额均超过 1.1 亿元。[2]（见表 9）

---

[1] 中国地质大学包括中国地质大学（北京）和中国地质大学（武汉）。

[2] NFSC 基金项目数据来源于泛研网"全球科研项目数据库"，学科限定为"海洋科学"，2021 年数据未收录完整。

表 9 论文数 TOP10 机构承担的 NSFC 项目情况（2019—2021 年）

序号	机构名称（中文）	项目数（个）	资助金额（万元）
1	中国海洋大学	161	14101
2	中国科学院海洋研究所	152	12454
3	中国科学院南海海洋研究所	114	11034.9
4	厦门大学	66	6119
5	中山大学	43	2380
6	华东师范大学	31	2177
7	浙江大学	19	1110
8	中国地质大学	15	1367
9	南京大学	10	765
10	中国科学院大学	2	84

（2）资助论文热点

通过主题词提炼和词频统计，发现出现频次较高的地域主题词有南海（South China Sea）、长江口（Changjiang Estuary）、东海（East China Sea）、黄海（Yellow Sea）、渤海（Bohai Sea）、珠江口（Zhujiang River Estuary）。出现频次较高的学科主题词有微塑料（Microplastics）、沉积物（Sediments）、遥感（Remote Sensing）、地球化学（Geochemistry）、气候变化（Climate Change）、重金属（Heavy Metal）、厄尔尼诺（ENSO）、季节变化（Seasonal Variation）、海水（Sea Water）、热带气旋（Tropical Cyclone）、稳定同位素（Stable Isotopes）、海面温度（Sea Surface Temperature）、富营养化（Eutrophication）、浮游植物（Phytoplankton）、多环芳烃（PAHs）、盐度（Salinity）、数值模拟（Numerical Simulation）、营养盐（Nutrients）、滨海湿地（Coastal Wetland）、数值模型（Numerical Model）、微生物群落（Microbial Community）、源解析（Source Apportionment）、风险评估（Risk Assessment）、特征提取（Feature Extraction）、溶解有机物（Dissolved Organic Matter）等。（见图 13）

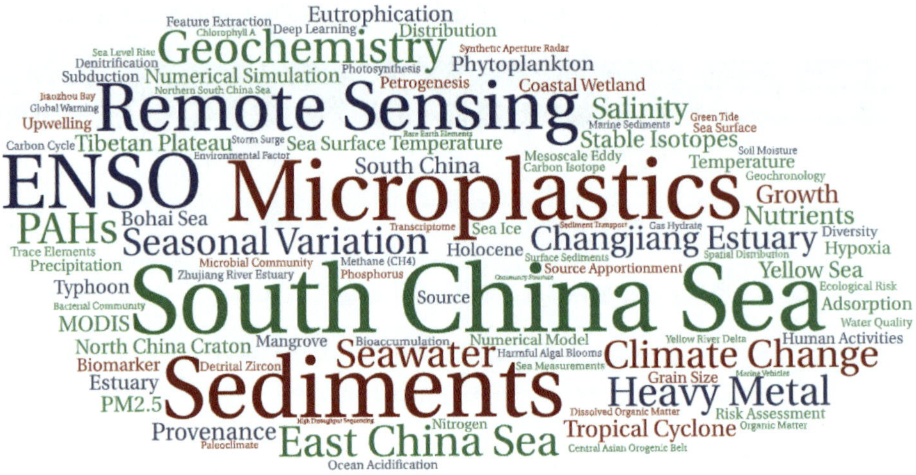

图 13 NSFC 资助论文高频主题词（2019—2021 年）

NSFC 资助论文的研究区域主要集中在南海、东海、黄海、渤海等我国近海，以及长江口、珠江口等主要大河入海口，研究热点主要集中在微塑料、沉积物、稳定同位素、海水、海面温度、气候变化、营养盐、富营养化、盐度、溶解有机物等方向，研究分析方法与技术较多地采用遥感监测、数值模拟、特征提取、源解析、痕量分析、同位素示踪技术等。

2. 美国国家科学基金（NSF）

NSF 是独立于美国联邦政府的公益性组织机构，主要负责美国基础研究计划的资助工作。NSF 资助海洋科学范围涉及海洋生物学、物理海洋学、海洋化学和海洋地质与地球物理学领域的科学研究以及教育、海洋钻探、海洋技术和设备等方面。[1] 此外，NSF 设立了极地项目办公室，负责管理和审批有关南北极研究的支持基金。

（1）资助论文概况

在 Web of Science 数据库中检索获取 2019—2021 年海洋科学领域 NSF 资助论文共计 7038 篇，以此数据集作为分析基础。

受 NSF 资助的海洋科学领域发文数排名 TOP10 美国机构包括伍兹霍尔海洋研究所，美国海洋和大气管理局，以及八所大学。其中，发文数最多是伍兹霍尔海洋研究所，加州大学圣地亚哥分校和华盛顿大学分别居发文数第二、第三。CNCI 排名居前的是加州大学圣克鲁兹分校和美国海洋和大气管理局，两者 CNCI 在 2 以上，说明其论文影响力具有显著

---

[1] 张灿影，鲁景亮，王琳，冯志纲. NSFC/NSF 海洋科学领域资助效果与 SCIE 论文产出比较研究 [J]. 世界科技研究与发展，2021，43（06）：677-690.

优势。在 10 所机构中，加州大学圣克鲁兹分校高被引论文占比最高，达 4.08%；哥伦比亚大学次之，为 3.52%。从国际合作论文占比看，哥伦比亚大学排名第一，达到 67.74%。（见表 10）

表 10 NSF 资助海洋科学发文 TOP10 美国机构（2019—2021 年）

序号	机构名称	论文数	CNCI	高被引论文占比	国际合作论文占比
1	Woods Hole Oceanographic Institution	593	1.83	0.84%	57.50%
2	University of California San Diego	496	1.58	2.02%	55.24%
3	University of Washington	443	1.86	2.71%	47.40%
4	National Oceanic Atmospheric Administration, NOAA	385	2.11	2.86%	47.53%
5	Columbia University	341	1.78	3.52%	67.74%
6	Oregon State University	310	1.67	2.58%	50.00%
7	University of North Carolina	301	1.56	1.99%	44.52%
8	University of Hawaii Manoa	269	1.19	0.74%	63.94%
9	University of California Santa Cruz	245	2.83	4.08%	55.51%
10	University of Colorado Boulder	245	1.72	2.86%	57.96%

2019—2021 年，NSF 海洋科学处资助海洋科学领域项目 1157 个，资助项目数逐年增加，资助金额达 11.75 亿美元。其中，获得 NSF 海洋科学处资助项目数量最多的机构为伍兹霍尔海洋研究所，资助项目达 230 个，资助金额达到 33140.9 万美元；华盛顿大学资助项目数量为 101 个，资助金额达到 5569.2 万美元；俄勒冈州立大学资助项目数量为 77 个，资助金额达到 17539.8 万美元。（见表 11）

表 11 论文数 TOP10 机构承担的 NSF 海洋科学处项目概况 [1]（2019—2021 年）

序号	机构名称	机构名称（中文）	项目数（个）	资助金额（万美元）
1	Woods Hole Oceanographic Institution	伍兹霍尔海洋研究所	230	33140.9
2	University of Washington	华盛顿大学	101	5569.2
3	Columbia University	哥伦比亚大学	79	6965.5
4	Oregon State University	俄勒冈州立大学	77	17539.8
5	University of California San Diego	加州大学圣地亚哥分校	57	3806.44
6	University of Hawaii Manoa	夏威夷大学马诺阿分校	40	1677.74
7	University of North Carolina	北卡罗来纳州立大学	27	679.7
8	University of Colorado Boulder	科罗拉多大学博尔德分校	20	368.1
9	University of California Santa Cruz	加州大学圣克鲁兹分校	19	392.9
10	National Oceanic Atmospheric Administration, NOAA	美国海洋和大气管理局	3	75.3

（2）资助论文热点

通过主题词提炼和词频统计，发现出现频次较高的地域主题词有北极（Arctic）、南极洲（Antarctica）、南大洋（Southern Ocean）、北冰洋（Arctic Ocean）、北大西洋（North Atlantic）、墨西哥湾（Gulf of Mexico）等。出现频次较高的学科主题词有气候变化（Climate Variability/Change）、稳定同位素（Stable Isotope）、珊瑚礁（Coral Reef）、海冰（Sea Ice）、碳循环（Carbon Cycle）、海洋酸化（Ocean Acidification）、厄尔尼诺—南方涛动（El-Nino Southern Oscillation ENSO）、浮游植物（Phytoplankton）、海平面上升（Sea Level Rise）、河口（Estuary）、末次盛冰期（Last Glacial Maximum）、全新世纪元（Holocene）等。（见图 14）

---

[1] 本表仅统计 NSF 海洋科学处资助的基金项目情况。

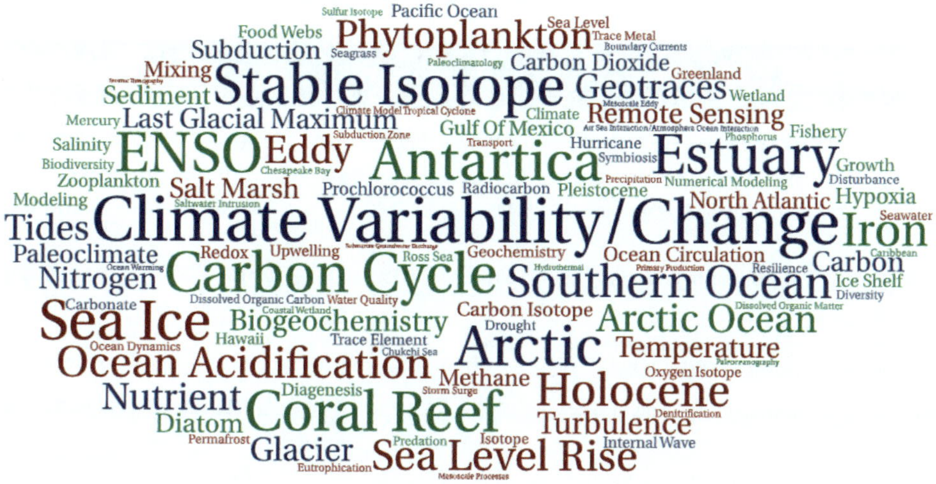

图 14 NSF 资助论文高频主题词（2019—2021 年）

NSF 基金资助项目的研究区域包括了两极（北极和南极洲）、南大洋、北大西洋等，研究热点主要集中在气候环境与全球变化、海洋环境、海平面上升、海洋酸化研究、海—气相互作用、海洋生物地球化学、海洋浮游生物、海洋环流等方向。

3. 英国自然环境研究理事会 （NERC）

NERC 成立于 1965 年，2018 年起成为英国研究和创新署的 7 个研究理事会之一，是英国海洋领域的主要资助机构，主要资助环境科学领域的研究和人才培养，资助领域涵盖大气、地球、淡水、海洋和陆地。

（1）资助论文概况

在 Web of Science 数据库中检索获得 2019—2021 年海洋科学领域 NERC 资助的相关论文共计 2812 篇，以此数据集作为分析基础。

NERC 在海洋科学领域资助论文中发文数排名 TOP10 机构包括 NERC 下属的三个研究中心（国家海洋学中心、英国南极调查局和英国地质调查局）、普利茅斯海洋实验室，以及六所大学。其中，国家海洋学中心、南安普敦大学和英国南极调查局分别位居发文数前三。CNCI 排名居前的机构有牛津大学、布里斯托大学、剑桥大学和埃克塞特大学，其 CNCI 均在 2.5 以上，说明其在论文影响力方面具有显著优势。在 10 所机构中，埃克塞特大学和利兹大学的高被引论文占比明显高于其他机构，分别达到 6.45% 和 6.16%。从国际合作的角度来看，布里斯托大学、牛津大学和英国南极调查局的国际合作论文占比较高，均超过 80%。（见表 12）

表 12 NERC 资助海洋科学论文数 TOP10 英国机构（2019—2021 年）

序号	机构名称	论文数	CNCI	高被引论文占比	国际合作论文占比
1	National Oceanography Centre	586	1.98	2.90%	77.47%
2	University of Southampton	443	1.99	2.48%	76.98%
3	British Antarctic Survey	351	1.75	2.56%	80.63%
4	University of Exeter	248	2.63	6.45%	77.02%
5	University of Cambridge	227	2.76	2.64%	78.85%
6	University of Leeds	211	2.35	6.16%	77.25%
7	University of Bristol	208	3.26	5.29%	82.69%
8	University of Oxford	203	3.26	3.45%	80.79%
9	British Geological Survey	194	1.51	2.06%	67.01%
10	Plymouth Marine Laboratory	188	2.25	5.85%	67.55%

2019—2021 年，NERC 在海洋领域的资助项目数量为 599 个，总资助金额达到 1.23 亿英镑。[1] 其中，获得 NERC 海洋领域资助项目数量最多的机构为国家海洋学中心，资助项目达 67 个，资助金额达到 1781 万英镑；其次为埃克塞特大学，资助项目数量为 30 个，资助金额达到 706 万英镑；位居第三的

为牛津大学和南安普敦大学，资助项目数量均为 26 个，资助金额分别达到 598 万英镑和 716 万英镑；此外，除发文数排名前十的机构外，英国生态与水文研究中心、东英吉利大学、曼彻斯特大学等机构也都获得了较多的 NERC 项目资助。（见表 13）

---

[1] NERC support by science classification[EB/OL]. [2022-06-01]. http://gotw.nerc.ac.uk/class_type.asp?classtype=Science%20Area.

表 13 论文数 TOP10 机构承担的 NERC 项目概况（2019—2021 年）

序号	机构名称	机构名称（中文）	项目数（个）	资助金额（万美元）
1	National Oceanography Centre	国家海洋学中心	67	1781.74
2	University of Exeter	埃克塞特大学	30	706.61
3	University of Southampton	南安普敦大学	26	716.32
4	University of Oxford	牛津大学	26	598.84
5	British Antarctic Survey	英国南极调查局	18	424.90
6	University of Bristol	布里斯托大学	15	250.95
7	University of Cambridge	剑桥大学	14	320.06
8	University of Leeds	利兹大学	13	101.88
9	Plymouth Marine Laboratory	普利茅斯海洋实验室	13	319.02
10	British Geological Survey	英国地质调查局	11	105.11

（2）资助论文热点

通过主题词提炼和词频统计，发现出现频次较高的学科主题词有气候变化（Climate Change）、南大洋（Southern Ocean）、稳定同位素（Stable Isotope）、南极洲（Antarctica）、海冰（Sea Ice）、北极（Arctic）、浮游植物（Phytoplankton）、碳循环（Carbon Cycle）、全新世（Holocene）、北大西洋（North Atlantic）、生物多样性（Biodiversity）、海洋酸化（Ocean Acidification）、遥感（Remote Sensing）、海洋表面温度（Sea Surface Temperature）、北冰洋（Arctic Ocean）、有孔虫（Foraminifera）、建模（Modelling）、综合大洋钻探计划（IODP）、海鸟（Seabird）、痕量元素（Trace Element）、生物地球化学（Biogeochemistry）等。NERC 基金资助的研究区域主要集中在南大洋、南极洲、北极、北大西洋、北冰洋等，研究热点主要集中在气候环境与全球变化、海洋生物地球化学、地质年代、海洋生物多样性、海洋酸化、海洋遥感与动态监测、海洋钻探、海洋建模、俯冲带研究等方向。值得注意的是，在 NERC 所资助的海洋科学研究论文中，气候变化（Climate Change）为出现频率最高的关键词。（见图 15）

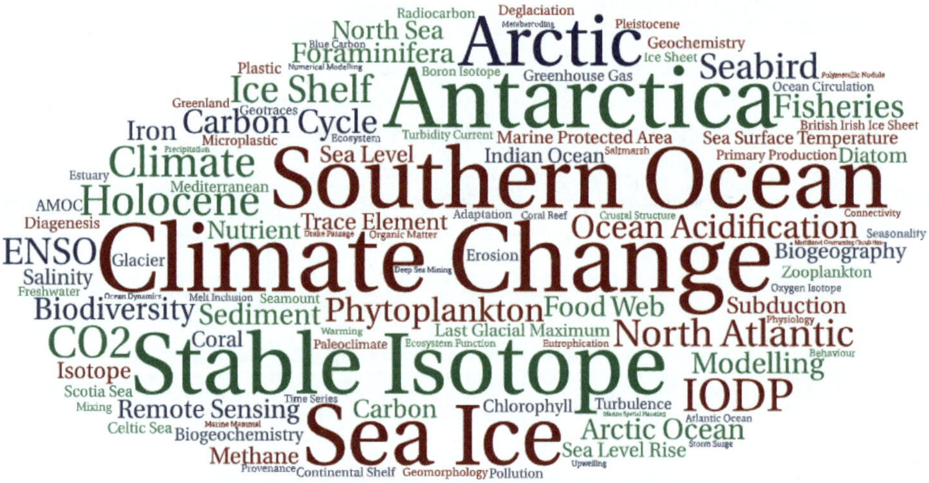

图 15 NERC 基金资助论文高频主题词（2019—2021 年）

二、海洋技术创新的现状及发展

海洋技术（Marine Technology 或 Ocean Technology）是开展海洋科学研究、开发利用海洋资源、保护海洋环境以及维护国家海洋安全所使用的各种技术的总称，是一门关于应用海洋学及相关基础科学的综合技术学科。作为海洋国家勘探开发海洋资源、确保国家海洋经济可持续发展的重要手段，海洋技术支撑着海洋装备与海洋工程系统的发展，大致可分为海洋基础技术、海洋支撑技术、海洋应用技术三大类。

本部分以海洋技术的专利文献为数据基础，分析全球海洋技术发明专利申请的发展历程、创新主体分布、技术构成及国际热点；同时通过有效专利和 PCT 申请情况及主要国家的技术布局了解海洋技术创新的国际竞争现状。

■ （一）海洋技术创新概览

1. 专利申请趋势

2012—2021 年，全球共申请海洋技术发明专利约 20 万件。[1] 总体来看，2012—2019 年，发明专利申请增长平稳，创新活跃度最高的是 2014 年，发明申请数较前一年增长 12.19%。（见图 16）

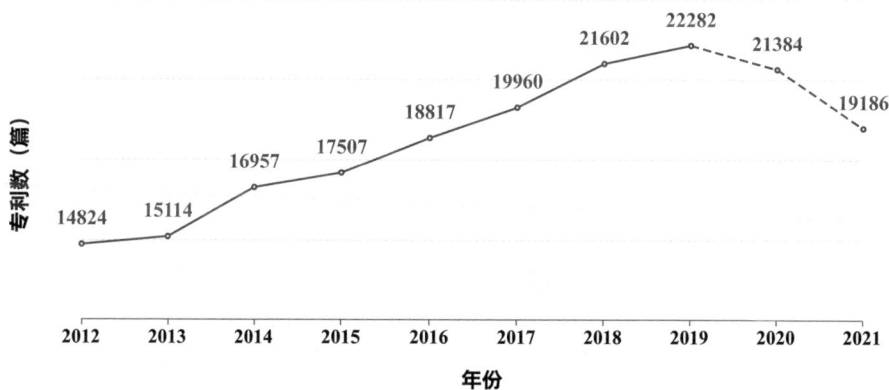

图 16 海洋技术发明专利申请趋势[2]（2012—2021 年）

---

[1] 本报告统计和分析的专利均为发明专利。专利申请数指的是技术创新主体（全球、国家或机构）向专利受理机构递交的技术发明专利的申请数量。专利申请数能够反映技术创新活动是否活跃，以及创新主体谋求专利保护的积极性。

[2] 专利申请数的统计时间为 2022 年 4 月，统计范围为申请年份为 2012—2021 年且已公开的发明专利。一般发明专利在申请后 3~18 个月公开，因此 2020—2021 年的数量为不完全统计结果。

分析发明专利申请数和申请人数随时间的变化情况可大致评估技术发展的阶段。如图 17 所示，2012—2013 年极有可能是海洋技术发展的转折点，专利申请数没有明显增长，申请人数却明显下降，随后海洋技术发明创造的活跃度趋于平缓，海洋技术从成长期转入成熟期。未来，海洋技术新格局的打造将更多地依赖新海洋技术的开发和应用。

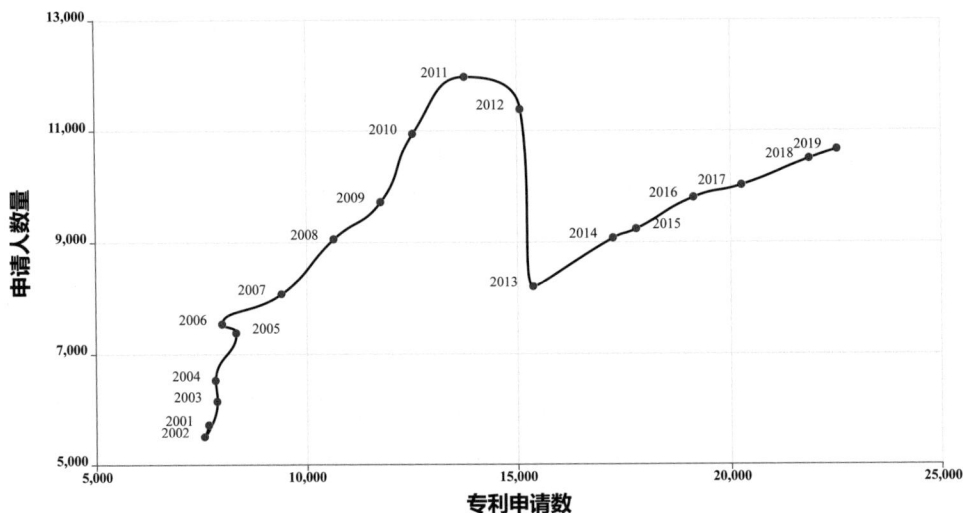

图 17 海洋技术发展阶段 [1]（2001—2019 年）

2. 专利技术研发主体

（1）专利申请国分析

2012—2021 年，海洋技术发明申请数 TOP10 国家及其专利申请份额如图 18 所示。中国是海洋技术发明专利申请数最多的国家，10 年来申请的发明专利数几乎占到全球发明申请数的一半。美国、韩国和日本位居二、三、四位，占全球申请数百分比分别为 11.43%、9.45% 和 7.09%。

2012—2021 年，海洋技术发明申请数 TOP10 国家专利申请趋势如图 19 所示。多数 TOP10 国家年度申请数呈逐渐减少的趋势，中国是唯一一连续多年申请数不断增长的国家，且增幅远超其他九国，这反映出中国与美国、日本和韩国的海洋技术明显处在不同的发展阶段，中国正在试图通过加大海洋科技创新投入和技术发明申请密集度来扩大知识产权市场份额，深化海洋强国战略。

---

[1] 专利申请数统计时间为 2022 年 4 月，统计范围为申请年份为 2012—2021 年且已公开的发明专利。一般发明专利在申请后 3~18 个月公开，2020—2021 年申请的专利并未完全公开，因此此处技术发展阶段分析截至年份是 2019 年。

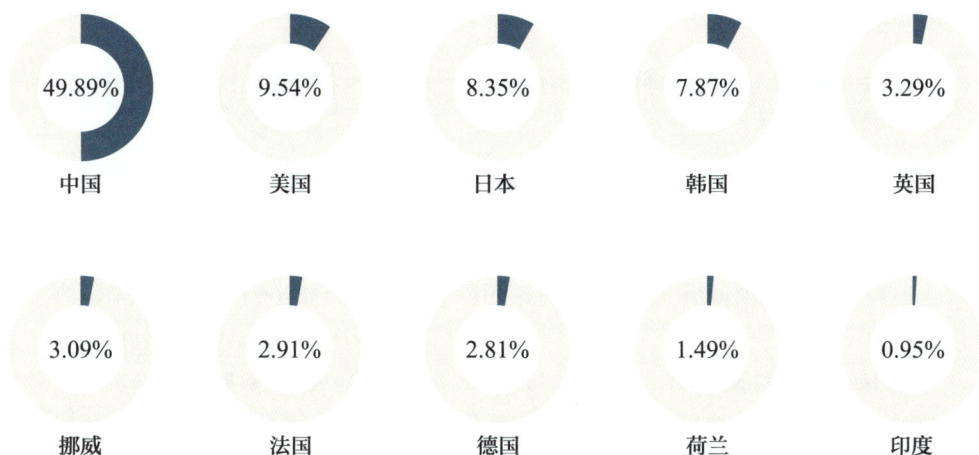

49.89%	9.54%	8.35%	7.87%	3.29%
中国	美国	日本	韩国	英国

3.09%	2.91%	2.81%	1.49%	0.95%
挪威	法国	德国	荷兰	印度

图 18 海洋技术发明申请数 TOP10 国家分布（2012—2021 年）

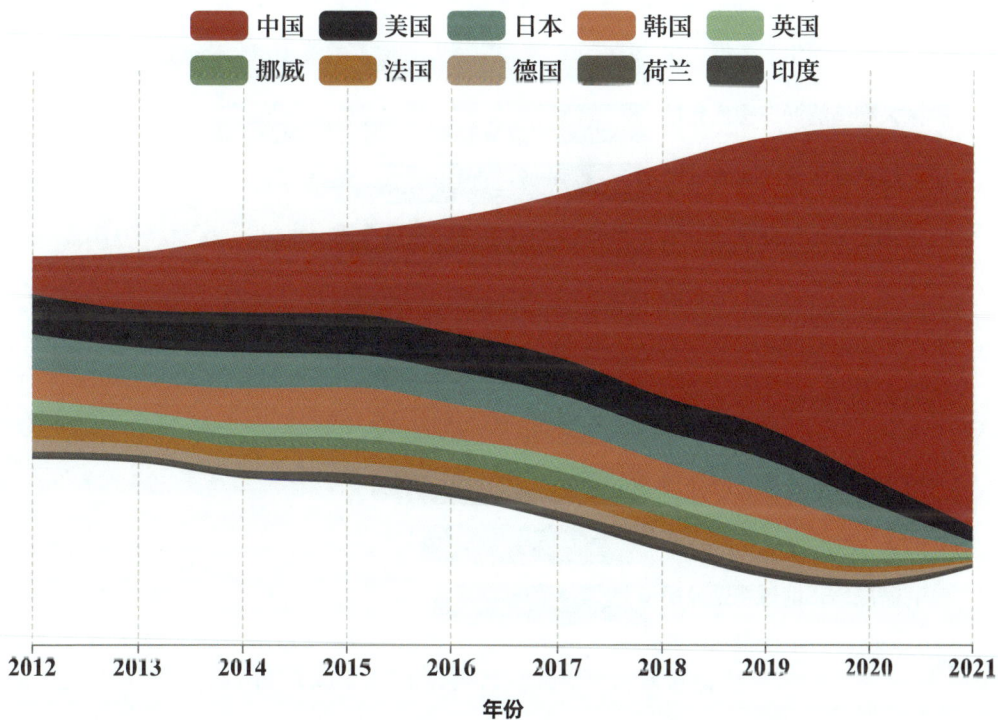

图 19 海洋技术发明申请数 TOP10 国家申请趋势（2012—2021 年）

（2）专利申请人分析

2012—2021 年，申请数 TOP10 的专利申请人[1]中，中国机构占七席，其中包括四所大学，分别是哈尔滨工程大学、浙江大学、中国海洋大学、天津大学，以及三家大型集团公司，分别是中船重工、中海石油、中船集团；韩国机构占两席，为大宇造船和三星重工；挪威机构占一席，即 PGS 地球物理公司。

为保证各类机构的代表性，选择哈尔滨工程大学、韩国大宇造船海洋株式会社、中国海洋石油总公司、中国船舶重工集团有限公司作为中外高校、企业代表进行简单分析。其中，哈尔滨工程大学海洋技术专利申请数量遥遥领先，超过 2000 件。韩国大宇造船海洋株式会社（大宇造船）的专利布局重点包括海上钻井平台（包括月池、推进器、漂浮结构等）、船用燃料高压供气系统（包括燃料储罐技术、系统设计技术等）等。中国海洋石油总公司（中国海油）重点专利布局深水导管架安装、原油降凝剂、水下中心管汇、水下采油树系统、浮式储卸油装置等。中国船舶集团有限公司的专利布局重点是船用低速双燃料发动机、自升式海洋平台的升降结构和控制、海水过滤器等。

专利申请数（件）

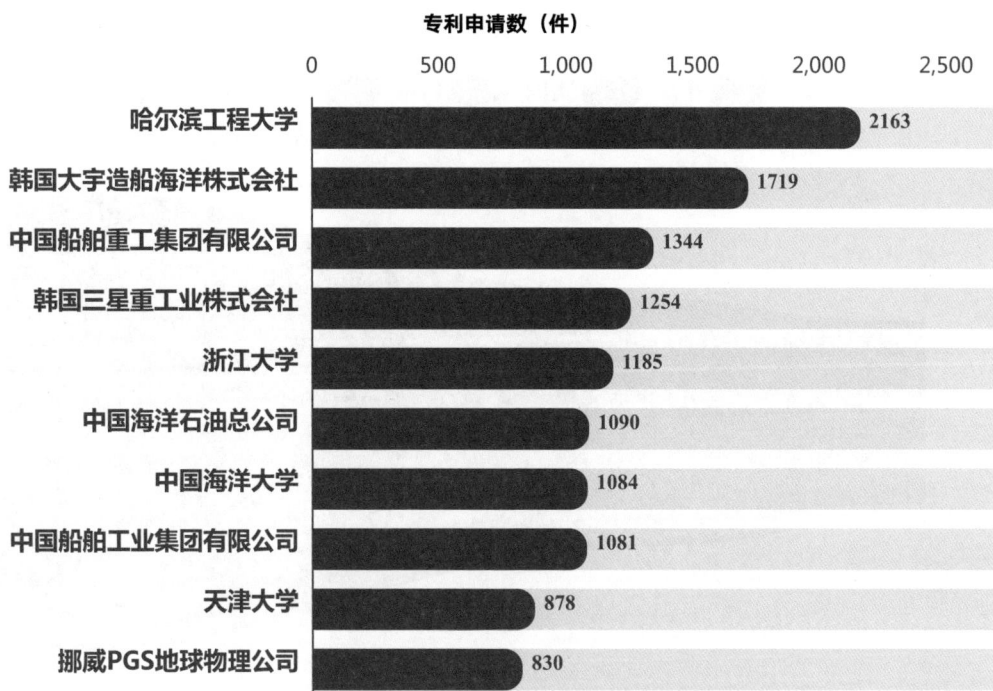

图 20 海洋技术发明专利 TOP10 申请人（2012—2021 年）

---

[1] 发明专利的申请人是专利技术的实际开发方和初始专利权人（专利获得授权后申请人即为专利权人），代表着科技创新主体。即使专利的专利权人发生变更，专利的原始申请人保持不变，通过统计专利技术申请人仍可分析专利技术成果的实际产出方。

3. 专利技术构成及申请热点

（1）全球专利技术构成分析

通过统计专利技术覆盖的具体类别，可以了解海洋技术专利申请的热点方向。本节从专利申请的技术构成[1]情况分析全球海洋技术创新热点。综合考虑数据覆盖率的合理性和数据显示的便利性[2]，按照 IPC 大类对海洋技术发明专利进行技术类别统计并列出专利数前十五的技术类别[3]。2012—2021 年，全球申请的海洋技术发明专利的主要技术类别及专利数分布如表 14 所示。船舶及船用设备技术仍是海洋技术中创新活跃度最高的，归属于这个类别（B63）的专利申请数占全部专利申请数的 16.69%；其次是通过测量观测、探测或检测海洋地质、海洋物质、海洋生物技术，归属于这个类别（G01）的专利申请数占全部发明申请数的 13.10%。专利申请数占比超过 5% 的技术类别还有海洋水利工程、海产养殖、海洋结构物动力机械、海洋油气开采、海洋污染治理、海洋仿真系统等。

总体来看，2012—2021 年申请的海洋技术发明专利主要涉及海洋研究、海洋资源开发与保护、海洋生态保护、海上通信、海底电缆等领域，申请热点依次为船舶及船舶设备技术（包括海上浮动结构、潜艇、水下航行器等）、海洋观测技术（包括导航定位、地震或声学勘测、海洋物质检测等）、水利工程（海上或水下结构物基础、疏浚、海岸控制工程、人工岛等）、海产养殖技术、液力机械技术、海洋油气开采技术、海洋污染处理技术、海洋仿真系统、海产品处理技术、海洋生物制品技术、海底电缆部件技术、海上发电技术等等。

表 14 海洋技术发明专利的主要技术类别（IPC 大类）及专利申请数占比（2012—2021 年）

IPC 分类号	IPC 分类含义	对应海洋技术	占比
B63	船舶或其他水上船只；与船有关的设备	船舶及其设备	16.69%
G01	测量；测试	海洋观测、海洋测绘、物质检测	13.10%
E02	水利工程；疏浚	海上疏浚、水下结构物施工	7.19%
A01	养殖业；捕鱼	海产养殖、海产捕捞	6.32%

---

[1] 技术构成分析的基础是 IPC 国际专利分类号（通常缩写为 IPC 号）。IPC 号是基于专利文献的说明书、权利要求等得到的国际通用的专利文献分类号。IPC 采用了功能和应用相结合，以功能性为主、应用性为辅的分类原则。IPC 分类号采用等级的形式，具体为：部（1 个字母）、大类（2 个数字）、小类（1 个字母）、大组（1～3 个数字）、小组（2～4 个数字）。全部专利被划分 8 个部：A—人类生活必需；B—作业；运输；C—化学；冶金；D—纺织；造纸；E—固定建筑物；F—机械工程；照明；加热；武器；爆破；G—物理；H—电学。

[2] 将专利按照不同的分类层次统计，数据的覆盖率有很大不同。如 2012—2021 年申请的海洋技术发明专利按照大类统计前 10 个技术类别时，进入统计范围的专利数占全部专利数的 83.24%；按照小类统计前 10 个技术类别时，进入统计范围的专利数仅占全部专利数的 62.67%。

[3] 通常一件专利会归属于多个技术类别，因此表中归属于不同技术分类的专利数会存在重复计算的情况。

续表

IPC 分类号	IPC 分类含义	对应海洋技术	占比
F03	液力机械或液力发动机	液力机械或液力发动机	5.90%
E21	土层或岩石的钻进；采矿	海洋油气开采	5.90%
C02	水、废水、污水或污泥的处理	海洋污染处理	5.37%
G06	计算；推算或计数	海洋仿真系统、海洋数据处理	5.00%
A23	食品或食料及其处理	海产品加工、处理	4.88%
A61	医学或兽医学；卫生学	来自海洋的医用、卫生用、梳妆用的配制品	4.70%
F16	工程元件或部件	海洋管道、管线铺设、检修	4.34%
H02	发电、变电或配电	海上电机、电路电缆安装、电能储存	4.09%
B01	一般物理或化学的方法或装置	海水淡化、海水污染处理	3.65%
H04	电通信技术	水下通信系统	3.23%
H01	基本电气元件	海上、海底电缆及装置	3.07%

按照 IPC 小类，主要海洋技术国家的专利技术布局特色各异（如图 21 所示）。总体来看，应用于海洋油气资源开发的海洋技术是各国发明专利申请的重点。与海洋污染治理相关的技术是中、韩、日等亚洲国家重点关注的技术；与海洋勘探相关的技术则是欧美国家重点关注的技术。具体来看，中国专利申请十分活跃，在海洋技术的主要领域都有布局，在 B63B（船舶或其他水上船只；船用设备）和 C02F（海水污染治理）类别上布局最多，具体涉及海上浮式建筑物、水上钻井平台或载有油水分离设备的水上车间，和太阳能海水淡化、海洋油污处理、沉水植物生态修复、污染治理材料等。相较于其他国家，中国在 G01N（借助于测定材料的化学或物理性质来测试或分析材料）、G01S（无线电定向；无线电导航；采用无线电波测距或测速；采用无线电波的反射或再辐射的定位或存在检测；采用其他波的类似装置）、E02D（基础；挖方；填方；地下或水下结构物）等技术类别上专利申请更多。

美国的发明专利主要分布在 E21B（土层或岩石的钻进；从井中开采油、气、水、可溶解或可熔化物质或矿物泥浆）类别上，其次是 B63B。日本的发明申请布局的技术分支更为多样，归属于 B63B 的发明申请数略多于其他技术分支，其中适用于水下航行器的技术和海洋污染物治理技术是日本在海洋技术方面重点关注的方向。韩国的发明申请布局中也

是归属于 B63B 分类的专利最多，具体涉及的是浮式建筑物，水上仓库，水上钻井平台或水上车间等。

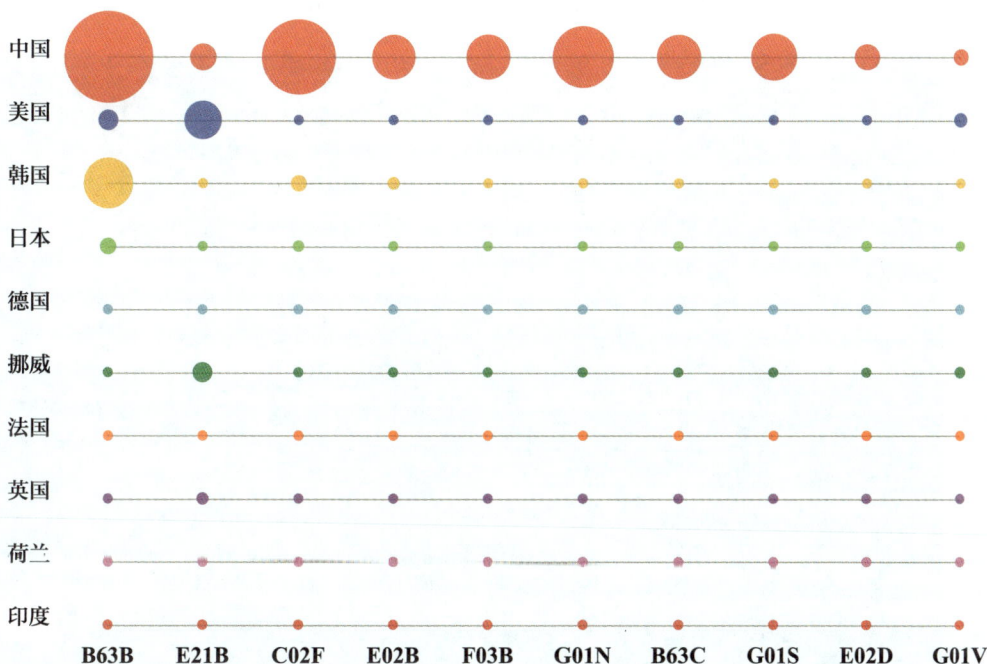

图 21　申请数 TOP10 国家的发明申请技术分支（IPC 小类，2012—2021 年）

（2）国际专利申请热点分析

PCT[1] 申请是由世界知识产权组织的国际局进行国际公开的专利申请，是申请人进行国外专利申请的便捷途径。PCT 申请往往代表申请人对国际技术市场的重视。为更准确地了解近年海洋技术的创新热点，利用 IncoPat 的语义聚类功能，通过对 2012—2021 年 PCT 申请进行语义聚类分析全球海洋技术专

利申请的集中点。[2]

图 22 反映了海洋技术 PCT 申请的语义聚类结果，展示了全球国际专利权申请的集中点，波峰代表技术密集区。2012—2021 年，海洋技术的 PCT 申请热点包括风力涡轮机 / 连接器、水下航行器 / 系泊系统、水听器 / 地震勘测、海洋船舶 / 控制系统 / 传

---

[1] PCT 是专利合作条约（Patent Cooperation Treaty）的简称，是在专利领域进行合作的国际性条约，其目的是为解决就同一发明创造向多个国家申请专利时，减少申请人和各个专利局的重复劳动。专利申请人通过 PCT 途径递交国际专利申请，只需要提供一份 PCT 申请，就可以向多个国家申请专利，为企业、研究机构和大学等寻求多国专利保护时所使用，而且申请人可以使用自己最熟悉的语言撰写申请文件，并直接提交到所属国国家知识产权局，极大地简化了国际专利申请的流程，降低了专利申请人的申请难度。

[2] IncoPat 的聚类分析是基于语义算法，提取专利标题、摘要和权利要求中的关键词，根据语义相关度聚出不同类别的主题进行技术热点分析。

感器、推进系统 / 涡轮机 / 船舶推进、流体 / 流动路径、海水淡化、提取物 / 多不饱和脂肪酸、防污涂料 / 防污涂膜 / 防污剂、海底电缆 / 电力电缆 / 铠装层、船用发动机 / 船用燃料油、海水电池 / 中子吸收剂、海洋生物、热交换器 / 再液化、能量存储 / 海上风电场等，涉及海洋风能开发（海上风力发电技术）、水下航行器、海洋生物开发、海水淡化、水听器和地震勘测、船舶动力和推进系统等各个领域。

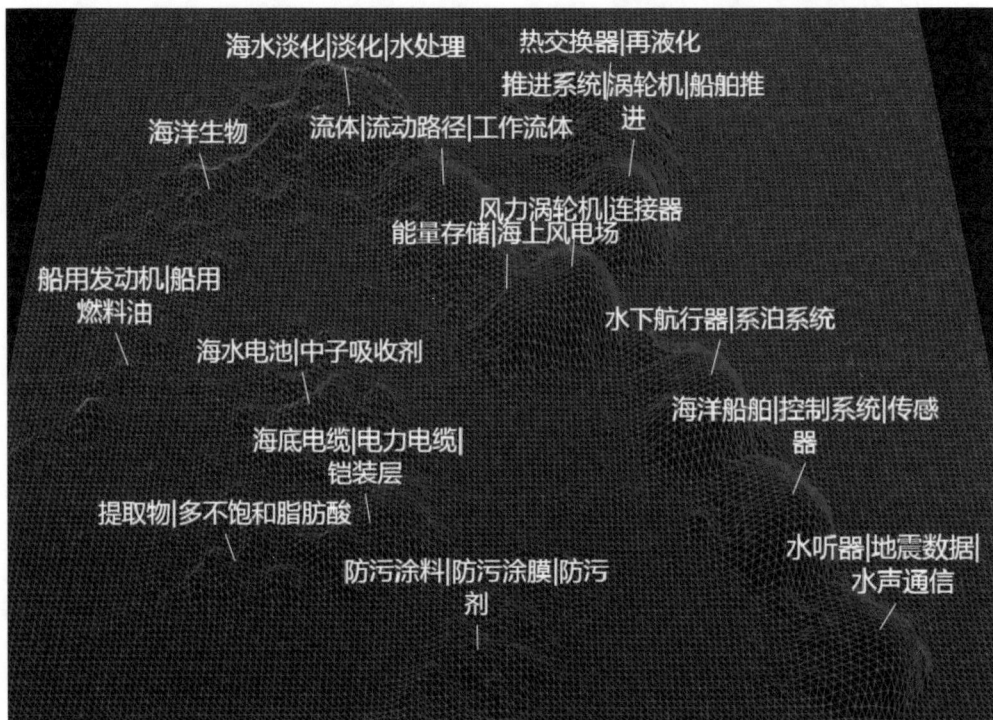

图 22 全球 PCT 专利的 IncoPat 语义聚类结果（2012—2021 年）

■ （二）海洋技术创新竞争力分析

2012 年以来，全球共获得专利权的海洋技术发明专利有 78000 余件，授权率[1] 约为 37%；已经获得专利权且有效的专利超 68000 件，维持率[2] 约为 87%。

1. 有效专利持有分析

专利保护具有地域性特点，一个国家或地区所授予的专利保护权仅在该国或地区的范围内有效。各国研究主体都倾向于优先申请本国专利权（即使是递交了 PCT 申请的专利也会先申请本国的专利权），因此尽管不同创新主体之间专利申请数的差异可以代表创新活跃度的差异，但对不同国家或地区获得的专利权数不能简单地进行数量对比。本部分通过有效专利[3] 数 TOP10 国家的专利授权率和维持率（见表 15）分析这些国家的专利权特征。

表 15 海洋技术有效专利数 TOP10 国家的专利授权率和维持率（2012—2021 年）

申请人国别	发明专利授权率	有效专利维持率
中国	31.85%	87.78%
韩国	84.68%	92.02%
美国	40.12%	85.30%
日本	42.85%	90.38%
德国	30.01%	87.65%
挪威	38.22%	50.27%
法国	39.47%	81.29%
英国	33.00%	61.34%
荷兰	39.37%	62.22%
西班牙	24.23%	77.68%

[1] 授权率 = 授权专利数 / 专利申请数 *100%。

[2] 维持率 = 有效专利数 / 授权专利数 *100%。

[3] 有效专利是指专利申请被授权后仍处于有效状态，即专利权还处在法定保护期限内且专利权人按规定缴纳年费的专利。专利授权情况、专利维持情况分别反映了创新主体的技术创新力、专利运用和管理能力。对有效专利情况分析可明晰专利权的归属情况，一定程度反映出专利权人在技术市场的竞争力。

从发明专利授权率看，韩国专利授权率最高，达 84.68%，远高于其他国家。其次为美国和日本，授权率均超过 40%。西班牙、德国、中国、英国申请的专利授权率较低，低于全球平均表现（约 37%）。从专利维持率看，韩国的专利维持率最高，达到了 92.02%，其次是日本，也超过了 90%。中国和德国专利维持率与全球平均水平一致，美国的专利维持率则略微低于全球平均水平（约 87%）。挪威、英国、荷兰和西班牙的维持率较低，低于全球平均表现。

2. 国际竞争力分析

PCT 申请一定程度体现申请人在国际技术市场的竞争力水平。2012—2021 年，通过世界知识产权组织提交的专利申请为 14000 余件，占全部发明专利申请的 6.58%。

美国是 PCT 申请数占比最多的国家，占全球 PCT 申请数的 19.85%。其次是中国和日本，PCT 申请数占比也都超过了全球 PCT 申请数的 10%。韩国排名第四，PCT 申请数占比为全球的 7.65%。

PCT 申请数 TOP10 国家中有 6 个欧洲国家，其 PCT 申请数占全球 PCT 申请数的百分比在 2.95% 至 6.77% 之间。

从 PCT 申请数占本国专利申请数的百分比看，亚洲国家的表现却不如欧美国家。中国 PCT 申请数仅占中国申请的专利总数的 2.18%，对专利的技术先进性、市场价值等质量内涵重视不足，导致中国海洋技术知识产权国际竞争力严重不足。（见表 16）

表 16 海洋技术 PCT 申请的 TOP10 国家（2012—2021 年）

申请人国别	PCT 申请数占全球 PCT 申请数百分比	PCT 申请数占本国专利申请数的百分比
美国	19.85%	18.34%
中国	12.33%	2.18%
日本	11.06%	11.69%
韩国	7.65%	8.57%
挪威	6.77%	19.31%
德国	6.57%	20.61%
法国	6.22%	18.86%
英国	5.67%	15.18%
荷兰	4.45%	26.34%
西班牙	2.95%	27.34%

从海洋技术 PCT 申请统计情况看，PCT 申请数 TOP10 申请人均为国外机构，其中德国三家，法国两家，荷兰、英国、美国、挪威、韩国各一家。按机构性质分类，九家为开展跨国业务公司，一家为科研机构，这一定程度说明跨国公司出于占领国际市场的需要对技术研发投入更大、创新成果知识产权保护力度更强。（见图23）

PCT 申请数（件）

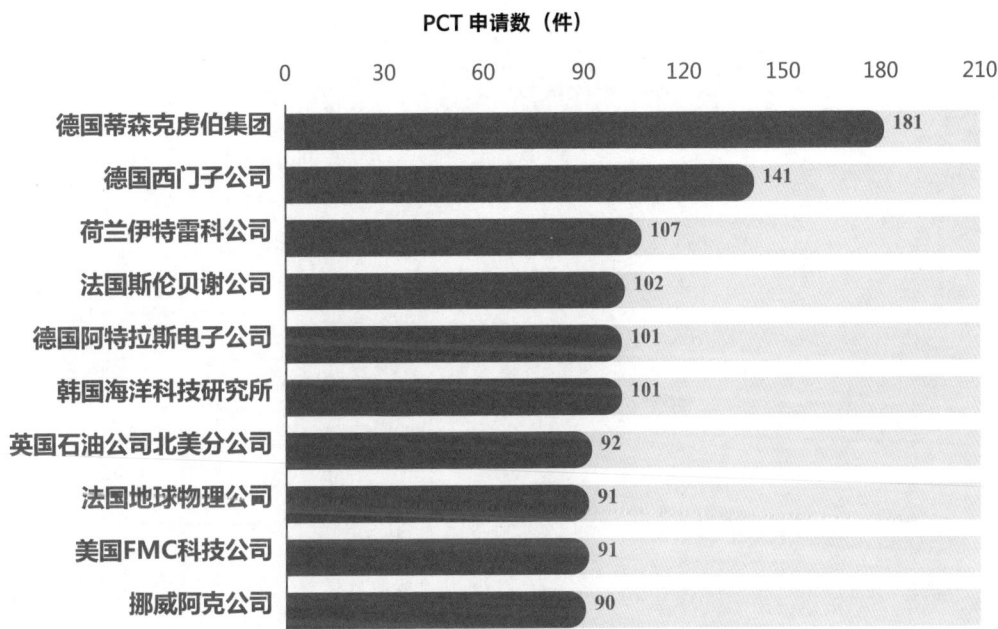

图 23 海洋技术 PCT 申请的 TOP10 申请人（2012—2021 年）

本部分选择德国蒂森克虏伯集团、德国西门子公司、荷兰伊特雷科公司、法国斯伦贝谢公司、德国阿特拉斯电子设备公司、挪威阿克海洋生物有限公司进行简单分析。德国蒂森克虏伯集团是德国重工业的代表。除钢铁生产外，产品版图还包括造船业。附属公司蒂森克虏伯海事系统公司为德国和外国海军制造轻型护卫舰和潜艇，其 PCT 申请的关注点包括水声接收器、压电陶瓷水听器、潜艇驱动系统和重整器、模块式无人潜航器、水下航行器方向舵和推进器等。德国西门子公司是电子电气工程领域的领先企业，其 PCT 申请的关注点包括海底缆线束、海底压力筒、海底连接器（传感器）、海底熔断器、功率整流器、船舶能源供应系统、船舶自动化系统、水下航行器推进电机等。德国阿特拉斯电子设备公司 PCT 申请技术领域覆盖水下滑翔机、深海潜水器导航技术、航道测量技术、阵列声呐技术、鱼雷技术等。荷兰伊特雷科公司是工程服务企业，其 PCT 申请的关注点包括铺管船、钻井管柱、风力涡轮机塔架、风力涡轮机叶片、海上钻井船等。法国斯伦贝谢公司是全球最大的油田技术服务公司，PCT 申请技术领域覆盖钻井、固井、完井、集成化井下仪器和海洋地震勘探拖缆等。挪威阿克海洋生物公司是一家生物技术创新和南极磷虾捕捞公司，专利布局重点为可持续的磷虾捕捞方式和磷虾油技术。

附录 2：空间领域文献计量分析

摘要

本报告基于 Incites 数据库和 IncoPat 专利数据库，统计全球空间科学 2012—2021 年研究论文和 2002—2021 年专利数据，从文献计量学角度反映全球空间科学基础研究和技术创新的时空分布、研究热点、主要贡献国家和重要研究机构，揭示空间科技发展态势，把握科技前沿，明晰我国与空间强国的差距。

报告发现，2012—2021 年全球空间科学主要发文国家有美国、英国、德国、法国、中国、意大利、西班牙、日本、澳大利亚、俄罗斯等，发文量 TOP10 国家的论文总数占全球空间科学论文的 85% 以上。

美国空间科学综合实力较强，科研规模远超其他国家，与欧洲国家的合作较为紧密，研究成果学术影响力较高；代表性机构有 NASA、加州理工学院、哈佛大学等；研究热点方向主要集中在银河系（星系）、行星与宇宙的观测、X- 射线探测、黑洞等。英国、德国、法国三国在空间科学领域的研究主要以国际合作为主，研究成果学术影响力较高；代表性机构有马克斯·普朗克学会、海德堡大学、亥姆霍兹联合会、剑桥大学、伦敦大学学院、牛津大学、法国国家科学研究中心、巴黎大学等；三国研究热点相似度较高，如银河系（星

系）、红移、黑洞、超新星等，此外"盖亚"探测器和 Cluster 卫星相关研究也是其共同热点方向。中国空间科学以自主研究为主，学术影响力不高；代表性机构有中国科学院国家天文台、中国科学院大学、北京大学等；研究热点主要集中在星系形成与演化、X- 射线探测、黑洞、致密双星等方向。日本发文规模较小但国际合作论文占比高；代表性机构有东京大学、日本国立天文台、京都大学等；研究热点主要集中在银河系（星系）、恒星的形成与演化、X- 射线探测、黑洞、暗物质探测、空间引力波探测等。

全球空间技术创新规模增长较快，发明专利申请年均增长率为 7.28%（2003—2020 年），创新活跃度高的年份分别是 2007 年、2011 年和 2016 年。空间技术发明专利申请数 TOP10 国家为中国、美国、俄罗斯、日本、法国、德国、韩国、英国、乌克兰、印度。从 2002—2021 年申请的空间技术发明专利的主要技术构成看，宇宙航行及其所用的飞行器（空间飞行器）及其设备的专利申请占比最大；其次为利用无线电波定向、导航、测距或测速、检测的专利申请占比和喷气推进装置。全球空间技术的关注点集中在空间飞行器的动力系

为准确把握空天科技领域交叉前沿方向，我们对空间领域的学术发表和技术创新情况进行了综合分析，形成了数万字的《空间领域文献计量分析》报告，编入本书过程中做了适当删减。报告由浙江大学中国科教战略研究院和浙江大学图书馆联合撰写，执行负责人为陈振英、吴伟，其他参与人员包括（以姓氏笔画排序）冯家浩、朱嘉赞、李红、李鲶、周云平、赵惠芳、徐恺咏、熊进苏等，报告完成时间为 2022 年 11 月。

统，空间飞行器的控制技术，航天材料的制备制造，卫星定位导航技术，光学通信技术等。

2002—2021 年，中国共申请空间技术发明专利 38000 余件，授权率为 48.27%，略低于全球平均水平；国际专利申请数仅占中国空间技术全部发明专利申请数 1.27%，远低于全球平均水平（6.25%）。美国共申请空间技术发明专利 17000 余件，授权率为 50.67%，略高于全球平均水平；国际专利申请数占全部发明专利申请数 12.03%，显著高于全球平均水平；代表机构有波音公司、高通公司、霍尼韦尔公司、雷神公司、洛克希德公司等。欧洲空间技术创新积极性最高的两个国家是法国和德国。法国空间技术发明专利授权率及国际专利

申请数占全部发明专利申请数比重均显著高于全球平均水平；代表机构有泰雷兹公司、赛峰公司、空中客车防务及航天公司、国家太空研究中心、斯奈克玛公司等。德国共申请空间技术发明专利 4600 余件，授权率为 45.39%，低于全球平均水平；国际专利申请数占全部发明专利申请数 10.23%，明显高于全球平均水平；代表机构有空中客车德国公司、阿斯特里姆德国公司、德国宇航中心等。日本空间技术发明专利授权率为 42.41%，低于全球平均水平；国际专利申请数占全部发明专利申请数 9.42%，高于全球平均水平；代表机构有三菱电机公司、三菱重工公司、日本宇宙航空研究开发机构、日本电气股份有限公司、IHI 太空公司等。

一、空间科学研究现状及发展

空间科学（Space Science）一词自 1958 年 3 月在美国总统科学咨询委员会发布的报告中被正式使用起已发展出诸多分支领域，如空间天文学、空间物理学、行星科学、空间材料、微重力科学、空间生命科学、空间

探测等。本部分对空间科学研究主要贡献国、机构以及国际合作情况进行论文数据挖掘，呈现空间科学全球发展总体概况与热点，并针对中国[1]、美国、英国、法国、德国、日本等国的学术发表状况展开详细分析。

■（一）全球空间科学研究概览

检索 Web of Science 的 Incites 数据库获取 2012—2021 年全球发表的空间科学相关研究论文 152664

1. 全球发展总览

全球空间科学论文年度发展态势如图 1 所示。2012—2021 年，全球空间科学论文数量除 2016 年略有下降外，整体上呈持续增长态势，从 13752 篇增

篇[2]，以此数据集作为分析基础。

至 17774 篇，增幅达 29.25%，表明近年来空间科学的相关研究在国际学术界受关注程度持续上升。

---

[1] 仅指中国大陆地区，下同。

[2] 文献类型为 Article，检索时间为 2022 年 6 月。

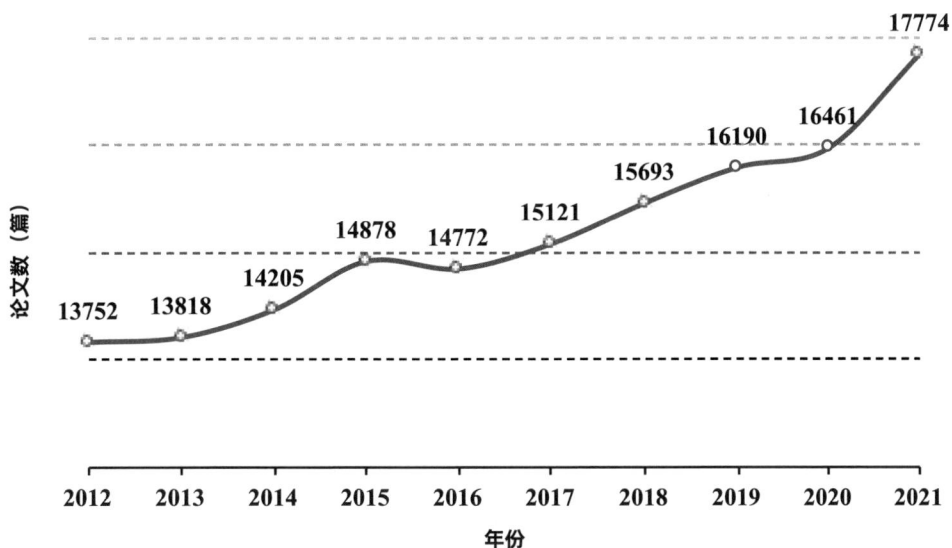

图 1 空间科学基础研究年度发展态势（2012—2021 年）

2. 主要贡献国

2012—2021 年，全球近 160 个国家 / 地区参与了空间科学研究，其中论文数 1000 篇以上的国家近 40 个。图 2 展示了 2012—2021 年空间科学领域发文量 TOP10 国家的发文情况。10 个国家发文总数为 130986 篇，占全球空间科学领域论文的 85.80%。美国 10 年发文量达到 70137 篇，占全球该领域总发文量的 45.94%，遥遥领先于其他各国；英国、德国位居发文量第二、第三，发文量分别达到 31065 篇和 30826 篇，发文占比分别为 20.35% 和 20.19%；中国位居第五，发文 18593 篇，占 12.18%。除美、英、德三国外，其他国家的发文量占全球空间科学总发文量的比例均低于 20%。

---

[1] 统计各国发文量占该领域全球论文百分比时对多国合作论文中各国的论文量均计数 1 次，即多国合作论文会被多次计算，因此各国的发文量占该领域全球论文百分比之和会大于 100%。

[2] 图中不同颜色的分支河流分别对应一个主要贡献国家，同一时间窗口中，对应的河流宽度越宽表明该国发文产出越多。

论文数（篇）

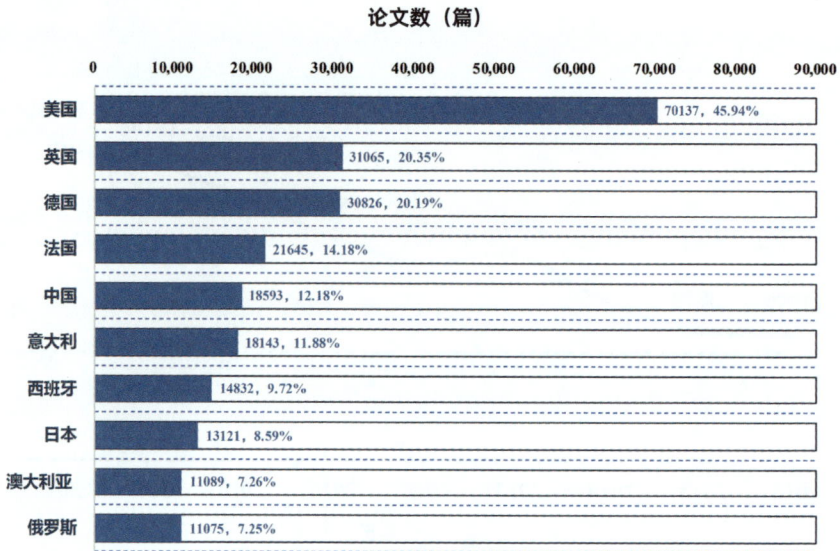

图 2 空间科学发文量 TOP10 国家分布（2012—2021 年）

图 3 展示了空间科学发文量 TOP10 贡献国家的年度发文变化情况。整体来看，河流的总宽度呈现出前窄后宽的特征，表明发文量 TOP10 国家的年度总发文数逐年增加。代表美国、英国和德国的三分支河流宽度之和在全部时间窗口中均超过总河流宽度一半，表明美、英、德三国是空间科学研究最主要的贡献国家。从河流分支宽度变化情况来看，10个国家的分支河流宽度随时间的变化均有所增加，中国的增势尤其明显，说明中国年度中发文增长速度快。

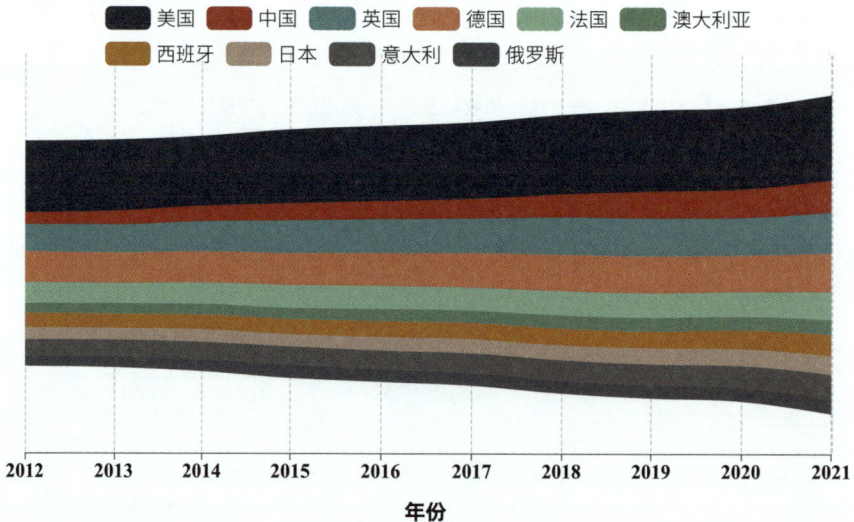

图 3 空间科学发文量 TOP10 国家论文年度发展态势（2012—2021 年）

从空间科学发文量 TOP10 国家论文表现（见表 1）来看，美国论文影响力指标 CNCI[1] 为 1.34，高被引论文占比[2] 为 1.61%，表明美国在空间科学领域有较强的研究优势。英国、德国、法国、意大利、西班牙和澳大利亚六国的空间科学论文表现较为相似，CNCI 均在 1.5 以上，高被引论文占比均在 2% 以上，国际合作论文占比均在 87% 以上，说明此六国在空间科学领域的研究以国际合作为主，研究成果学术影响力较大。中国、俄罗斯 CNCI 和高被引论文占比低于其他国家，第一 / 通信论文占比分别达到 75.04% 和 66.67%，位居前两位，而国际合作论文占比排位较后，表明中国和俄罗斯在该领域研究多以自主研究或主导研究为主，学术影响力仍有较大提升空间。

表 1 空间科学发文量 TOP10 国家论文表现（2012—2021 年）

国家	论文数	CNCI	ESI 高被引论文占比	国际合作论文占比	第一一通信论文占比
美国	70137	1.34	1.61%	71.28%	60.32%
英国	31065	1.56	2.16%	87.60%	42.60%
德国	30826	1.56	2.16%	90.81%	40.96%
法国	21645	1.58	2.19%	90.86%	37.85%
中国	18593	0.98	1.01%	57.61%	75.04%
意大利	18143	1.53	2.04%	88.19%	45.52%
西班牙	14832	1.59	2.31%	90.62%	35.91%
日本	13121	1.30	1.63%	75.12%	53.97%
澳大利亚	11089	1.71	2.51%	90.20%	37.22%
俄罗斯	11075	0.86	1.07%	56.66%	66.67%

[1] 学科规范化的引文影响力（Category Normalized Citation Impact，CNCI）：能够表征一组论文在学科层面上的相对影响力水平，即该组论文在每个学科中发表论文的实际被引频次与全球该学科同年同类型（Article 或 Review 类型）论文的平均被引频次的比值之均值，常用以衡量科研质量。一般以 1.00 为分界，大于 1.00 表示科研产出影响力高于平均水平，小于 1.00 则低于平均水平。

[2] 高被引论文是指按 ESI 学科领域和出版年统计的引文数排名前 1% 的论文。ESI 高被引论文占比可用于评价高水平科研，并且能够展示某一机构论文产出在全球最具影响力的论文中的百分比情况。

3. 主要研究机构

　　2012—2021 年，全球空间科学的发文机构近 4500 所，发文量排名前十的机构如表 2 所示，10 所机构的总发文量占空间科学领域全部发文数的 40.61%。从机构归属国家看，美国四所，法国三所，德国、意大利和中国各一所。法国国家科学研究中心（Centre National De La Recherche Scientifique，CNRS）10 年发文量最多，达到 18391 篇，占空间科学领域全部发文量的 12.05%。德国马克斯·普朗克学会（Max Planck Society，后文简称马普学会）和

美国国家航空航天局（National Aeronautics and Space Administration，NASA）发文数分别位居第二、第三。加州理工学院和哈佛大学的 CNCI 及高被引论文占比均居前两位，表明这两所大学在空间科学领域具有较大影响力。中国科学院的 CNCI、论文被引频次和高被引论文占比与其他机构相比有明显差距，但第一作者论文占比和通信作者论文占比均达到 60% 左右，显著高于其他机构。

表 2　空间科学研究发文量 TOP10 机构（2012—2021 年）

排名	机构	论文数	被引频次	CNCI	ESI 高被引论文占比	第一作者论文占比	通信作者论文占比
1	法国国家科学研究中心	18391	596579	1.65	2.31%	35.88%	33.94%
2	德国马克斯·普朗克学会	15692	616023	1.92	3.05%	30.84%	28.48%
3	美国国家航空航天局	14154	475749	1.63	2.36%	25.00%	23.04%
4	意大利国家天体物理研究所	12685	406772	1.69	2.36%	34.15%	32.37%
5	中国科学院	11118	193278	1.00	1.07%	62.21%	59.40%
6	巴黎大学	9611	363593	1.91	3.04%	27.94%	26.44%
7	加州理工学院	9511	401444	2.07	3.59%	26.93%	25.98%
8	法国索邦大学	8278	303772	1.89	3.04%	28.70%	27.64%
9	美国史密森学会	8223	343591	1.99	3.37%	25.71%	23.90%
10	哈佛大学	8193	357891	2.00	3.50%	27.07%	25.16%

4. 国际合作

2012—2021 年，全球空间科学研究的国际合作论文[1]数共计 85926 篇，占全球空间科学论文的 56.28%。表 3 展示了国际合作论文数 TOP10 国家及其国际合作论文表现情况。美国的国际合作论文数量位居全球首位，达到 49996 篇，国际合作论文占比达到 71.28%；德、英、法等欧洲国家和澳大利亚的国际合作论文占比均在 90% 左右，但第一作者论文占比和通信作者论文占比则相对较低，仅为 30% 左右。中国的国际合作论文数位列第七，达到 10711

篇，国际合作论文占比仅为 57.61%，在 10 个国家中最低，但第一作者论文占比和通信作者论文占比最高。整体来看，欧洲国家及澳大利亚的国际合作论文的 CNCI 和高被引论文占比明显高于其他国家，特别是荷兰，其国际合作论文的 CNCI（2.02）和高被引论文占比（3.30%）均位居 10 个国家首位；而中国国际合作论文的 CNCI（1.34）和高被引论文占比（1.71%）在 10 个国家中排名末尾。

表 3 空间科学国际合作论文数 TOP10 国家（2012—2021 年）

排名	国家	国际合作论文数	国际合作论文占比	CNCI	ESI 高被引论文占比	第一作者论文占比	通信作者论文占比
1	美国	49996	71.28%	1.46	1.91%	42.67%	41.16%
2	德国	27992	90.81%	1.62	2.30%	33.21%	31.69%
3	英国	27212	87.60%	1.66	2.38%	33.02%	31.88%
4	法国	19666	90.86%	1.65	2.38%	29.93%	28.47%
5	意大利	16001	88.19%	1.64	2.27%	36.64%	35.58%
6	西班牙	13441	90.62%	1.68	2.51%	27.69%	27.19%
7	中国	10711	57.61%	1.34	1.71%	55.11%	53.27%
8	荷兰	10488	94.75%	2.02	3.30%	26.96%	25.79%
9	澳大利亚	10002	90.20%	1.81	2.74%	29.25%	27.74%
10	日本	9856	75.12%	1.52	2.09%	37.44%	36.43%

---

[1] 国际合作论文是指由两个或者两个以上国家（地区）的作者共同参与合作发表的论文，国际合作论文占比是国家 / 地区发表的国际合作论文数占该国家 / 地区全部论文数的比值，一定程度上反映了国家或地区在该领域的国际化程度和国际影响力。

■ （二）空间科学大国学术发表情况

本部分以科研论文为基础，综合考虑空间科学论文发表规模和研究影响力等因素，选取中国、美国、法国、德国、英国、日本作为空间科学代表性国家的发文概况和研究热点进行分析。

1. 中国

本节利用 Incites 数据库获取 2012—2021 年中国发表的空间科学论文，以此数据集作为本部分内容的分析基础。

2012—2021 年，中国共发表空间科学论文 18593 篇，年度发文数量呈持续增长态势，从 1066 篇增至 2916 篇，增加了 1.74 倍。（见图 14）

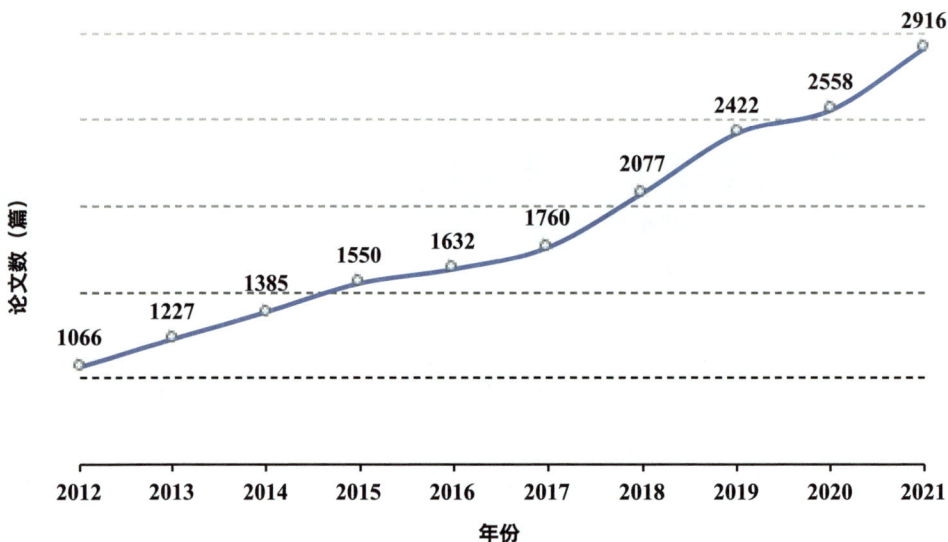

图 4 中国空间科学论文年度发展态势（2012—2021 年）

2012—2021 年，中国在空间科学领域发文的机构共有约 490 个，发文数 TOP10 的机构如表 4 所示，其中五个为大学，五个为中科院下属天文和研究所。以中国科学院为主的 5 个研究机构承担了如载人航天、探月工程、火星探测等大量空间探索的国家重大任务，深度参与了如主动光学技术、高分辨率成像技术等具有原创性的核心技术研发。TOP10

机构 10 年间共发文 12606 篇，占中国空间科学全部发文数的 67.80%，其中中国科学院国家天文台（仅指本部，下同）的发文数最多[1]，达到 4342 篇；中国科学院大学和北京大学分别位居发文数第二、第三，发文数分别为 3499 篇和 2540 篇。从研究影响力来看，清华大学和中国科学院上海天文台的篇均被引次数、CNCI 和高被引论文占比显著高于其他机

---

[1] 中国科学院国家天文台本部设在北京，其直属单位包括中国科学院云南天文台、南京天文光学技术研究所、新疆天文台和长春人造卫星观测站，此处仅指中国科学院国家天文台北京本部的发文情况，下同。

构。从国际合作论文占比来看，清华大学和北京大学的国际合作论文占比均在79%以上，显著高于其他机构；中国科学院云南天文台的国际合作论文占比为41.90%，在10所机构中最低，而第一作者论文占比和通信作者百分比均在60%左右，表明其空间科学研究多以自主研究或主导研究为主。

表4 中国空间科学发文量TOP10机构（2012—2021年）

排名	机构	论文数	被引频次	CNCI	国际合作论文占比	ESI高被引论文占比	第一作者论文占比	通信作者论文占比
1	中国科学院国家天文台	4342	86262	1.12	59.24%	1.47%	52.65%	49.84%
2	中国科学院大学	3499	45800	0.96	46.38%	1.06%	61.16%	35.38%
3	北京大学	2540	59368	1.38	79.06%	1.93%	34.49%	35.67%
4	中国科学院南京天文光学技术研究所	1863	37322	1.27	60.71%	1.13%	46.11%	43.91%
5	中国科学技术大学	1719	27180	1.01	62.07%	1.16%	51.08%	48.46%
6	中国科学院紫金山天文台	1679	34378	1.32	62.18%	1.25%	48.36%	46.46%
7	中国科学院上海天文台	1631	45775	1.66	68.79%	2.94%	42.00%	41.20%
8	南京大学	1582	33205	1.16	55.56%	1.26%	55.06%	51.45%
9	中国科学院云南天文台	1444	23844	0.92	41.90%	1.04%	60.11%	59.14%
10	清华大学	1039	27699	1.90	79.21%	3.08%	31.86%	31.38%

对Incites数据库收录的2017—2021年中国空间科学领域相关论文（11733篇）进行主题词提炼和词频统计分析，如图5所示，发现出现频次较高的主题词[1]有观测（Observation）、质量（Mass）、星系（Galaxies）、发射（Emissions）、线（Line）、亮度（Luminance）、磁场（Magnetic Field）、航天器（Spacecraft）、轨道（Orbit）、红移（Red Shift）、X射线（X Rays）、黑洞（Black Hole）、望远镜

[1] 词云图中主题词的大小与出现频次呈正相关，下同。

（Telescope）、双星（Binaries）等。2017—2021年大幅增长的主题词有盖亚（Gaia）、太阳风（Solar Wind）、引力波（Gravitational Wave）、太阳（Sun）、郭守敬望远镜（LAMOST）、吸积（Accretion）、中子星（Neutron Stars）、射电爆发（Radio Bursts）、外流（Outflow）等。中国空间科学领域的研究热点主要集中在星系形成与演化、X-射线探测、黑洞、致密双星等方向。近年来热度逐渐增高的研究方向有基于"盖亚"探测器所获取数据的相关研究、太阳探测、太阳风观测、空间引力波探测、基于郭守敬望远镜观测数据的相关研究、中子星、快速射电暴等。

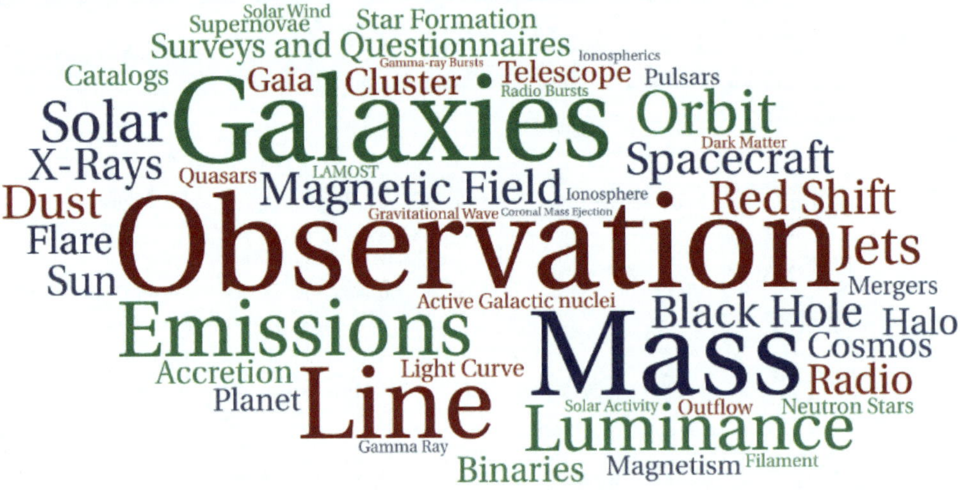

图 5 中国空间科学研究高频主题词（2017—2021 年）

2. 美国

本节利用 Incites 数据库获取 2012—2021 年美国发表的空间科学论文，以此数据集作为本部分内容的分析基础。

2012—2021 年，美国共发表空间科学论文70137 篇，在发文规模上大幅领先其他国家，稳居全球首位。从年度发文趋势来看，除 2013、2014 年略有下降外，总体呈平稳中缓慢增长态势，从 6556 篇增至 7783 篇，10 年增加了 18.7%。（见图 6）

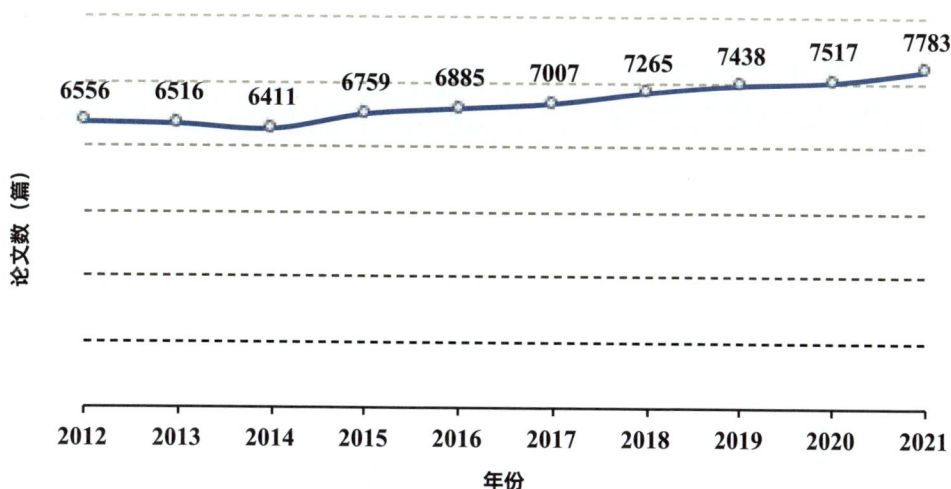

图 6 美国空间科学论文年度发展态势（2012—2021 年）

2012—2021 年，美国在空间科学领域发文的机构共有 799 家，综合考虑发文规模和研究影响力，分别选择发文数、被引次数 TOP15 的机构共 17 家进行分析，如表 5 所示，其中 11 所为大学，4 所为 NASA 及其下属机构 3 家，以及史密森天体物理天文台、美国能源部、空间望远镜科学研究所。17 家机构 10 年间共发文 42508 篇，约占美国空间科学全部发文数的 60.6%，其中 NASA 发文数最多，达到 14154 篇，加州理工学院共发文 9511 篇，位居第二；哈佛大学位居第三。斯坦福大学的发文数在 17 家机构中最低，仅为 2700 篇，但其篇均被引最高，达到 54.56 次，且 CNCI 仅次于最高的普林斯顿大学（2.77），位居第二（2.59）。高被引论文占比最高的是密歇根大学，为 5.33%。

表 5 中国空间科学发文量 TOP10 机构（2012—2021 年）

排名	机构	论文数	被引频次	CNCI	国际合作论文占比	ESI 高被引论文占比	第一作者论文占比	通信作者论文占比
1	美国国家航空航天局（NASA）	14154	475749	1.63	73.88%	2.36%	25.00%	23.04%
2	加州理工学院	9511	401444	2.07	79.14%	3.59%	26.93%	25.98%
3	哈佛大学	8193	357891	2.00	79.67%	3.50%	27.07%	25.16%
4	NASA 戈达德太空飞行中心	7058	224330	1.59	75.13%	3.35%	25.14%	23.02%

续表

排名	机构	论文数	被引频次	CNCI	国际合作论文占比	ESI 高被引论文占比	第一作者论文占比	通信作者论文占比
5	史密森天体物理天文台	6660	307214	2.04	81.91%	4.48%	23.43%	22.91%
6	加州大学伯克利分校	5893	281707	2.35	77.19%	4.66%	21.48%	18.55%
7	美国能源部（DOE）	5219	260839	2.35	75.59%	2.21%	22.77%	20.93%
8	NASA 喷气推进实验室	4896	200306	2.04	79.29%	3.59%	18.73%	18.18%
9	亚利桑那大学	4810	174164	1.86	78.17%	3.53%	13.72%	13.38%
10	约翰斯·霍普金斯大学	4720	168136	1.76	73.11%	4.99%	24.48%	24.54%
11	空间望远镜科学研究所	4394	189086	2.04	86.35%	3.12%	23.01%	22.12%
12	密歇根大学	3796	130978	1.81	78.13%	5.33%	24.67%	24.07%
13	普林斯顿大学	3509	180888	2.77	74.55%	4.09%	22.26%	21.76%
14	科罗拉多大学波德分校	3457	104442	1.52	63.96%	2.82%	27.21%	26.21%
15	麻省理工学院	3351	128809	2.17	79.47%	2.56%	26.17%	24.72%
16	加州大学圣克鲁兹分校	3220	165286	2.31	79.01%	4.18%	23.42%	22.75%
17	斯坦福大学	2700	147317	2.59	81.41%	1.97%	33.19%	32.33%

美国空间科学研究多以国际合作为主，空间望远镜科学研究所的国际合作论文占比最高，达到86.35%；史密森天体物理天文台和斯坦福大学的国际合作论文占比均超过80%；其他研究机构的国际合作论文占比多数超过70%。与美国合作较多的国外机构有欧洲研究型大学联盟（League of European Research Universities）、德国马普学会、法国 CNRS、法国研究型大学联盟协会（UDICE French Research Universities）。

美国国内各空间科学主要研究机构之间合作也十分紧密。NASA 除了与其下属的戈达德太空飞行中心（Goddard Space Flight Center，GSFC）、喷气推进实验室（Jet Propulsion Laboratory，JPL）合作较多外，有 5600 多篇论文（占比 40%）论文是和加州理工学院合作发表；此外加州大学伯克利分校、马里兰大学、哈佛大学、密歇根大学、约翰·霍普金斯大学等也是其主要合作对象。能源部发表的 5000 多篇论文中，与 NASA、加州大学伯克利分校的合作论文占比均超过 30%，与斯坦福大学的合作论文占比达到 28%。哈佛大学空间科学 80% 的论文是和史密森天体物理天文台合作，和 NASA 合作的论文占比达到了 20%，和加州理工学院合作的论文占比达到 17%。[1] 空间望远镜科学研究所主要合作机构有加州大学、约翰·霍普金斯大学、NASA 等。

对 Incites 数据库收录的 2017—2021 年美国空间科学 37010 篇论文进行主题词提炼和词频统计分析，如图 7 所示，出现频次较高的主题词有观测（Observation）、质量（Mass）、银河系（星系）(Galaxies)、发射（Emissions）、线（Line）、轨道（Orbit）、红移（Red Shift）、亮度（Luminance）、行星（Planet）、磁场（Magnetic Field）、X 射线（X-Rays）、望远镜（Telescope）、双星（Binaries）、太阳（Solar）、恒星形成（Star Formation）、灰尘（Dust）等。2017—2021 年大幅增长的主题词有银河系（星系)(Galaxies)、行星（Planet）、黑洞（Black Hole）、红移（Red Shift）、质量（Mass）等。美国在空间科学领域的研究热点主要集中在银河系（星系）、行星与宇宙的观测研究、X- 射线探测、黑洞等方向。近年来热度逐渐增高的研究方向有银河系、系外行星、黑洞等。

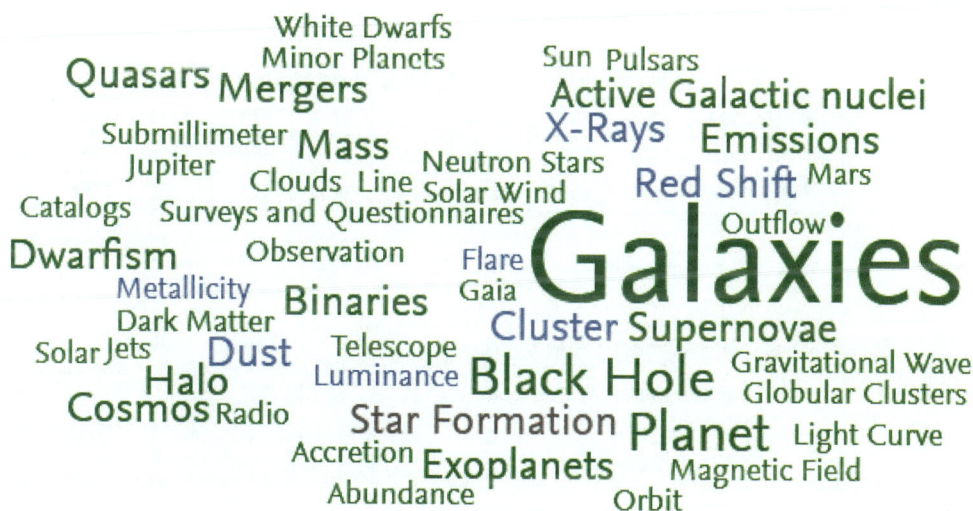

图 7　美国空间科学研究高频主题词（2017—2021 年）

[1] 因为某机构某篇论文可能同时与多个机构合作，计算合作次数时不同单位会分别计算，因此某一机构的全部合作论文占比有可能超过 100%。

3. 重要欧洲国家

欧洲是进入太空的先行者之一，欧洲国家主要以国际合作、资源共享的方式共同发展空间科学。进入 21 世纪后，欧盟先后制定欧洲太空政策、欧洲太空产业政策和欧洲太空战略，并开始实施一系列共同的太空项目。本节利用 Incites 数据库获取 2012—2021 年英、德、法三国发表的空间科学论文，以此数据集作为本部分内容的分析基础。

2012—2021 年，德国发表空间科学论文 30826 篇，英国 31065 篇，法国 21645 篇。三个国家发文数量基本呈稳定增长态势，2015 年英国发文数超越德国，成为三国中发文数最高的国家。法国增速最慢且发文也最少，英国增速最快。

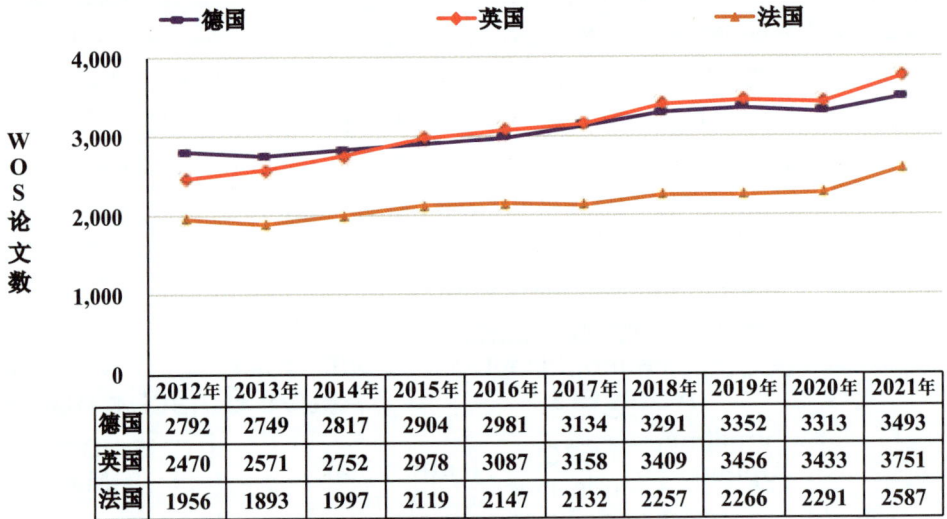

	2012年	2013年	2014年	2015年	2016年	2017年	2018年	2019年	2020年	2021年
德国	2792	2749	2817	2904	2981	3134	3291	3352	3313	3493
英国	2470	2571	2752	2978	3087	3158	3409	3456	3433	3751
法国	1956	1893	1997	2119	2147	2132	2257	2266	2291	2587

图 8 德国、英国、法国空间科学论文年度发展态势（2012—2021 年）

2012—2021 年，德国在空间科学领域发文的机构约有 140 个，发文数 TOP10 的机构如表 6 所示，涵盖了 6 所大学和 3 家科研机构马克斯·普朗克学会、亥姆霍兹联合会（德国航空航天中心是该联合会的独立研究中心）、莱布尼兹协会（Leibniz Institut fur Astrophysik Potsdam）。10 所机构 10 年间共发文 23971 篇，占德国空间科学全部发文数的 86%。发文数最多的是马普学会，论文数达到 15692 篇，远高于其他机构；海德堡大学和亥姆霍兹联合会（包含德国航空航天中心的发文数）发文量分别居第

二、三位。从 CNCI 看，海德堡大学 CNCI 最高，达到 2.4，慕尼黑大学次之，莱布尼兹波茨坦天体物理研究所略低于前两位。海德堡大学高被引论文百分比（3.72%）为前十机构中最高，波恩大学位居第二（3.63%）。总的来看，在科研产出规模和影响力方面，三家德国研究机构在空间科学领域的研究实力均较为强劲。从国际合作情况看，德国空间科学论文国际合作占比相当高（90.81%），与美国、英国、法国等三国合作最为密切。

表 6 德国空间科学研究发文量 TOP10 机构（2012—2021 年）

排名	机构	论文数	被引频次	CNCI	国际合作论文占比	ESI 高被引论文占比	第一作者论文占比	通信作者论文占比
1	马克斯·普朗克学会	15692	616023	1.92	93.98%	3.05%	30.84%	28.48%
2	海德堡大学	3149	140975	2.40	90.70%	3.72%	30.33%	28.74%
3	亥姆霍兹联合会	2975	87660	1.46	87.56%	2.45%	29.45%	28.61%
4	莱布尼兹波茨坦天体物理研究所	2152	89107	2.18	90.52%	3.16%	28.62%	28.86%
5	慕尼黑大学	2140	100288	2.20	90.51%	3.50%	27.76%	24.53%
6	波恩大学	1901	85901	2.12	90.64%	3.63%	29.56%	28.67%
7	德国航空航天中心	1344	38972	1.36	84.08%	1.71%	27.98%	26.86%
8	汉堡大学	1241	42490	2.03	91.22%	2.74%	28.85%	27.80%
9	科隆大学	1053	26832	1.36	92.31%	1.71%	27.83%	27.35%
10	哥廷根大学	914	27121	1.43	83.59%	1.42%	31.73%	30.42%

2012—2021 年，英国在空间科学领域发文的机构约 130 个，发文数 TOP10 的机构如表 7 所示，前十所机构均为大学[1]。10 所机构 10 年间共发文 19528 篇，占英国空间科学全部发文数的 64.3%。发文数前三的大学分别是剑桥大学、伦敦大学学院和牛津大学。CNCI 居前列的是利物浦约翰摩尔大学、爱丁堡大学以及剑桥大学；高被引论文占比最高的是爱丁堡大学，卓瑞尔河岸天体物理学中心次之。

从整体研究规模和影响力看，剑桥大学最强，伦敦大学学院、牛津大学和爱丁堡大学也各有优势。从国际合作情况看，2012—2021 年英国空间科学论文中 87.6% 为国际合作完成，其中与美国合作论文占比最高（占该国全部国际合作论文的 62.4%），与德、法合作次之（51%）。具体来看，英国发文前十机构的国际合作论文比例均较高，8 所机构高于 90%。

---

[1] 卓瑞尔河岸天体物理学中心隶属于曼彻斯特大学。

表 7 英国空间科学研究发文量 TOP 10 机构（2012—2021 年）

排名	机构	论文数	被引频次	CNCI	国际合作论文占比	ESI 高被引论文占比	第一作者论文占比	通信作者论文占比
1	剑桥大学	5415	249877	2.37	88.37%	3.90%	28.68%	28.83%
2	伦敦大学学院	4031	169484	2.28	90.08%	4.07%	26.32%	26.05%
3	牛津大学	3446	164625	2.26	90.31%	4.38%	24.58%	24.11%
4	爱丁堡大学	2794	130100	2.50	92.56%	4.62%	19.69%	19.54%
5	杜伦大学	2654	100254	1.78	90.54%	2.71%	30.29%	29.50%
6	曼彻斯特大学	2258	101205	2.25	92.65%	4.38%	22.23%	21.52%
7	卓瑞尔河岸天体物理学中心	2088	97883	2.35	93.39%	4.60%	21.60%	20.79%
8	南安普敦大学	1857	63594	1.87	94.61%	2.91%	22.46%	22.67%
9	莱斯特大学	1741	64083	1.93	88.57%	2.70%	29.24%	28.14%
10	利物浦约翰摩尔大学	1690	77756	2.52	96.15%	3.85%	18.40%	18.40%

2012—2021 年，法国在空间科学领域发文的机构约 150 个，发文数 TOP10 的机构如表 8 所示，包括 6 所大学，以及 4 个研究机构 / 中心等。10 所机构 10 年间共发文 20208 篇，占法国空间科学全部发文数的 93%。法国国家科学研究中心（CNRS）发文量达到 18391 篇，远高于发文量第二的巴黎大学。CNCI 最高的是法国替代能源和原子能委员会（CEA），为 2.45；其次是图卢兹大学。从国际合作论文占比看，法国发文前十机构中有 9 所机构的国际合作论文比例高于 90%，第一作者论文和通信作者论文占比情况则整体与英国接近。

表 8 法国空间科学研究发文量 TOP10 机构（2012—2021 年）

排名	机构	论文数	被引频次	CNCI	国际合作论文占比	ESI 高被引论文占比	第一作者论文占比	通信作者论文占比
1	法国国家科学研究中心	18391	596579	1.65	90.56%	2.31%	35.88%	33.94%
2	巴黎大学	9611	363593	1.91	91.43%	3.04%	27.94%	26.44%
3	索邦大学	8278	303772	1.89	90.83%	3.04%	28.70%	27.64%
4	国家地球科学和天文学研究所（INSU）	7854	324058	1.89	91.39%	2.70%	28.47%	26.09%
5	巴黎文理研究大学	6574	242440	1.93	91.42%	3.18%	26.83%	24.92%
6	巴黎天文台	6383	238761	1.96	91.73%	3.21%	26.40%	24.66%
7	萨克雷大学	5818	255299	2.08	89.70%	3.56%	26.52%	24.54%
8	法国替代能源和原子能委员会	4107	215439	2.45	91.53%	4.46%	22.89%	21.91%
9	艾克斯—马赛大学	2897	128991	2.17	95.03%	3.45%	20.23%	19.50%
10	图卢兹大学	2675	118294	2.35	92.75%	3.85%	21.98%	20.34%

对 Incites 数据库收录的 2017—2021 年德国（16583 篇）、英国（17207 篇）和法国（21645 篇）空间科学领域相关论文进行主题词提炼和词频统计分析，获得三个国家空间科学研究高频主题词，如图 9 至图 11 所示，三个国家的出现频次最高的前三主题词均为星系（Galaxies）、行星（Planet）、红移（Red Shift）。德、英、法三个国家均为欧空局[1]

成员国，这可能一定程度上强化了三国空间科学研究主题词的相似度。此外，"盖亚"探测器（Gaia）和 Cluster 卫星（Cluster），及质量（Mass）、恒星形成（Star Formation）、黑洞（Black Hole）、超新星（Supernovae）、类星体（Quasars）等均为三国的高频主题词。三个国家也各有各自特色高频次主题词，如德国特有的高频主题词有伽马射

---

[1] 欧空局的前身是欧洲空间研究组织（ESRO）和欧洲运载火箭发展组织（ELDO），1973 年两个组织合并，成立欧空局，目前共有 22 个成员国。自 1983 年启动了首轮长期规划编制，迄今欧空局已发布了四轮欧洲空间科学中长期规划任务，分别是"地平线 2000"（1985—2005）、"地平线 2000+"（1995—2015）、"宇宙憧憬"（2015—2025）和"远航 2050"（2035—2050）。参见欧空局官网（https://www.esa.int/）。

线（Gamma Ray）、宇宙射线（Cosmic Ray）、中微子（Neutrinos）、生物力学（Biomechanics）、球状星团（Globular Clusters）等；英国特有的高频主题词有白矮星（White Dwarfs）、引力波（Gravitational Wave）、光变曲线（Light Curve）等；法国特有的高频主题词有小行星（Minor Planets）、Mars 计划、土星（Saturn）、径向速度（Radial Velocity）、光度测定（Photometry）等。

图 9 德国空间科学研究高频主题词（2017—2021 年）

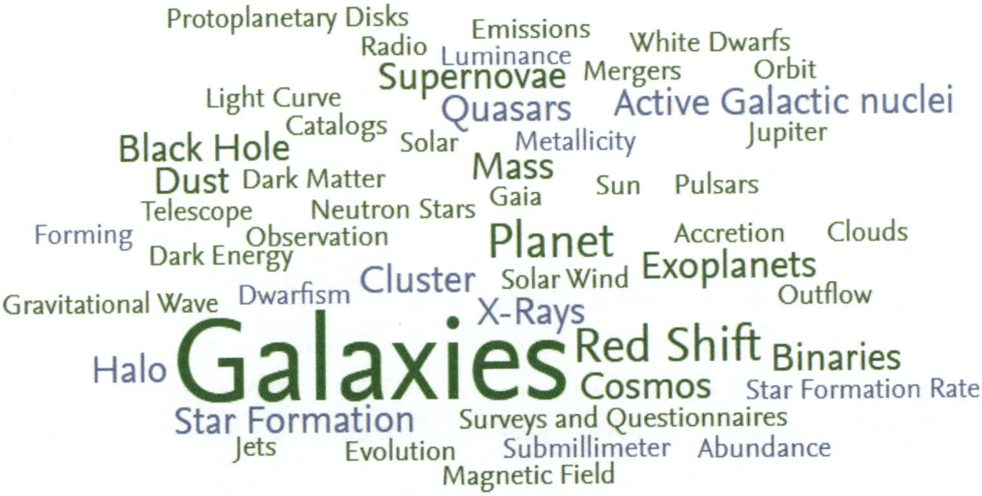

图 10 英国空间科学研究高频主题词（2017—2021 年）

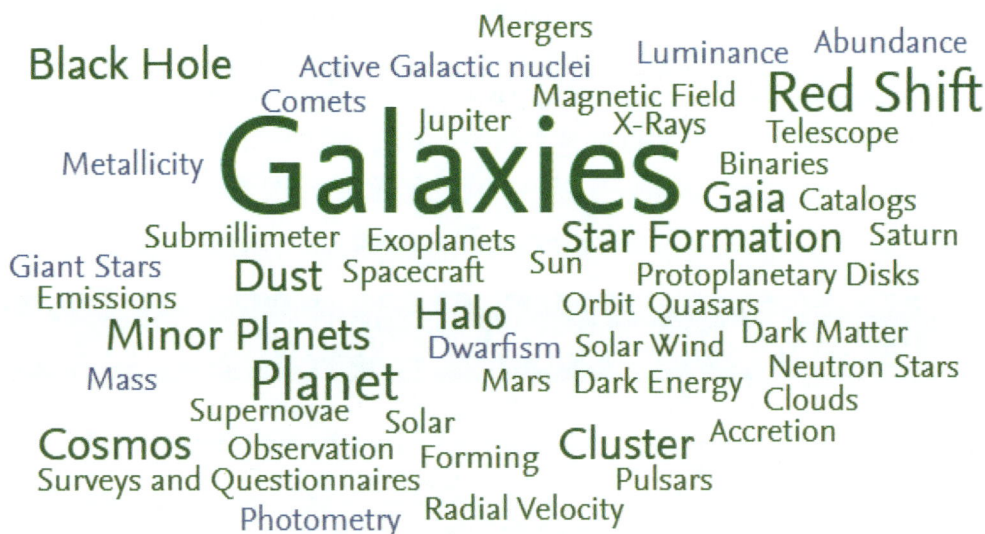

图 11 法国空间科学研究高频主题词（2017—2021 年）

4. 日本

本节利用 Incites 数据库获取 2012—2021 年日本发表的空间科学论文，以此数据集作为本部分内容的分析基础。

2012—2021 年，日本在空间科学领域共发文

13121 篇。从年度发文趋势上看，论文数除 2013 年和 2015 年略有下降外，总体呈现增长态势，从 1101 篇增至 1692 篇，增幅超过 50%。（见图 12）

图 12 日本空间科学论文年度发展态势（2012—2021 年）

2012—2021 年，日本空间科学领域的发文机构共有 200 多个，发文量 TOP10 的机构如表 9 所示。TOP10 机构 10 年间共发文 11433 篇，占日本空间科学发文总量的 87.14%。从论文表现看，东京大学发文量居于首位，达到 5295 篇，发文占比超过 40%；

广岛大学的论文影响力表现最佳，CNCI 达到 2.25，高被引论文占比为 5.23%，论文篇均被引为 41.17 次，三个指标在 10 所机构中最高。从国际合作情况来看，10 所机构的国际合作论文占比均超过 68%，其中广岛大学达到 84.45%。

表 9 日本空间科学发文数 TOP10 机构（2012—2021 年）

机构	论文数	被引频次	CNCI	国际合作论文占比	ESI 高被引论文占比	第一作者论文占比	通信作者论文占比
东京大学	5295	165925	1.76	78.51%	2.68%	29.65%	28.76%
日本国立天文台	4223	97040	1.33	80.84%	1.66%	28.42%	26.81%
京都大学	2157	53913	1.24	71.77%	1.30%	33.57%	32.82%
名古屋大学	2039	48429	1.25	74.84%	2.01%	28.84%	27.76%
日本宇宙航空研究开发机构	1800	40408	1.07	74.78%	1.39%	24.83%	24.28%
日本综合研究大学院大学	1332	30299	1.43	81.16%	2.10%	22.97%	17.19%
东北大学	1113	27015	1.47	72.33%	2.25%	27.49%	27.13%
东京工业大学	912	23259	1.32	68.31%	1.21%	28.73%	27.85%
日本理化学研究所	901	22109	1.49	75.92%	1.66%	28.75%	28.97%
广岛大学	688	28328	2.25	84.45%	5.23%	15.12%	15.99%

对 2017—2021 年日本空间科学领域相关论文（7411 篇）进行主题词提炼和词频统计分析，如图 13 所示，出现频次较高的主题词有观测（Observation）、星系（Galaxies）、红移（Red Shift）、望远镜（Telescope）、恒星形成（Star Formation）、X 射线（X-Rays）、超新星（Supernovae）、黑洞（Black Hole）、伽马射线（Gamma Ray）、暗物质（Dark Matter）、引力波（Gravitational Wave）、中微

子（Neutrinos）等。2017—2021 年，出现频次大幅增长的主题词有小行星（Minor Planets）、原行星盘（Protoplanetary Disks）、凸轮机构（Cams）、行星（Planet）、大质量恒星（Massive Stars）等。日本空间科学领域的研究热点主要集中在银河系（星系）、恒星的形成与演化、X 射线探测、黑洞、暗物质探测、空间引力波探测等方向。近年来热度逐渐增高的研究方向有原行星盘、系外行星等。

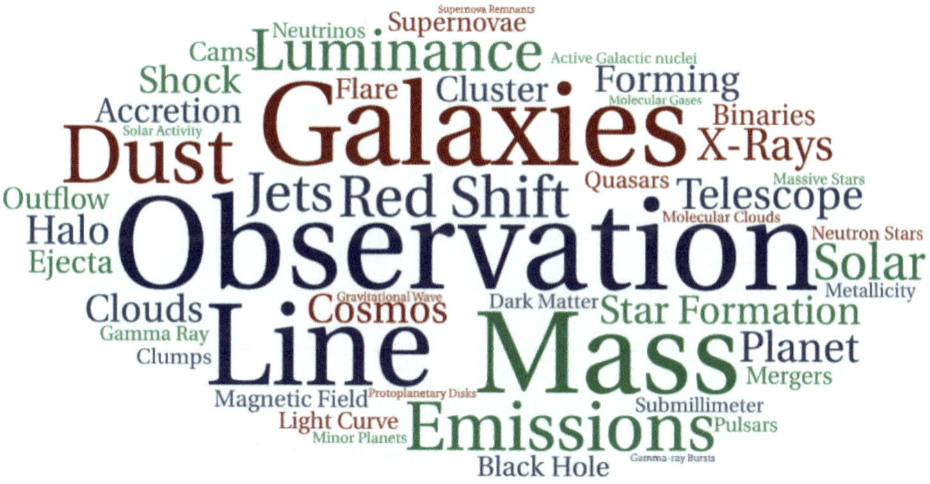

图 13 日本空间科学研究高频主题词（2017—2021 年）

二、空间技术创新的现状与发展

空间技术是指为进出、探索、开发和利用宇宙空间提供技术手段和保障条件的综合性工程技术[1]，亦称航天技术。空间技术具有极高的社会和经济价值，对各国政治、经济、外交、军事和科技发展具有重大而深远的影响。综合来看，未来空间大国的投入主要会集中在航天运输系统、人造卫星、大型载人空间站和深空探测四个方面。

本部分以空间技术的专利文献为数据基础，分析全球空间技术发明专利的申请趋势、技术构成、区域分布、重点申请人以及国际专利申请热点等；同时通过有效专利和国际申请情况了解空间技术知识产权的国际竞争现状。

■（一）全球空间技术创新概览

1. 专利申请趋势

通过 IncoPat 专利数据库检索发现，2002—2021年，全球空间技术开发规模增长较快，全球共申请空间技术发明专利 9 万余件[2]，2020 年的专利申请数是 2002 年的 3.36 倍，年均增长率为 7.28%（2003—2020 年）。创新活跃度高的年份是 2007 年、2011 年和 2016 年，发明申请数较前一年分别增长 17.46%、16.50% 和 18.25%。（见图 14）

---

[1] 朱毅麟. 航天三领域刍议——兼论空间技术优先 [J]. 航天器工程, 2006（1）: 1-4.

[2] 专利申请数是指技术创新主体（全球、国家或机构）向专利管理机构递交的技术发明专利的申请数量。专利申请数能够反映技术开发活动是否活跃，以及创新主体谋求专利保护的积极性。

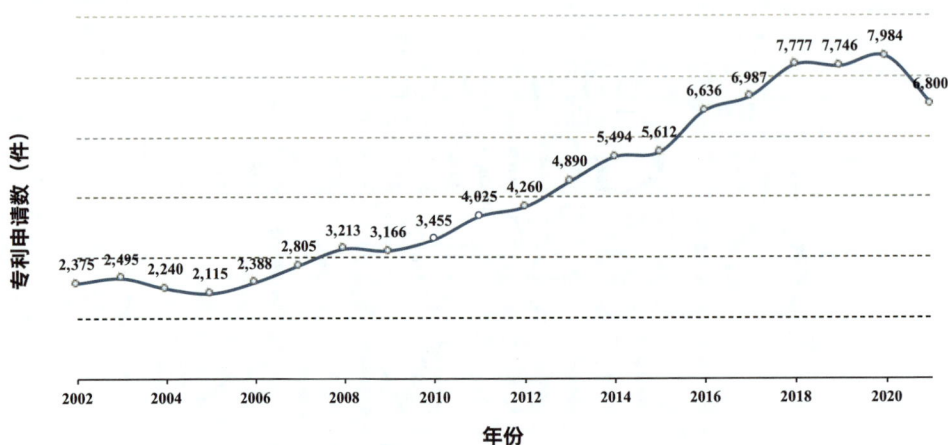

图 14 全球空间技术发明专利申请趋势 [1]（2002—2021 年）

2. 专利技术主要研发国家

2002—2021 年，空间技术发明申请数 TOP10 国家及其专利申请份额如图 15 所示。中国、美国、俄罗斯、日本、法国、德国的发明专利申请数占全球申请数百分比都在 5% 以上，分别为 41.68%、18.62%、9.31%、5.81%、5.65%、5.06%。此外，韩国、英国、乌克兰、印度等国在空间技术领域也颇具实力。

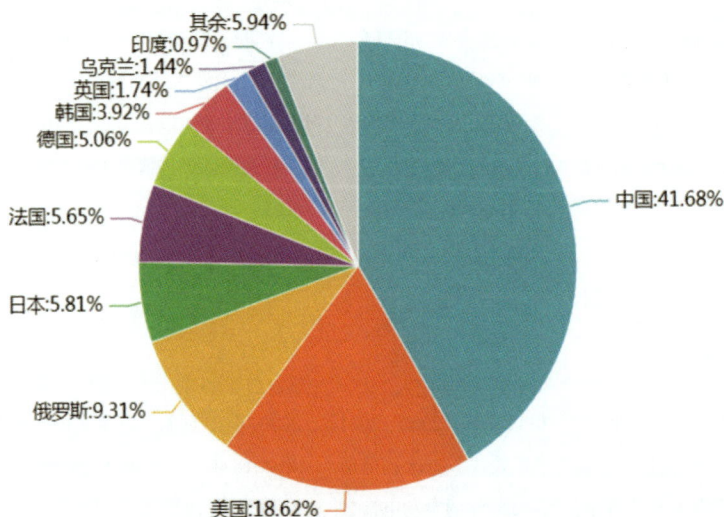

图 15 空间技术发明申请数 TOP10 国家（2002—2021 年）

---

[1] 通过申请趋势从宏观层面把握空间技术发明专利在 2002 年至 2021 年的申请活跃度变化。专利申请数的统计时间为 2022 年 6 月。一般发明专利在申请后 3 ~ 18 个月公开，因此 2020—2021 年的数量为不完全统计结果。

PCT[1] 申请是由世界知识产权组织的国际局进行国际公开的专利申请,是解决申请人进行国外专利申请的便捷途径。PCT 申请往往代表申请人对国际技术市场的重视,体现了技术创新主体在国际上的知识产权实力和竞争力。图 16 为 2002—2021 年空间技术 PCT 申请数 TOP10 国家及其申请份额。美国、法国、日本、中国、德国的 PCT 申请数占全球 PCT 申请数百分比都在 5% 以上,其中美国申请量最大,占比超 37%。

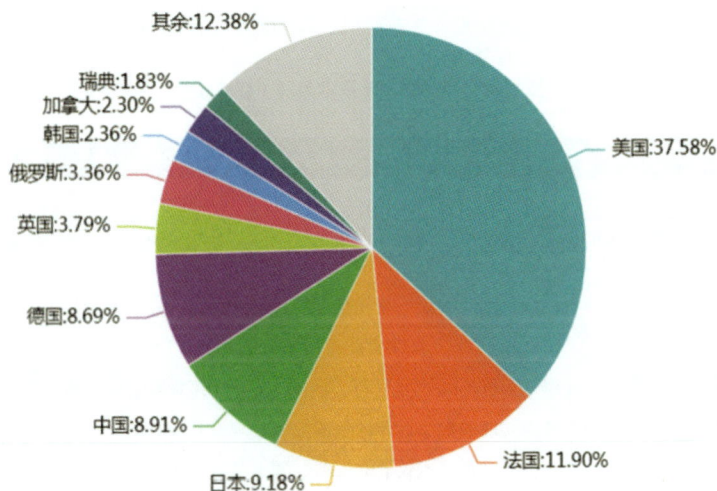

图 16 空间技术 PCT 申请数 TOP10 国家（2002—2021 年）

3. 专利技术构成及申请热点

通过统计专利技术覆盖的具体类别,可以了解空间技术专利申请的热点方向。本节采用 IPC[2] 分类从专利申请的技术构成情况分析全球空间技术创新热点。2002—2021 年,全球空间技术发明专利的主要技术类别(IPC 小类)及专利数分布情况如表 10 所示。[3] 宇宙航行及其所用的飞行器(空间飞行器)及其设备(B64G)的专利申请占比最大,超过 25%。该类别的专利申请包括空间飞行器的部件、空间飞行器运载工具上的设备、空间飞行器对接装置、人造卫星、空间飞行器制导或控制装置、用于空间飞行器的太阳能电池、宇宙航行条件的模拟装置、空间飞行器的控制系统、在宇宙空间使用的工具、飞行器的观测

---

[1] PCT 是专利合作条约（Patent Cooperation Treaty）的简称,是在专利领域进行合作的国际性条约,其目的是为解决就同一发明创造向多个国家申请专利时,减少申请人和各个专利局的重复劳动。专利申请人通过 PCT 途径递交国际专利申请,只需要提供一份 PCT 申请,就可以向多个国家申请专利,为企业、研究机构和大学等寻求多国专利保护时使用,而且申请人可以使用自己最熟悉的语言撰写申请文件,并直接提交到所属国国家知识产权局,极大地简化了国际专利申请的流程,降低了专利申请人的申请难度。

[2] IPC 分类号形式为:部（1 个字母）,大类（2 个数字）,小类（1 个字母）,大组（1～3 个数字）,小组（2～4 个数字）。全部专利被划分 8 个部:A—人类生活必需;B—作业;运输;C—化学;冶金;D—纺织;造纸;E—固定建筑物;F—机械工程;照明;加热;武器;爆破;G—物理;H—电学。

[3] 综合考虑数据覆盖率和解读的准确性,本节采用 IPC 小类对空间技术发明专利进行技术类别统计并列出专利数占比前二十的技术类别（共 21 个技术类别）。

或跟踪、飞行器的地面设备等。利用无线电波定向、导航、测距或测速、检测（G01S）的专利申请占比和喷气推进装置（F02K）的专利申请占比也超过了10%。两个类别分别涉及用于导航或跟踪的无线电波系统或模拟波系统，卫星无线电信标定位系统及利用这种系统传输的信号确定位置、速度或姿态，通过确定两个或多个方向、位置线、距离的配合来定位等以

及火箭发动机（带有燃料及其氧化剂的发动机）装置及其控制，包括涡轮泵、燃烧室、喷管、喷嘴、喷注器等。此外，空间技术发明专利申请主要技术类别还包括宇宙航行的导航（G01C），利用无线电波等的传输系统（H04B），用于近地或地外空间的数据计算（处理）设备（方法）（G06F），空间光学遥感器、反射器、望远镜（G02B）等。

表 10 空间技术发明专利的主要技术类别（IPC 小类）及专利申请数占比 [1]

IPC 分类号	IPC 分类含义	专利申请数占比
B64G	宇宙航行及其所用的飞行器或设备	26.63%
G01S	无线电波定向，无线电波导航，采用无线电波测距或测速，采用无线电波的反射或再辐射定位或存在检测	12.85%
F02K	喷气推进装置	10.09%
G01C	宇宙航行的导航	7.13%
H04B	利用无线电波、红外线、可见光、紫外线或利用微粒辐射的传输系统	6.75%
G06F	适用于特定功能的数字计算设备或数据处理设备或数据处理方法	4.38%
G02B	光学元件、系统或仪器的安装、调整装置或不漏光连接	3.31%
H04W	无线通信网络	2.87%
B64C	飞行器的机身、机翼、稳定面或类似部件共同的结构特征、空气动力特征	2.78%
G05D	非电变量的控制或调节系统（太空中的运载工具的位置、航道、高度或姿态的控制）	2.72%
H04L	数字信息的传输、交换	2.70%
H01Q	无线电天线及天线零部件或与天线结合的装置	2.31%
B64D	用于与飞行器配合或装到飞行器上的设备	2.17%
C08L	高分子化合物的组合物	2.13%
F42B	爆炸装药	1.91%
B29C	塑料的成型连接，塑性材料的成型	1.78%
C22C	合金	1.77%
C08G	用碳—碳不饱和键以外的反应得到的高分子化合物	1.67%
C08K	使用无机物质作为混合配料得到的高分子化合物	1.58%
B32B	层状产品，即由扁平的或非扁平的薄层，例如泡沫状的、蜂窝状的薄层构成的产品	1.57%
G05B	程序控制系统、自适应控制系统	1.57%

---

[1] 通常一件专利归属于多个技术类别，因此表中归属于不同技术分类的专利数存在重复计算的情况。

利用 IncoPat 的语义聚类功能，通过对 PCT 专利进行语义聚类，了解空间技术的创新热点[1]，聚类结果如图 17。2002—2021 年，空间技术的国际专利申请热点包括：喷嘴/燃烧室、有效载荷/火箭发射、工作流体/低温流体/热交换器、等离子体/离子推进器/推力器、固体推进剂/制造/铝合金/链烷二基/聚硫醚/环烷二基、预浸料坯/片材模塑/玻璃纤维、展开/旋转轴线/致动器、天线系统/导航信号、导航卫星/卫星星座、卫星信号、卫星导航/空间对象/飞行器、人造卫星、卫星网络/卫星链路/移动设备、空间光学/自由空间/自由空间光通信等，表明全球空间技术的关注点集中在空间飞行器的动力系统，空间飞行器的控制技术，航天材料的制备制造，卫星定位导航技术，光学通信技术等。

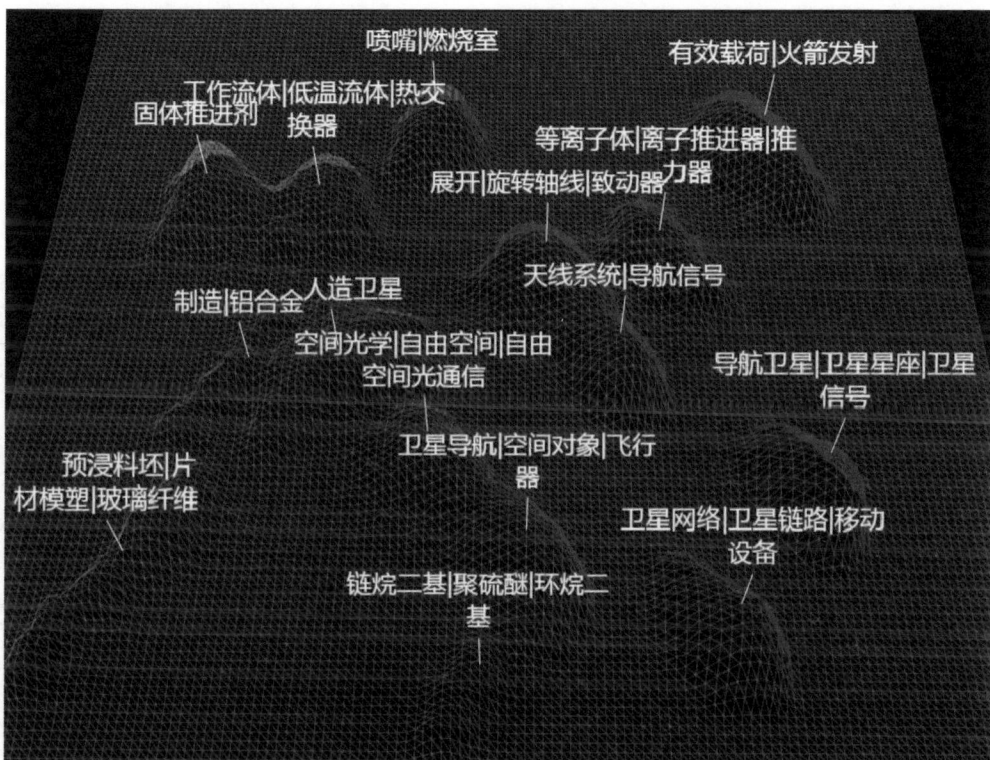

图 17 空间技术 PCT 专利语义聚类结果（2002—2021 年）

---

[1] IncoPat 聚类分析基于语义算法，提取专利标题、摘要和权利要求中的关键词，根据语义相关度聚出不同类别的主题，从而进行技术热点分析。

■ （二）空间大国专利技术创新情况

本节对中国、美国、法国、德国、日本等空间大国的空间技术发展概况、代表性机构和空间技术研发热点进行分析。

1. 中国

2020 年，中国发明专利申请数超过 5000 件，是 2002 年的 100 倍。在 2005—2009 年，中国年度专利申请数相继超过日本、法国、德国、俄罗斯和美国，之后中国空间技术专利申请规模就一直处于全球领先位置。2002—2021 年，中国共申请空间技术发明专利 38000 余件，获得授权的空间技术发明专利为 18600 余件，授权率为 48.27%，略低于全球平均水平（49.11%）；中国 PCT 申请 490 余件，中国际专利申请数占全部发明专利申请数的百分比仅为 1.27%，远低于全球平均水平（6.25%）。

中国航天科技集团有限公司（航天科技集团）是中国空间技术研究最具代表性的机构，同时也是中国空间技术专利申请量最多的机构。哈尔滨工业大学、北京航空航天大学和中国科学院申请的空间

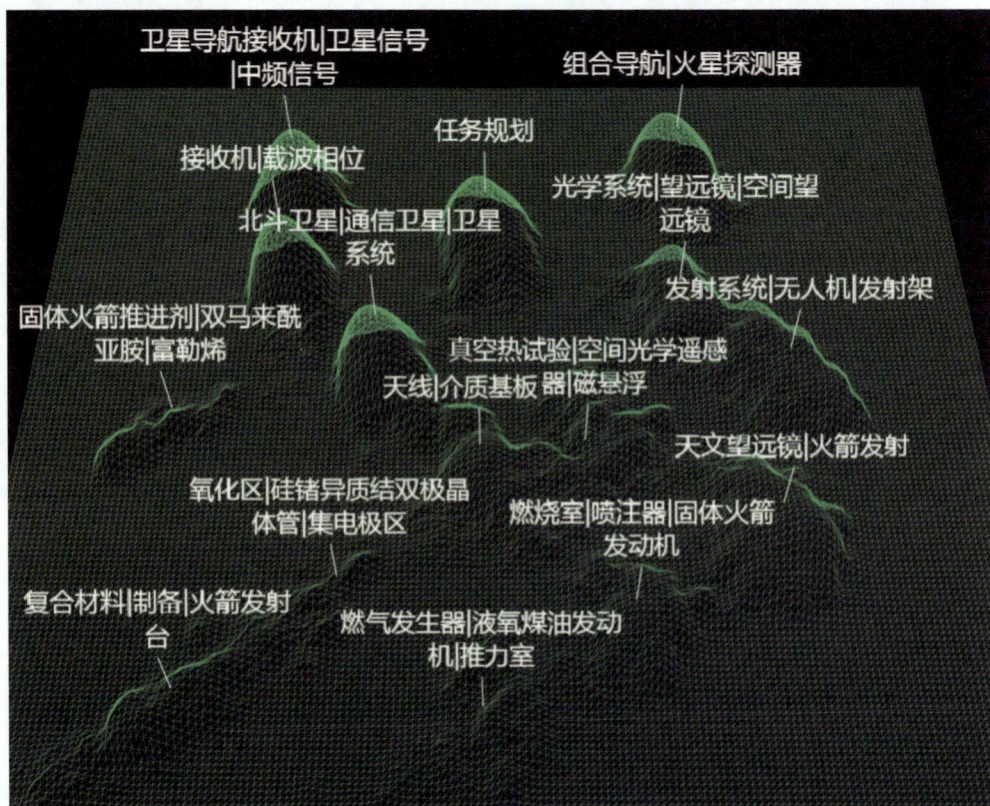

图 18 中国申请的空间技术专利语义聚类结果（2002—2021 年）

技术专利数分别为 1524 件、1321 件和 1265 件，位列中国第二、三、四。此外，西北工业大学、北京理工大学和南京航空航天大学申请的空间技术专利数也都超过了 500 件。

2002—2021 年，中国申请的空间技术专利的语义聚类结果如图 18，中国空间技术专利申请的热点包括卫星导航接收机 / 卫星信号 / 中频信号、组合导航 / 火星探测器、接收机 / 载波相位、任务规划、通

信卫星 / 北斗卫星 / 卫星系统、望远镜 / 光学系统 / 空间望远镜、发射系统 / 无人机 / 发射架、固体火箭推进剂 / 双马来酰亚胺、富勒烯、真空热试验 / 空间光学遥感器 / 磁悬浮、天线、介质基板、天文望远镜 / 火箭发射、氧化区 / 硅锗异质结双极晶体管 / 集电极区、燃烧室 / 喷注器 / 固体火箭发动机、复合材料 / 制备 / 火箭发射台、燃气发生器 / 液氧煤油发动机 / 推力室等。

2. 美国

美国的空间技术专利总数和年度专利申请数在 2008 年之前一直保持全球领先位置。2009 年，中国专利数超越美国。2002—2021 年，美国共申请空

间技术发明专利 17000 余件，获得授权的专利数为 8700 余件，授权率为 50.67%，略高于全球平均水平（49.11%）；美国 PCT 申请 2000 余件，国际专利申

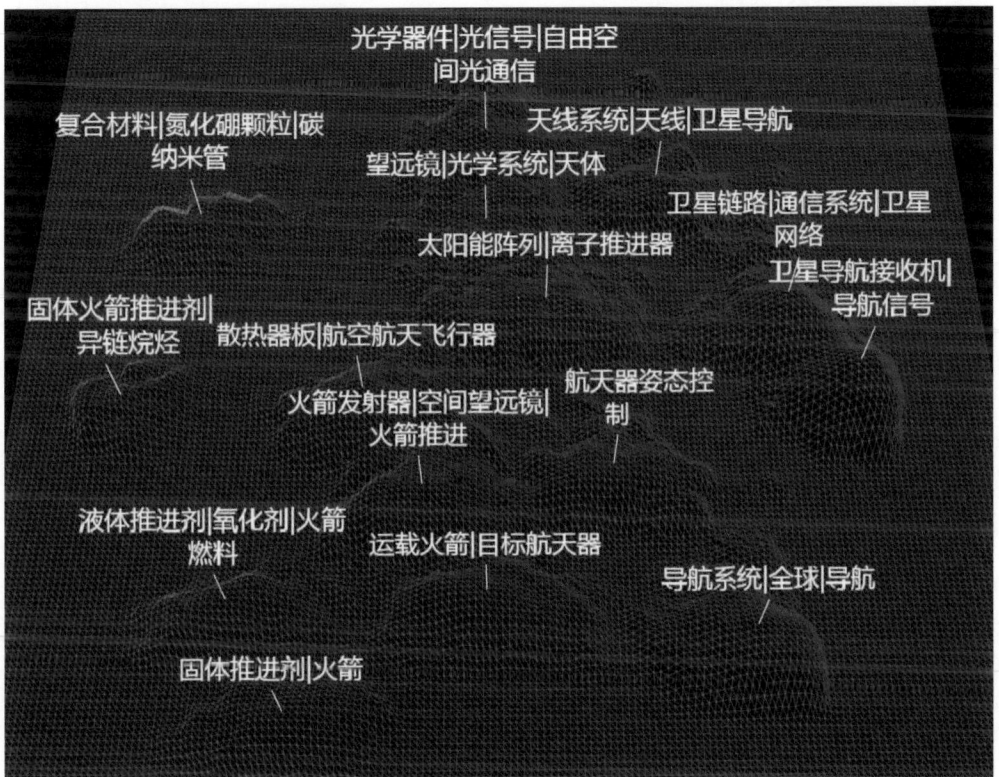

图 19 美国申请的空间技术专利语义聚类结果（2002—2021 年）

请数占全部发明专利申请数的百分比为 12.03%，显著高于全球平均水平（6.25%）。

美国空间技术专利申请数前五的机构均为知名企业。波音（Boeing）公司是美国空间技术专利申请量最多的机构，2002—2021 年申请的空间技术专利数超过 1300 件。2002—2021 年，高通（Qualcomm）公司、霍尼韦尔（Honeywell）公司、雷神（Raytheon）公司和洛克希德（Lockheed）公司申请的空间技术专利数分别为 496 件、460 件、362 件和 284 件，也都是美国空间技术研究的代表性机构。

3. 重要欧洲国家

从 2002—2021 年申请的发明专利数看，欧洲空间技术研发积极性最高的两个国家是法国和德国。2002—2021 年，法国共申请空间技术发明专利 5200 余件，获得授权的专利为 3200 余件，授权率为 61.67%，显著高于全球平均水平（49.11%）；法国 PCT 申请 650 余件，国际专利申请数占全部发明专利申请数的百分比为 12.55%，显著高于全球平均水平（6.25%）。2002—2021 年，德国共申请空间技术发明专利 4600 余件，获得授权的专利数为 2100 余件，授权率为 45.39%，低于全球平均水平（49.11%）；德国 PCT 申请 470 余件，国际专利申请数占全部发明专利申请数的百分比为 10.23%，高于全球平均水平（6.25%）。

法国空间技术研究最具代表性的机构是泰雷兹（Thales）公司、赛峰（Safran）公司、空中客车防务及航天公司和国家太空研究中心。2002—2021 年，泰雷兹公司申请的空间技术专利数最多，超过

2002—2021 年，美国申请的空间技术专利的语义聚类结果如图 19。美国空间技术专利申请的热点包括导航系统 / 全球 / 导航、固体推进剂 / 火箭、火箭燃料 / 液体推进剂 / 氧化剂、火箭发射器 / 空间望远镜 / 火箭推进、运载火箭 / 目标航天器、航天器姿态控制、卫星导航接收机 / 导航信号、卫星链路 / 通信系统 / 卫星网络、天线系统 / 天线 / 卫星导航、太阳能阵列 / 离子推进器、望远镜 / 光学系统 / 天体、光学器件 / 光信号 / 自由空间光通信、散热器板 / 航空航天飞行器、固体火箭推进剂 / 异链烷烃、复合材料 / 氮化硼颗粒 / 碳纳米管等。

900 件；赛峰公司、空中客车防务及航天公司和国家太空研究中心申请的空间技术专利数分别为 694 件、448 件和 392 件。此外阿斯特里姆（Astrium）公司、斯奈克玛（Snecma）公司申请的空间技术专利数也都超过了 300 件。

2002—2021 年，法国申请的空间技术专利的语义聚类结果如图 20。法国航天技术专利申请的热点包括光学仪器 / 望远镜 / 反射镜、散热器 / 太阳能发电机 / 天线反射器、超分子材料 / 热塑性聚合物、毛细热管 / 铝热剂 / 传输管道、表面涂层 / 锻造产品 / 导电元件、传热流体 / 制冷剂混合物 / 热交换、涡轮泵 / 热交换器 / 燃烧室、喷嘴 / 推进室 / 霍尔效应、低温流体 / 压缩气体源、展开 / 旋转轴线 / 柔性轨道、化学推进器 / 固体推进剂、姿态控制 / 航天器姿态、轨道控制、观测卫星 / 感兴趣区域 / 卫星图像、卫星无线电 / 导航信号 / 无线电导航信号等。

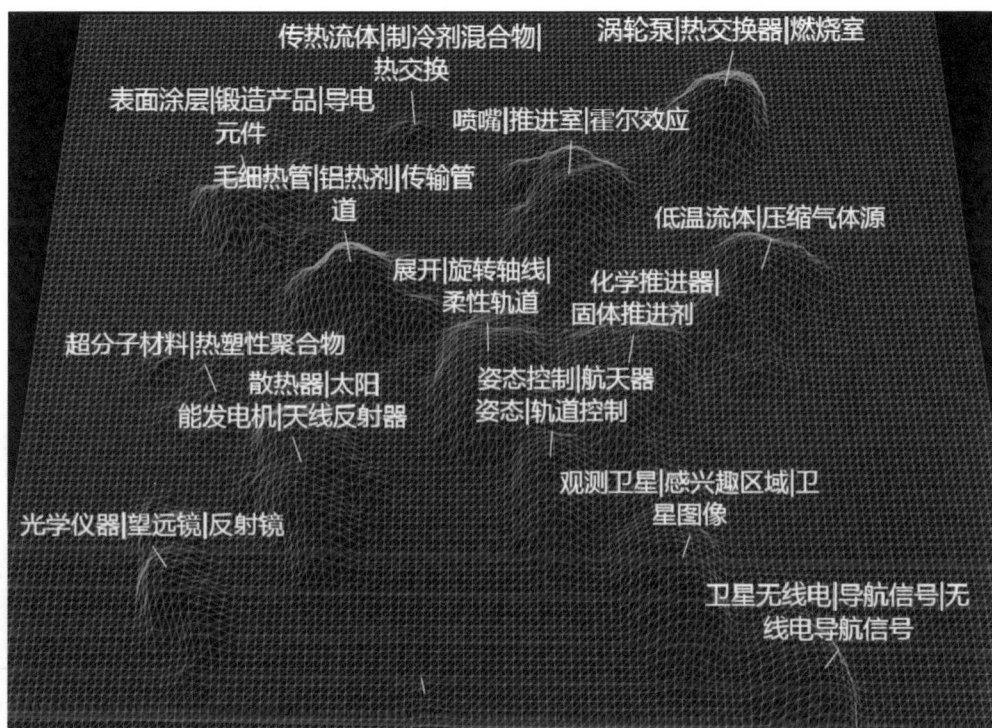

图 20 法国申请的空间技术专利语义聚类结果（2002—2021 年）

从专利申请数看，德国空间技术的代表性机构有空中客车德国公司、阿斯特里姆德国公司、德国宇航中心，专利数分别为 596 件、280 件、184 件。2002—2021 年，德国空间技术发明申请最多的机构是空中客车德国公司，该公司是空中客车集团旗下子公司，主要在航天器制造领域开展业务。

2002—2021 年，德国申请的空间技术专利的语义聚类结果如图 21。德国空间技术专利申请的热点包括导航系统 / 导航信号 / 校正数据、提取电极 / 离子发射器、存储器 / 数据网络 / 放大器、控制装置 / 机器人臂 / 模块化设计、全球卫星导航 / 激光雷达传感器、望远镜 / 光学系统、旋转轴线 / 飞轮环 / 磁驱动器、推力室 / 喷射器、航天器 / 构件 / 耦合元件、推进剂 / 催化剂 / 火箭、热塑性聚氨 / 热塑性粘合剂 / 酯聚合物、轧制复合 / 铝合金 / 玻璃陶瓷、涂敷器 / 结构元件 / 流体介质、纤维复合材料 / 热塑性纤维 / 覆盖层等。

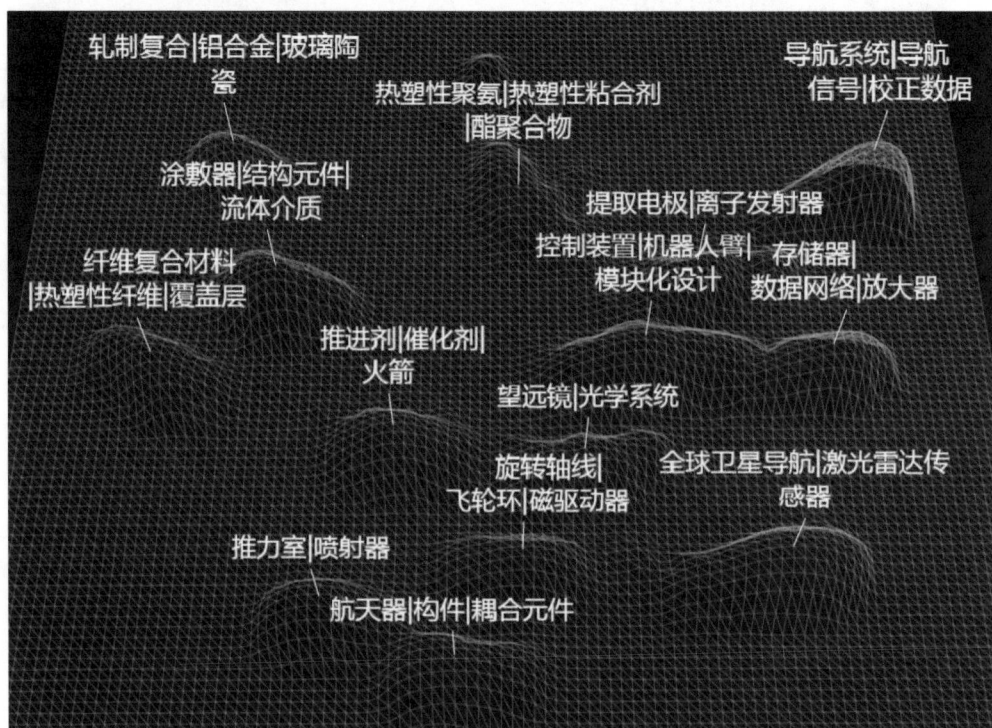

图 21 德国申请的空间技术专利语义聚类结果（2002—2021 年）

4. 日本

2002—2021 年，日本共申请空间技术发明专利 5300 余件，其中获得授权的专利数为 2200 余件，授权率为 42.41%，低于全球平均水平（49.11%）；日本 PCT 申请 500 余件，国际专利申请数占全部发明专利申请数的百分比为 9.42%，高于全球平均水平（6.25%）。

从专利申请数看，日本空间技术的代表性机构为三菱电机公司、三菱重工公司（MHI）、宇宙航空研究开发机构（JAXA）、日本电气公司（NEC）和 IHI 太空公司。2002—2021 年，这五所机构的空间技术发明专利申请数分别为 740 件、350 件、155 件、155 件和 146 件。其中，JAXA 与三菱电机公司、三菱重工公司、日本电气公司和 IHI 太空公司都有合作项目。

2002—2021 年，日本申请的空间技术专利的语义聚类结果如图 22。日本空间技术专利申请的热点包括通信系统 / 定位信号 / 卫星接收、卫星信号 / 导航卫星 / 定位系统、移动体 / 程序 / 卫星导航、光学系统 / 空间光通信 / 光学元件、卫星星座 / 航天器轨道 / 火箭发射、姿态控制 / 控制装置 / 推进器、空间碎片 / 捕获 / 宇宙航行、燃烧气体 / 燃烧室 / 氧化剂、固体推进剂 / 多脉冲、载人航天器 / 水回收 / 无机离子、太阳能电池 / 热控制材料、展开 / 反射镜 / 作业车、片材模塑 / 组合物 / 复合材料等。

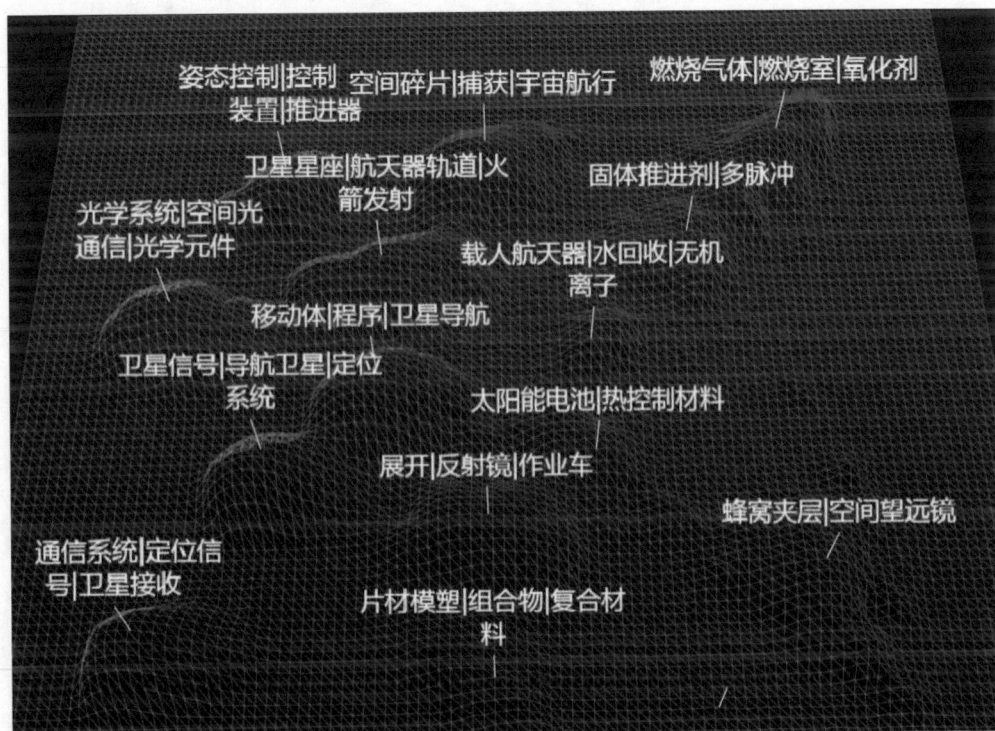

图 22　日本申请的空间技术专利语义聚类结果（2002—2021 年）

后 记

浙江大学科技战略研究项目，是在学校领导关心和支持下，由浙江大学中国科教战略研究院（以下简称"浙大战略院"）牵头组织实施的一项重大研究任务。这一项目的主要研究成果之一，即为每年发布的《重大领域交叉前沿方向》系列报告，本书为2022年版。我们编辑出版此份报告，旨在更好地传播研究成果，接受更大范围内的专家学者及社会公众的审评。

众所周知，学科交叉会聚是科技创新活动的基本趋势，也是科技创新走向"无人区"的重要动力，更是解决当前人类社会重大挑战的关键依赖。我们注意到，在科技前沿方向的分析与研判等方面，国内不少兄弟单位已有成熟经验和重要成果，但其大多以传统的学科板块为基本分析单元。与此不同，我们在学习借鉴相关成果基础上，确定以"交叉"为核心，即聚焦分析的所有领域、领域内凝练出的所有方向，都非常鲜明地体现学科交叉的特征和内涵。当然，要充分实现这个带有创新性的良好初衷，对工作组和受咨询专家而言，都面临一定挑战。这也正是我们忐忑的地方。

本项目研究和报告发布，既得到了校内各部门的鼎力支持，也得到了校内外相关专家（专家名单参见相应章节脚注）的热情参与，这是研究成果高水准的根本保障。尤其是一些校外专家的参与，使本书对交叉前沿方向的研判具备了更加宽广的学术视野。浙大战略院与浙江大学图书馆组成了高效的工作团队，开展大量的专家访谈、文献挖掘、通信咨询、资料研究等工作，尤其是反复打磨迭代文本内容，力争成果细节上做到最好。本书由徐贤春、田稷担任策划，各章中"十大交叉前沿方向"和"领域发展速览"部分初稿分别由朱嘉赞、韩旭、冯家浩、夏碧草等执笔；"文献计量分析"部分则由沈利华、杨柳等执笔。此外，浙江大学海洋学院马仃超、浙江大学科学技术研究院王芳展、浙江大学生物医学工程与仪器科学学院张建新等参与了部分内容的修改润色工作。全书由吴伟负责统稿。编辑出版过程中，朱嘉赞、冯家浩等做了大量的统筹协调工作，保障了出版流程的高效快速。

感谢浙大战略院相关领导对项目实施和图书出版给予的大力支持，感谢咨询委员会各位专家对项目实施和成果出炉给予的倾心指导。还要感谢浙江大学出版社的李海燕编辑，她的高效、负责任工作使得本书的出版更快、水准更高。

需要说明的是，交叉前沿领域的科技战略研究是个崭新领域，仍然需要在实施过程中不断摸索。本书内容在线发布之后，得到了政府部门、智库机构、媒体平台、专家学者的广泛关注，也对我们优化报告内容、成果形式、工作流程等提出了很多有价值的意见和建议，我们将认真研究吸纳。同时，我们期盼相关院校机构与我们协作，不断提升工作水平和成果质量，也期待能继续得到社会各界的关注、关心和支持。

编者

2023 年 3 月